冶金专业教材和工具书经典传承国际传播工程

Project of the Inheritance and International Dissemination of Classical Metallurgical Textbooks & Reference Books

高职高专“十四五”规划教材

冶金工业出版社

冷轧板带钢生产智能控制与实训

主　编　雷党萍　薛振新　程懿麒　刘晓峰

主　审　徐　铁　张松岩

扫码输入刮刮卡密码

查看本书数字资源

北　京

冶金工业出版社

2024

内 容 提 要

本书采用工作手册的形式详细介绍了现代冷轧板带钢生产的智能控制和仿真实训。全书共分 8 个模块、27 个任务，内容包括冷轧板带钢生产智能控制职业感知、冷轧板带钢生产原料智能控制、冷轧板带钢生产酸洗智能控制、冷轧板带钢生产轧制智能控制、冷轧板带钢生产卷取智能控制、冷轧板带钢生产退火智能控制、冷轧板带钢生产精整智能控制及冷轧板带钢生产典型事故。

本书可作为高职高专轧钢工程技术专业和材料成型及控制工程专业的教材，也可供轧钢企业职工培训和有关工程技术人员参考。

图书在版编目(CIP)数据

冷轧板带钢生产智能控制与实训/雷党萍等主编．—北京：冶金工业出版社,2024.5.—(高职高专“十四五”规划教材)．—ISBN 978-7-5024-9889-4

Ⅰ.TG335.12

中国国家版本馆 CIP 数据核字第 20249JB637 号

冷轧板带钢生产智能控制与实训

出版发行	冶金工业出版社	**电　　话**	(010)64027926
地　　址	北京市东城区嵩祝院北巷 39 号	**邮　　编**	100009
网　　址	www.mip1953.com	**电子信箱**	service@mip1953.com

策划编辑　杜婷婷　责任编辑　杜婷婷　美术编辑　吕欣童

版式设计　郑小利　责任校对　梅雨晴　责任印制　禹　蕊

三河市双峰印刷装订有限公司印刷

2024 年 5 月第 1 版，2024 年 5 月第 1 次印刷

787mm×1092mm　1/16；20.5 印张；498 千字；314 页

定价 59.00 元

投稿电话　(010)64027932　投稿信箱　tougao@cnmip.com.cn

营销中心电话　(010)64044283

冶金工业出版社天猫旗舰店　yjgycbs.tmall.com

(本书如有印装质量问题，本社营销中心负责退换)

冶金专业教材和工具书
经典传承国际传播工程
总　　序

钢铁工业是国民经济的重要基础产业，为我国经济的持续快速增长和国防现代化建设提供了重要支撑，做出了卓越贡献。当前，新一轮科技革命和产业变革深入发展，中国经济已进入高质量发展新时代，中国钢铁工业也进入了高质量发展的新时代。

高质量发展关键在科技创新，科技创新离不开高素质人才。党的二十大报告指出："教育、科技、人才是全面建设社会主义现代化国家的基础性、战略性支撑。必须坚持科技是第一生产力、人才是第一资源、创新是第一动力，深入实施科教兴国战略、人才强国战略、创新驱动发展战略，开辟发展新领域新赛道，不断塑造发展新动能新优势。"加强人才队伍建设，培养和造就一大批高素质、高水平人才是钢铁行业未来发展的一项重要任务。

随着社会的发展和时代的进步，钢铁技术创新和产业变革的步伐也一直在加速，不断推出的新产品、新技术、新流程、新业态已经彻底改变了钢铁业的面貌。钢铁行业必须加强对科技进步、教育发展及人才成长的趋势研判、规律认识和需求把握，深化人才培养体制机制改革，进一步完善相应的条件支撑，持续增强"第一资源"的保障能力。中国钢铁工业协会《"十四五"钢铁行业人力资源规划指导意见》提出，要重视创新型、复合型人才培养，重视企业家培养，重视钢铁上下游复合型人才培养。同时要科学管理，丰富绩效体系，进一步优化人才成长环境，造就一支能够支撑未来钢铁行业高质量发展的人才队伍。

高素质人才来源于高水平的教育和培训，并在丰富多彩的创新实践中历练成长。以科技创新为第一动力的发展模式，需要科技人才保持知识的更新频率，站在钢铁发展新前沿去思考未来，系统性地将基础理论学习和应用实践学习体系相结合。要深入推进职普融通、产教融合、科教融汇，建立高等教育+职业教育+继续教育和培训一体化行业人才培养体制机制，及时把钢铁科技创新成果转化为钢铁从业人员的知识和技能。

一流的专业教材是高水平教育培训的基础，做好专业知识的传承传播是当代中国钢铁人的使命。20 世纪 80 年代，冶金工业出版社在原冶金工业部的领导支持下，组织出版了一批优秀的专业教材和工具书，代表了当时冶金科技的水平，形成了比较完备的知识体系，成为一个时代的经典。但是由于多方面的原因，这些专业教材和工具书没能及时修订，导致内容陈旧，跟不上新时代的要求。反映钢铁科技最新进展和教育教学最新要求的新经典教材的缺失，已经成为当前钢铁专业人才培养最明显的短板和痛点。

为总结、提炼、传播最新冶金科技成果，完成行业知识传承传播的历史任务，推动钢铁强国、教育强国、人才强国建设，中国钢铁工业协会、中国金属学会、冶金工业出版社于 2022 年 7 月发起了“冶金专业教材和工具书经典传承国际传播工程”（简称“经典工程”），组织相关高校、钢铁企业、科研单位参加，计划用 5 年左右时间，分批次完成约 300 种教材和工具书的修订再版和新编，以及部分教材和工具书的对外翻译出版工作。2022 年 11 月 15 日在东北大学召开了工程启动会，率先启动了高等教育和职业教育教材部分工作。

“经典工程”得到了东北大学、北京科技大学、河北工业职业技术大学、山东工业职业学院等高校，中国宝武钢铁集团有限公司、鞍钢集团有限公司、首钢集团有限公司、河钢集团有限公司、江苏沙钢集团有限公司、中信泰富特钢集团股份有限公司、湖南钢铁集团有限公司、包头钢铁（集团）有限责任公司、安阳钢铁集团有限责任公司、中国五矿集团公司、北京建龙重工集团有限公司、福建省三钢（集团）有限责任公司、陕西钢铁集团有限公司、酒泉钢铁（集团）有限责任公司、中冶赛迪集团有限公司、连平县昕隆实业有限公司等单位的大力支持和资助。在各冶金院校和相关钢铁企业积极参与支持下，工程相关工作正在稳步推进。

征程万里，重任千钧。做好专业科技图书的传承传播，正是钢铁行业落实习近平总书记给北京科技大学老教授回信的重要指示精神，培养更多钢筋铁骨高素质人才，铸就科技强国、制造强国钢铁脊梁的一项重要举措，既是我国钢铁产业国际化发展的内在要求，也有助于我国国际传播能力建设、打造文化软实力。

让我们以党的二十大精神为指引，以党的二十大精神为强大动力，善始善终，慎终如始，做好工程相关工作，完成行业知识传承传播的使命任务，支撑中国钢铁工业高质量发展，为世界钢铁工业发展做出应有的贡献。

中国钢铁工业协会党委书记、执行会长

2023 年 11 月

前　言

本书坚持以习近平新时代中国特色社会主义思想及党的二十大精神为指引，落实课程思政要求，弘扬劳动光荣、技能宝贵、创造伟大的时代风尚，弘扬精益求精的专业精神、职业精神、工匠精神和劳模精神，遵循职业教育教学规律、人才成长规律和“岗课赛证”综合育人机制，立足“三教”改革，突出职业教育特色。本书具有以下主要特点：

（1）有机融入课程思政。每一个模块都设置了课程思政任务，通过引入行业内耳熟能详的典型人物、钢铁企业、先进钢铁技术等内容，培养学生具有大国工匠的使命感和责任感，引导学生树立正确的世界观、人生观和价值观。

（2）加强产教融合、校企合作。本书是校企“双元”合作开发的工作手册式教材，由学校专业教师与企业资深专家、轧钢专业技术人员深度合作，共同编写，融入了新工艺、新技术、新规范。

（3）配套丰富的数字化教学资源。本书配套视频、微课、动画、课件等多种形式的数字资源，发挥“互联网+教材”的优势，使数字资源与纸质教材有机融合，相辅相成。

（4）强化安全意识和安全知识。安全无小事，每个模块后都配有相应岗位的安全规程，学生可以通过学习典型工作岗位的安全规程，不断强化安全意识，掌握相应的安全知识与技能。

本书入选中国钢铁工业协会、中国金属学会和冶金工业出版社组织的“冶金专业教材和工具书经典传承国际传播工程”第一批立项教材。

本书由辽宁冶金职业技术学院教授雷党萍，本钢集团高级工程师薛振新、程懿麒，本钢集团冷轧总厂总工程师刘晓峰担任主编；辽宁冶金职业技术学院教授徐铁、本钢集团正高级工程师张松岩担任主审；辽宁冶金职业技术学院康建飞、康瑞芳、贾琳、于春燕，本钢集团常英俊、吴宏伟参编。具体编写分工为：雷党萍主编模块1、模块3~模块5，薛振新主编模块2和模块6，程懿麒主编模块7，刘晓峰主编模块8；此外，康建飞、康瑞芳参编模块1和模块2；贾琳、于春燕参编模块5；常英俊、吴宏伟参编模块7。

本书得到沈阳理工大学刘劲松教授、沈阳大学曹凯教授及东北大学材料科学与工程学院的专业指导与帮助，北京金恒博远公司为书中涉及的仿真软件提供了技术支持，在此一并表示衷心的感谢。本书在编写过程中，参考了有关文献资料，特向文献资料的作者表示感谢。

由于编者水平所限，书中不妥之处，敬请读者批评指正。

编 者

2023年10月

目　　录

下载课件

模块1 冷轧板带钢生产智能控制职业感知

课件

任务1.1 课程思政

思政目标

- 培养学生的爱国情怀和主人翁精神；
- 培养学生实践、团队协作和沟通能力；
- 培养学生的敬业精神，强化学生职业自豪感，形成积极从事轧钢事业的愿望。

钢铁企业

“共和国钢铁工业的长子”——鞍钢

鞍钢集团是国有大型企业，是新中国第一个恢复建设的大型钢铁联合企业和最早建成的钢铁生产基地，为国家经济建设和钢铁事业的发展做出了巨大贡献，被誉为“共和国钢铁工业的长子”“新中国钢铁工业的摇篮”。

鞍钢集团是中国首批“创新型企业”，中国首家具有成套技术输出能力的钢铁企业，汽车用钢、铁路用钢、造船和海洋工程用钢、桥梁钢、核电钢、家电用钢、集装箱用钢、电工钢、石油石化用钢、高端制品用钢和特殊钢等系列产品国内领先，产品广泛应用于“西气东输”、青藏铁路、京津高铁、三峡水利枢纽、国家体育场“鸟巢”、“华龙一号”核电站、“蓝鲸一号”超深水钻井平台、港珠澳大桥、神舟系列等重大工程。

截至2022年，鞍钢集团是世界500强企业，在中国东北、西南、东南、华南等地有九大生产基地，具备5300万吨铁、6300万吨钢、4万吨钒制品和50万吨钛产品生产能力，是中国最具资源优势的钢铁企业之一，拥有位于中国辽宁、四川和澳大利亚卡拉拉的丰富铁矿和钒、钛资源，年产铁精矿5000万吨，是世界最大的产钒企业、中国最大的钛原料生产基地，工业服务事业涵盖工程技术、化学科技、节能环保、信息技术、金融贸易和现代服务业等领域。

鞍钢集团拥有32家境外公司及机构，500多家国内外客户及合作伙伴，产品销售覆盖全球70多个国家和地区，是众多国际知名企业的全球供货商。

任务1.2 职业感知

知识目标

- 学习冷轧板带钢生产的职业特征；
- 树立正确的职业道德、增强安全意识；
- 掌握典型冷轧板带钢生产工艺流程。

技能目标

- 能顺利完成与领导和上下游工序同事的沟通；
- 能简述冷轧板带钢生产工艺流程。

1.2.1 任务描述

本任务主要通过参观生产现场或者观看现场视频了解冷轧板带钢生产的职业特征，了解典型冷轧板带钢生产工艺流程，建立对智能冷轧板带钢生产的感性认识；树立正确的职业道德，增强安全生产意识；能顺利完成与领导和上下游工序同事的沟通；能简述冷轧板带钢生产工艺流程。

1.2.2 任务分析

冷轧板带钢生产属于大生产工种，是按照生产工艺流程进行的联合生产，它以热轧卷为原料，主要工序有酸洗、冷轧、脱脂、退火、平整、剪切（横切、纵切），其主要产品为冷退卷（板），可以直接被使用，也可作为基板进行深加工，成为高附加值产品，如热镀锌、电镀锌、镀锡、彩涂卷等。

通过企业人员和老师的现场讲解，学生亲眼看到今后的工作环境和工作方式，激发学习动力，明确努力方向。冷连轧生产机组照片，如图1-1所示。

图1-1 冷连轧生产机组照片

1.2.3 相关理论知识

下面是现代冷轧板带钢生产企业典型工作任务岗位图片展示。

（1）冷轧机组示意图，如图 1-2 所示。

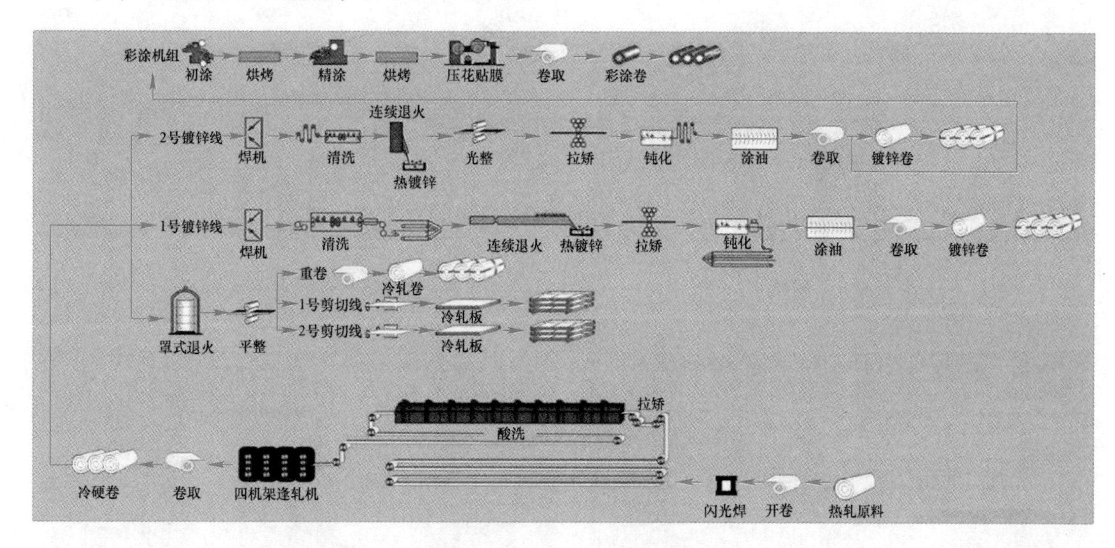

图 1-2 冷轧机组示意图

1）酸洗机组钢卷准备站，如图 1-3 所示。

2）直头矫直机，如图 1-4 所示。

图 1-3 酸洗机组钢卷准备站

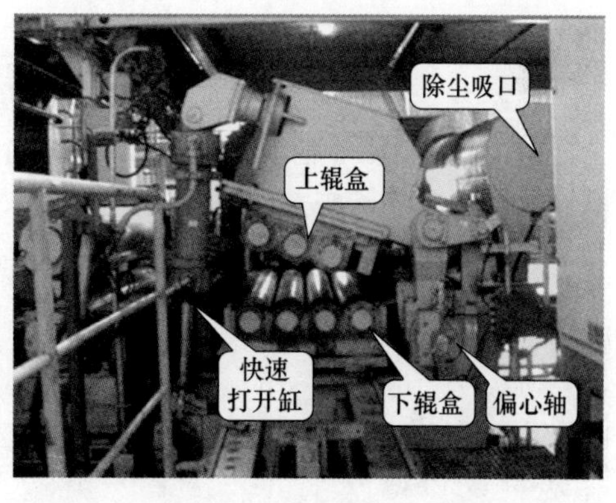

图 1-4 直头矫直机

3）开卷机用于将热轧钢卷展开，如图 1-5 所示。

4）米巴赫激光焊机用于将前后两个钢卷的尾部及头部焊接起来，实现带钢的连续轧制，如图 1-6 所示。

5）活套用于储存带钢，保证酸洗工段连续生产，如图 1-7 所示。

6）拉伸矫直机用于改善板形增加带钢表面氧化铁皮破裂范围，提高酸洗效率和质量，如图 1-8 所示。

图 1-5 开卷机

图 1-6 米巴赫激光焊机

图 1-7 活套

图 1-8 拉伸矫直机

7）酸洗槽用于清洗带钢表面的氧化铁皮，使带钢表面光洁、银亮，可以消除部分原料缺陷，如图 1-9 所示。

8）烘干机用于减少带钢带出的过多水分，防止带钢氧化，如图 1-10 所示。

图 1-9 酸洗槽

图 1-10 烘干机

9）圆盘剪用于剪切带钢到预设定宽度，如图 1-11 所示。

10）卡罗赛尔卷取机，如图 1-12 所示。

图 1-11 圆盘剪

图 1-12 卡罗赛尔卷取机

（2）连续退火机组，包括开卷机、直头机、焊机、夹紧辊等设备。

1）入口段设备示意图，如图 1-13 所示。

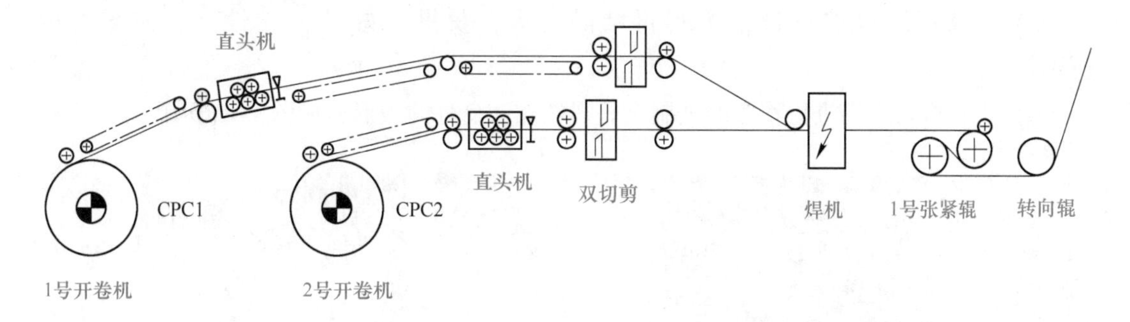

图 1-13 入口段设备示意图

2）焊机，窄搭接焊机，将前后两卷钢卷的尾部及头部焊接起来，实现带钢的连续轧制，如图 1-14 所示。

图 1-14 焊机

3）清洗段中，碱液清洗段去除带钢表面的残油残铁，获得满足产品要求的表面清洁度，如图 1-15 所示。

4）入口活套作为带钢的填充蓄能器，如图 1-16 所示。

图 1-15　清洗段

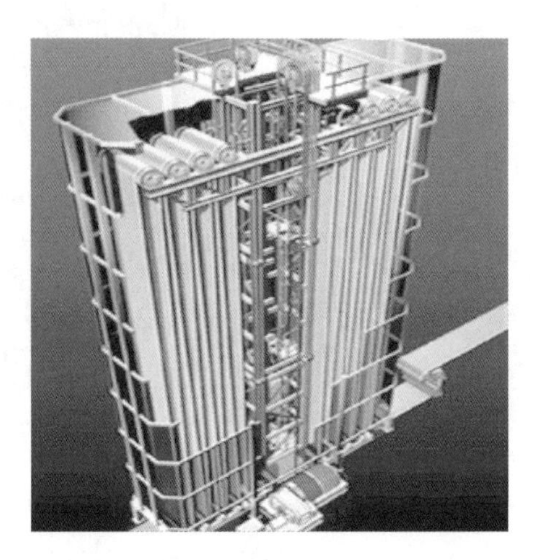

图 1-16　入口活套

5）连续式退火炉对带钢进行再结晶退火，获得良好的力学性能，如图 1-17 所示。

6）平整机对带钢进行稳定的轧制，获得性能和良好的板形，如图 1-18 所示。

图 1-17　连续式退火炉

图 1-18　平整机

7）转塔式圆盘剪用于剪切带钢的边部，满足均一的带钢尺寸精度要求，保证带钢边部质量，如图 1-19 所示。

8）出口飞剪，如图 1-20 所示。

9）卷取机，如图 1-21 所示。

图 1-19 转塔式圆盘剪

图 1-20 出口飞剪

图 1-21 卷取机

1.2.4 检查评价

（1）通过相关书籍和互联网，了解国内外冷轧板带钢生产的企业及现状，了解专业技能人才的先进事迹，结合身边的轧钢操作工的工作经历，讨论轧钢工还应该具备哪些基本素质和能力。

（2）通过视频和图片的学习，简述冷轧板带钢生产工艺流程，开展讨论查缺补漏。

模块 2 冷轧板带钢生产原料智能控制

课件

任务 2.1 课程思政

思政目标

- 通过大国工匠的先进事迹，激发学生的学习动力和兴趣；
- 培养学生形成科学看待与解决问题的思辨能力；
- 培养学生在学习专业知识的同时，融会贯通专业知识和思政知识的能力。

钢铁人物

山城大工匠——郭鹏

“不忘初心、牢记使命，就是要不畏艰难、敢于拼搏，用敬业和奉献守护自己的初心和梦想。”郭鹏是这样说的，也是这样做的。他参加工作 24 年，先后获得 1 项国家发明专利和 3 项国家实用新型专利，通过技术攻关、技术创新，为企业创效 6000 余万元。从一名学徒工一步步成长为技术能手、高级技师、全国五一劳动奖章获得者，郭鹏用潜心钻研和敬业奉献，奋力书写不平凡的钢铁人生。

郭鹏 1978 年出生于辽宁省本溪市一个普通家庭，1997 年从技校毕业分配到本钢板材热连轧厂工作，刚满 18 岁的郭鹏望着火红的千米轧制线，立志要做一名优秀的操作工。仅半年后，郭鹏便可以独立操作设备。3 年后，在本钢集团卷取工技能大赛中一举夺魁，成为最年轻的状元。

2018 年，2300 mm 生产线轧制 X80 管线钢，由于是极限宽厚规格，且钢种强度高，导致在首次生产轧制过中板形控制难度大，同时尾部“硌印”问题严重，影响生产节奏。就在所有人都一筹莫展的时候，经过两轮的试制生产和调试后，郭鹏凭着多年的经验和对设备的了解，提出了有效的解决方案，最终解决了困扰生产的问题，保质保量将产品交付用户。类似的技术创新，郭鹏做了很多。他主持的“短流程薄带钢硌印缺陷消除”项目，通过降低“硌印”缺陷一项，每年可为公司节约 200 余万元；在解决薄规格轧制稳定性上，他起草编制了“薄规格操作规程”，使薄规格操作、事故处理实现标准化和制度化；他主持的“降低热轧在线切损”项目，成功将热轧在线切损率降低到 0.38%，每年可为企业节约成本 900 余万元……

近年来，郭鹏先后获得“辽宁省青年岗位能手”“辽宁省技术能手”“辽宁省有突出贡献高技能人才”“辽宁工匠”“辽宁五一劳动奖章”“全国五一劳动奖章”等荣誉。郭鹏说：“作为一名共产党员，我将一直传承工匠精神，为企业发展贡献更多力量!”

任务 2.2 原料准备

知识目标

- 轧制规程设计基本知识；
- 原料验收入库基本知识；
- 轧钢原料智能管理基本知识。

技能目标

- 能合理进行轧制规程设计；
- 能核对钢卷信息并指挥吊车将钢卷摆放在指定区域。

2.2.1 任务描述

本任务主要是学习轧制规程设计、原料验收及管理的基本知识，能根据生产计划进行钢卷数据修改确认、导入轧制规范、接受轧制规范以及在此基础上的设定计算等操作，核对钢卷信息指挥吊车将钢卷摆放在指定区域；能检查钢卷外观质量，处理常见的原料缺陷。轧制规程操作和监控画面，如图 2-1 所示。

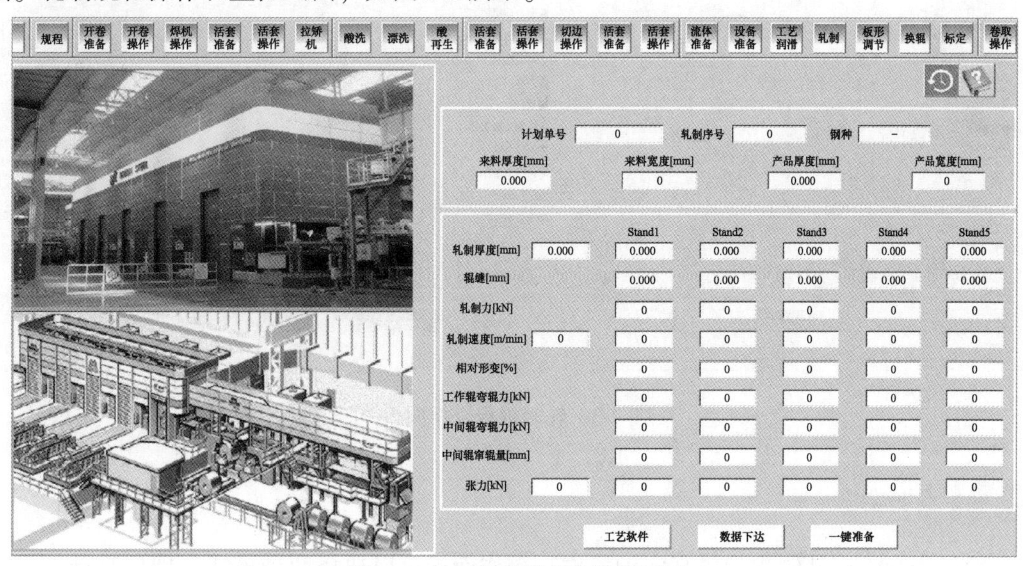

图 2-1　轧制规程操作和监控画面

2.2.2 任务分析

按照计算执行步骤，轧制规程设计包括轧制计划管理、轧制规范设计、设定值计算、设定值下达四个方面，只有在轧制规程计算完成并下达后，后续的轧制过程操作才能进行。核对钢卷信息并检查钢卷外观质量，指挥吊车将钢卷摆放在指定区域。对于钢卷存在明显缺陷的原料做出标记并及时封闭，由相关人员进行处理。按生产计划单顺序指挥吊车将钢卷吊装上步进梁。

2.2.3 任务准备

（1）接收冷轧带钢生产计划单，如图 2-2 所示。

计划单号: 201302061001 钢种: SPHC 来料厚度: 2.00 mm 来料宽度: 1200

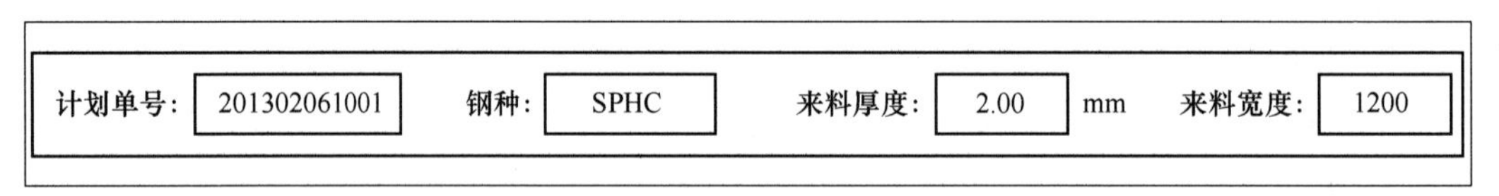

图 2-2 冷轧带钢生产计划单

（2）轧制规程操作面板，如图 2-3 所示。

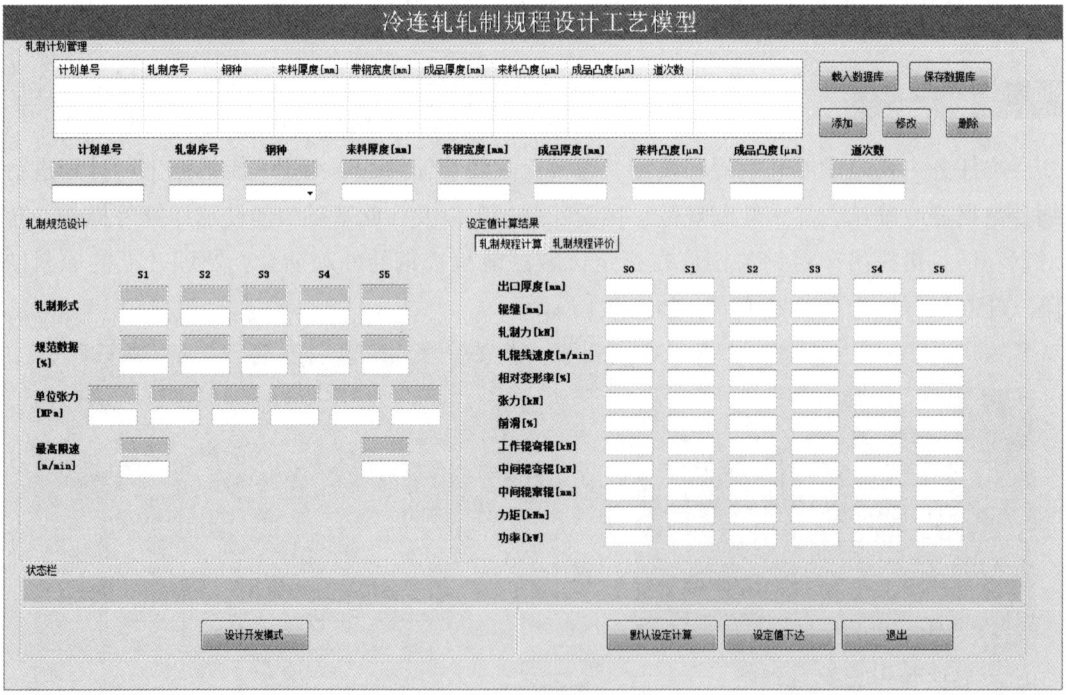

图 2-3 轧制规程操作面板

2.2.4 任务实施

冷轧带钢生产轧制规程仿真实训操作，操作面板可以选择两种模式，即仿真计算模式与设计开发模式。

2.2.4.1 仿真计算模式操作流程

（1）点击默认设定计算，一键完成钢卷数据确认、轧制规范设计、设定计算等功能，画面显示轧制规范、设定计算结果及其评价结果。

（2）点击设定值下达，将设定值计算结果下达到控制器。

（3）点击退出，关闭酸连轧轧制规程设计计算界面，进行下一步骤操作。

2.2.4.2 设计开发模式操作流程

（1）在轧制计划管理区，点击载入数据库，左边列表中显示轧制计划表，在轧制计划表中，选中想要进行规程设计的钢卷，钢卷数据区的白色文本框中会显示相应的数据。

（2）如果想对选中钢卷数据进行调整，可以在白色文本框中修改钢卷参数，修改完成后点击修改，则轧制计划表中参数也同步修改。

（3）如果想增加新的钢卷数据，则在白色文本框中设计新的钢卷参数，然后点击添加，则轧制计划表中新增一条记录。

（4）如果想删除钢卷数据，则点击轧制计划表中相应数据，点击删除。

（5）如果想保存轧制计划管理结果，则点击保存数据库。

（6）当钢卷数据区白色文本框中显示数据为所需要进行轧制规程设计的钢卷时，在操作面板区点击接受钢卷数据，则钢卷数据进入内存，蓝色文本框也显示出与白色文本框同样的数据。

（7）点击导入规范，系统为当前钢卷数据选择一组轧制规范，显示在轧制规范设计区的白色文本框。

（8）人工对轧制规范设计区白色文本框内数据进行修改确认，然后点击接受规范修改，则规范数据进入内存，蓝色文本框也显示出与白色文本框同样的数据。

（9）点击设定计算，设定计算结果显示区显示全部设定计算结果，同时点击轧制规程评价，切换到轧制规程评价区，观察规程计算结果是否合理，观察完毕后可以点击轧制规程计算切换回设定计算结果显示区，状态栏将轧制规程评价区的结果进行汇总，直观显示出报警与错误个数，如图 2-4 所示。

（10）根据轧制规程评价结果，回到步骤（8）修改与确认轧制规范，再次计算，如图 2-5 所示。

（11）当消除所有报警与错误后，点击设定值下达将设定值计算结果下达到控制器。

（12）点击退出，关闭酸连轧轧制规程设计计算界面，进行下一步骤操作。

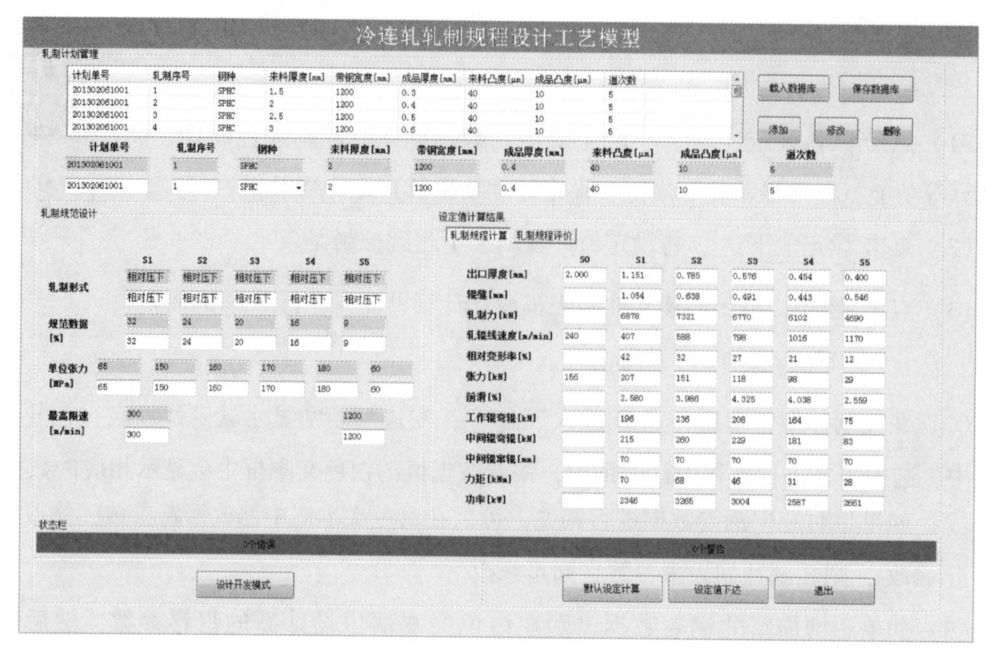

图 2-4 设定计算结果

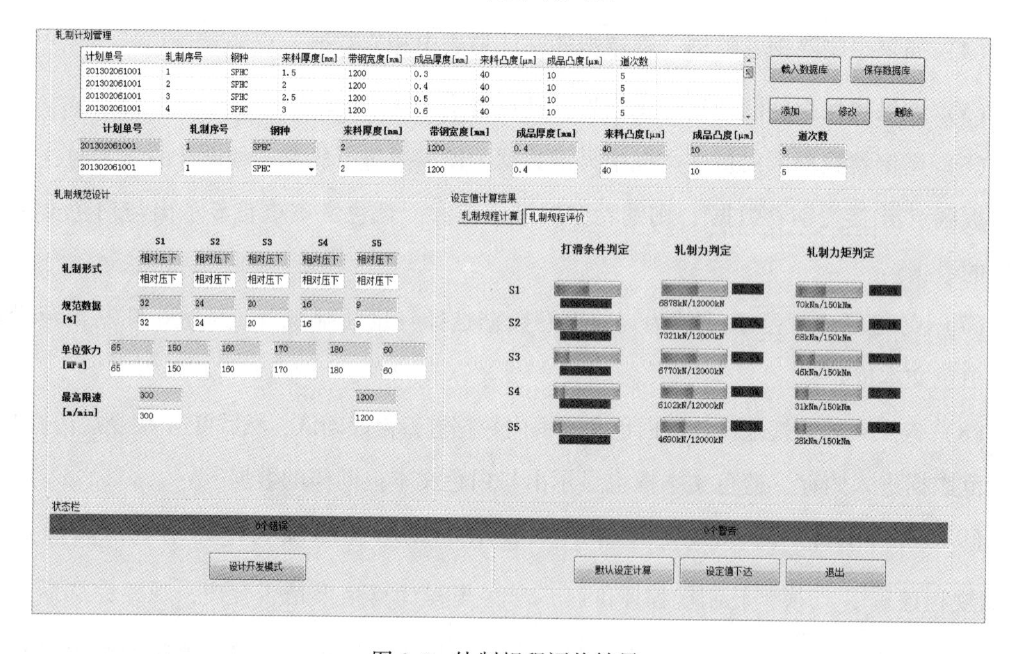

图 2-5 轧制规程评价结果

2.2.5 现代企业冷轧板带钢生产原料智能控制

2.2.5.1 原料库岗位

A 原料库岗位职责

（1）严格执行交接班制度。

（2）对原料质量进行检查验收，不合格原料进行封闭。

（3）负责对原料凸度、板形等自动封闭卷进行确认、揭封、复检的管理。

（4）参加班组安全活动，认真学习安全规程。

（5）熟知危险源点及紧急预案。

B　特别注意事项

（1）原料验收时，要求对超出验收标准要求的钢卷进行封闭管理。

（2）掌握设备运行情况并写入交接班记录，相关问题及时向上级领导和相关专业反馈。

（3）收料时，要核对收料信息是否与实物钢卷数量一致。

C　操作步骤

a　岗位要点

（1）负责原料信息确认，实物入库的验收工作。

（2）负责对入库的原料进行性能和质量验收，将不合格热轧钢卷放入原料库封闭区。

（3）收料人员对质量异常的产品要及时记录，并向生产管理部门报告封闭钢卷的数量及相关信息。

b　生产准备

（1）原料验收时，要求对超出验收标准要求的钢卷封闭处理，对于存在缺陷的可修复钢卷在系统不良品卡片中进行记录，并进行封闭处理。

（2）原料库收料人员需对当班所收原料外观每卷检查，原料质量符合性验证为每 10 卷称重一次并记录，原料宽度每 10 卷记录一次内圈宽度并记录在《热轧原料质量抽检记录》中，对于检查过程中发现超出标准要求的进行记录，并在不良品中进行记录。

c　具体操作步骤

（1）核对钢卷信息并检查钢卷外观质量。

（2）指挥吊车将钢卷摆放在指定区域。

（3）输入钢卷库位，做到准确无误。

（4）对于钢卷存在明显缺陷的原料做出标记并及时封闭，通知相关人员进行处理。

2.2.5.2　原料上料岗位

A　原料上料岗位职责

（1）严格执行交接班制度。

（2）掌握设备运行情况并写入交接班记录，相关问题及时向上级领导和相关专业反馈。

（3）执行操作牌、停送电制度，对于没有执行相关制度的检修人员，必须坚决制止其检修。

（4）与焊机、酸洗工艺段、上料工及时沟通。

B　特别注意事项

（1）认真查对每卷卷号、规格、库位，做到确认无误。

（2）指挥吊车按计划单顺序将钢卷吊装上步进梁。

（3）不要将钢卷落在升起的步进梁上，以免损坏步进梁。

（4）上料过程中，随时察看钢卷外形情况，对严重裂边、塔形、折边超过90°等缺陷料做出取消标记，并指挥吊车将缺陷原料吊放到指定区域堆放，并及时通知入口台。

（5）在上料过程中对上下卷位需要倒卷移位等情况，正确指挥吊车移位，以避免原行钢卷错位，以后无法查找。

（6）上料过程中，按计划单顺序上完每一钢卷后，立即在料单上做出标记。

C 岗位要点

做好收料准备，根据料单核对每个钢卷，检查钢卷质量（有无溢出边、塔形、燕尾卷、窄尺、捆带断开、扁卷、内径尺寸不符、温度是否过高），并根据实际情况确认是否退卷，根据料单号对钢卷进行描号及输入数据。

D 操作步骤

a 生产准备

核对计划单和PDI数据。

b 特别注意事项

（1）认真核对每卷钢卷号、规格、库位，做到准确无误。

（2）为避免损坏步进梁，禁止将钢卷落在升起的步进梁上。

（3）对严重缺陷的原料做出取消标记，确认钢卷温度并及时通知入口台。

c 操作步骤

（1）按计划单顺序指挥吊车将钢卷吊装上步进梁。

（2）上料过程中，按计划单顺序上完每一钢卷后，立即在料单上做出标记。

（3）上料过程中需要对上下卷位进行倒卷移位时，应正确指挥吊车移位，避免原行钢卷错位，以后无法查找。

（4）上料过程中，随时察看钢卷外形情况，对严重裂边、塔形、折边超过90°等缺陷的原料做出取消标记，及时通知入口台并指挥吊车将缺陷原料吊放到指定区域。

2.2.6 相关理论知识

2.2.6.1 原料准备概述

天车吊来的钢卷水平放置在步进梁运输机上，并由步进梁运送到入口钢卷旋转台上。两段式入口步进梁运输机包括固定梁和带有提升、行走装置的行走梁，入口步进梁上设有用于手动拆捆带的地辊及钢卷宽度对中装置，步进梁的提升及行走由液压缸完成，入口步进梁运输机最多放置12卷钢卷。

2.2.6.2 原料验收主要控制要点和程序

A 落卷位置管理

（1）两侧宽度差是指钢卷两个边部到鞍座中心线的距离之差。

（2）宽度在 1.5 m 以上的钢卷，两侧宽度差允许在 200 mm 以内，否则视为钢卷摆放过歪。

（3）二层卷宽度大于一层卷宽度允许在 200 mm 以内。

（4）当班天车操作人员必须保证本班工作时间内原料库库区内不出现大钢卷压小钢卷和钢卷摆放过歪的情况。

B 落卷顺序管理

在一层库位未满的情况下禁止向二层落卷。落二层钢卷时每行必须空留两个库位，以便倒卷使用（二层只能在本道次倒卷）。

C 收料流程管理

（1）汽车司机不下车一律不准收料，收料人员要及时督促。

（2）收料工必须在系统确认原料信息，包括炉罐号、钢种、批号、规格、质量、化学成分等，确认符合技术部门下发的相关要求后录入系统。

（3）系统禁止出现悬空钢卷。

D 收料质量管理

（1）存在严重质量问题的钢卷（散卷超过 3 圈，严重燕尾长度大于 500 mm，目视可观察到的折叠、裂边、厚度超差、卷径过大等影响机组正常生产的缺陷）必须在收料时发现，并第一时间做好封闭。对质量异常的产品要及时记录，并向相关部门报告封闭钢卷的数量及相关信息。

（2）收料时禁止将未打捆带的钢卷收入库中，发现未打捆带的钢卷要及时补打捆带后再收入库中。

（3）存在质量问题的钢卷要在收料后进行封闭，由白班收料工组织修卷人员统一修复（一个工作日内必须全部修复），修卷信息（缺陷名称、切除位置和刀数）要进行详细记录。

（4）修卷班组在修复钢卷或取样完毕后，将捆带绑好第一时间将钢卷吊回原库位并保持实物和系统库位一致，并将修卷现场清理干净，不得留有板头、捆带等杂物。

（5）各班组收料必须听从管理，按照指令有计划地收料。

E 上料、退料管理

（1）上料工按计划顺序认真上料，上料前认真核对钢卷信息，确认无误方可上机。

（2）上料工必须严格执行生产计划，机组有特殊情况需要调整生产计划时，请当班作业长与管制中心联系，由计划人员确认后方可调整计划。

（3）机组计划停机时，起停车料、过渡料、穿带料必须按计划执行，不许私自上料。

（4）上料过程中如出现必须倒卷的情况，必须在倒卷的过程中执行倒垛，以保证三级系统中库位的准确。

（5）天车司机上料时，要注意步进梁的运行，不准在步进梁行走时落卷，必须鸣警笛，要点动轻放，严禁冲击。

（6）交班时 2 号步进梁上保证钢卷满梁方可交班。

（7）上料检查质量时必须保证在前 3 个鞍座内完成，不得无故延时检查质量，防止钢卷运行过深耽误最佳退料时间。

（8）退料时，当班人员必须做好退料详细记录，同时在三级系统输入库位。

2.2.6.3 主要设备及其功能

A 入口步进梁运输机

（1）功能：天车吊来的钢卷水平放置在步进梁运输机上，并由步进梁运送到入口钢卷旋转台上。两段式入口步进梁运输机包括固定梁和带有提升、行走装置的行走梁，入口步进梁上设有用于手动拆捆带的地辊及钢卷宽度对中装置，步进梁的提升及行走由液压缸完成。入口步进梁运输机最多传输 12 卷钢卷，拆捆带的地辊位于 10 号鞍座的位置，钢卷对中装置位于 11 号鞍座的位置。

（2）位置：入口步进梁运输机平行于酸洗线安装，入口步进梁运输机及其动作原理，如图 2-6 所示。

图 2-6 入口步进梁运输机

B 钢卷带头定位

（1）功能：钢卷带头定位由操作工在地辊站手动定位。

（2）位置：位于步进梁运输机的 12 号鞍座。

C 钢卷对中装置

（1）功能：此装置包含可测量钢卷宽度的测量装置，钢卷宽度由步进梁 11 号的超声波检测器测得。超声波检测器检测钢卷两端防止钢卷外圈的影响，通过计算机计算可得出钢卷宽度中心偏差值并用于钢卷宽度自动对中。

（2）位置：位于步进梁运输机的 11 号鞍座。

D 捆带剪

（1）功能：手动捆带剪，捆带剪用于拆除捆带并将捆带打成小卷。

（2）位置：位于步进梁运输机的 11 号鞍座。

E　入口钢卷车

（1）功能：1 号入口钢卷小车带有钢卷测量装置并将 1 号鞍座的钢卷运到 1 号开卷机。这个钢卷车是 L 形结构，由车框架及提升框架组成，小车的 4 个轮（两个轮由一个电机驱动）是在轨道上移动，提升框架有 V 形顶，沿可替换的钢衬移动，并由液压缸提升。滑动地板平台位于小车走行通道上，用于盖上钢卷车地坑。钢卷测量装置用于测量钢卷外径和宽度。钢卷外径测量由光电元件和一个脉冲发生器完成，这些装置安装在小车上用于指示 L 形提升框架的定位。钢卷宽度的测量由光电元件和一个脉冲发生器来完成，用于确定钢卷车走行。通过计算机计算，开卷机卷筒中心与钢卷中心线可确定，并完成自动上料过程。提升速度和行走速度设计高、低两挡，便于精确控制高度和宽度中心。光电感应器型内径指示器将用于保证钢卷小车将钢卷插入开卷机。

（2）位置：位于入口钢卷运输小车和 1 号开卷机之间。

2.2.6.4　原料库位处理异常作业安全技术操作

A　处理翻卷异常作业

（1）先吊开翻卷四周钢卷，保证翻卷四周有 4~5 m 空地。

（2）必须选用 ϕ46 mm 以上的钢丝绳。

（3）钢卷倾斜不是全部扑地时，向卷心穿钢丝绳前，必须在钢卷下面先垫入垫木或铁锲，方能穿过钢丝绳。

（4）当钢卷全部扑地无法向卷心穿绳时，若采用外圈套吊，必须在钢丝绳收口处和对称位置垫入垫木，防止钢丝绳滑出，垫木材质要硬，防止垫木轧断后弹出伤人。

（5）行车在斜拉收紧钢丝绳时，必须以慢挡起升，当绳收紧时立即恢复垂直起吊位置。

（6）现场作业时，只允许一人指挥，指挥人员必须离开 5 m 之外，并且必须站立在易指挥的安全地带，严禁在钢卷滚动正面站立和死角站立。

B　处理步进梁头部滚卷异常作业

（1）天车必须听从地面一人指挥，多人指挥有权拒吊。

（2）使用钢丝绳必须在 ϕ46 mm 以上，对不符合规定的钢丝绳，天车人员有权拒吊。天车斜拉时，必须慢挡起升，大车慢挡跟进，直至垂直。

（3）斜拉角度不得大于 20°，在斜拉必须动作大车时，严禁大挡起动。

C　原料库位处理缺陷钢卷异常作业

（1）切割钢卷用氧气、乙炔等必须按标准隔离摆放。

（2）切割下的板头必须相对集中捆带扎好方能起吊。

（3）指挥吊车时，必须一人指挥，指挥人员必须站在 5 m 以外。

（4）天车吊废钢板时，必须事先鸣笛，低挡慢速，必须避让地面人员，严禁从地面人员头顶越过。

(5) 有关人员上下楼梯或机组行走台阶，两手禁止放在口袋内，防止踏空摔倒。

2.2.6.5 异常工况产生的原因及处理方法

A 不合格钢卷处理

a 产生原因

(1) 铁路运输产生的不合格卷，不能拒绝收料，但收料的钢卷禁止上机。

(2) 散卷、溢出边、褶皱、斜纹、燕尾等可修复的原料缺陷。

(3) 塔形、边裂等无法修复或修复后仍不符合上机标准的原料。

b 预防及处理方法

(1) 对不合格进行封闭，并记录。

(2) 用水焊切割进行修复，要求3日内修复完，修复完后及时通知生产技术部门揭封。

(3) 通知生产技术部门申请退料。

B 钢卷坠落

a 产生原因

原料库区内二层钢卷摆放严重偏向一侧，天车吊下层卷时造成钢卷滚动坠落等。

b 预防及处理方法

在天车收、上卷过程中，密切监控钢卷的状态，保证上层卷摆齐。吊下层钢卷前要将上层易滚动钢卷吊走再进行下步作业，禁止大小钢卷混放等。

C 钢卷小车在上卷时丢失位置，自动步无法进行

a 产生原因

芯轴在膨胀的瞬间钢卷震动使钢卷小车在水平位置移动，钢卷小车晃动超出允许范围，导致钢卷小车不能自动下降到低位。

b 预防及处理方法

将钢卷小车在HMI上切换成[维护模式]，手动将其下降到最低位，再将[维护模式]关闭，将钢卷小车开到[等待梭车]位置，切换到[自动]走自动步。

2.2.7 原料安全规程

2.2.7.1 原料库位安全规程

(1) 进入现场必须穿戴齐全劳动保护用品，穿工作服、工作鞋，戴安全帽、岗位牌。

(2) 上岗前检查火车通道内是否有杂物和火车堵挡是否牢靠，保持设备完好状态。

(3) 库区外禁止摆放钢卷。

(4) 钢卷堆放必须呈梯形，严禁采用上宽下窄的堆放方式，保证安全可靠。

(5) 严禁在运动的钢卷上描号，描号必须戴好手套，防止烫伤。

(6) 不准往钢卷上泼水，热钢卷不准用手摸脚踢。

(7) 认真检查每个钢卷是否在步进梁中心位置，发现钢卷位置不对，应及时采取措施。

（8）步进梁在运行过程中绝对不允许天车向鞍座上落卷，避免对设备造成损害。

2.2.7.2 钢卷准备安全规程

（1）严禁在步进梁运行中拆捆带及抽拉捆带，禁止跨越运行中的步进梁。

（2）在拆除捆带时要注意钢卷带头位置，防止带头弹起伤人。

（3）在处理掉落在步进梁或钢卷小车下的捆带前，必须挂牌及上锁操作；处理完毕，摘牌、开锁后方可允许设备运行。

（4）废料斗内的捆带不允许超过料斗平面。

（5）起吊废料斗时，应检查料斗提耳是否损坏，必须使用专用吊具，并检查吊具是否完好，指挥人员应站在安全位置。

（6）启动步进梁前，必须观察天车及钢卷位置，发现异常要立即按下快停按钮，防止钢卷翻倒伤人和损坏设备。

2.2.8 检查评价

检查评价见表 2-1。

表 2-1 检查评价

<table>
<tr><th>一级评价指标</th><th>二级评价指标</th><th>评 价 内 容</th><th>配分</th><th>自我评价</th><th>小组评价</th></tr>
<tr><td rowspan="4">行为指标</td><td rowspan="4">安全文明生产</td><td>遵守轧钢工操作规程</td><td>5 分</td><td></td><td></td></tr>
<tr><td>工作岗位清洁，物品摆放有序</td><td>5 分</td><td></td><td></td></tr>
<tr><td>良好的工作习惯</td><td>5 分</td><td></td><td></td></tr>
<tr><td>按照安全规程正确操作</td><td>5 分</td><td></td><td></td></tr>
<tr><td rowspan="10">专业能力指标</td><td rowspan="4">工作过程中理论知识的运用</td><td>查阅资料的能力</td><td>5 分</td><td></td><td></td></tr>
<tr><td>观察分析问题的能力</td><td>5 分</td><td></td><td></td></tr>
<tr><td>解决问题的方法和效果</td><td>5 分</td><td></td><td></td></tr>
<tr><td>对生产工艺要求的理解程度</td><td>5 分</td><td></td><td></td></tr>
<tr><td rowspan="6">工作过程中技能水平的展现</td><td>完成工作的积极性</td><td>5 分</td><td></td><td></td></tr>
<tr><td>完成工作的工艺与方法的掌握</td><td>10 分</td><td></td><td></td></tr>
<tr><td>采用的方案是否合理</td><td>10 分</td><td></td><td></td></tr>
<tr><td>采用的方案是否可行</td><td>10 分</td><td></td><td></td></tr>
<tr><td>理论与实际相结合的综合分析</td><td>5 分</td><td></td><td></td></tr>
<tr><td>设备、工具、仪表的正确使用与维护保养</td><td>5 分</td><td></td><td></td></tr>
<tr><td rowspan="3">情感指标</td><td rowspan="3">综合运用能力</td><td>团队协作能力</td><td>5 分</td><td></td><td></td></tr>
<tr><td>工作效率</td><td>5 分</td><td></td><td></td></tr>
<tr><td>知识或技能拓展能力</td><td>5 分</td><td></td><td></td></tr>
<tr><td colspan="3">合 计</td><td>100 分</td><td></td><td></td></tr>
<tr><td colspan="2">教师综合评价</td><td></td><td></td><td></td><td></td></tr>
</table>

2.2.9 练习题

[理论知识试题精选]

一、选择题

(1) 原料带钢（　　）是指全长内偏离公称宽度的数值。

A. 厚度偏差　　B. 宽度偏差　　C. 公差　　D. 凸度

(2) 酸轧机组对热轧原料的镰刀弯要求是除去头尾 6 m 长度以外，镰刀弯小于(　　) mm/2 m。

A. 4　　B. 5　　C. 10　　D. 6

(3) 原料表面出现超过厚度正负偏差一半深度的划条称为（　　）。这种缺陷在冷轧过程中不易消除，最终会导致成品板带降级。

A. 横折印　　B. 隆起　　C. 划伤　　D. 裂边

(4) 下列原料缺陷中，在钢卷外观上难以发现的是（　　）。

A. 燕尾　　B. 窄尺　　C. 氧化铁皮　　D. 隆起

(5)（　　）是指热轧带钢中心线沿长度方向出现的镰刀形，具有这种缺陷的原料在冷轧机组上必然出现跑偏，严重时会因刮边而造成断带事故。

A. 镰刀弯　　B. 鱼尾　　C. 隆起　　D. 裂边

(6) 热轧原料带钢厚度允许公差为（　　）。

A. ±3%　　B. ±2%　　C. ±5%　　D. ±1%

(7) 在钢板生产中，原料断面形状、承载辊缝的断面形状、压下规程的变化等都是影响（　　）的因素。

A. 板形　　B. 尺寸　　C. 厚度　　D. 宽度

二、判断题

(　　)(1) 镰刀弯是指热轧带钢中心线沿长度方向出现的镰刀形，镰刀弯的原料在冷轧机组上必然出现跑偏，严重时会因刮边而造成断带事故。

(　　)(2) 边部或中部肋浪是热轧产生的缺陷，具有这种缺陷的原料，难以冷轧出高质量成品。在冷轧过程中会发生跑偏、轧皱或轧制不稳定现象。

(　　)(3) 原料表面出现超过厚度正负偏差一半深度的划条称为划伤。这种缺陷在冷轧过程中不易消除，最终会导致成品板带降级。

(　　)(4) 原料带钢宽度偏差是指全长内偏离公称宽度的数值，实际生产中一般为两头窄、中间宽。

(　　)(5) 入口原料要求塔形每侧小于 50 mm。

(　　)(6) 钢材表面的麻点缺陷是由原料缺陷产生的。

(　　)(7) 轧制成品的力学性能与原料的化学成分有直接的关系，因此带钢卷取时的温度高低不会影响其力学性能好坏。

[操作技能试题精选]

请完成轧制计划单中轧制规程设定操作，生产计划单见表 2-2。

表 2-2 生产计划单

位置	钢卷号	钢种	来料厚度/mm	来料宽度/mm	产品厚度/mm	产品宽度/mm	屈服强度/MPa
入口	A220100941E	DC01	2.75	1250	0.40	1220	270
出口	221W033820000	DC01	2.75	1250	0.40	1220	270

考核要求：

(1) 正确打开冷连轧仿真实训教学软件；

(2) 正确选择轧制规程设计中的钢卷；

(3) 能对选中的钢卷数据进行调整并保存；

(4) 能增加或删除钢卷数据并保存；

(5) 能接受钢卷收据并导入规范；

(6) 能进行设定计算并对轧制规程评价；

(7) 能根据轧制规程评价结果进行修改与确认规范，再次计算；

(8) 能将正确的设定值计算结果下达到控制器；

(9) 安全文明操作；

(10) 操作时间：5 min。

轧制规程设定仿真操作测试评分，见表 2-3。

表 2-3 轧制规程设定仿真操作测试评分

项目要求	配分	评分标准	扣分	得分
操作准备	10 分	未正确打开冷连轧仿真实训教学软件，扣 10 分		
操作过程与结果	80 分	(1) 未正确选择轧制规程设计中的钢卷，扣 10 分； (2) 未能对选中的钢卷数据进行调整并保存，扣 10 分； (3) 未能增加或删除钢卷数据并保存，扣 10 分； (4) 未接受钢卷收据并导入规范，扣 10 分； (5) 未进行设定计算并对轧制规程评价，扣 15 分； (6) 未根据轧制规程评价结果进行修改与确认规范，再次计算，扣 15 分； (7) 未将正确的设定值计算结果下达到控制器，扣 10 分		
安全文明操作	10 分	违反安全操作规程，每次扣 5 分		

任务 2.3 开卷智能控制

知识目标

- 开卷机的结构及工作原理；
- 开卷机操作规程；
- 冷轧带钢的开卷生产质量检测及处理方法。

技能目标

- 能读懂冷轧带钢开卷生产工艺参数；
- 能检查并确认开卷机的运行状态；
- 能处理冷轧带钢开卷生产常见简单故障。

2.3.1 任务描述

本任务主要学习开卷机的结构及工作原理，开卷机操作规程和开卷生产质量检测及处理方法。能读懂开卷生产工艺参数，检查开卷机的运行状态，处理冷轧带钢开卷生产常见简单故障。开卷仿真操作和监控画面如图 2-7 所示，开卷生产操作界面如图 2-8 所示。

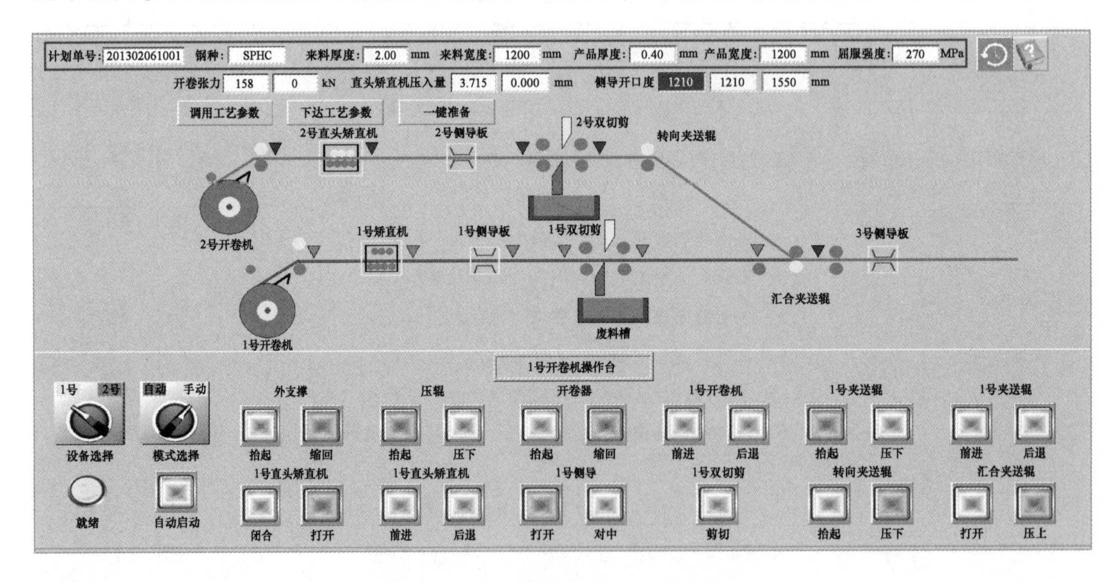

图 2-7 开卷仿真操作和监控画面

2.3.2 任务分析

开卷使卷状的带材展开，便于后续处理。完成开卷前的准备工作（包括设备准备和流

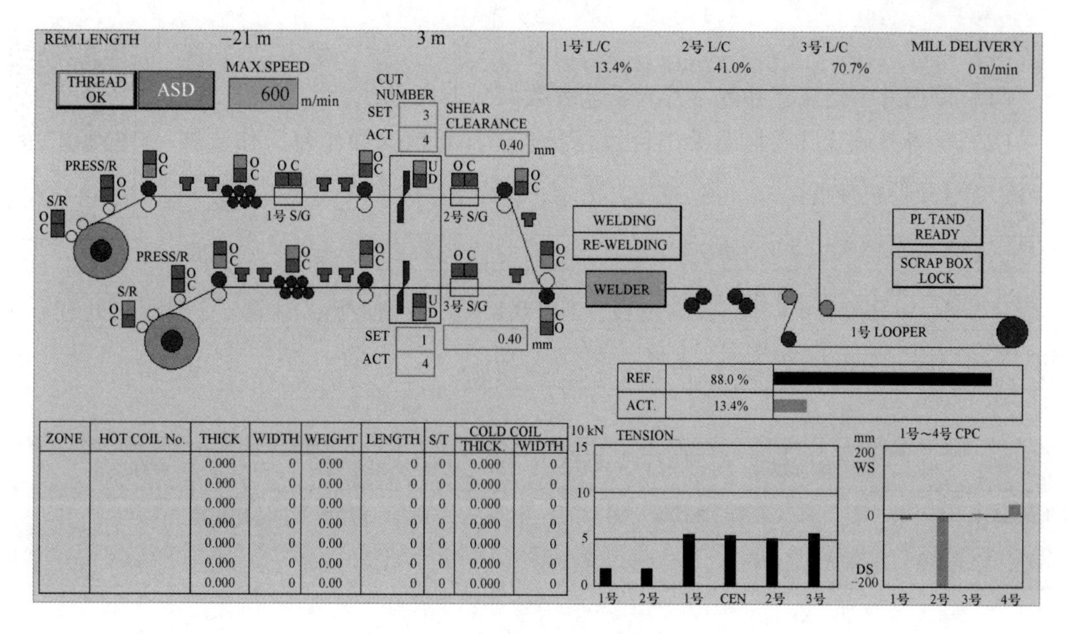

图 2-8　开卷生产操作界面

体准备）是进行开卷工作的前提，开卷区的设备主要包括开卷机、外支撑、压辊矫直机、侧导板等。

2.3.3　任务准备

2.3.3.1　接收生产计划单

冷轧带钢生产计划单，如图 2-9 所示。

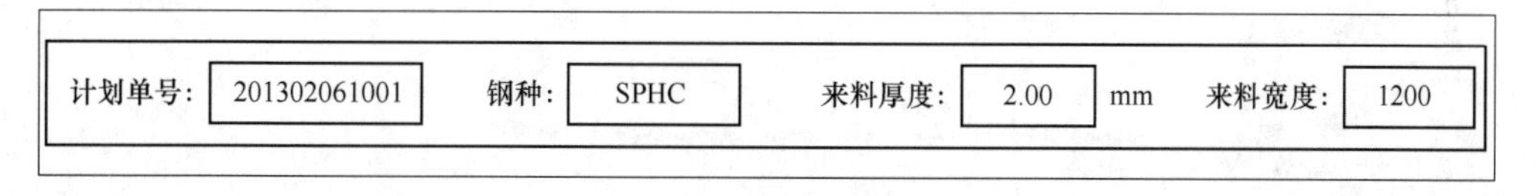

计划单号：201302061001　钢种：SPHC　来料厚度：2.00 mm　来料宽度：1200

图 2-9　冷轧带钢生产计划单

2.3.3.2　开卷机操作台

开卷机操作台，如图 2-10 所示。

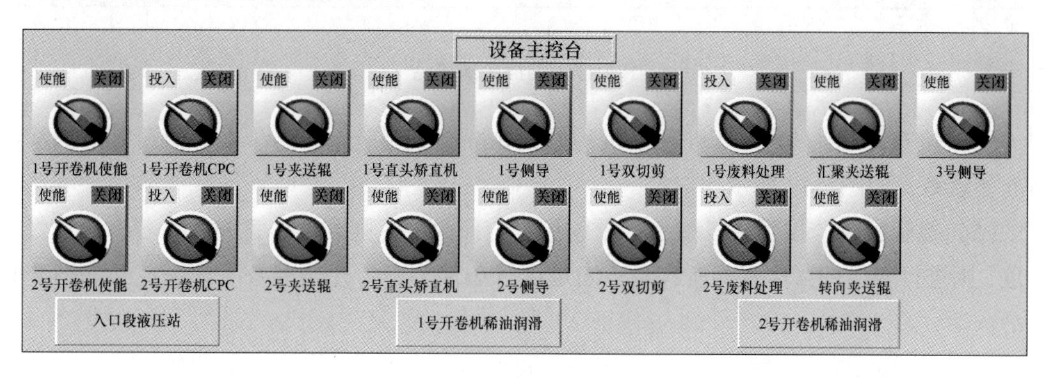

图 2-10　开卷机操作台

2.3.3.3 开卷准备

微课 开卷准备仿真操作

（1）调用并下达工艺参数，开卷工艺参数如图 2-11 所示。

（2）检查并确认开卷辅助操作台运行状态，开卷辅助操作台操作步骤：[1 号、2 号开卷机使能] → [使能]，[1 号、2 号开卷机 CPC] → [投入]，[1 号、2 号夹送辊] → [使能]，[1 号、2 号直头矫直机] → [使能]，[1 号、2 号、3 号侧导] → [使能]，[1 号、2 号双切剪] → [使能]，[1 号、2 号废料处理] → [投入]，[汇聚夹送辊] → [使能]，[转向夹送辊] → [使能]。

钢种：SPHC　来料厚度：2.00 mm　来料宽度：1200 mm　产品厚度：0.40 mm　产品宽度：1200

开卷张力 158　0 kN　直头矫直机压入量 3.715　0.000 mm　侧导开口度 1210　1210　1550

调用工艺参数　下达工艺参数　一键准备　□ 2号双切剪

图 2-11　开卷工艺参数

（3）检查并确认入口段液压站运行状态，入口段液压站准备就绪，如图 2-12 所示。

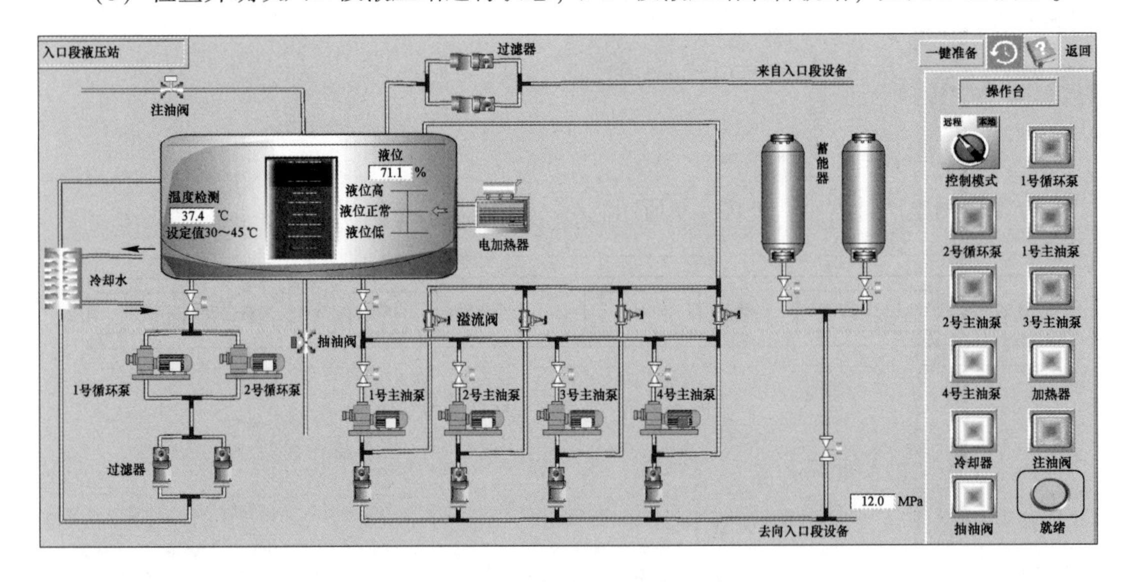

图 2-12　入口段液压站

（4）检查并确认 1 号、2 号开卷机稀油润滑站运行状态，1 号、2 号开卷机稀油润滑站准备就绪，如图 2-13 所示。

（5）检查设备监控面板各指示灯颜色。若全部为绿色则开卷准备完成；若有指示灯为灰色，则进行相应的操作直到所有设备满足运行条件，表示开卷准备工作完成，如图 2-14 所示。

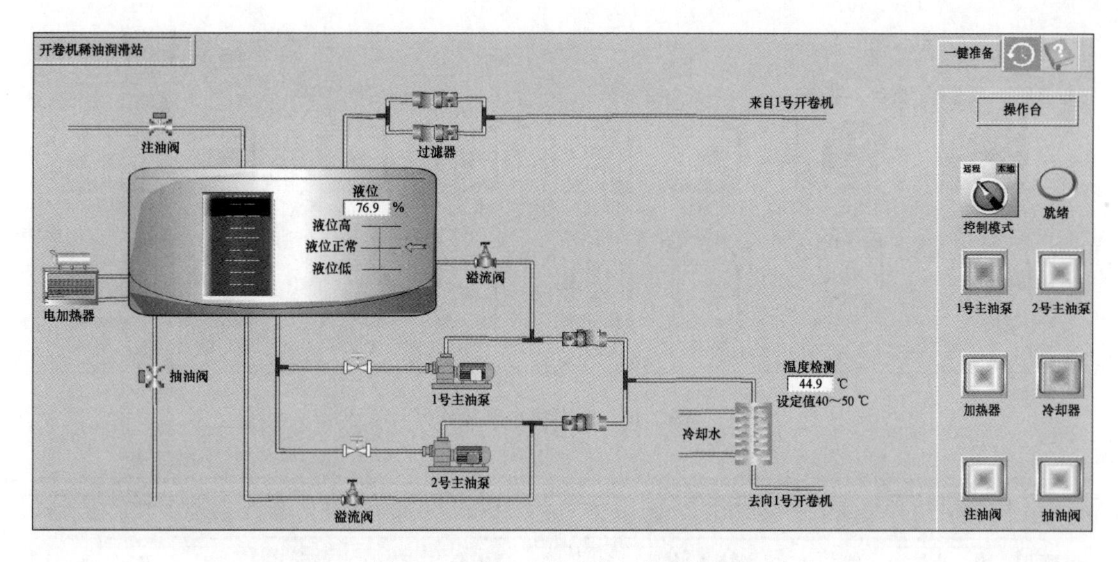

图 2-13　1 号、2 号开卷机稀油润滑站

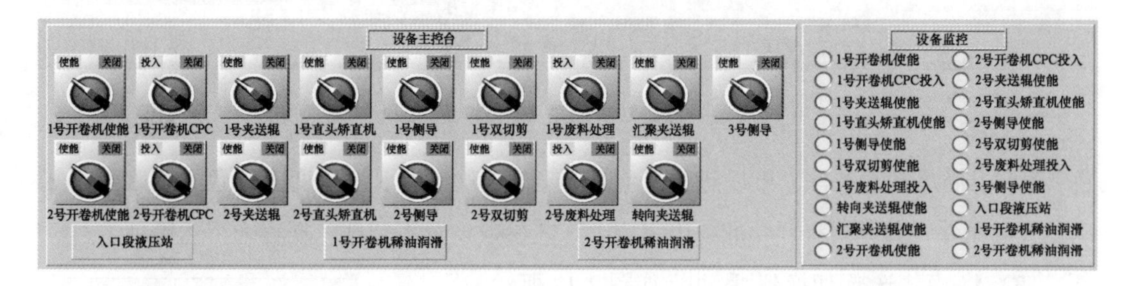

图 2-14　开卷

2.3.4 任务实施

下面介绍冷轧带钢开卷生产仿真实训操作。

微课 开卷仿真操作

2.3.4.1　开卷操作自动模式

（1）点击<u>一键准备</u>，可看到就绪指示灯变为绿色，达到开卷条件。

（2）将<u>模式选择</u>切换到<u>自动</u>。

（3）点击<u>自动启动</u>，在后台程序的自动控制下完成开卷工作，开卷机自动操作如图 2-15 所示。

2.3.4.2　开卷操作手动模式

（1）点击<u>调用工艺参数</u>，可看到开卷张力、直头矫直机压入量、侧导板开口度出现相应的参数，其中开卷张力、直头矫直机压入量不受计划单号的影响，侧导板开口度受来料宽度的影响，侧导板开口度=来料宽度+10，如图 2-16 所示。

（2）对侧导板开口度进行修改之后点击<u>下达工艺参数</u>，可看到<u>就绪</u>指示灯变为绿

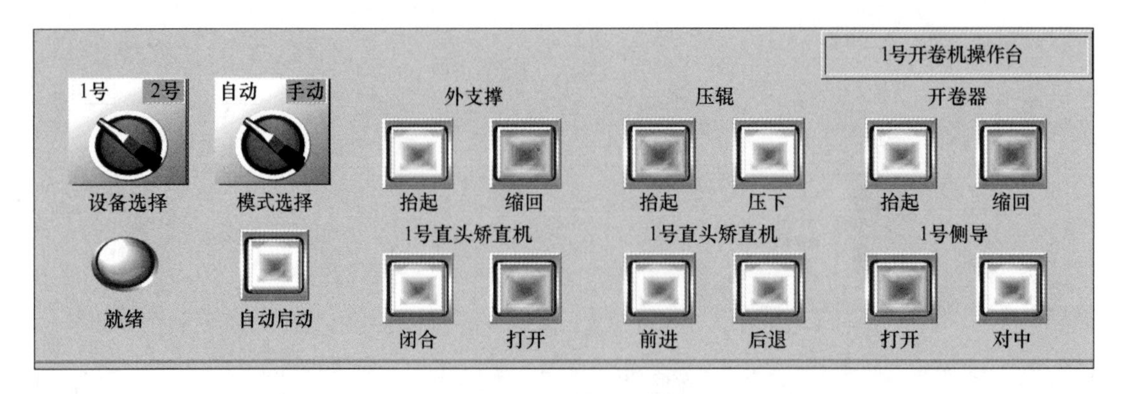

图 2-15 开卷机自动操作

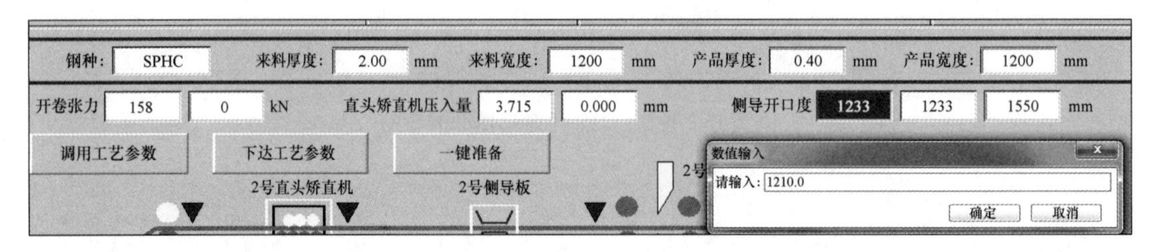

图 2-16 调用工艺参数

色，表明已满足开卷条件，可以进行开卷操作。若就绪指示灯未变为绿色，则表明还未满足开卷条件，其原因有开卷准备未完成、工艺参数设置不合理、规程未下达等。

(3) 将模式选择切换到手动，如图 2-17 所示。

(4) 点击外支撑→抬起，压辊→压下，开卷器→抬起。

(5) 点击1 号开卷机→前进，开卷开始，带钢前进。

(6) 当带钢到达 1 号夹送辊（夹送辊后的冷金属探测仪检测到有带钢通过，即冷金属探测仪变为蓝色时表示带钢到达 1 号夹送辊）时，点击1 号夹送辊→压下。

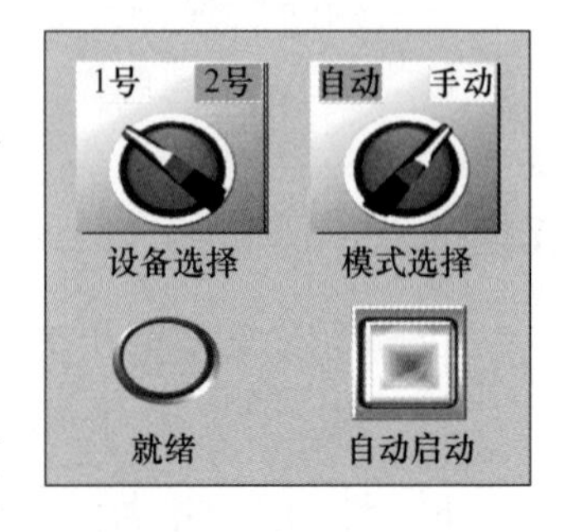

图 2-17 手动模式开卷

(7) 点击1 号夹送辊→前进，带钢继续前进，如图 2-18 所示。

(8) 当带钢运行到 1 号直头矫直机时，点击1 号直头矫直机→闭合，点击1 号直头矫直机→前进，可看到带钢继续前进。

(9) 当带钢运行到 1 号侧导时，点击1 号侧导→对中，对带钢进行对中，便于后续剪切。

(10) 点击1 号直头矫直机→前进，当带钢到达双切剪时，点击1 号双切剪→剪切，进行切头工作，如图 2-19 所示。

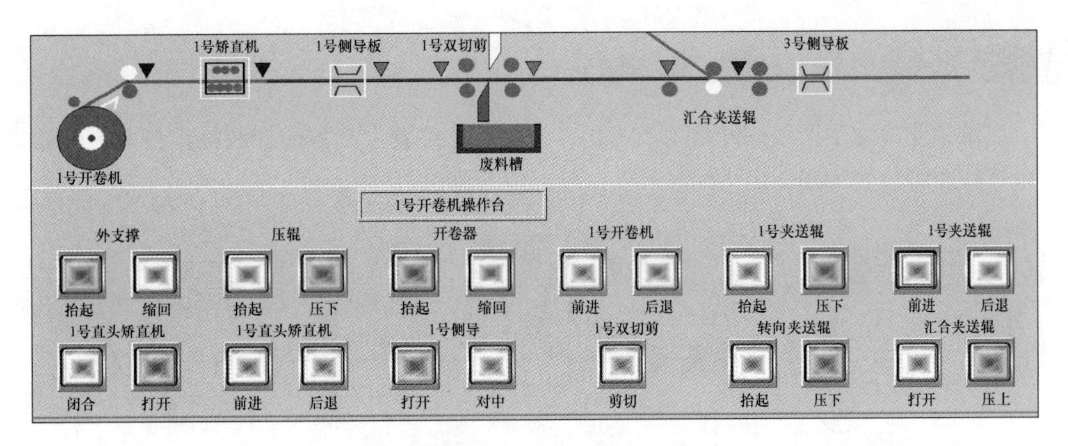

图 2-18　1 号夹送辊压下

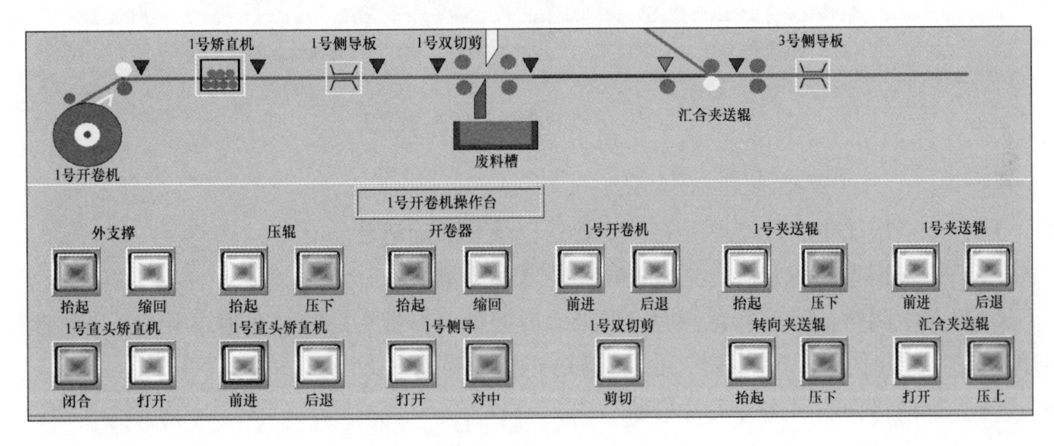

图 2-19　剪切带头

（11）点击[1 号直头矫直机]→[前进]，带钢继续前进，当带钢头部运行到汇合夹送辊时，开卷操作完成，如图 2-20 示。

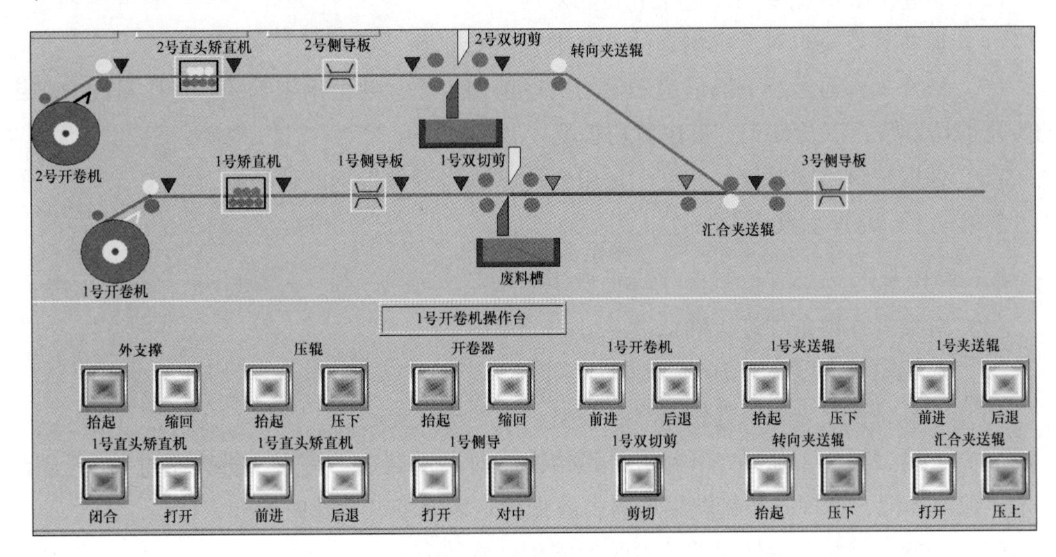

图 2-20　开卷操作完成

2.3.5 现代企业冷轧生产开卷智能控制

以某企业冷轧生产线的开卷生产为例，介绍冷轧开卷生产智能控制操作技能，开卷机在生产线布置位置如图 2-21 所示。

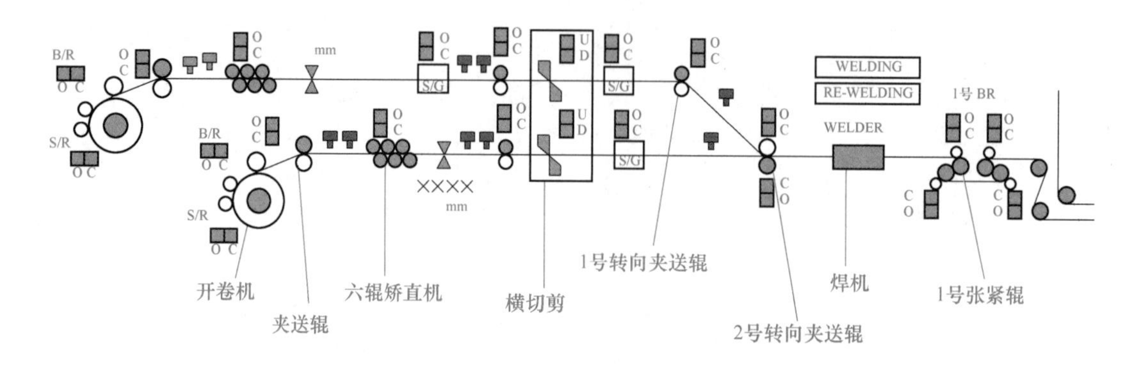

图 2-21 开卷机在生产线布置位置

2.3.5.1 开卷机操作岗位职责

(1) 严格按照生产计划单上卷，钢卷号记录要准确清楚。

(2) 检查钢卷表面质量，测量外径、宽度和质量。

(3) 对中调整，防止翻卷，拆除捆带。拆捆带前，带头一定要在钢卷下方，以防捆带剪短后带头弹起伤人。拆除捆带时，注意防止捆带弹出伤人。

(4) 带钢打开器引出带头并弯曲。

2.3.5.2 特别注意事项

(1) 钢卷在旋转台旋转时要注意钢卷旋转方向的正确性。

(2) 及时输入正确的钢卷号码。

(3) 钢卷 PDI 数据要与步进梁卷位相对应。

(4) 退卷时要及时对上机钢卷的 PDI 数据进行删除。

(5) 做好上部通道及下部通道带钢的头尾剪切工作，并根据带钢的板形质量设定带钢的头尾剪切刀数，以及带头、带尾剪切长度。

(6) 根据带钢不同厚度、宽度、屈服强度，适当调整带钢的伸长率。

2.3.5.3 操作步骤

A 岗位要点

(1) 对报警连锁条件进行确认。

(2) 热轧原料温度高于 50 ℃禁止上料。

(3) 上料时认真查对每卷钢卷号、规格，做到确认无误。

(4) 上料过程中，随时查看钢卷外形情况，对严重裂边、塔形、折边超过 90°等缺陷料做出取消标记，指挥吊车将缺陷原料吊放到指定区域堆放并及时通知入口台。

(5) 钢卷在旋转台旋转时要注意钢卷的正确旋转方向。

(6) 保证 PDI 钢卷数据要与步进梁卷位相对应。

(7) 退卷时要及时对 PDI 钢卷进行屏蔽。

(8) 在上料过程中注意钢卷表面质量，如有缺陷及时与出口人员联系，并做好记录。

(9) 1 号、2 号上料小车往开卷机上卷时，密切注意钢卷高度，防止掉卷。

(10) 入口段开卷机穿带过程中，密切注意带头，防止带头下扣卡钢。

(11) 做好上部通道及下部通道带钢的头尾剪切工作。

(12) 根据带钢的实际板形质量，更改二级设定的带钢头尾剪切刀数及带头、带尾剪切长度。

(13) 横切剪上部通道剪切过程中，密切注意剪切情况，防止剪切后的钢板落在下部通道带钢表面。

(14) 剪口处带钢 1 m 内不能有缺陷。

(15) 剪切带钢时主运输机、辅助运输机必须工作。

(16) 入口活套量不足时及时放料，放料速度应逐渐提高。

(17) 高速放料过程中，注意观察带钢是否自动降速，防止带钢跑尾。

(18) 确认拉伸矫直机的使用方式，拉矫机的张力、延时率的设定值。

开卷机操作台界面如图 2-22~图 2-24 所示。

B 生产准备

(1) 入口台操作员工作前需要检查并确保设备运行正常，确定台面控制和显示正常。

(2) 确认入口台各种报警信息。

(3) 正确选择操作方式，操作盘达到远程模式。

(4) 操作前检查各设备及灯、键显示是否正常。

(5) 对机组报警连锁条件进行确认。

C 具体操作步骤

(1) 钢卷 PDI 数据要与步进梁卷位相对应，天车将钢卷吊装到步进梁上。

(2) 确认钢卷号及相关信息。

(3) 入口步进梁运行，将钢卷逐位向前移动。

(4) 钢卷在 11 号鞍座进行对中。

(5) 旋转台接受钢卷，并旋转。

(6) 等待位置的入口钢卷运输小车后退，接送钢卷到达 1 号上料鞍座位置，将钢卷落下后运行到等待位置；1 号上料鞍座检测确认钢卷无误后，钢卷小车后退至旋转台接受钢卷，运行至 2 号上料鞍座位置，将钢卷放下后运行到等待位置。

(7) 上部通道：

1) 1 号上料小车接受钢卷，并运行到等待位置，钢卷进行高度对中及进行宽度、内径检测。

2) 1 号上料小车将钢卷送到开卷机卷筒上，开卷机卷筒胀径；开卷机轴支撑提升。

3) 1 号上料小车下降，并运行到等待位置。

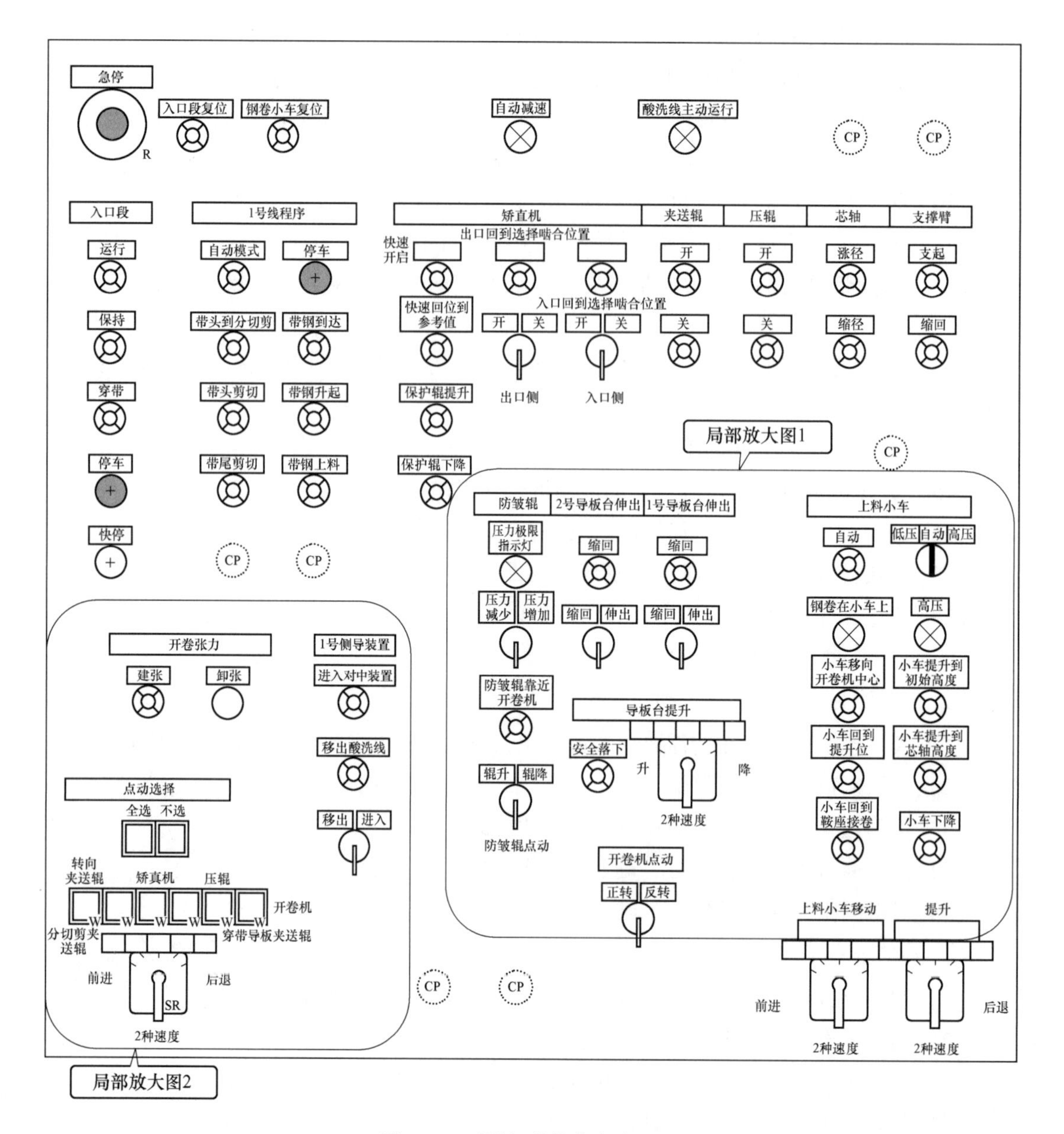

图 2-22　开卷机的操作盘布置图

4）1 号开卷器框架提升，开卷器刮刀打开，开卷器压辊关闭；开卷机向后转动，调整带头位置。

5）开卷器夹钳打开，开卷机以速度 30 min 向前转动，将带头引入夹钳，夹钳关闭。

6）开卷器框架向后移动，开卷机以 30 min 速度向前运行，带头穿过 1 号处理器夹送辊；夹送辊压下，开卷器夹钳装置打开，开卷器压辊打开；带头穿过 1 号处理器，上部通道带头穿过横切剪将自动给出信号。

7）在收到焊机焊接完成信号后，1 号开卷机防皱辊落下，处理器夹送辊打开，侧导板打开，横切剪夹送辊打开，1 号转向夹送辊打开，2 号转向夹送辊打开，带钢可以加速运

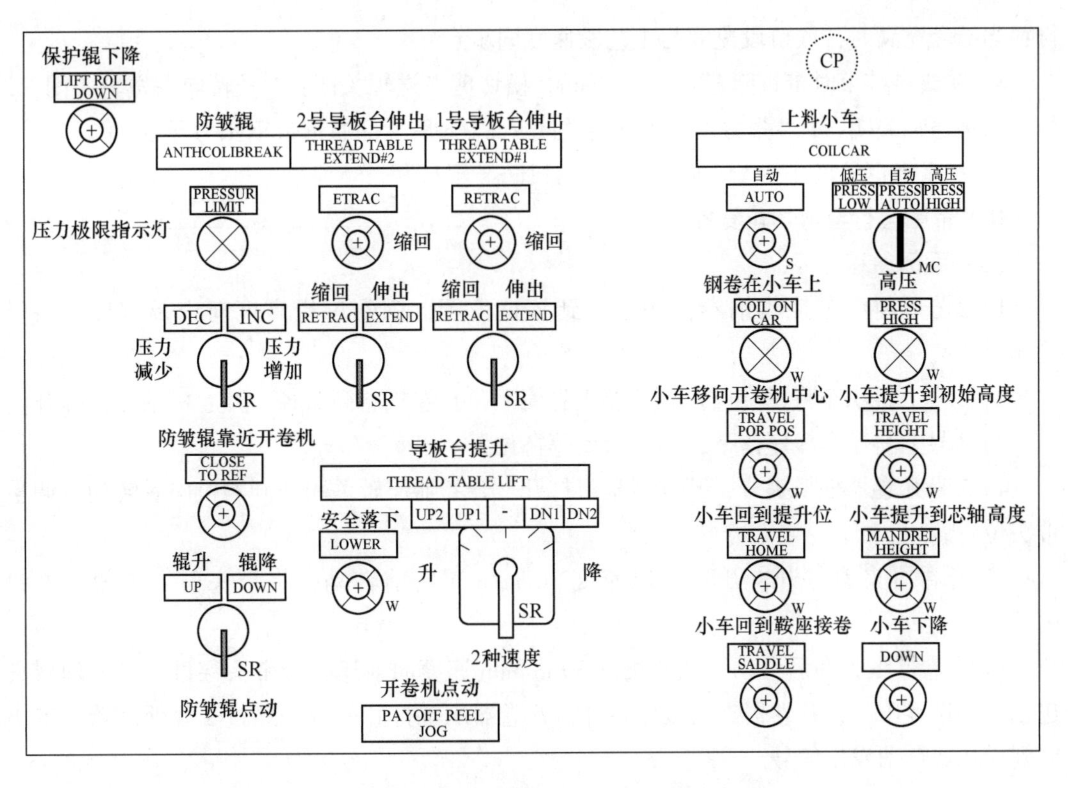

图 2-23 开卷机的操作盘布置图的局部放大图 1

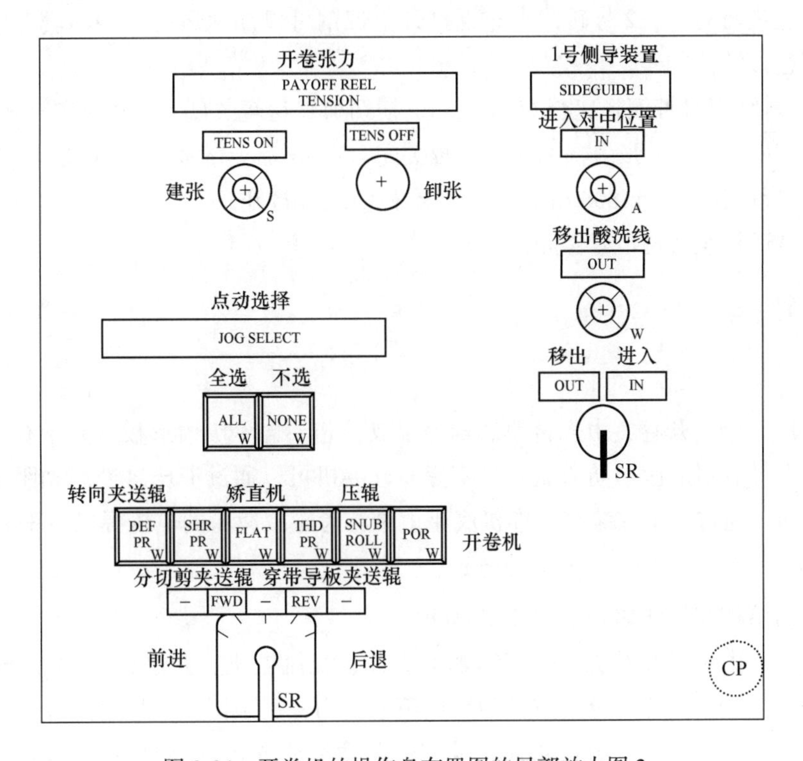

图 2-24 开卷机的操作盘布置图的局部放大图 2

行；当活套充满时，入口段速度与工艺段速度同步。

8）在放料结束时带钢降速至60 m/min，横切剪夹送辊关闭；1号转向夹送辊关闭，2号转向夹送辊关闭，1号张力辊4个压辊关闭，2.0 s后上部通道带钢张力释放。

9）剩余带钢长度小于15000 mm，开卷机防皱辊打开。

10）带尾运行至剪切位置停止。

（8）下部通道：

1）2号上料小车接收钢卷，并运行到等待位置，钢卷进行高度对中及宽度、内径检测。

2）2号上料小车将钢卷插入到开卷机卷筒上，开卷机卷筒胀径，开卷机轴支撑提升。

3）2号上料小车鞍座落下，并运行到等待位置。

4）2号开卷器框架提升，开卷器刮刀打开，开卷器压辊关闭，开卷机向后转动，调整带头位置。

5）开卷器夹钳打开，开卷机以速度30 m/min向前转动，将带头引入夹钳，夹钳关闭。

6）开卷器框架向后移动，开卷机以30 m/min速度向前运行，带头穿过2号处理器夹送辊，夹送辊压下，开卷器夹钳装置打开，开卷器压辊打开，带头穿过2号处理器，带头穿到横切剪自动发出信号。

7）收到焊机焊接完成信号后，2号开卷机防皱辊落下，处理器夹送辊打开，侧导板打开，横切剪夹送辊打开；2号转向夹送辊打开，带钢可以加速运行，当活套充满时，入口段速度与工艺段速度同步。

8）在放料结束时带钢降速至60 m/min，横切剪夹送辊关闭；1号转向夹送辊关闭；2号转向夹送辊关闭；1号张力辊的4个压辊关闭，2.0 s后上部通道带钢张力释放。

9）剩余带钢长度小于8000 mm时，开卷机防皱辊打开。

10）带尾运行至剪切位置停止。

2.3.6 相关理论知识

2.3.6.1 开卷机的作用

开卷机用于钢卷开卷，由悬臂单芯轴等组成，芯轴含4块扇形板，并带有外支撑。开卷机同时配有开卷机底座、防皱辊及外支撑。开卷机可以通过液压缸使芯轴距生产线中心横移±150 mm，通过一个安装在开卷机底座上带有齿轮减速箱的电机提供后张力。

2.3.6.2 开卷机的结构与工作原理

开卷机的结构与工作原理如图2-25所示。

开卷机主要由单臂开卷机、带液压辅助支撑、交流电机、开卷机芯轴液压辅助支撑、自动对中装置（CPC）等部分组成。为焊接箱形结构，变频调速电机通过齿轮箱减速后驱动卷筒轴为开卷机提供主动力，减速箱采用强制润滑的方式进行润滑；芯轴为悬臂结构，在开卷时其前端由外支撑轴承进行支撑，以保持开卷机的刚度和稳定性。

主传动装置由直流电动机 5、联轴节及制动器 4、减速箱 3、卷筒主轴 1、卷筒 2 等部件组成。电动机通过减速器带动卷筒主轴上大齿轮转动，从而使卷筒主轴转动。卷筒胀缩装置由液压回转接头 8、胀缩液压缸 7、拉杆 11 等部件组成。液压缸转动，回转接头壳体不转动，在其外壳上接进、回油管，回转接头起集流作用。液压缸工作，通过拉杆使卷筒主轴左右移动，从而实现了卷筒扇形板的胀缩。

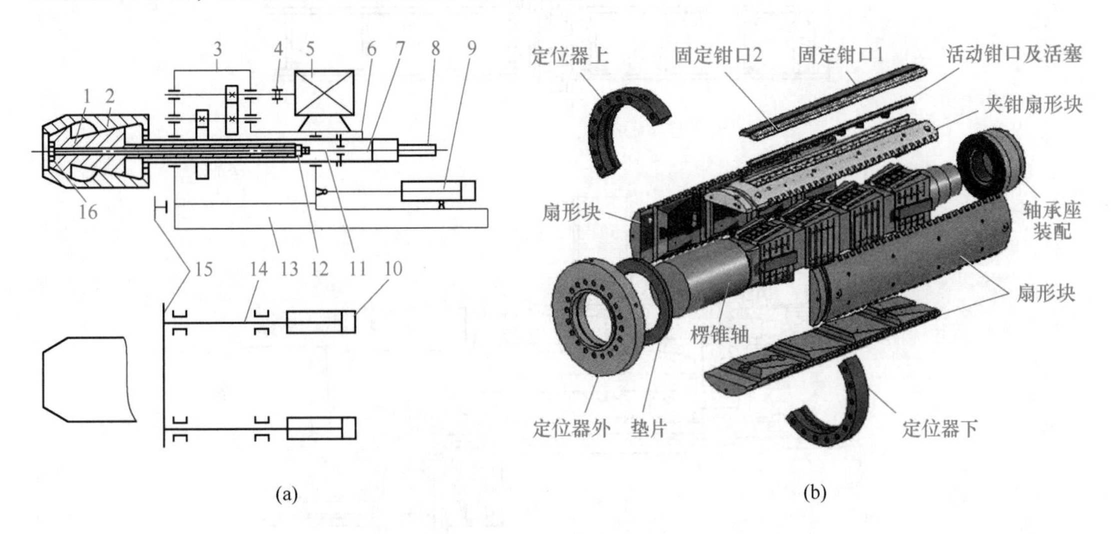

图 2-25 开卷机的结构（a）与工作原理图（b）

1—卷筒主轴；2—卷筒；3—减速箱；4—联轴节及制动器；5—直流电动机；6—主轴套筒；7—胀缩液压缸；8—液压回转接头；9—行走液压马达；10—对中液压缸；11—拉杆；12—固定轴套；13—底座；14—推杆；15—对中推板；16—紧固螺帽

行走装置由行走液压马达 9、底座 13 及底座上面的行走小车组成。液压缸工作实现了行走小车移动，使卷筒伸入钢卷内孔或退回。对中装置由对中液压缸 10、推杆 14 及对中推板 15 组成，对中装置的作用是使带钢卷对中于机组中心线。

2.3.6.3 开卷设备

A 开卷机

开卷机可分为双锥头式、悬臂式和双圆柱头式。开卷机的形式，如图 2-26 所示。

（1）双锥头式开卷机，锥头部分和带内卷圈接触面积太小，带张力操作时容易损坏带材头部，所以目前已不大采用。

（2）悬臂式开卷机具有刚性大、开卷张力大等优点，因此适用于较薄带材的开卷。目前，悬臂式开卷机和双圆柱头式开卷机及双锥头式开卷机已成功地应用于带材精整机组及冷连轧机组。最近几年，德国和美国一些机械制造公司和生产厂商，大力推广双圆柱头式开卷机。

（3）双圆柱头式开卷机上料操作方便，工作平稳可靠，结构也比悬臂式开卷机简单。其缺点是，由于采用两套传动装置，双圆柱头式开卷机设备重量比悬臂式开卷机要大。

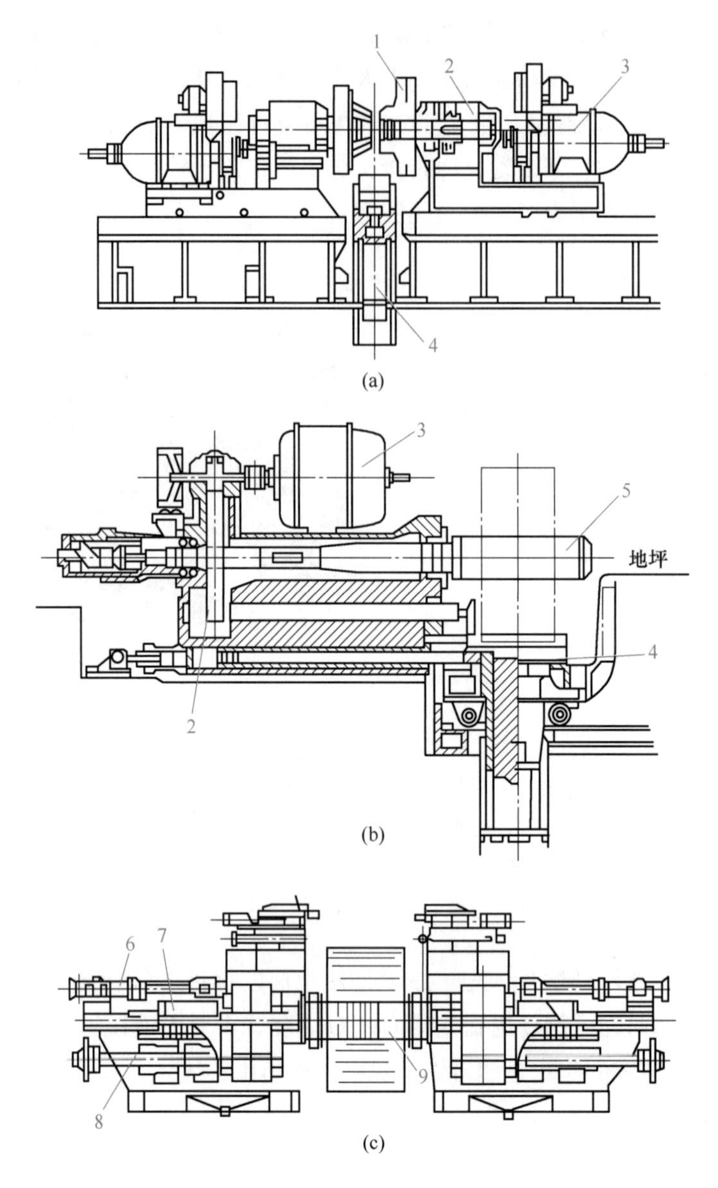

图 2-26 开卷机形式

(a) 双锥头式；(b) 悬臂式；(c) 双圆柱头式

1—锥头；2—减速机；3—电动机；4—钢卷小车；5—卷筒；

6—柱头移动油缸；7—柱头胀缩油缸；8—传动花键轴；9—柱头

B 开卷器

开卷器安装在开卷机的底座框架上，在钢卷插入开卷机后，开卷器由液压缸打开。钢卷带头由刮刀打开并由开卷器夹紧，然后被运到处理器的夹送辊中。开卷器的框架可由液压缸提供用于适应钢卷外径的高度，高度定位由 PLC 控制。

C 处理器

处理器安装于开卷机后与入口横切剪之间，由上下夹送辊和矫直辊组成，用于从开卷机穿带钢。下夹送辊是固定的，上夹送辊可由液压缸抬升和压下并由电动机通过减速箱驱动。在正常的放料过程中，上夹送辊通常处于打开位置。矫直机由 6 个辊组成，位于夹送辊之后的 3 个下辊是固定的，而另外 3 个上辊可由液压缸抬起或压下。上方 3 个辊可单独由 AC 齿轮电机通过蜗杆来调整压下量，所有矫直辊都由一个电动机通过一个分配器和速度器来驱动。

D　矫直机

型式：六辊矫直机。

电机驱动型的辊尺寸：226 mm（直径）×2150 mm（长）×6 mm。

矫直速度：在穿带时 60 m/min，在放料时最大 600 m/min。

E　横切剪

横切剪液压式的双切剪可剪切前一卷的带尾和后一卷的带头。一个喂料夹送辊位于剪子的入口，并把废板从横切剪运向废料输出系统，在生产过程中，上辊始终在提升位。废板头可被自动切成定尺长度，定尺计数器安装在下切剪入口的夹送辊上，设有一个剪子框架，并可由液压缸拉出生产线用于更换剪刃。

2.3.6.4　异常工况产生的原因及处理方法

A　倒卷

故障现象：步进梁行走不到位，钢卷未放在鞍座中心导致钢卷翻倒。

产生原因：异物挡住到位极限，导致步进梁实际未到位就下落，出现设备故障。

预防及处理方法：用天车吊起钢卷，步进梁重新行走到位后钢卷再放在鞍座中心位置。

B　带头、带尾不平整，扣头或翘头

故障现象：带头、带尾不平整，扣头或翘头。

产生原因：七辊矫直机零位不准。

预防及处理方法：重新清零。

C　机械刹车片声音增大，表面温度升高超出正常范围

故障现象：机械刹车片声音增大，表面温度升高超出正常范围，或开卷机张力不足造成松卷。

产生原因：机械刹车式张力系统原理、结构相对简单，出现声音增大、表面升温应为刹车片定位夹持断裂或弹簧松脱造成刹车片倾斜，造成摩擦不均匀；出现张力不足主要是气压不正常、过小或者刹车片磨损严重制动效果变差。

预防及处理方法：

（1）检查机械结构，对损坏部件进行维修或更换；

（2）检查刹车气压值是否处于正常位置，适当进行调节；

（3）应定期进行刹车片的点检及更换，做好预防性维修。

2.3.7 安全注意事项

（1）上岗前必须穿戴好劳动保护用品。

（2）操作步进梁前，必须观察天车位置及步进梁状态，防止钢卷翻倒伤人和损坏设备。

（3）小车接送钢卷时，要注意小车的运行状态，发现异常情况及时停车。

（4）吊装拉矫机工作辊时，只允许一人指挥天车，指挥人员必须站在安全位置。

（5）设备人员擦拭光栅时，必须按下入口段“快停”按钮。

（6）调整或更换剪刃时，必须将现场操作箱上锁、按下“急停”按钮，同时将安全销插入后方可作业，以免事故发生。

2.3.8 检查评价

检查评价见表2-1。

2.3.9 练习题

[理论知识试题精选]

一、选择题

（1）张力辊的主要作用有：在轧制时提供前张力；在线换辊时制动抱闸与（　　）同时施加张力，保持轧制线标高稳定。

A. 卷取机　　B. 开卷机　　C. 飞剪　　D. 张力辊

（2）开卷机收缩状态卷径为（　　）mm。

A. 800　　B. 760　　C. 660　　D. 860

（3）开卷机单芯轴包含（　　）块扇形板。

A. 3　　B. 4　　C. 5　　D. 6

二、判断题

（　　）（1）在冷轧带钢的生产中，开卷机可提供前张力。

（　　）（2）扁卷是在高温下卷取后，在辊道上卧式放置时间过长及钢卷互相冲撞挤压造成的，当扁卷内径小于开卷机的锥体最小直径时，则扁卷只有判废，另作他用。

（　　）（3）入口钢卷手动上到步进梁上直到钢卷插入开卷机并准备完成的循环时间小于180 s。

[操作技能试题精选]

请完成轧制计划单中产品的开卷操作，生产计划单见表2-4。

表2-4　生产计划单

位置	钢卷号	钢种	来料厚度/mm	来料宽度/mm	产品厚度/mm	产品宽度/mm	屈服强度/MPa
入口	A220100941E	DC01	2.75	1250	0.40	1220	270
出口	221W033820000	DC01	2.75	1250	0.40	1220	270

考核要求：

(1) 正确打开冷连轧仿真实训教学软件；

(2) 调用工艺参数；

(3) 检查并确认开卷辅助操作台运行状态；

(4) 检查并确认入口液压站运行状态；

(5) 检查并确认 1 号、2 号开卷机稀油润滑站运行状态；

(6) 设置侧导板开口度并下达工艺参数；

(7) 开卷操作准备指示灯是否亮启；

(8) [1 号开卷机]→[前进]，开卷开始，带钢前进；

(9) [1 号夹送辊]→[前进]，带钢继续前进剪切完成指示灯亮起，头尾剪切完成；

(10) [1 号双切剪]→[剪切]，进行切头工作；

(11) [1 号直头矫直机]→[前进]，带钢继续前进，当带钢头部运行到汇合夹送辊时，开卷工作完成；

(12) 安全文明操作；

(13) 操作时间为 5 min。

开卷仿真操作测试评分，见表 2-5。

表 2-5 开卷仿真操作测试评分

项目要求	配 分	评 分 标 准	扣分	得 分
操作准备	35 分	(1) 未正确打开冷连轧仿真实训教学软件，扣 5 分； (2) 未正确调用并下达工艺参数，扣 5 分； (3) 未检查并确认开卷辅助操作台运行状态，缺少一项扣 5 分； (4) 未检查并确认入口液压站运行状态，扣 5 分； (5) 未检查并确认 1 号、2 号开卷机稀油润滑站运行状态，扣 5 分		
操作过程与结果	55 分	(1) 未将[模式选择]切换到[手动]开卷模式，扣 5 分； (2) 未设置侧导板开口度并下达工艺参数，扣 10 分； (3) 点击[1 号开卷机]→[前进]，带钢未前进，扣 10 分； (4) 点击[1 号夹送辊]→[前进]，带钢继续前进剪切完成指示灯未亮起，扣 10 分； (5) 点击[1 号双切剪]→[剪切]，未进行切头，扣 10 分； (6) 点击[1 号直头矫直机]→[前进]，带钢未继续前进，带钢头部未运行到汇合夹送辊时，开卷工作完成，扣 10 分		
安全文明操 作	10 分	违反安全操作规程，每次扣 5 分		

模块 3 冷轧板带钢生产酸洗智能控制

课件

任务 3.1 课程思政

思政目标

- 通过钢铁人物的先进事迹，激发学生的学习动力和兴趣；
- 培养学生的工匠精神、奉献社会精神、奋斗精神和科学探索精神；
- 培养学生安全生产意识，牢记安全无小事。

钢铁人物

轧钢牛人——大国工匠牛国栋

习近平总书记在党的二十大报告中指出，广大青年要坚定不移听党话、跟党走，怀抱梦想又脚踏实地，敢想敢为又善作善成，立志做有理想、敢担当、能吃苦、肯奋斗的新时代好青年，让青春在全面建设社会主义现代化国家的火热实践中绽放绚丽之花。

太原钢铁（集团）有限公司不锈钢冷轧厂连轧作业区班长牛国栋就是一个轧钢专业的杰出青年，他先后荣获全国五一劳动奖章、中国青年五四奖章、国务院政府特殊津贴、全国事迹特别感人的百姓学习之星、山西省特级劳模、山西省五一劳动奖章、三晋技术能手、山西省道德模范提名奖、山西省省属企业道德模范、三晋工匠等荣誉，是党的十八大、党的十九大、党的二十大代表，十七届共青团中央委员，是高高飘扬在生产一线的一面旗帜。

牛国栋参加党的二十大，令其印象特别深刻的是，习近平总书记多次提到“团结”“奋斗”这两个关键词。牛国栋说：“我们的时代是奋斗者的时代。作为一名产业工人，应该积极响应号召，在自己的岗位上撸起袖子加油干，为全面建设社会主义现代化国家、全面推进中华民族伟大复兴做出贡献。”

牛国栋运用自己的专业知识及在第一线的现场经验，解决轧机擦划伤、辊印、断带、板形、轧制振纹等大量质量问题，推动太钢形成一系列成熟的高等级高质量不锈钢冷轧板生产工艺。在解决轧机断带的 QC 活动中，他通过对 24 个与轧机断带有关的原因进行分析，从中筛选确定关键因子，改进措施很快见到了实效。他主动请缨，承担了一系列冷轧不锈钢生产创新攻关项目，先后总结出“轧制中料头料尾零公差操作”“轧制中有效控制悠卷断带”“宽幅 BA 板轧制质量控制”等先进操作法，产品质量和生产效率显著提高。在解决轧制擦划伤的过程中，通过设备的改进和精细化操作的推进，使擦划伤缺陷降低

80%。多年来，牛国栋啃下了一个又一个“硬骨头”，创下了诸多“第一”：第一个成功实现总变形量达到 83.3%的马氏体钢轧制；第一个在轧制铁路客车用不锈钢的过程中，保证质量的同时实现了三个轧程减少到两个轧程；第一个对造成轧机断带的技术难题“悠卷”概念进行了定义，制定了控制措施；提炼出“控制悠卷断带五步法”的先进操作法，该成果被评为山西省职工“五小”竞赛二等奖。

牛国栋的起点并不高，他从太原冶金工业学校轧钢专业毕业后走进太钢，成为一名轧钢工人。当时，没有实践经验的他因为许多工作“拿不起来”，没少挨师傅批评。在困难和挫折面前，他并不气馁，不想被瞧不起，也不想“差不多”，要做就要做到最好！回忆起那段艰苦奋斗、艰难赶超的日子，牛国栋表示依然历历在目。书“啃”了一本又一本，师傅们被请教得“不耐烦”，下班后在工作现场一揣摩就是两三个小时，不到一年，牛国栋就成了班组的技术能手，在太钢集团技术比武中连续两届蝉联冠军。

牛国栋依托“牛国栋创新工作室”平台，把身边的党员职工组织起来，开展“创建学习型班组，争做知识型职工”活动，一块“好钢”带出了更多“好钢”，一批“好钢”铸就了一把“利刃”，啃下了一个又一个“硬骨头”。

经过长达 5 年的反复摸索，牛国栋带领工作室成员总结出轧制 BA 板“一检二油三用辊四卸五限”先进操作法，命中率提高了 17%。他负责的 4 个关于“BA 板过程质量控制”的项目共创效 1610 万元。在牛国栋的带领下，工作室累计完成创新项目 151 项，创效 9000 多万元；累计开展培训 70 余次，培养出高级轧钢工 92 名、班组长 26 名、技师 16 名、高级技师 6 名；共总结推广操作法 25 项、发明专利授权 16 项。

任务 3.2 焊接智能控制

知识目标

- 米巴赫激光焊机的结构及工作原理；
- 米巴赫激光焊机操作规程；
- 常见智能焊接生产异常工况与产品缺陷的原因及处理方法。

技能目标

- 能读懂冷轧带钢智能焊接生产工艺参数；
- 能检查并确认米巴赫激光焊机的运行状态；
- 能处理冷轧带钢智能焊接生产常见简单故障。

3.2.1 任务描述

本任务主要学习米巴赫激光焊机的结构及工作原理，焊机操作规程、焊接生产质量检测及处理方法；能读懂焊接生产工艺参数，检查焊机的运行状态，处理冷轧带钢智能焊接生产常见简单故障。米巴赫激光焊机仿真操作和监控画面，如图 3-1 所示。

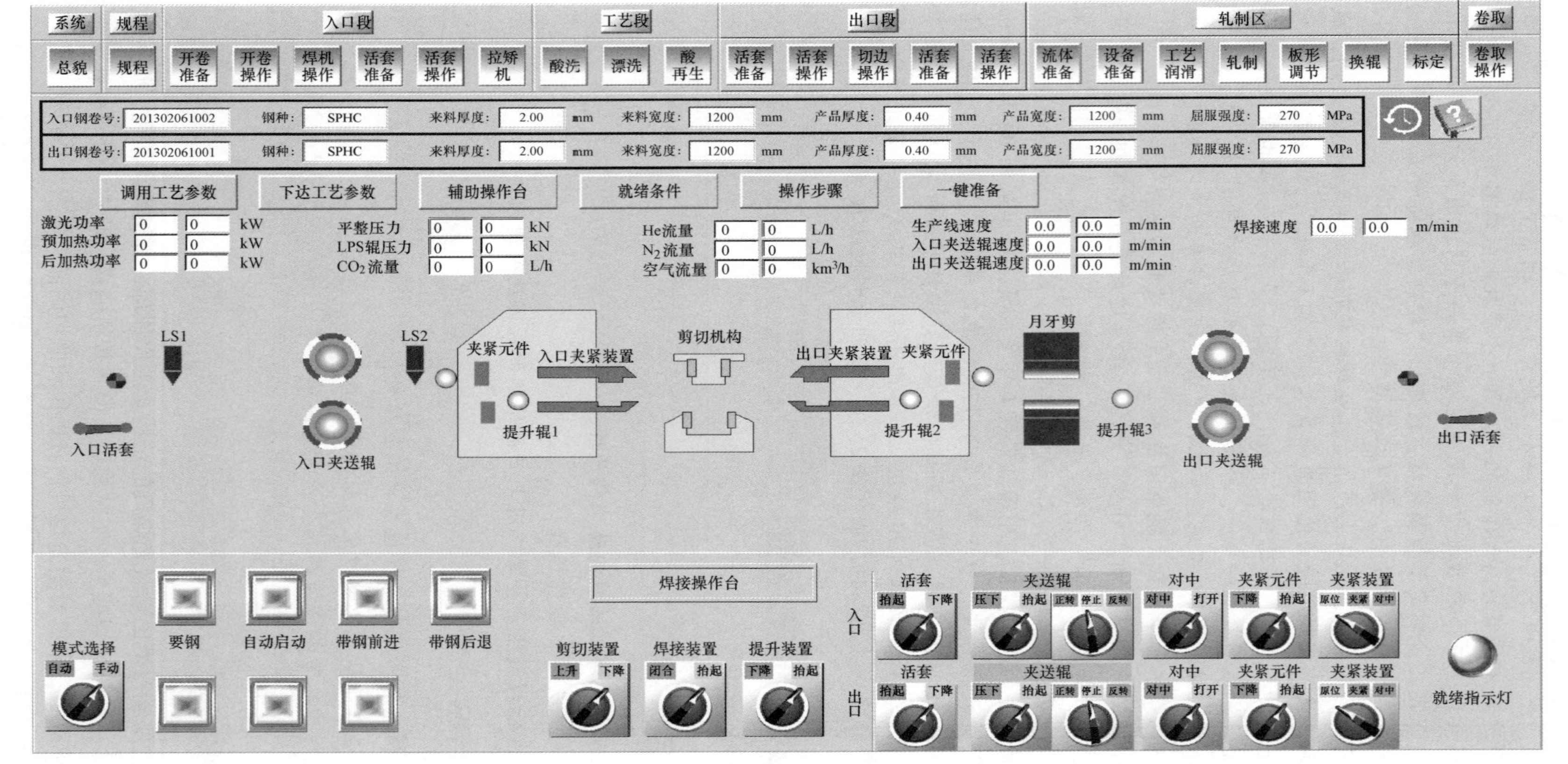

图 3-1 米巴赫激光焊机仿真操作和监控画面

3.2.2 任务分析

冷轧带钢的智能焊接生产是通过操作焊机把两卷带钢的头尾连接在一起，以保证带钢在机组中连续通过，实现无头轧制。目前先进的冷轧带钢生产线常采用米巴赫激光焊机，安装在冷轧酸洗的入口段。米巴赫激光焊机，如图 3-2 所示。

图 3-2 米巴赫激光焊机机组图片

3.2.3 任务准备

3.2.3.1 接收冷轧带钢生产计划单

冷轧带钢生产计划单，如图 3-3 所示。

入口钢卷号	20161128005	钢种:	Q345	来料厚度:	3.50 mm	来料宽度:	1380 mm
出口钢卷号	20161128004	钢种:	Q345	来料厚度:	3.50 mm	来料宽度:	1380 mm

图 3-3 冷轧带钢生产计划单

3.2.3.2 焊接辅助操作台和焊接操作台

焊接辅助操作台如图 3-4 所示，焊接操作台如图 3-5 所示。

3.2.3.3 焊接准备

（1）调用并下达工艺参数，焊接工艺参数如图 3-6 所示。

（2）检查并确认焊接辅助操作台运行状态，焊接辅助操作台的操作步骤：[入口夹送辊]→[使能]，[出口夹送辊]→[使能]，[焊机]→[使能]，[冷却水]→[投入]，[矿物油]→[投入]，[激光源]→[投入]，[润滑油]→[投入]。

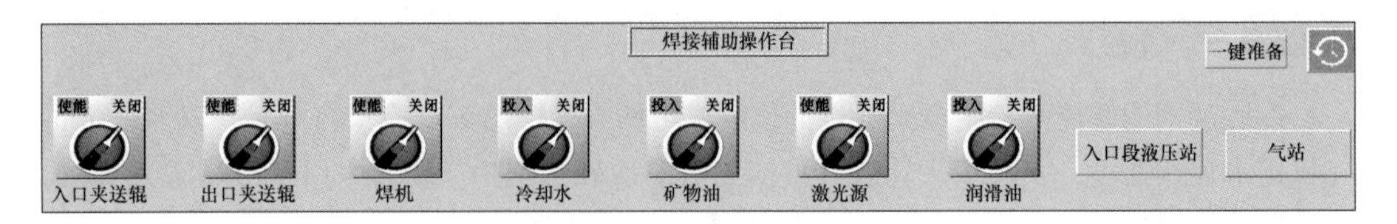

图 3-4　焊接辅助操作台

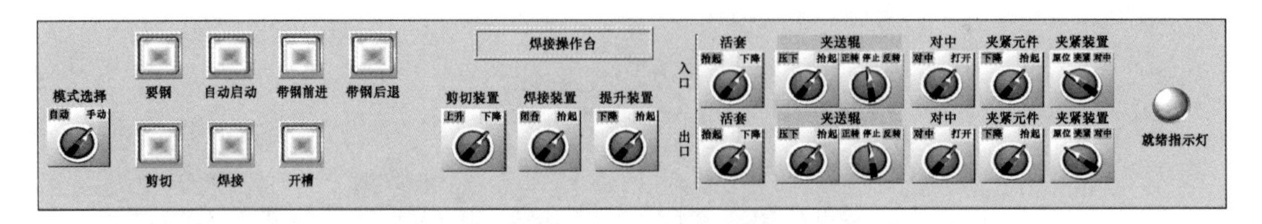

图 3-5　焊接操作台

调用工艺参数				下达工艺参数				辅助操作台	就绪条件				操作步骤
激光功率	12	12	kW	平整压力	50	0	kN		He流量	48	48	L/h	
预加热功率	50	50	kW	LPS辊压力	40	0	kN		N_2流量	10	10	L/h	
后加热功率	50	50	kW	CO_2流量	2	2	L/h		空气流量	36	36	km^3/h	

图 3-6　焊接工艺参数

（3）检查并确认入口液压站运行状态，入口液压站准备就绪（入口段共用）如图 3-7 所示。

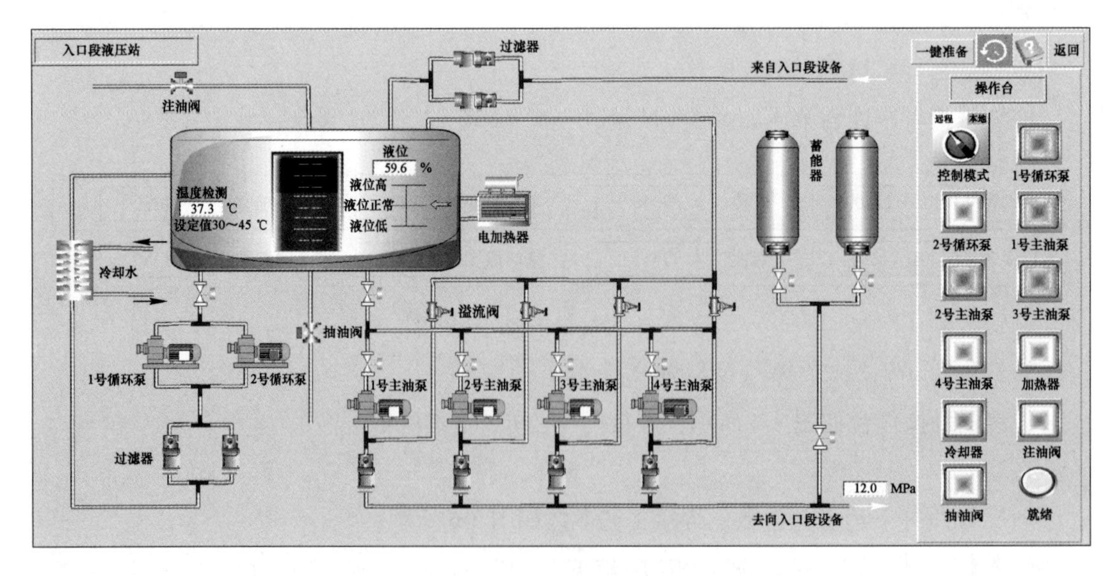

图 3-7　入口液压站准备就绪

（4）检查并确认气站运行状态，气站准备就绪如图 3-8 所示。

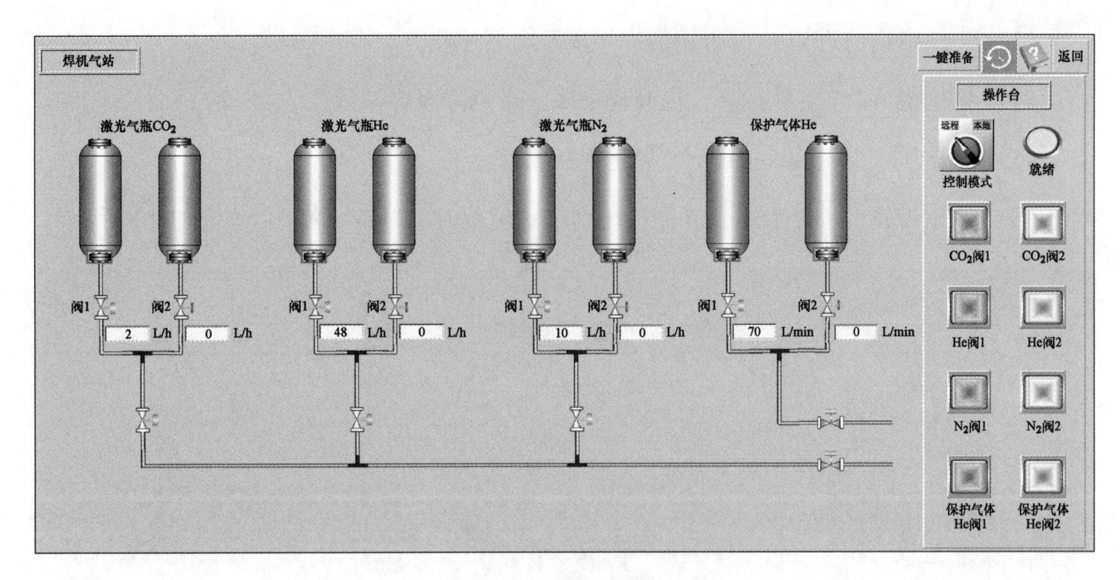

图 3-8　气站准备就绪

（5）上述焊接准备条件全部满足后，就绪指示灯点亮，表示焊接准备工作完成。

3.2.4　任务实施

3.2.4.1　冷轧带钢仿真实训操作焊接自动模式

（1）将模式选择切换到自动焊接模式。

（2）点击要钢，画面中显示出口带钢。

（3）点击自动启动，在自动控制模式下系统自动完成全部焊接生产，如图 3-9 所示。

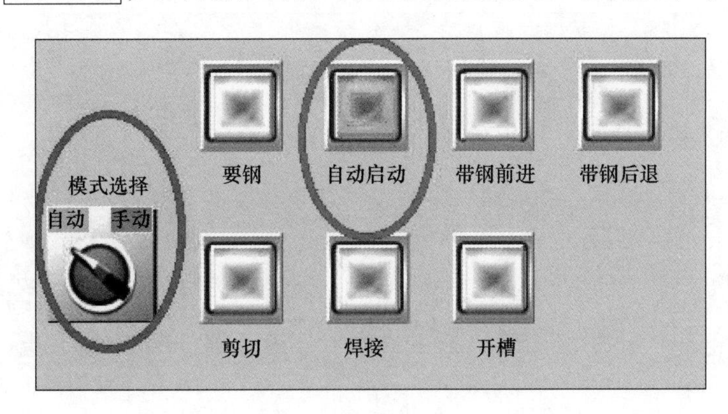

图 3-9　自动控制模式

3.2.4.2　冷轧带钢仿真实训操作焊接手动模式

（1）将模式选择切换到手动焊接模式。

（2）点击要钢，画面中显示出口带钢。

（3）点击带钢前进，出口带钢前进一段距离后停止。

（4）点击提升装置→下降，提升辊下降，带钢降至焊接低位。

（5）点击出口夹送辊→压下，夹送辊压紧带钢。

（6）点击带钢前进，LS1 号光栅检测到带钢尾部时出口带钢停止，如图 3-10 所示。

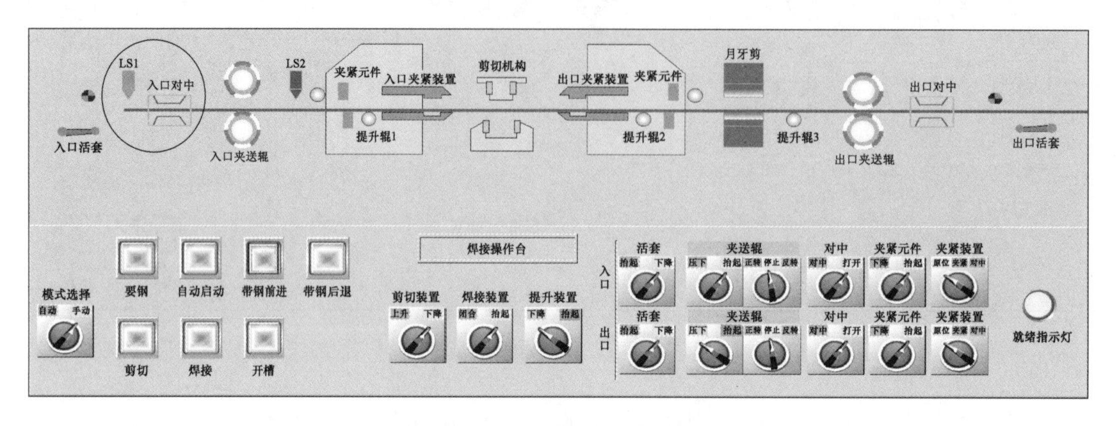

图 3-10 出口夹送辊压紧带钢

（7）点击出口夹送辊→正转，夹送辊驱动带钢继续前进，LS2 号光栅检测到带钢尾部时，出口带钢停止。

（8）点击出口活套辊→抬起，出口活套辊抬起。

（9）点击出口夹送辊→正转，夹送辊驱动带钢继续前进，带钢在出口活套辊位置逐渐形成一定活套量，尾部运动到剪切位置时出口带钢停止，如图 3-11 所示。

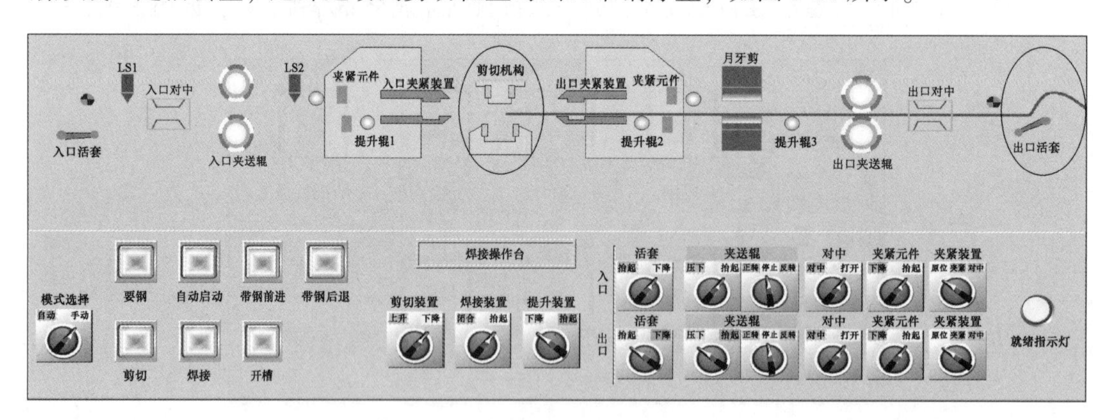

图 3-11 形成出口活套

（10）点击出口夹紧装置→夹紧位，出口夹紧装置压下夹紧出口带钢。

（11）点击出口夹紧元件→压下，出口夹紧元件压下夹紧出口带钢。

（12）点击出口夹紧装置→对中位，出口夹紧装置抬起至对中位，便于对中装置对中带钢。

(13) 点击出口夹送辊→抬起，出口夹送辊抬起至原位。

(14) 点击出口活套辊→下降，出口活套辊下降至原位。

(15) 点击出口对中装置→对中，出口对中装置对出口带钢进行对中，如图 3-12 所示。

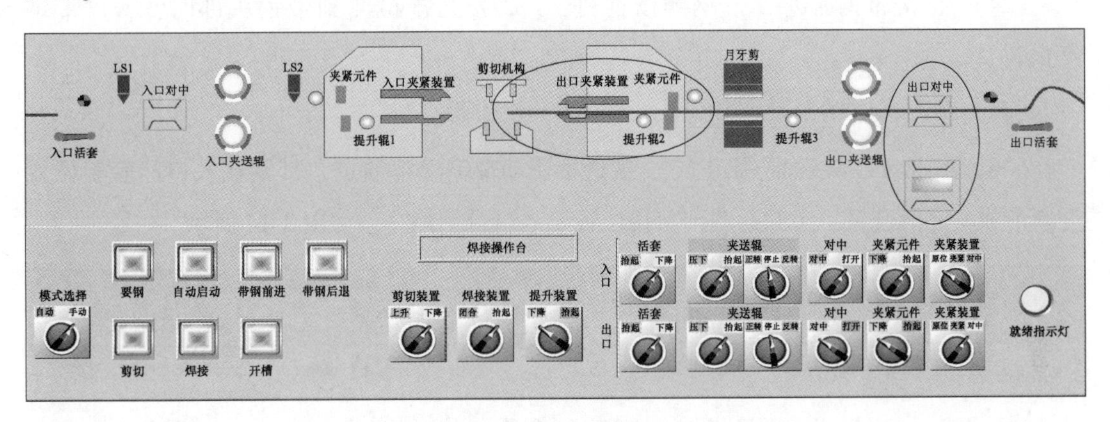

图 3-12 带钢对中

(16) 对中完成后，点击出口夹紧装置→夹紧位，出口夹紧装置再次压下夹紧出口带钢。

(17) 点击出口夹紧元件→抬起，出口夹紧元件抬起至原位。

(18) 点击出口对中装置→打开，出口对中装置打开至原位。

(19) 以上操作正确完成后，带尾定位完成指示灯亮起，同时入口带钢头部出现，如图 3-13 所示。

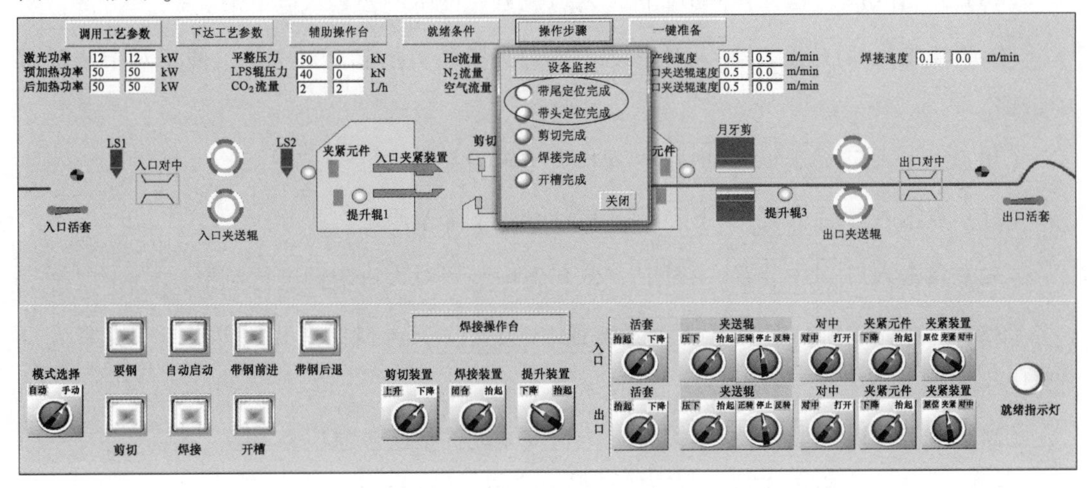

图 3-13 带尾定位完成

（20）点击[带钢前进]，入口带钢前进一定位置停止。

（21）点击入口[夹送辊]→[压下]，夹送辊压紧带钢。

（22）点击[带钢前进]，LS1 号光栅检测到带钢头部时，入口带钢停止。

（23）点击入口[夹送辊]→[正转]，入口夹送辊开始正转。

（24）点击[带钢前进]，带钢继续前进，LS2 号光栅检测到带钢头部时，入口带钢停止。

（25）点击入口[活套辊]→[抬起]，入口活套辊抬起。

（26）点击入口[夹送辊]→[正转]，夹送辊驱动带钢继续前进，带钢在入口活套辊位置逐渐形成一定活套量，头部运动到剪切位置时入口带钢停止，如图 3-14 所示。

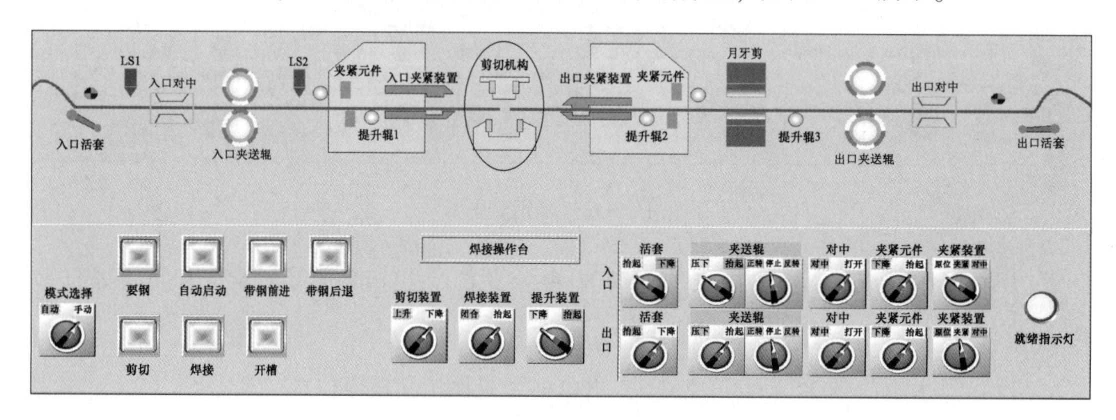

图 3-14 形成入口活套

（27）点击入口[夹紧装置]→[夹紧位]，入口夹紧装置压下夹紧入口带钢。

（28）点击入口[夹紧元件]→[压下]，入口夹紧元件压下夹紧入口带钢。

（29）点击入口[夹紧装置]→[对中位]，入口夹紧装置抬起至对中位，便于对中装置对中带钢。

（30）点击入口[夹送辊]→[抬起]，入口夹送辊抬起至原位。

（31）点击入口[活套辊]→[下降]，入口活套辊下降至原位。

（32）点击入口[对中装置]→[对中]，入口对中装置对入口带钢进行对中。

（33）对中完成后，点击入口[夹紧装置]→[夹紧位]，入口夹紧装置再次压下夹紧入口带钢。

（34）点击入口[夹紧元件]→[抬起]，入口夹紧元件抬起至原位。

（35）点击入口[对中装置]→[打开]，入口对中装置打开至原位。

（36）以上操作正确完成后，带头定位完成指示灯亮起，带头定位完成，如图 3-15 所示。

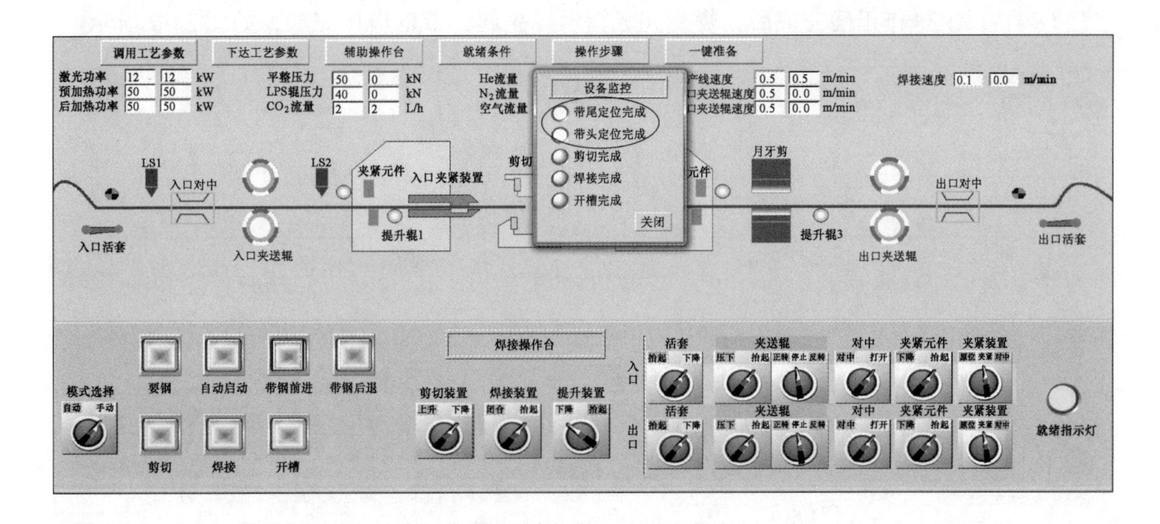

图 3-15 带头定位完成

（37）点击剪切装置→上升，剪切装置下剪刃上升至剪切位。

（38）点击剪切，同时切除入口带钢头部和出口带钢尾部。

（39）剪切完成后，点击剪切装置→下降，剪切装置下剪刃下降至原位。

（40）以上操作正确完成后，剪切完成指示灯亮起，头尾剪切完成，如图 3-16 所示。

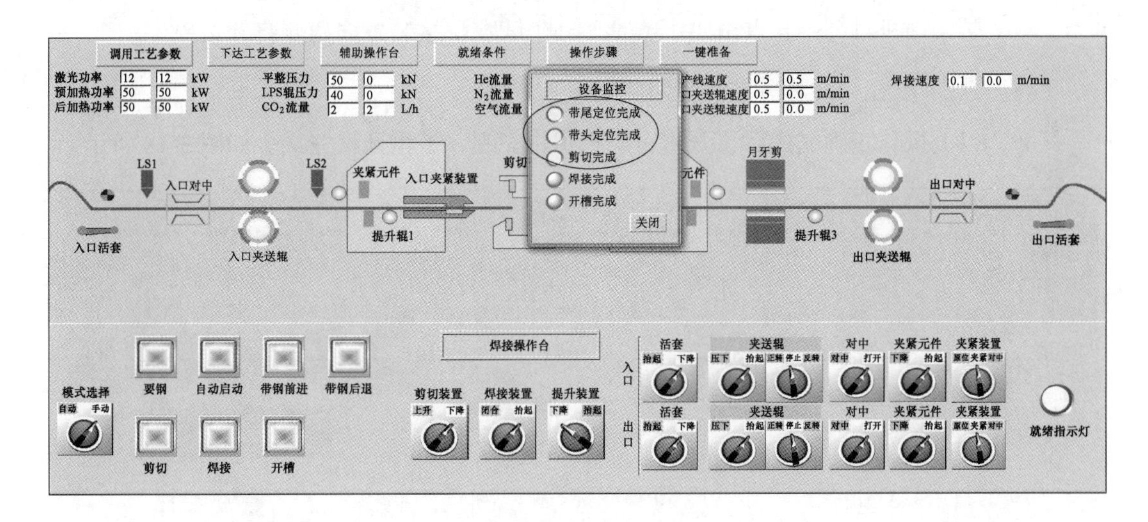

图 3-16 头尾剪切完成

（41）点击焊接装置→闭合，入口带钢头部和出口带钢尾部对接到一起。

（42）点击焊接，进行带钢焊接。

（43）焊接过程中，点击入口夹送辊→压下和出口夹送辊→压下，两个夹送辊均压下。

（44）以上操作正确完成后，焊接完成指示灯亮起，带钢焊接完成，如图3-17所示。

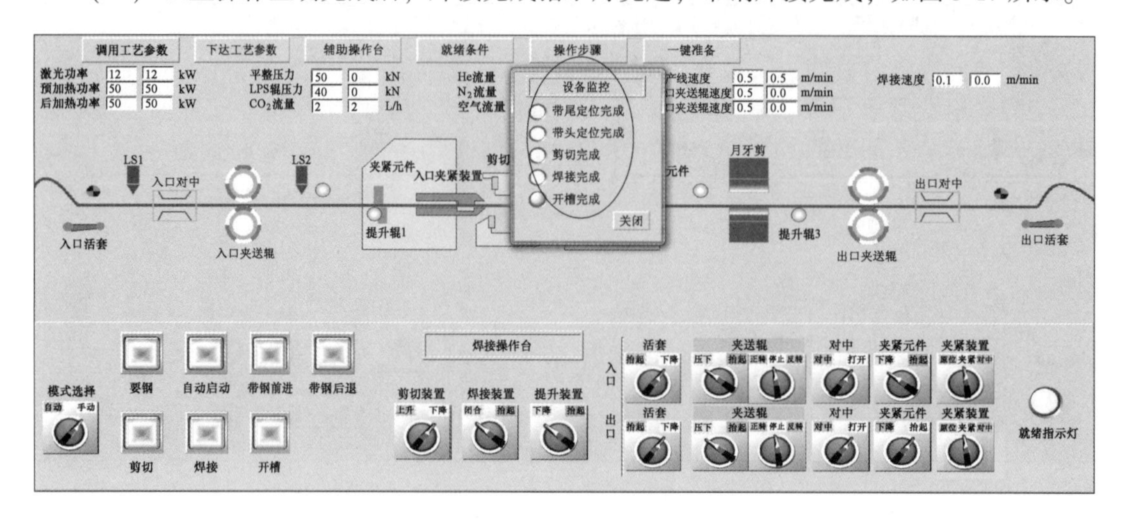

图3-17 带钢焊接完成

（45）点击入口夹紧装置→原位和出口夹紧装置→原位，两个夹紧装置均抬起至原位。

（46）点击入口夹送辊→正转和出口夹送辊→正转，夹送辊驱动带钢前进，焊缝到达月牙剪位置时带钢停止。

（47）带钢前进过程中，点击焊接装置→打开，焊接装置向两侧打开至原位。

（48）点击开槽，月牙剪在焊缝两侧切出月牙槽。

（49）以上操作正确完成后，开槽完成指示灯亮起，带钢开槽完成，如图3-18所示。

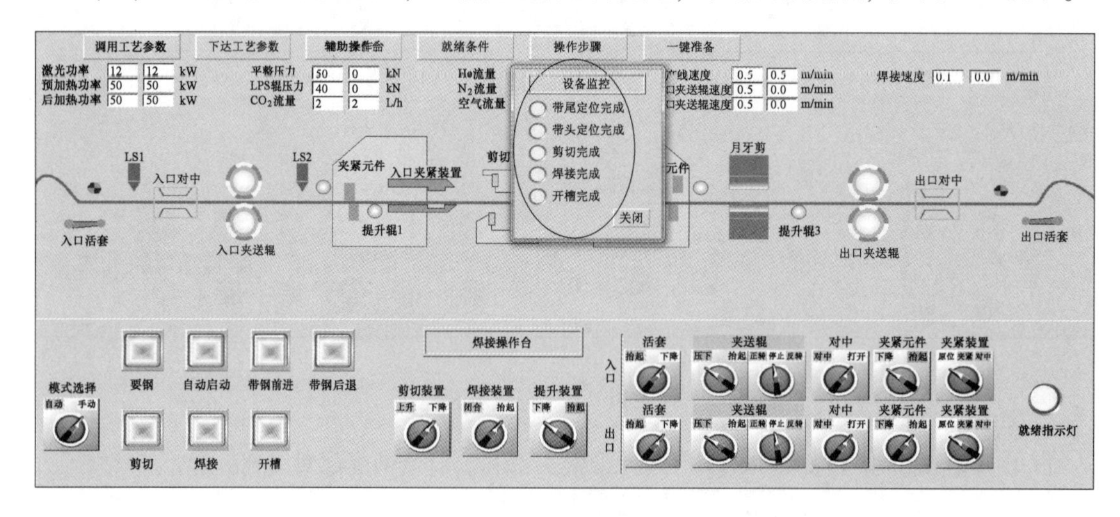

图3-18 带钢开槽完成

（50）点击入口夹送辊→抬起和出口夹送辊→抬起，两个夹送辊均抬起至原位。

（51）点击[提升装置]→[上升]，提升辊上升，带钢上升至高位。

（52）点击[带钢前进]，焊接后的带钢前进。

（53）以上操作正确完成后，焊接完成指示灯亮起，焊接操作全部完成，如图 3-19 所示。

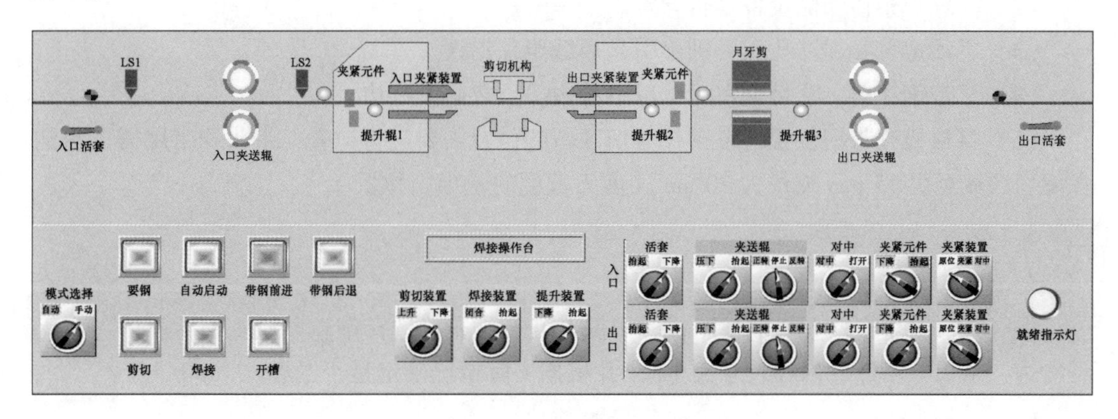

图 3-19 焊接操作全部完成

3.2.5 现代企业冷轧板生产焊接智能控制

以某企业冷轧生产线的焊接生产为例，介绍智能焊接生产岗位操作技能，焊机在生产线布置位置如图 3-20 所示。

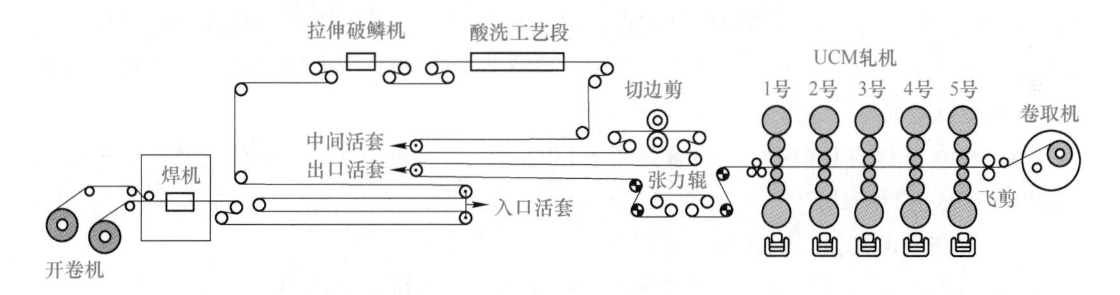

图 3-20 焊机在生产线布置位置

3.2.5.1 焊机操作岗位职责

（1）对焊机、月牙剪区域的设备情况进行点巡检，发现问题及时上报，并通知设备维护人员。

（2）正确处理好焊机故障，做好生产记录。

（3）焊接过程中，注意观察焊机机架运行状态，防止运行轨道上有异物。

（4）注意检查焊轮的表面状态，检查保护气喷嘴角度及喷嘴状态，定期清理激光头导向轮的焊渣。

（5）对新产品焊接时，不但要观察焊接温度曲线，而且要做杯突试验，检查焊缝质量，记录好焊接参数。

（6）焊接时要观察带头带尾是否清洁，防止造成停机。

（7）焊接过程中，应注意监控活套套量；如果发生故障，应及时通知主控台操作人员。

3.2.5.2 特别注意事项

（1）工作人员行走时应避开运行设备，在地下油库及通道行走时要防止滑倒摔伤。

（2）注意观察传动侧设备是否异常。

（3）手动定位必须冲孔，否则会引起焊缝跟踪错误。

（4）宽带钢在前、窄带钢在后可以不冲边，反之必须冲边。

（5）目视检查带钢位置，带钢在剪切区域的位置需要进行检查，带头和带尾需要平铺在剪切区域至少 15 mm 或最大 70 mm（剪刃宽度的一半）位置。

3.2.5.3 操作步骤

A 岗位操作要点

做好入口段生产前上料准备工作，根据 PDI 数据正确选择钢卷。检查钢卷质量（有无溢出边、窄尺、塔形、内径尺寸大小），并根据实际情况确定是否退卷。

B 生产准备

（1）打开焊机控制与辅助控制驱动箱上的所有能源开关、电机保护器开关、测量循环断路器。

（2）打开或启动 HMI-PC 和质量控制数据系统（QCDS）。

（3）必须打开激光器及激光器所用的气体，每个气体瓶的压力通过压力开关显示。

（4）液压系统在 HMI-PC 上设备供给画面上启动，在主泵启动前需要启动循环泵。主泵在压力释放下运行，在压力阀门到达设定时间后打开。当系统压力过高或操作条件已经具备时，系统压力通过压力开关调节。如果在操作期间所需的压力没有达到要求或压力下降，在到达设定时间后主泵将停止运行。

（5）在入口台的 HMI-PC 上检查是否有信息显示，用键盘 F5 可以对报警和信息显示中的当前信息进行确认。

（6）检查急停按钮（EMERGENCY-OFF）。

（7）检查设备停机按钮，所有设备运行停止都必须通过这个按钮。

（8）设备启动后在 HMI-PC 上需要调出编码器状态显示画面。

（9）按下 F5 全部确认按钮后，可以运行全部机器设备，必须重新确定 HMI-PC 画面的信息。

（10）移动设备复位，设备在手动操作方式下，通过在入口操作盘上下行的按钮使设备回到原位。

（11）在 HMI 上设备选择焊机小车速度，能够设定固定速度，否则设定值将是“0”，小车不能移动。如果选择焊接速度，必须确定从焊接参数表格中选择入口焊接速度（设定值大于 0）。

C 具体操作步骤

焊机的操作盘布置，如图 3-21~图 3-23 所示。

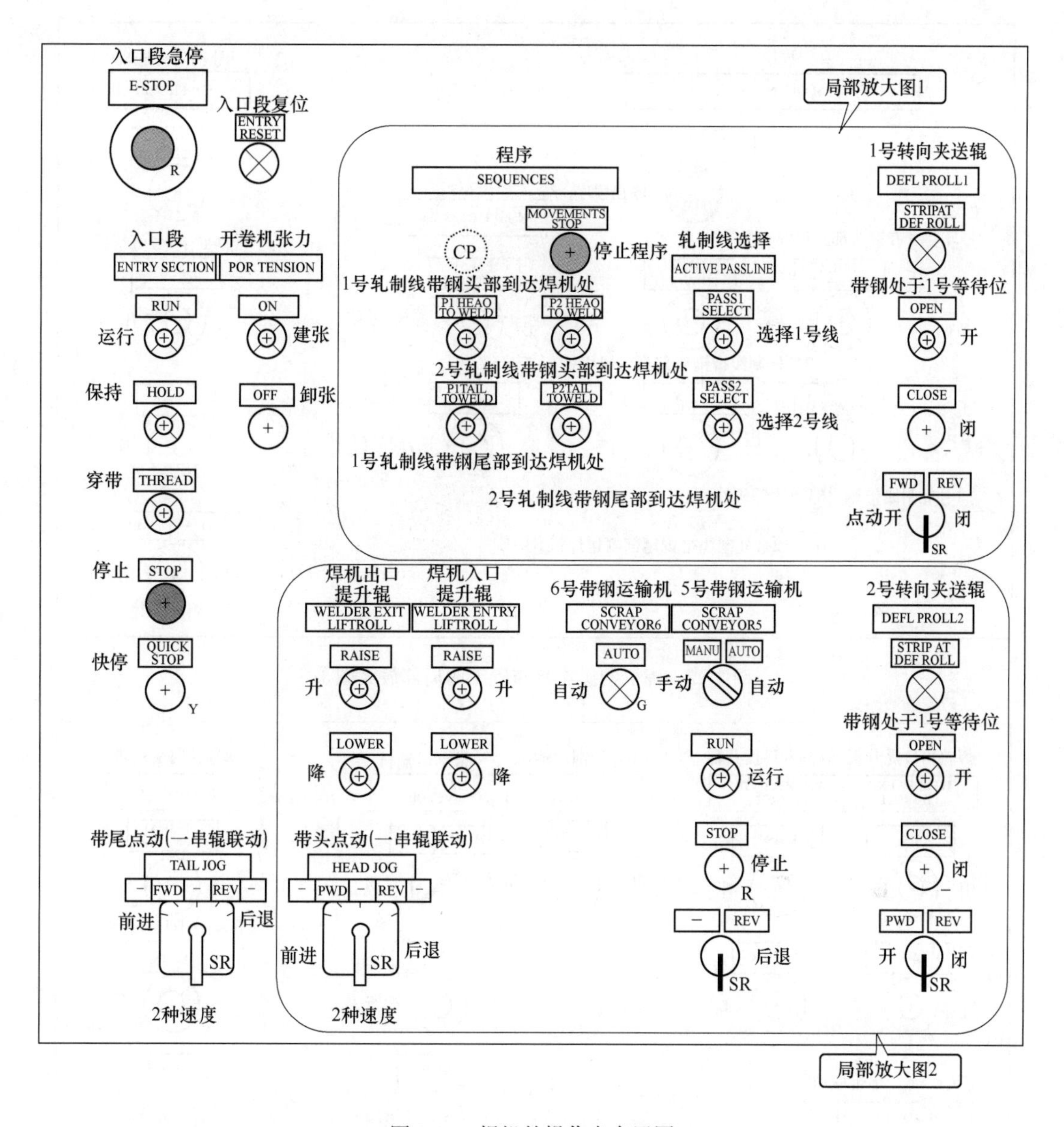

图 3-21　焊机的操作盘布置图

a　手动操作模式

当手动开关打开或在入口控制面板按下手动按钮，可以进行手动操作，操作步骤如下：

（1）夹紧入、出口导板；

（2）剪切带钢；

（3）夹钳导板在剪切位（原位），下剪刃抬起、冲孔器落下，上剪刃落下；

（4）夹钳导板在释放位置（自动执行的），冲孔器抬起、上剪刃抬起，下剪刃落下；

（5）两个导板在焊接位置；

（6）激光焊头和碾压轮落下，预加热和后加热抬起；

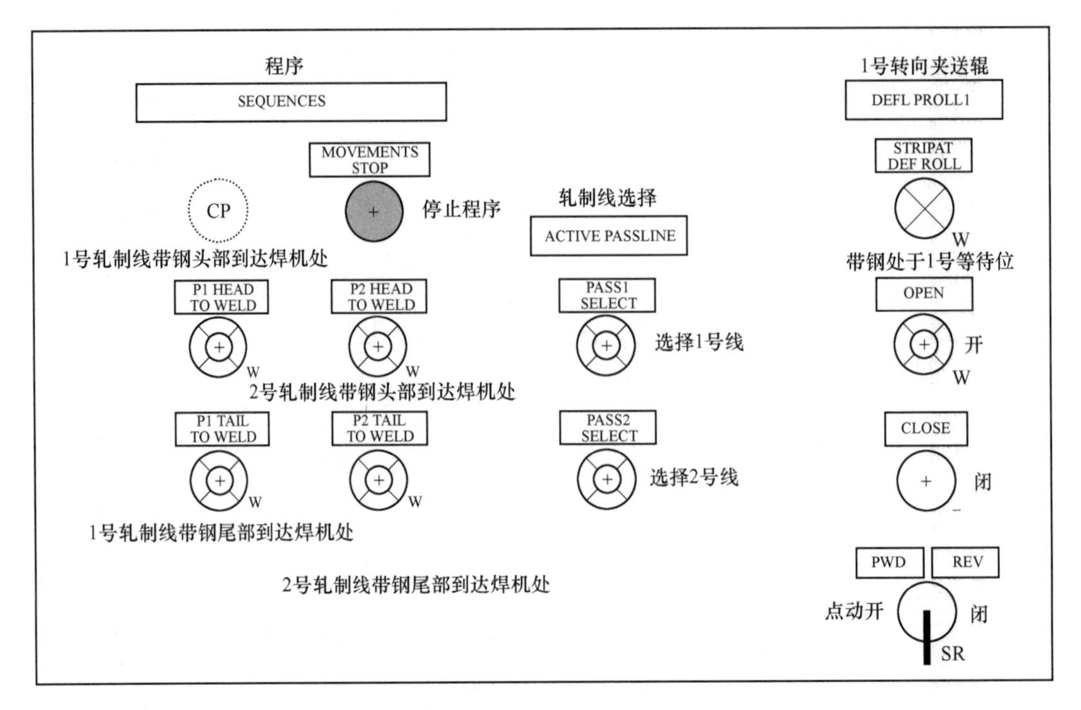

图 3-22　焊机的操作盘布置图的局部放大图 1

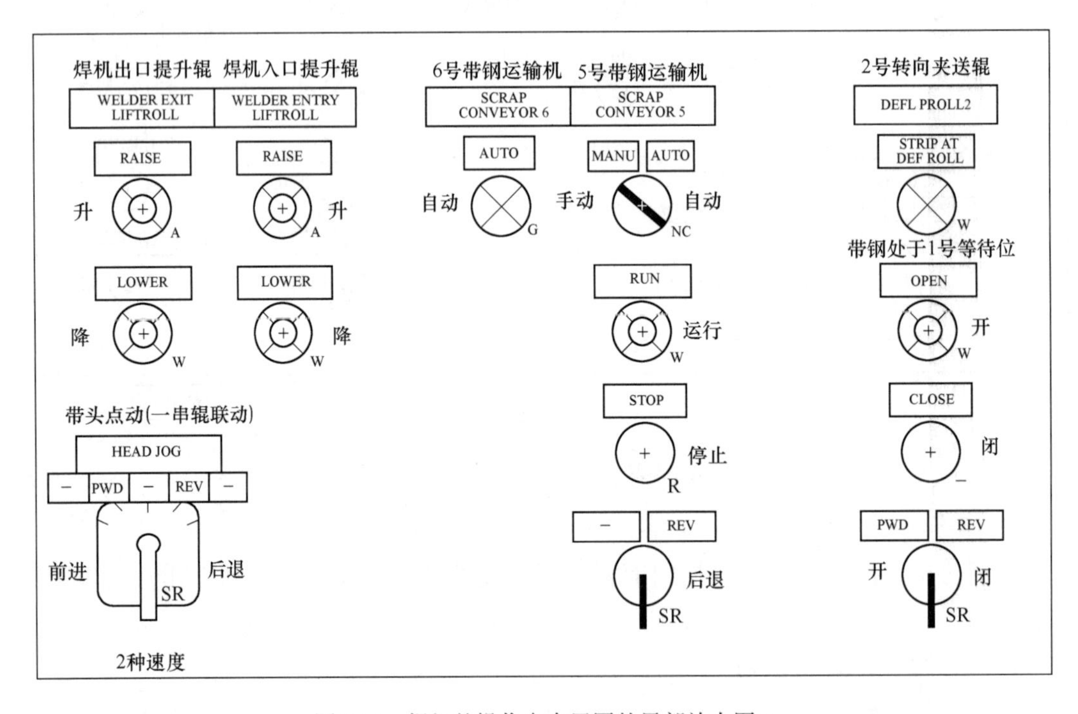

图 3-23　焊机的操作盘布置图的局部放大图 2

（7）焊接开始。

b　自动操作模式

如果允许进入自动模式后，自动操作按钮将闪亮。在按下自动后，自动操作模式打开，自动操作显示灯将持续亮起。

（1）自动操作方式可以分为四步：

1）出口带钢定位，对出口带钢对中并夹紧；

2）入口带钢定位，对入口带钢对中并夹紧；

3）剪切和焊接带钢；

4）对焊缝挖边。

（2）自动操作将执行下列操作。

1）出口段自动操作：

①出口段自动开始由信号 11 号 L 带尾接近启动，通过信号 12 号 W 带尾接近确认，出口自动操作被确定。

②焊机小车移动到操作侧，通过生产线控制带钢带尾运行至焊机中，带钢依靠焊机出口夹送辊起活套，并将带尾定位在剪刃部位。

③当收到 13 号 L 带尾速度 $v \leqslant 30$ m/min 信号时，出口夹送辊将运转移动带钢。

④当带尾抵达并升起焊机入口活套时，线速度 v 必须降到 30 m/min 。

⑤如果已经选择[对中]，当接收到 17 号 L 带尾固定信号和 16 号 L 带尾停止信号后，带尾被夹紧并开始对中。当选择[对中]之后，夹钳装置打开到短行程（横辊夹紧），带钢通过对中装置 CD3 和 CD4 进行对中。对中后，出口夹钳装置再次夹紧。

⑥带尾准备完毕，对中装置 CD3 和 CD4 回到原位，出口自动操作完成。

2）入口段自动操作：

①入口段自动开始根据信号 19 号带头接近，通过信号 20 号 W 带头接近确认，入口段自动操作确定。

②类似出口控制，下一卷带钢头部首先被固定在焊机剪刃处。为了升起入口活套，生产线相对夹送辊有一个短时间延时。

③如果选择[对中]，接收到信号 22 号 L 带头停止，启动带头对中程序，伴随信号 21 号 L 带头固定，带头被夹紧。选择[对中]之后，夹钳装置打开到短行程（横辊夹紧），带钢通过对中装置 CD1 和 CD2 进行对中，对中完成后，入口夹钳装置再次夹紧。

④带头准备完毕后，对中装置 CD1 和 CD2 回到原位，入口自动操作完成。

3）中间段自动操作：

①伴随两个夹紧装置夹紧后，中间段自动操作开始；

②在入、出口夹钳导板定位后，开始焊接过程；

③此后，如果没有选择挖边剪，焊机各设备回到原位；

④带钢被释放，允许生产线运行。

4）挖边剪自动操作：

①如果选择[挖边]，在焊接的过程中入口、出口夹送辊关闭。焊接之后夹钳装置打开，焊缝通过生产线控制定位在挖边剪的位置。

②焊缝定位后，进行挖边。

③通过信号30号W焊缝到达剪切位置，31号L焊缝进入到挖边剪位置和32号W焊缝在挖边剪位置信号控制该程序。

④焊机各设备回到原位。

3.2.6 相关理论知识

3.2.6.1 焊接

在把带钢头尾焊接起来之前，需要把带钢在焊机内进行对中并夹紧。为了进行带钢对中，焊机前后必须分别建立一段对中活套，带钢头尾在焊机内定位后就可以开始焊接了。

焊接完成后，要用月牙剪在焊缝处剪出月牙弯和冲孔。剪出月牙弯的目的是当两个不同宽度的带钢焊接在一起时，通过剪出月牙弯实现圆滑过渡，防止损伤轧辊。冲孔的目的是便于后面的焊缝检测。然后焊机松开带钢，对中活套消除，入口段开始操作。在焊机处进行的带钢挖边尺寸必须足够大，要能够允许切边剪处的变宽操作。

完成上述动作后，焊机内的带钢就被释放，在消除对中活套后，入口段就准备好执行下一步的操作了。

焊机废料收集在一个单独的废料箱内，废料箱通过跨内吊车运走。

3.2.6.2 焊接工艺流程

焊接工艺流程如图3-24所示。

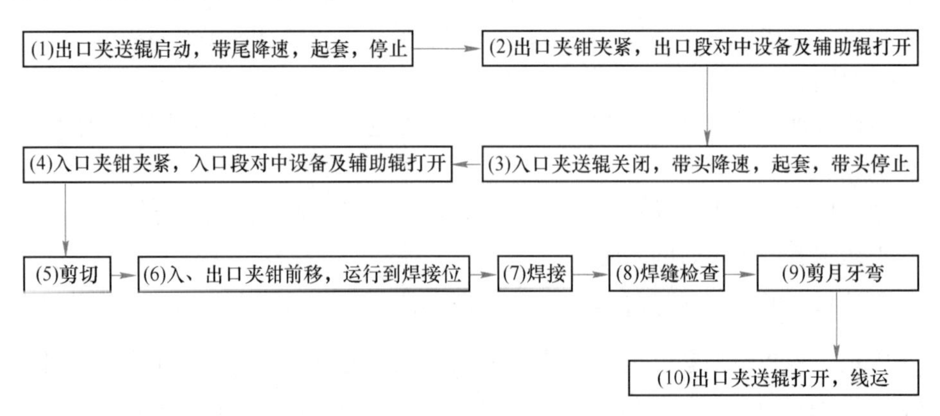

图3-24 焊接工艺流程

3.2.6.3 焊接设备

焊机在酸洗连轧机组是关键设备，它直接影响着机组的生产效率和产量，连续酸洗机组常采用激光焊机。

激光是一种新型高密度能源，广泛用于工业各个领域。20世纪80年代较大功率的激光焊机始用于酸洗或酸洗轧机联合机组，以后逐渐被广泛采用，激光焊机是发展方向，已为事实所证明。与闪光焊机相比，激光焊机具有显著的优越性，主要优点是适合于各种钢种（如碳钢、电工钢及不锈钢，而闪光焊机仅适合于低碳钢），焊接质量好，热影响区小，过轧机断带率低。米巴赫激光焊机，如图3-25所示。

激光焊接具有高深宽比、焊缝宽度小、热影响区小、变形小、焊接速度快的优点，焊

图 3-25　米巴赫激光焊机正在焊接

缝平整、美观，焊后无须处理或只需简单处理工序。焊缝质量高，无气孔，可减少和优化母材质杂，金属组织焊后可细化，焊缝强度、韧性至少相当于甚至超过母材金属，可精确控制，聚焦光点小，可高精度定位，易实现自动化，可实现某些异种材料间的焊接。

A　激光焊机的工作原理

激光焊是以激光束聚焦获得的高功率光斑投射工件，熔化金属焊接。激光束被聚焦到工件的表面或表面以下位置，它与焊件的作用产生一个小孔，激光在小孔内的反复折射有利于熔池对激光能量的吸收。连续辐射的激光相对工件进行移动，则小孔也随之移动，激光束始终与熔池前沿相互作用，熔化金属的气化使得小孔得以维持，并造成熔池金属的流动，形成一个深宽比很大的连续焊缝。

B　激光焊机结构及设备功能

（1）带钢对中装置。出口段安装了两套对中装置，由液压缸和齿轮齿条机构驱动。两个对中夹钳以对中速度一起向前移动，直到两组板式传感器均被盖住，带钢对中精度是机器中心线±1 mm。

（2）夹送辊。夹送辊输送和定位带头到剪刀位置（最大速度 30 m/min），夹送辊上辊通过 2 个液压缸（传动侧和操作侧各一个）驱动上升和升降。夹送辊下辊固定在导板台平面以下，上辊压下输送带钢。夹送辊驱动依靠液压齿轮马达，为确保夹送辊静止，回流阀装载在定向控制阀与液压马达之间。带钢在旋转的夹送辊间运行，为形成活套，夹送辊运送带钢的速度必须大于机组的速度。上辊装有转动脉冲发生器，用于检测控制带钢尾部进入双切剪的运行距离，定位精度±10 mm。

（3）提升辊。提升辊安装在夹送辊的框架上，起支撑带钢和保护设备作用。当带钢运行时提升辊上升，当带尾到达焊机的信号出现时，提升辊降到夹送辊前，在焊接准备和焊接过程中该提升辊保持下降位置。侧冲后，焊机发出“带钢释放”的信号时，提升辊再次上升便于带钢运行，提升辊的上升与下降通过两个液压缸驱动。

（4）月牙剪。月牙剪由传动侧和操作侧的冲弯小车构成，小车有冲弯工具及其运行轨道，小车由液压缸驱动，初始位置、最终位置及冲弯位置由传感器监控。把具有不同带钢宽度的焊缝送至月牙剪处，冲弯小车向带钢边部移动；当月牙剪工具在焊缝处切挖切完之后，小车返回到初始位置，被切下的带钢废料由传送带和辅助传送带移走。

（5）夹钳装置。夹钳装置安装在夹钳导板上，作用是在剪切时夹紧并在焊接时定位，每个装置的夹紧位由限位开关来控制。当带钢运行时，夹紧钳口在通过线之上打开（处于初始位置）；为了夹紧带钢，夹紧钳向下移动并在夹钳导板上压住带钢。

（6）焊接小车。焊接小车在框架的轨道上运行，行程为3600 mm，焊接小车为伺服传动。

（7）双切剪。剪切设备由上、下两个剪切组件组成，双切剪共有4个剪刃（2个上剪刃组合，2个下面剪刃组合），同时剪切两个带钢的端头。

（8）剪刀驱动。剪刀的驱动安装在C形架上，剪刀驱动分别为下刀组驱动以及上刀组驱动，上下刀组通过液压缸升降。剪切下来的废料落到废料输送皮带上，剪切后上下剪刃同时退回到初始位置。

（9）激光头导向轮。在焊接过程中，激光头下导向轮运行在带钢下部，根据头、尾带钢的厚度自动调节高度，以保证头、尾带钢的厚度中心线在一个水平面上。激光头上导向轮由液压缸驱动，根据焊接材料规格可以调节压力大小，压在带钢上表面，这种组合保证焊接过程中带尾焊接时能在同一水平位置。激光导向头有一对调整轮，在入口侧可通过伺服马达自动对导向轮进行高度调整。

（10）碾压辊导向和碾压辊。碾压辊导向装配在焊接小车的操作侧，碾压是在焊接后执行。在碾压过程中焊缝处被上、下碾压，从而保证了焊后焊缝无超厚。在对不同厚度的焊缝进行碾压时，碾压仅在厚带钢上进行。如果需要，可以手动调节下碾压辊。

（11）激光发生器。激光发生器安装在焊机框架的传动侧，激光在激光发生器中产生，当快门打开后，激光通过小窗被传输到激光导向中。

3.2.6.4 常见产品缺陷的原因及处理方法

A 产品缺陷处理原则

（1）对于不符合原料验收标准或严重影响焊接的钢卷要及时退料封闭，做好记录并上报有关部门进行处理。

（2）对于极限规格和特殊钢种焊接的钢卷要做杯突试验，不合格的焊缝要切除重新焊接；对于不合格的普通钢卷焊缝要切除重新焊接，当来不及重焊且焊缝质量无法判定合格的情况下，要立即通知主控操作工，调整工艺设定参数进行生产。

B 常见产品缺陷

a 错牙

故障现象：具有相同尺寸的带钢头尾的中心线不在一条直线上。

产生原因：主要是带钢头尾没有对齐，剪切断口与带钢中心线不垂直，带钢头尾超差。

预防及处理方法：对于错牙大的焊缝要切掉重焊。

b 焊缝高度差超出允许范围

故障现象：焊缝高度差超出允许范围。

产生原因：

(1) 来料板形不好，焊机剪刃剪切质量不好；

(2) 来料厚度有偏差。

预防及处理方法：

(1) 将激光头压力增加，导板间隙相应增大；

(2) 根据实际偏差的大小，将厚度改为实际带钢厚度。

c 在焊缝上局部出现气孔

故障现象：在焊缝上局部出现气孔。

产生原因：来料板形不好、焊机剪刃上落有灰尘造成的剪切质量不好。

预防及处理方法：清扫灰尘，重新焊接。

d 在焊缝上大面积出现气孔

故障现象：在焊缝上大面积出现气孔。

产生原因：

(1) 保护气体不足或保护气体喷嘴喷射位置不正确；

(2) 刚换完剪刃后剪刃补偿值准确（一般薄料会出现这种情况）；

(3) 剪刃磨损造成的剪切质量不好。

预防及处理方法：

(1) 调整保护气气瓶压力和保护气喷嘴参数；

(2) 重新调节剪刃补偿值；

(3) 更换焊机剪刃。

3.2.6.5 常见焊接生产异常工况的原因及处理方法

A 激光系统报警

故障现象：焊机在焊接完成后出现激光系统报警，无法复位。

处理方法：电气点检人员先通知计控人员检查和测量激光控制柜内报警系统的高压接触器是否异常，同时联系生产厂家准备进厂处理。

预防及处理方法：因高压单元供电接触器动作频繁，每焊接一次接触器动作两次，正常生产时每天动作800多次，因此非常容易损坏。要保证此备件的充足供应，在备件充足时应定期更换。

B 带头、带尾未停在焊机剪切位

故障现象：带头、带尾未停在焊机剪切位。

产生原因：传感器、控制系统、传动系统、穿带导向不正常。

预防及处理方法：

(1) 保持光电管光源接收和反射部分无灰尘；

(2) 检查光电管固定部位是否松动；

(3) 检查传动系统是否正常；

(4) 检查穿带驱动机构是否正常；

(5) 检查电气控制系统接触是否正常。

C 断带

故障现象：轧机断带主要表现为轧机高速断带、焊缝断带、低速断带。

产生原因：

（1）原料缺陷。在原料缺陷中，能够导致断带的主要有边部裂纹、孔洞、夹杂分层、来料厚差以及折叠，其他的像镰刀弯、厚度波动、板形不良等。

（2）操作故障。剪切时，带钢边丝没有剪切干净，进入轧机时会使边丝在带钢边部轧裂，最后导致带钢断带；设定参数不符合工艺规程，轧机参数波动较大，会引起轧制波动导致带钢断带。

（3）带钢焊接质量不良。带钢焊接后，焊缝处强度大于母材强度，焊缝两端出现应力集中，容易发生断带。

（5）操作原因。在轧制过程中，操作人员依据带钢的测厚仪、张力计来调整轧机调平值，仪器故障会出现，导致调整失误，发生断带。

预防及处理方法：

（1）对钢卷的表面质量进行检查，发现边裂超标的按规定程序退料。对于厚度2.0 mm以下带钢，增加剪切长度，将头尾板形不良和缺陷部分尽量切除，同时将明显存在缺陷部分切除。

（2）轧制中设专人目视检查带钢缺陷，如折叠、大边裂、孔洞等，发现后将缺陷部位及时通知轧机主操台操作人员，采取低速轧制或者穿带通过。

（3）焊机操作工定期到轧机出口对轧制后的焊缝质量进行跟踪检查，如有焊缝破损，对焊机相关参数进行调整；规格为210 mm以下和焊接硅钢时，检查每卷焊缝质量，不合格时，对带钢高度方向、横向对中进行检查，换规格和品种时，进行杯突实验检查焊缝强度。焊接硅钢时，要进行退火等处理。

（4）轧机区域测厚仪每8 h校准一次，保证检测工作正常，其他检测仪器及时检修正常并且检查校准。

D 焊机透光率不好

故障现象：焊机焊接3.5 mm以上厚料时，出现焊不透的现象。

产生的原因：外光路偏移。

预防及处理方法：

（1）焊机更换输出镜后激光回路发生偏移，对外光路两个反射镜和聚焦镜进行调整、擦拭；

（2）焊机打点正常后对带钢进行打点测试、调整，焊接带钢实验正常；

（3）定期更换焊机输出镜，并且进行外光路调整及参数焊接测试。

3.2.7 安全注意事项

（1）焊机操作人员上岗前穿戴好必要的劳动保护用品。

（2）焊机操作人员检查焊缝质量时，避开设备运动部件。

（3）现场手动操作时，禁止目视焊接过程。

（4）确认按钮指示灯是否完好。

（5）擦拭光栅时，必须按下入口段快停按钮。

（6）在检查焊接缝质量时，必须按下入口段快停按钮。

（7）正常操作不得直视激光。

（8）按下紧急事故停车按钮事故处理完毕后，必须得到机、电、仪和作业长确认许可后，方可开机运行，不准擅自开机。

（9）焊机开机前，必须确认焊机周围无易燃物后方可进行焊接。

（10）各种易燃物、助燃物严禁丢弃在焊接小车内。

（11）带头卡在焊机尾部时，不得用脚踏住板头，进行点动操作。

（12）处理焊机导板台卡钢时，必须挂牌插好安全销方可入内作业。

3.2.8 检查评价

检查评价见表2-1。

3.2.9 练习题

[理论知识试题精选]

一、选择题

（1）焊机碾压轮的作用是（　　）。

A. 矫正带钢　　B. 对中带钢　　C. 碾压焊缝　　D. 改善板形

（2）焊机宽度变规格时每边允许最大宽度差（　　）mm。

A. 300　　B. 150　　C. 200　　D. 120

（3）激光焊机分为（　　）、出口部分、焊机小车、液压站。

A. 矫直机　　B. 夹钳　　C. 焊机段　　D. 入口部分

（4）焊机QCDS系统是由（　　）个高分辨率的专用CCD摄像头检测元件组成的。

A. 3　　B. 4　　C. 5　　D. 2

（5）（　　）是焊机的主要参数之一。

A. 搭接量　　B. 激光焊距　　C. 电流　　D. 电压

（6）轧机入口焊缝检测到焊缝将自动（　　）。

A. 升速　　B. 降速　　C. 保持不变　　D. 无影响

二、判断题

（　　）（1）焊机剪刃更换后不需要测量导板台间隙。

（　　）（2）开卷机芯轴胀径范围是660~800 mm。

（　　）（3）焊机焊缝焊接结束后不需要通过QCDS检查焊缝质量。

（　　）（4）焊缝杯突实验时，焊缝沿着焊接方向裂开，表面焊缝质量良好。

（　　）（5）在焊机厚度变规格时，激光导向轮需要进行高度补偿，把入出口高度调整到一个中心线位置。

(　　)(6) 焊缝 QCDS 是检测焊缝质量的唯一判定方法。

[操作技能试题精选]

请完成表 3-1 轧制计划单中带钢的焊接操作。

表 3-1　轧制计划单

位置	钢卷号	钢种	来料厚度/mm	来料宽度/mm	产品厚度/mm	产品宽度/mm	屈服强度/MPa
入口	A220100941E	DC01	2.75	1250	0.40	1220	270
出口	221W033820000	DC01	2.75	1250	0.40	1220	270

考核要求：

(1) 焊接操作准备指示灯是否亮起；

(2) 带尾定位完成指示灯亮起，同时入口带钢头部出现；

(3) 带头定位完成指示灯亮起，带头定位完成；

(4) 剪切完成指示灯亮起，头尾剪切完成；

(5) 焊接完成指示灯亮起，带钢焊接完成；

(6) 开槽完成指示灯亮起，带钢开槽完成；

(7) 焊接完成指示灯亮起，焊接操作全部完成；

(8) 对使用的设备进行简单的维护与保养；

(9) 安全文明操作；

(10) 操作时间为 20 min。

焊接仿真操作测试评分，见表 3-2。

表 3-2　焊接仿真操作测试评分

项目要求	配分	评分标准	扣分	得分
操作准备	30 分	(1) 未正确打开冷连轧仿真实训教学软件，扣 5 分； (2) 未调用并下达工艺参数，扣 5 分； (3) 未检查并确认焊接辅助操作台运行状态，缺少一项扣 5 分； (4) 未检查并确认入口液压站运行状态，扣 5 分； (5) 未检查并确认气压站运行状态，扣 5 分		
操作过程与操作结果	60 分	(1) 未将[模式选择]切换到[手动]焊接模式，扣 5 分； (2) 带尾定位完成指示灯未亮起，同时入口带钢头部没出现，扣 10 分； (3) 带头定位完成指示灯未亮起，带头定位未完成，扣 10 分； (4) 剪切完成指示灯未亮起，头尾剪切未完成，扣 10 分； (5) 焊接完成指示灯未亮起，带钢焊接未完成，扣 15 分； (6) 开槽完成指示灯未亮起，带钢开槽未完成，扣 10 分		
安全文明操作	10 分	违反安全操作规程，每次扣 5 分		

任务 3.3　酸洗前拉矫智能控制

知识目标

- 拉矫机的结构及工作原理；
- 拉矫机操作规程。

技能目标

- 能读懂冷轧带钢拉矫生产工艺参数；
- 能检查并确认拉矫机的运行状态；
- 能处理冷轧带钢拉矫生产常见简单故障。

3.3.1 任务描述

本任务主要学习拉矫机的结构及工作原理，拉矫机操作规程；能读懂拉矫生产工艺参数，检查拉矫机的运行状态，处理冷轧带钢拉矫生产常见简单故障。拉矫机仿真操作和监控画面，如图 3-26 所示。

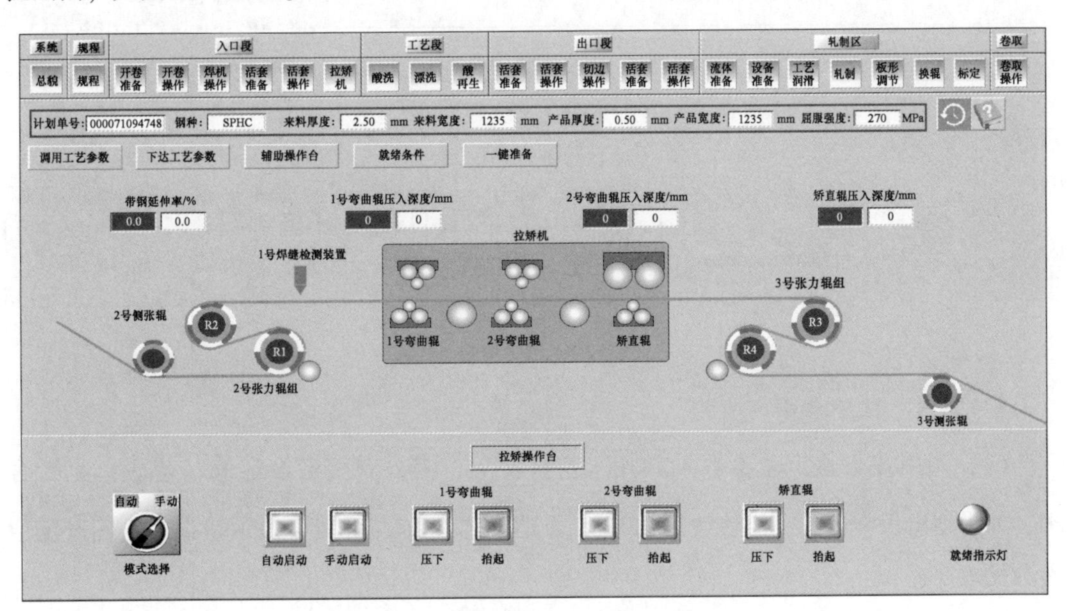

图 3-26　拉矫机仿真操作和监控画面

3.3.2 任务分析

拉矫机位于酸洗工艺段入口前部，通过拉伸和弯曲改善带钢板形并使带钢表面的氧化铁皮开裂，为带钢酸洗及切边提供良好条件，提高酸洗效率。弯曲矫直机前设置有压头（传感器）对弯曲矫直机区的张力进行监测。正常操作条件下，当焊缝通过弯曲矫直机时，不需要更改带钢张力或者辊缝间隙的预设定值。但是，当焊缝处的前后带钢厚度差太大时，可以适当释放带钢张力或者打开弯曲矫直机工作辊组，以使焊缝通过。

3.3.3 任务准备

3.3.3.1 接收冷轧带钢生产计划单

冷轧带钢生产计划单，如图 3-27 所示。

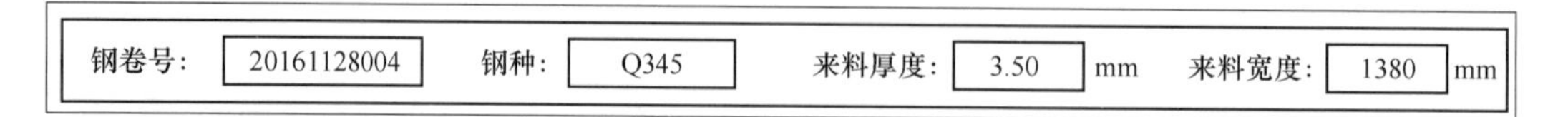

图 3-27 冷轧带钢生产计划单

3.3.3.2 拉矫辅助操作台和拉矫操作台

拉矫辅助操作台如图 3-28 所示，拉矫操作台如图 3-29 所示。

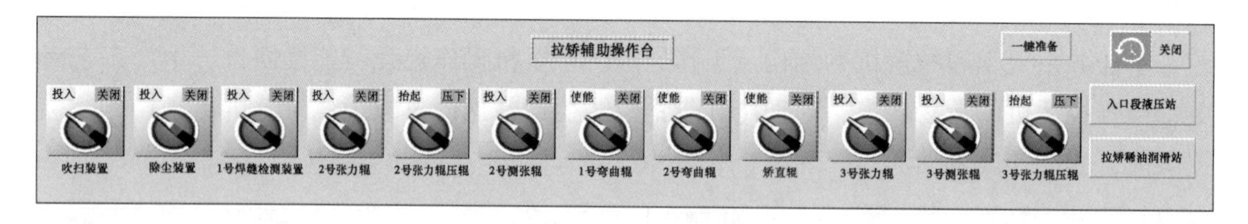

图 3-28 拉矫辅助操作台

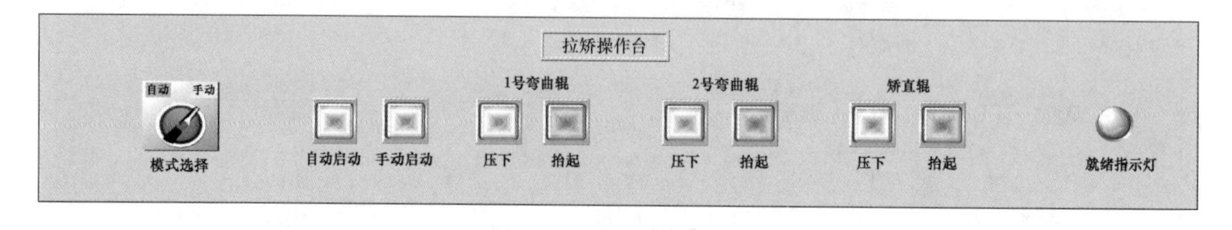

图 3-29 拉矫操作台

3.3.3.3 拉矫准备

（1）调用并下达工艺参数。调用工艺参数后，需要观察各设定值（蓝底）是否合理；如果超出正常范围，需修改后再进行下达工艺参数，否则会提示错误。正确设定值参数见表 3-3。

（2）检查并确认拉矫辅助操作台运行状态。拉矫辅助操作台的操作方法：吹扫装置→投入，除尘装置→投入，1 号焊缝检测装置→投 入，2 号张力辊→投入，2 号张力辊压辊→抬起，2 号测张辊→投入，1 号弯曲辊→使能，2 号弯曲辊→

使能，矫直辊→使能，3 号张力辊→投入，3 号测张辊→投入，3 号张力辊压辊→抬起。

表 3-3 正确设定值参数

厚度/mm	屈服强度/MPa	伸长率/%	工作辊位置/mm		
			弯曲辊		矫直辊
			1 号	2 号	
1.20~3.00	240~270	0.9	30	17	14
3.01~4.00		0.8	29	15	13
1.20~3.00	270~350	0.7	30	17	14
3.01~4.00		0.6	29	15	13
1.20~3.00	350~600	0.5	30	17	14

(3) 检查并确认入口液压站运行状态。入口液压站准备就绪（入口段共用）如图 3-30 所示。

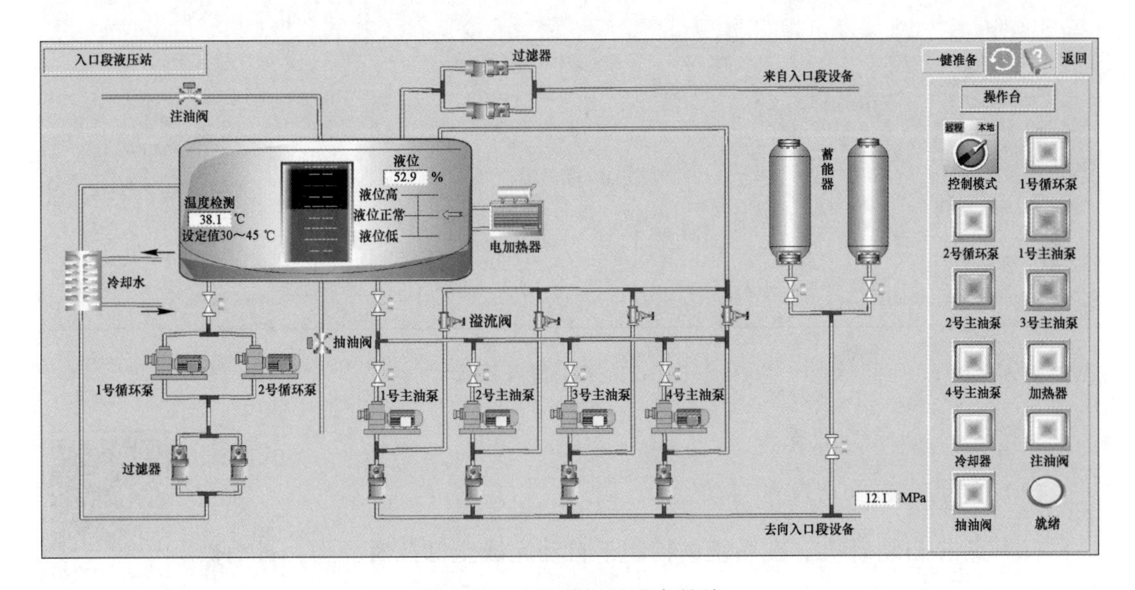

图 3-30 入口液压站准备就绪

(4) 检查并确认稀油润滑站运行状态。拉矫机稀油润滑站准备就绪如图 3-31 所示。

(5) 以上准备条件满足后，就绪指示灯亮起，表示准备工作完成，如图 3-32 所示。

3.3.4 任务实施

下面介绍拉矫生产仿真实训操作方法。

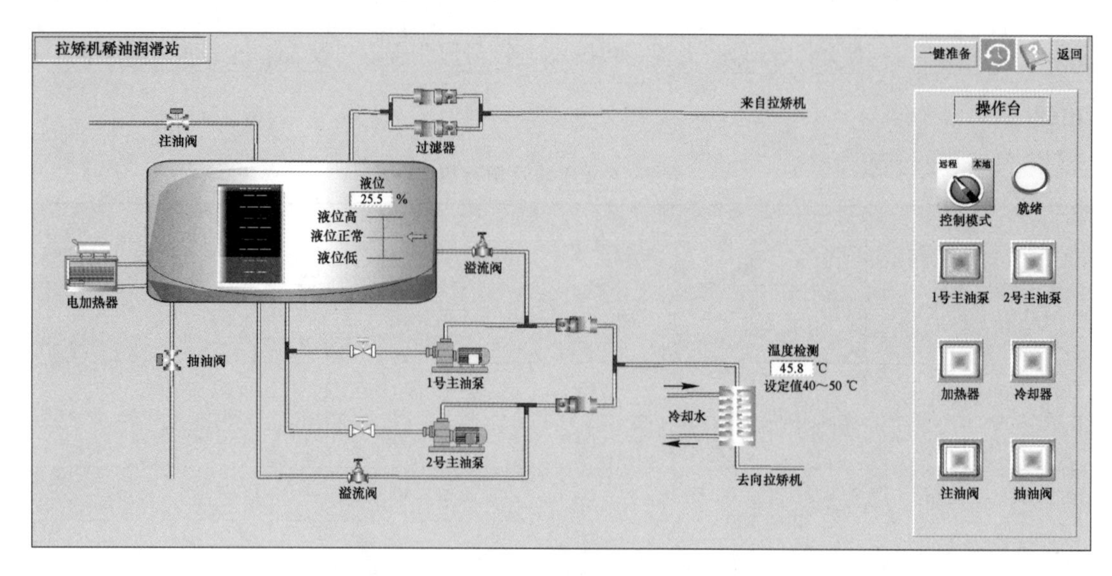

图 3-31 拉矫机稀油润滑站准备就绪

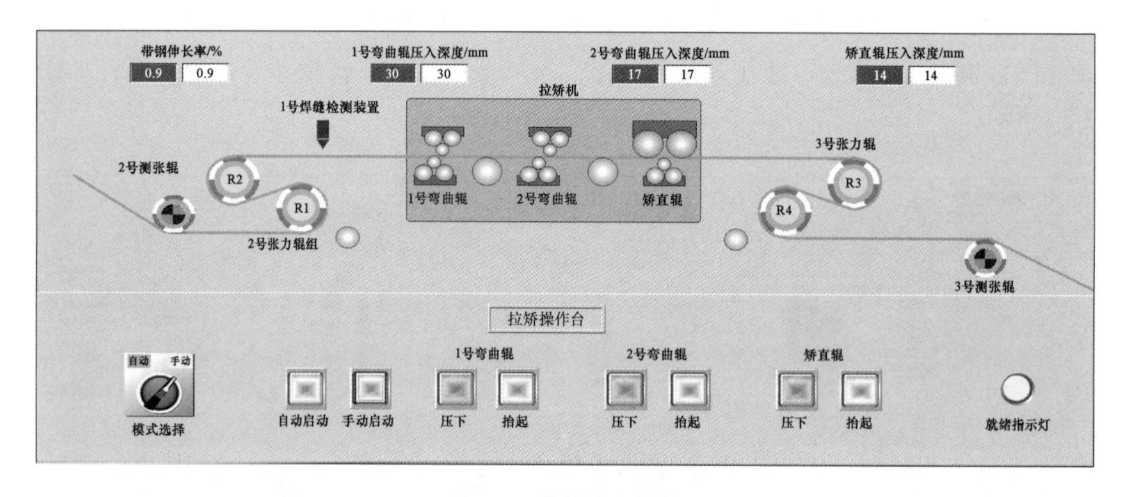

图 3-32 拉矫准备就绪

3.3.4.1 拉矫自动模式

（1）将 模式选择 切换到 自动 。

（2）点击 自动启动 ，在系统的控制下自动完成全部拉矫操作，自动操作如图 3-33 所示。

3.3.4.2 拉矫手动模式

（1）将 控制模式 切换到 手动 。

（2）点击 手动启动 ，带钢向前运动，开始拉矫操作，如图 3-34 所示。

（3）焊缝到达拉矫机前时，依次点击 1 号弯曲辊 → 抬起 、 2 号弯曲辊 → 抬起 、 矫直辊 → 抬起 ，避开焊缝，如图 3-35～图 3-37 所示。

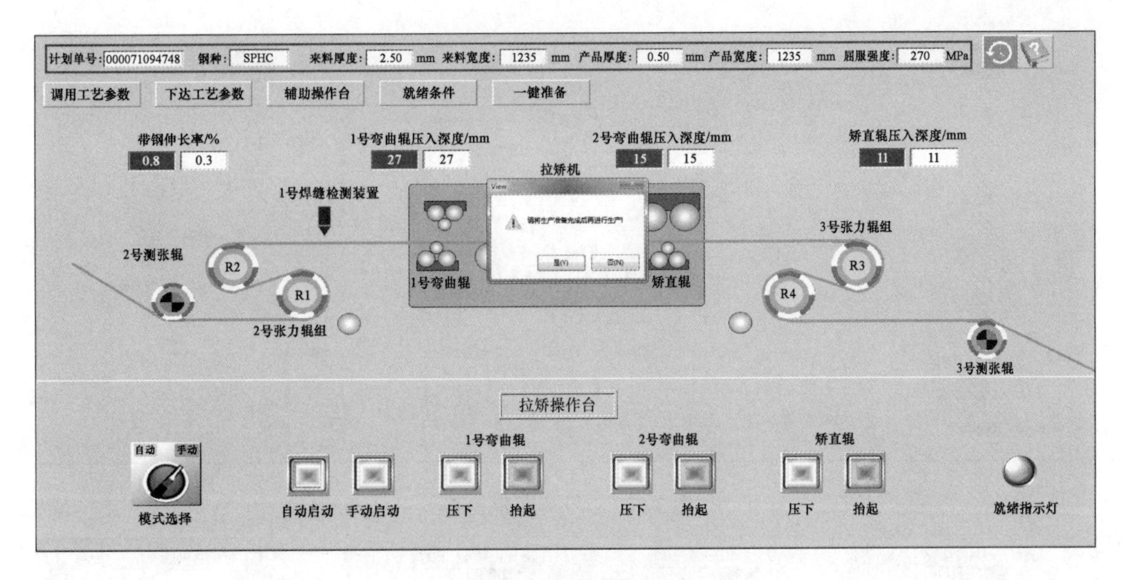

图 3-33　拉矫自动操作模式

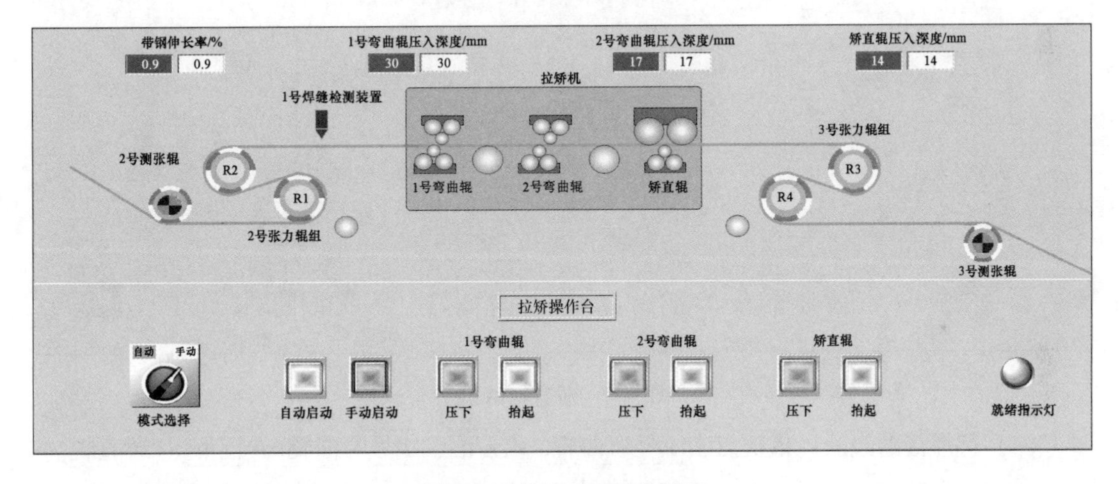

图 3-34　拉矫手动操作模式

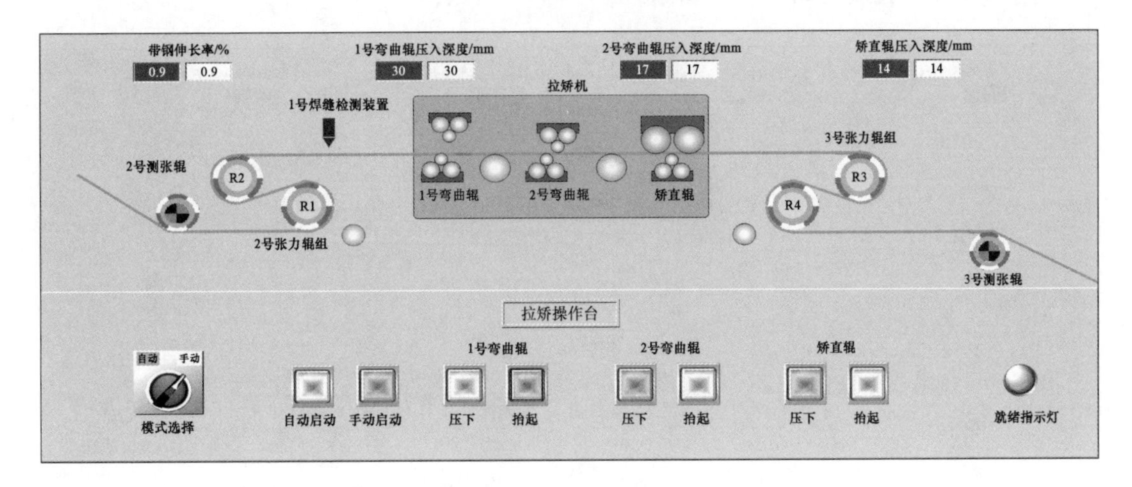

图 3-35　1 号弯曲辊抬起

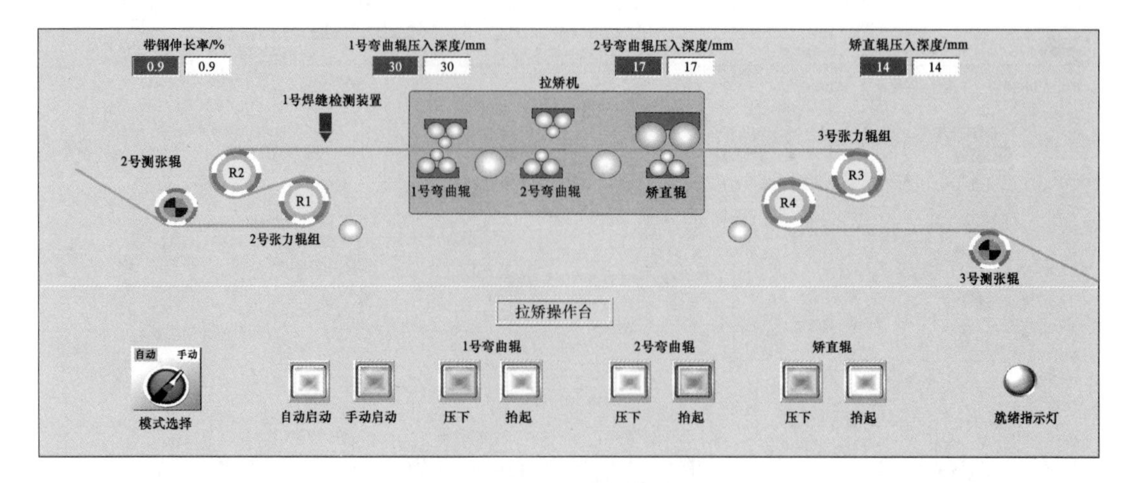

图 3-36　2 号弯曲辊抬起

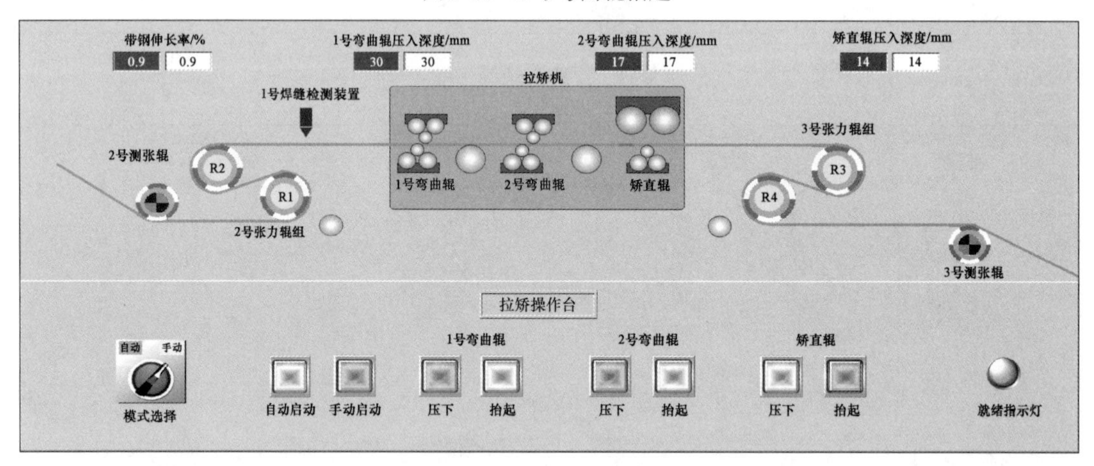

图 3-37　矫直辊抬起

（4）待焊缝通过后，依次点击 1 号弯曲辊 → 压下 、 2 号弯曲辊 → 压下 、 矫直辊 → 压下 ，拉矫操作完成，如图 3-38 所示。

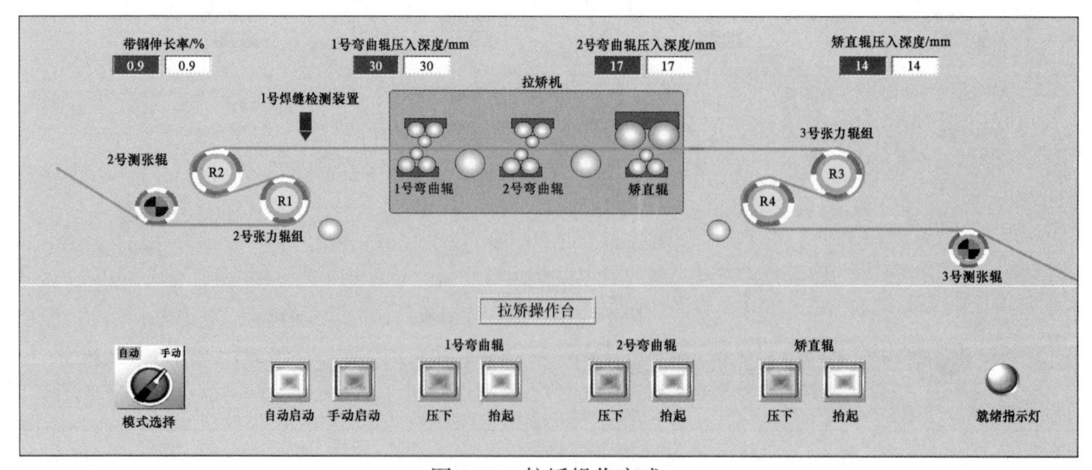

图 3-38　拉矫操作完成

3.3.5 现代企业冷轧板带钢生产拉矫智能控制

以某企业冷轧生产线的拉矫生产为例，介绍智能拉矫生产岗位操作技能，拉矫机在生产线布置位置如图 3-39 所示。

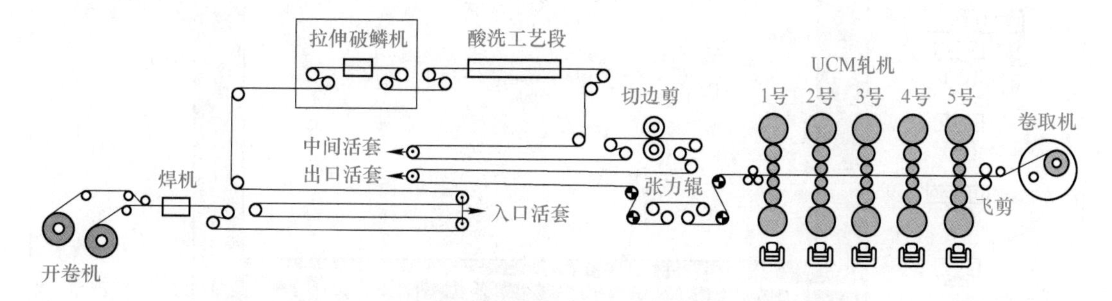

图 3-39 拉矫机在生产线布置位置

3.3.5.1 拉矫机岗位职责

(1) 主操作工根据来料的规格、材质，给定合适的开卷张力、收卷张力和 S 辊伸长率。

(2) 把下弯曲辊、下矫直辊油缸提升到最顶位，用电动机微调弯曲量和矫直量，直到合格。

3.3.5.2 拉矫机操作盘布置

拉矫机操作盘布置，如图 3-40～图 3-42 所示。

3.3.5.3 特别注意事项

拉矫机的穿带速度控制在 30 m/min，在穿带过程中特别注意压辊转动和带钢运行。

3.3.5.4 操作步骤

A 岗位要点

(1) 根据带钢不同厚度、宽度，适当调整带钢伸长率。

(2) 拉矫机工作辊原始辊缝的确定。

B 生产准备

(1) 确认液压系统是否正常。

(2) 报警进行确认是否正常。

(3) 启动齿轮润滑油的供给泵，并确认其运行是否正常。

(4) 2 号、3 号张力辊压辊打开。

(5) 选择手动或自动操作方式。

(6) 确认伸长率控制方式。

(7) 设定所有工作单元的辊缝值。

(8) 打开空气吹扫。

(9) 确认所有显示状态和指示灯。

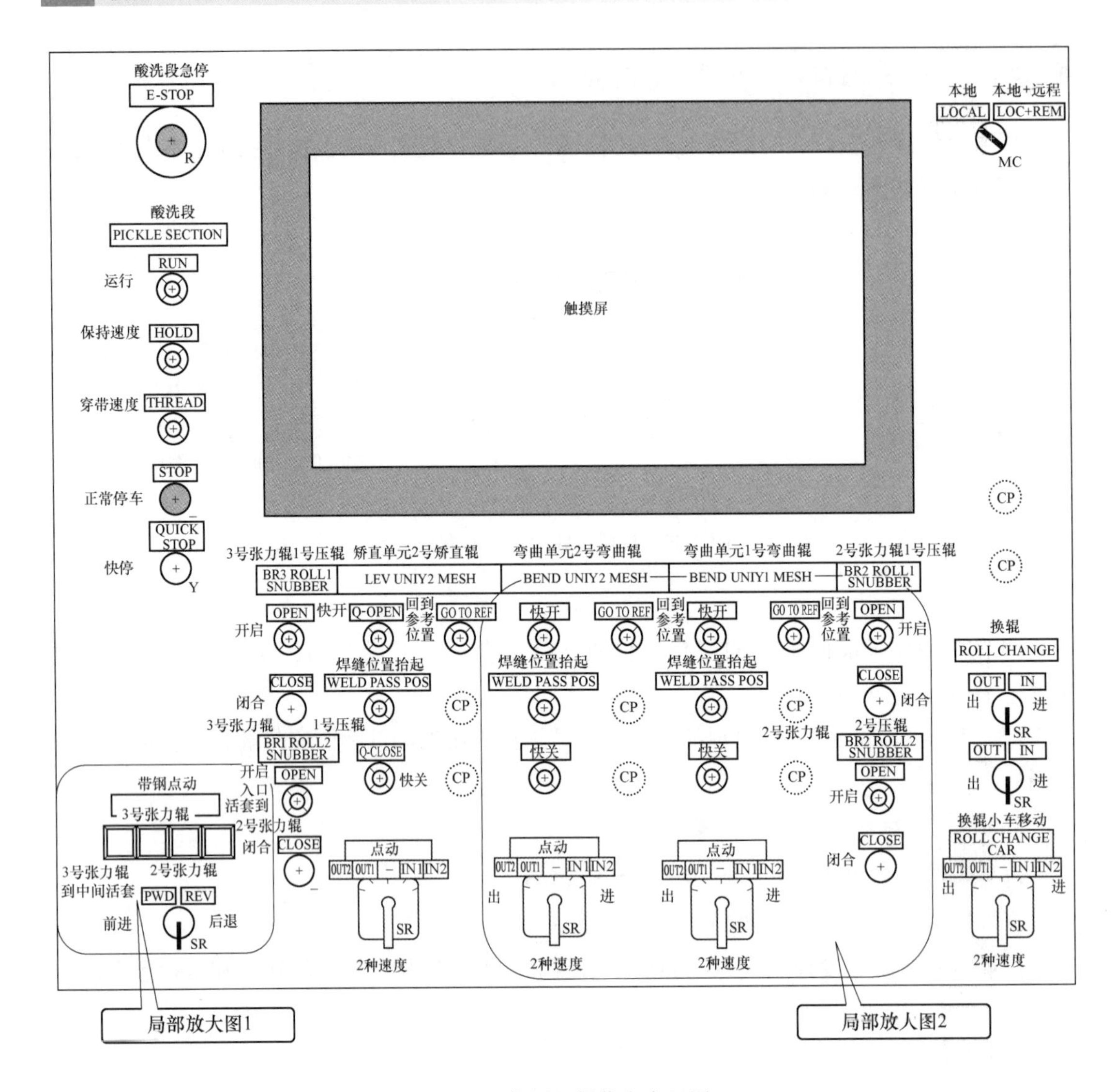

图 3-40 拉矫机操作盘布置图

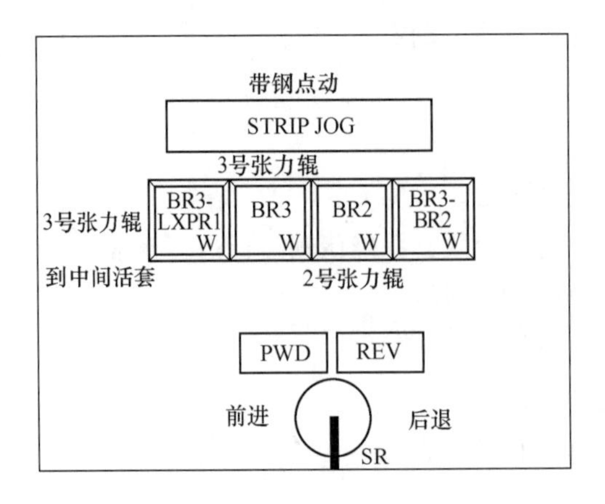

图 3-41 拉矫机的操作盘布置图的局部放大图 1

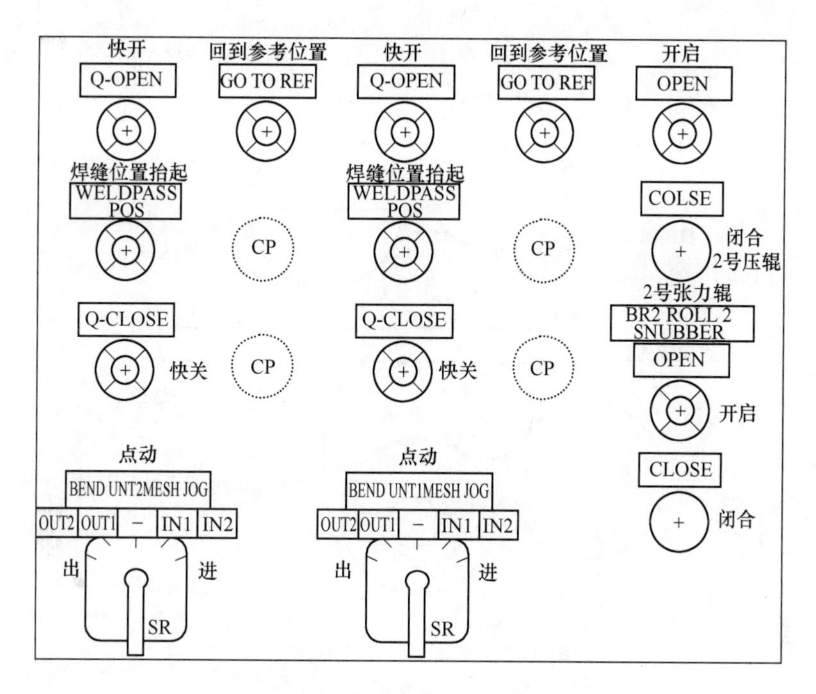

图 3-42 拉矫机的操作盘布置图的局部放大图 2

C 具体操作步骤

（1）拉矫机的操作有自动、手动两种方式，生产中一般采用自动方式。自动操作过程中，参数（如伸长率、辊缝）可由终端直接读出并选定。当设定效果不佳时，可采用手动方式，由伸长率增大减少做出适当调整。

（2）焊缝过拉矫机时有三种控制方式：矫直辊关闭，矫直辊打开，伸长率控制。

（3）拉矫机辊缝零点调整步骤（使用专用工具，停机检修期间用此方法）：

1）将拉矫机各单元辊箱抽出。

2）更换拉矫机工作辊（更换拉矫机上工作辊时，将上辊箱旋转 180°，使上工作辊位于支持辊上部）。

3）如图 3-43 所示，安装辊缝调零专用工具，调整水平螺栓使厚度尺处于水平状态。

4）将各单元辊箱插入拉矫机内，方法是：

①打开换辊小车安全销；

②将拉矫机各单元插入拉矫机中；

③辊箱锁紧销锁紧；

④打开换辊小车与拉矫机辊箱的连接螺栓；

⑤换辊小车开至原位。

5）提升拉矫机下工作辊，在厚度尺距离上拉矫机工作辊 2～3 mm 时，选择低速提升拉矫机下工作辊，目视厚度尺轻微接触上工作辊为止。

6）此时拉矫机工作辊辊缝为-20 mm。

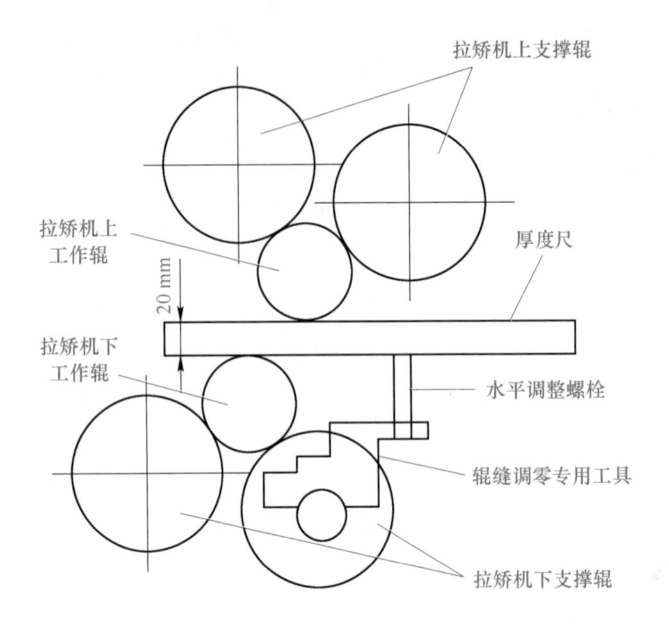

图 3-43 安装辊缝调零专用工具

7）拉矫机辊缝清零操作完毕。

8）将拉矫机各单元辊箱抽出，步骤同 1)~3)。

9）卸下辊缝调零专用工具。

10）重新将拉矫机各单元辊箱插入，步骤同 4)~7)。

11）拉矫机各个单元辊缝清零操作步骤相同，可同时进行辊缝清零操作。

D 主要工艺控制项目、控制量

(1) 伸长率：根据钢种及规格预先设定伸长率及压下量，伸长率最大值 4.0%。

(2) 张力：根据钢种及规格预先设定张力，保证破鳞效果，张力最大值 45 t。

3.3.6 相关理论知识

3.3.6.1 拉矫机的作用

连续拉伸弯曲矫直机是使带材在拉伸和交替弯曲的联合作用下产生塑性延伸，矫正带材原有的波浪和翘曲等板形缺陷。由于拉矫机具有矫直效果好、残存应力小、所需的矫直张力小、操作简便等优点，在现代化的板带材生产企业中得到广泛应用。

酸洗槽前的拉矫机，其作用主要有两个：

(1) 通过弯曲拉伸变形改善板形；

(2) 通过弯曲拉伸变形使带钢表面氧化铁皮破裂或破碎，提高酸洗速度和酸洗效果。

3.3.6.2 拉矫机的工作原理

带材板形缺陷产生的实质是由于带材在宽度方向上具有不同的内应力，使之沿宽度方向上产生了很小的长度差。要想得到板形平整的板带钢，只需对带钢长度方向上施以超过材料屈服极限的应力，使其中的长、短纤维同时产生一定的塑性变形；在应力松弛后，延伸变长的纤维仍然保留，从而使带钢内部纵向纤维间的长度和内应力趋于相同，且方向一致，即能达到矫直的目的。

拉矫机就是根据材料的弹塑性延伸理论对带材进行矫直的。其基本原理为：需矫直的带钢在张力辊组施加的张力作用下连续通过上下交替布置的多组小直径的弯曲辊，在拉伸和弯曲的联合作用下沿长度方向产生了塑性的纵向延伸，使带钢各条纵向纤维的长度趋向于一致，从而减小带钢内部纵向内应力分布的不均匀性，改善带钢的平直度。

张力辊单元的组成：在拉矫机的入口和出口各安装有两个内衬聚氨酯的张力辊。2 号、3 号张力辊单独传动。拉矫机工作示意图，如图 3-44 所示。

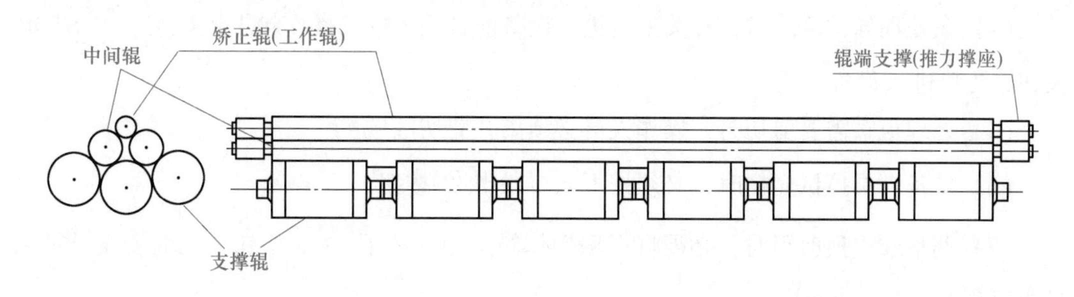

图 3-44 拉矫机工作示意图

3.3.6.3 除尘系统

整个弯曲矫直辊单元与除尘系统相连，氧化铁皮灰尘可以从底部排出。另外，防皱辊和直头机也都与除尘系统相连。除尘装置可以除掉处理器和弯曲矫直机产生的氧化铁皮灰尘，排废和除尘分离器把铁屑灰尘从处理器和拉矫机处移走，并且降低车间内空气的粉尘含量。因此，拉矫机是封闭式结构，铁屑灰尘从其底部排走，从而降低跨内空气的粉尘含量。排放气体中携带的粉尘必须在过滤设备处分离出来，排放到大气中的粉尘含量（标态）不得超过 20 mg/m^3。对于除尘能力的要求，管道横断面和设备上的吸入口横断面进行设计，才能达到理想效果。

3.3.6.4 常见异常工况产生的原因及处理方法

A 异常情况时的操作处理要求和有关注意事项

（1）当更换拉矫机工作辊辊径前后发生变化时，拉矫机辊缝必须进行清零操作；在更换拉矫机工作辊辊径前后相同时，可不进行辊缝清零操作。

（2）在更换拉矫机支撑辊后，拉矫机辊缝必须进行清零操作。

（3）拉矫机在线更换工作辊时，拉矫机工作方式必须选择手动及张力释放方式。

（4）用拉矫机辊缝“零点调整方法二”进行清零操作后，在检修期间使用“零点调整方法一”重新对拉矫机辊缝进行清零操作。

B 粘辊

故障现象：氧化铁皮粉末粘在拉矫机辊上。

产生原因：由于氧化铁皮粉末粘在拉矫机辊上，造成对拉矫辊表面损伤。

预防及处理方法：及时更换拉矫辊，并检查压缩空气吹扫系统、除尘系统。

3.3.7 安全注意事项

（1）上岗前必须穿戴好劳动保护用品。

（2）操作步进梁前，必须观察天车位置及步进梁状态，防止钢卷翻倒伤人和损坏设备。

（3）小车接送钢卷时，要注意小车的运行状态，发现异常情况及时停车。

（4）在处理异常事故时，有关人员进入设备前必须将现场操作箱上锁、按下 E. STOP 按钮，方可进入设备作业。

（5）处理板头需要剪切时，操作人员必须离开剪切区域。

（6）设备人员擦拭光栅时，必须按下入口段 快停 按钮。

（7）调整或更换剪刃时，必须将现场操作箱上锁、按下 急停 按钮，同时安全销插入后方可作业，以免事故发生。

（8）启动入口运输设备前必须进行安全确认，严禁在运行的入口废料运输设备上行走。

（9）拉矫机换辊操作时，严禁站立在换辊车轨道处。

（10）吊装拉矫机工作辊时，只允许一人指挥天车，指挥人员必须站在安全位置。

（11）设备出现事故报警后，应及时停车，与相关人员联系。在得到机、电人员的确认、处理后，方可启动设备。

3.3.8 检查评价

检查评价见表 2-1。

3.3.9 练习题

[理论知识试题精选]

一、选择题

（1）为了保证矫直质量，辊式钢板矫直机至少有（ ）工作辊。

A. 3 个　　B. 7 个　　C. 23~29 个　　D. 50 个

（2）矫直机压下量的一般规律是（ ）。

A. 入口压下量大于出口压下量　　B. 入口辊缝大于出口辊缝夹钳

C. 入口辊缝等于出口辊缝　　D. 入口压下量小于出口压下量

(3) 冷轧酸洗拉矫机的作用主要是（　　）。

A. 轧制　　B. 控制跑偏

C. 改善带钢板形，同时起到弯曲破鳞　　D. 提高硬度

(4) 钢材越薄矫直辊径应（　　）。

A. 越小　　B. 越大　　C. 无关　　D. 不变

(5) 矫直（　　）的钢板是使其中间部分延伸。

A. 中浪　　B. 双边浪　　C. 瓢曲　　D. 单边浪

二、判断题

（　　）(1) 矫直机的作用是继续对轧件进行轧制。

（　　）(2) 有镰刀弯的热轧带钢在卷取时必然出现塔形。塔形在吊运时，塔峰易出现窝折或卡出破口；当窝折角小于 90°时，必然被矫直辊折叠，而损坏圆盘剪剪刃或轧辊。

（　　）(3) 冷轧酸洗机组拉矫机内部没有张力测量辊。

（　　）(4) 辊式矫直机的辊数增加，有利于提高矫直精度。

（　　）(5) 矫直机不是根据材料的弹塑性延伸理论对带材进行矫直的。

[操作技能试题精选]

请完成表 3-4 轧制计划单中带钢的拉矫操作。

表 3-4　轧制计划单

位置	钢卷号	钢种	来料厚度/mm	来料宽度/mm	产品厚度/mm	产品宽度/mm	屈服强度/MPa
入口	A220100941E	DC01	2.75	1250	0.40	1220	270
出口	221W033820000	DC01	2.75	1250	0.40	1220	270

考核要求：

(1) 正确打开冷连轧仿真实训教学软件；

(2) 调用并下达工艺参数，如超出正常范围，需修改后再进行 下达工艺参数 ，否则会提示错误；

(3) 检查并确认拉矫辅助操作台运行状态；

(4) 检查并确认入口液压站运行状态；

(5) 检查并确认稀油润滑站运行状态。

(6) 当焊缝到达拉矫机前时，正确避开焊缝；

(7) 待焊缝通过后，拉矫操作完成；

(8) 安全文明操作；

(9) 操作时间为 5 min。

拉矫仿真操作测试评分，见表 3-5。

表 3-5　拉矫仿真操作测试评分

项目要求	配 分	评 分 标 准	扣分	得 分
操作准备	45 分	（1）未正确打开冷连轧仿真实训教学软件，扣 5 分； （2）未调用并下达工艺参数，出现错误提示，扣 15 分； （3）未检查并确认拉矫辅助操作台运行状态，缺少一项扣 5 分； （4）未检查并确认入口液压站运行状态，扣 10 分； （5）未检查并确认稀油润滑站站运行状态，扣 10 分		
操作过程与操作结果	45 分	（1）未将模式选择切换到手动拉矫模式，扣 5 分； （2）当焊缝到达拉矫机前时，未正确避开焊缝，扣 20 分； （3）焊缝通过后，拉矫操作未完成，扣 20 分		
安全文明操　作	10 分	违反安全操作规程，每次扣 5 分		

任务 3.4　酸洗智能控制

知识目标

- 冷轧板带钢表面氧化铁皮的性质及结构；
- 酸洗原理与影响酸洗的因素；
- 酸洗操作规程；
- 常见酸洗生产异常工况与产品缺陷的原因及处理方法。

技能目标

- 能读懂并确认智能冷轧带钢酸洗生产工艺参数；
- 能检查并确认酸洗设备的运行状态；
- 正确判断并处理酸洗简单生产事故。

3.4.1　任务描述

本任务主要学习酸洗工作原理，酸洗操作规程；能读懂酸洗生产工艺参数，检查酸洗设备的运行状态，处理冷轧带钢酸洗生产常见简单故障。酸洗仿真操作和监控画面，如图 3-45 所示。

3.4.2　任务分析

智能冷轧带钢的酸洗工艺段是酸连轧生产线的核心工艺区域，目的是通过化学反应去除带钢表面的氧化铁皮。酸洗模块主要包括酸洗操作和酸循环系统两部分。酸循环系统用

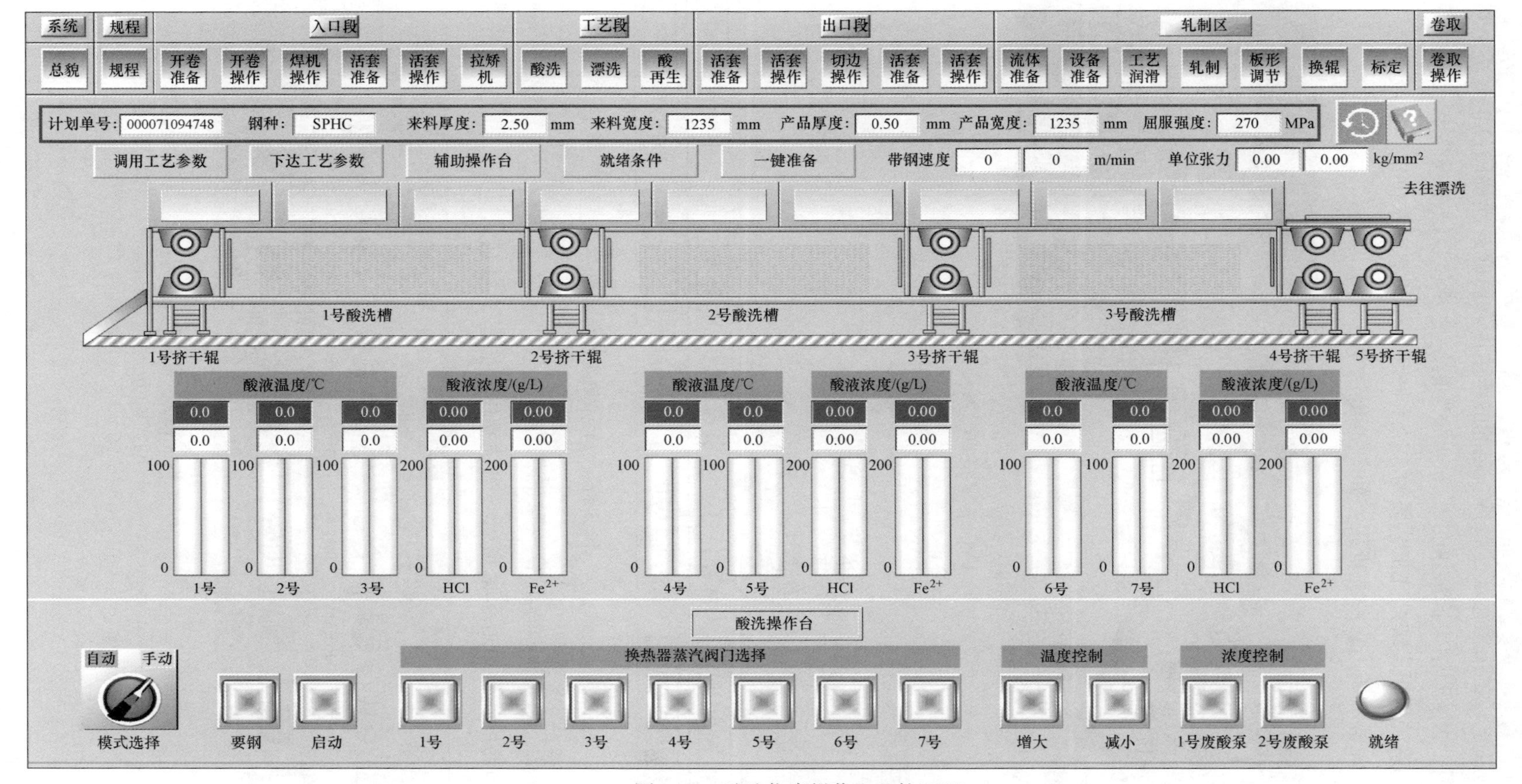

图 3-45　酸洗仿真操作和监控画面

于实现酸洗工艺段的酸液循环，维持一定的酸液浓度和温度。漂洗段位于酸洗之后，目的是冲洗带钢，去除带钢表面酸液并烘干。漂洗模块主要包括漂洗操作和水循环系统两部分。水循环系统用于实现漂洗工艺段的漂洗水循环，保证漂洗水供应，以及维持一定的漂洗水温度、流量和压力。酸洗机组，如图 3-46 所示。

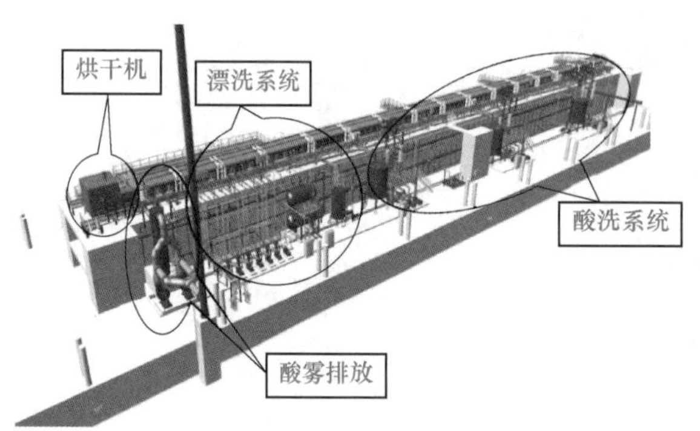

图 3-46 酸洗机组

3.4.3 任务准备

3.4.3.1 接收冷轧带钢生产计划单

冷轧带钢生产计划单，如图 3-47 所示。

入口钢卷号	20161128005	钢种:	Q345	来料厚度:	3.50	mm	来料宽度:	1380	mm
出口钢卷号	20161128004	钢种:	Q345	来料厚度:	3.50	mm	来料宽度:	1380	mm

图 3-47 冷轧带钢生产计划单

3.4.3.2 酸洗辅助操作台和酸洗操作台

酸洗辅助操作台如图 3-48 所示，酸洗操作台如图 3-49 所示。

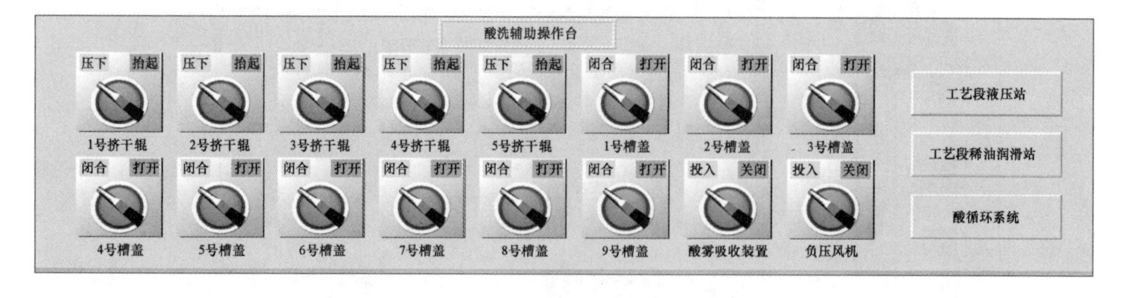

图 3-48 酸洗辅助操作台

3.4.3.3 酸洗准备

（1）调用并下达工艺参数。

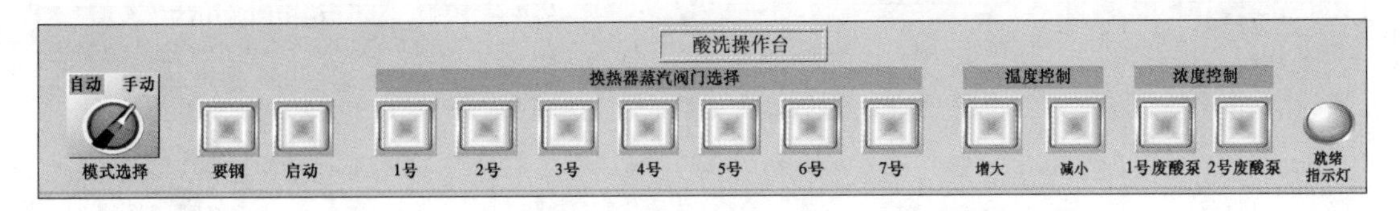

图 3-49 酸洗操作台

(2) 检查并确认酸洗辅助操作台运行状态，包括：1号~5号挤干辊→压下，1号~9号槽盖→闭合，酸雾吸收装置→投入，负压风机→投入。

(3) 检查并确认工艺段液压站运行状态，工艺段液压站准备就绪（工艺段共用）。

(4) 检查并确认工艺段稀油润滑站运行状态，工艺段稀油润滑站准备就绪（工艺段共用）。

(5) 检查并确认酸循环系统运行状态，酸循环系统准备就绪，如图 3-50 所示。

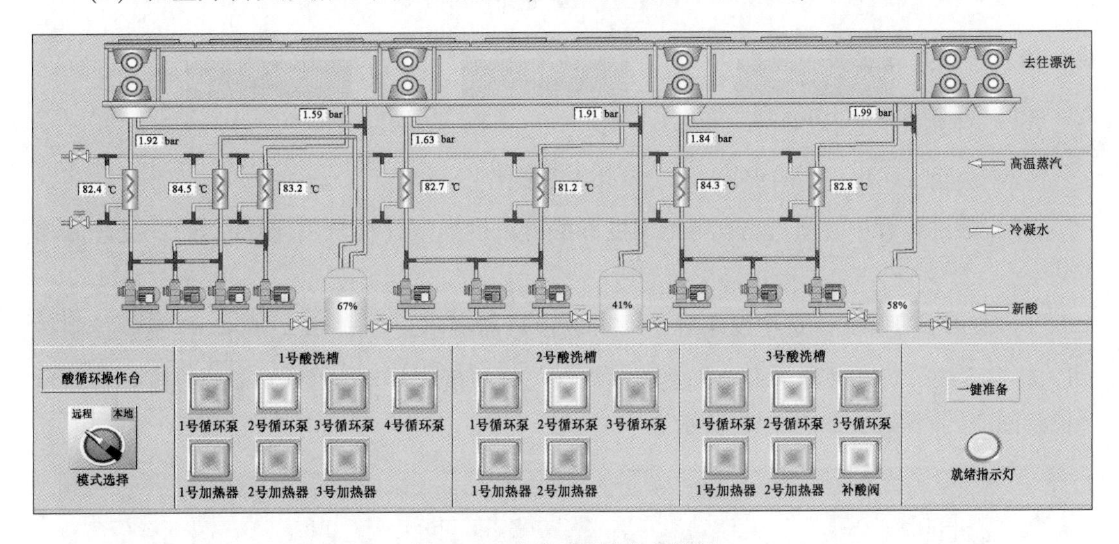

图 3-50 酸循环系统准备就绪

(6) 上述酸洗准备条件全部满足后，就绪指示灯点亮，表示酸洗准备工作完成，如图 3-51 所示。

3.4.4 任务实施

3.4.4.1 冷轧带钢酸洗智能控制仿真实训操作

A 酸洗自动模式

(1) 将模式选择切换到自动。

(2) 点击要钢，显示待酸洗带钢。

(3) 点击启动，在系统的控制下自动完成全部酸洗操作，包括异常工况处理。

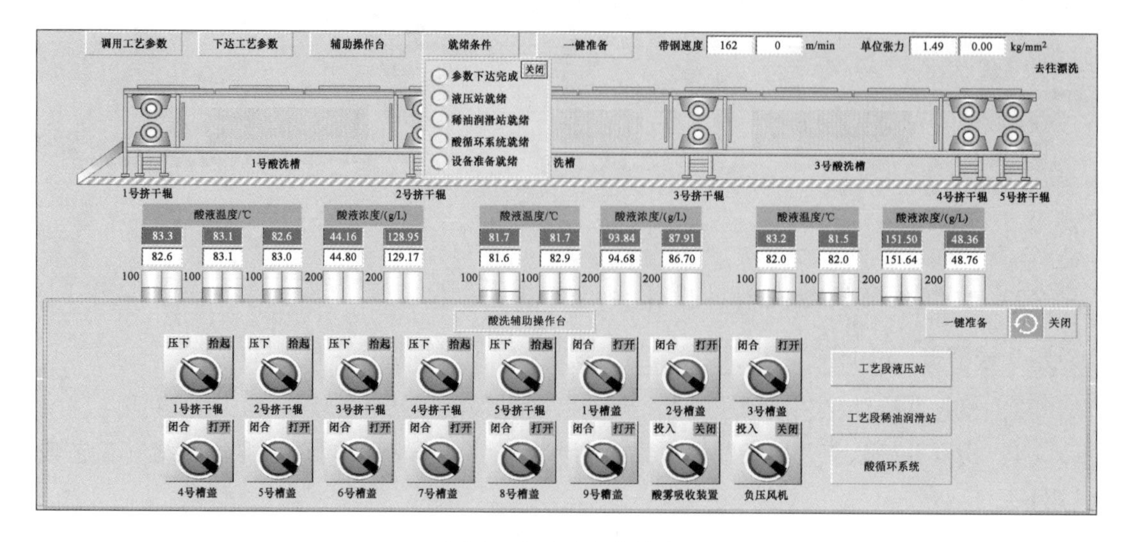

图 3-51 酸洗准备就绪

B 酸洗手动模式

（1）将控制模式切换到手动。

（2）点击启动，带钢向前运动，开始酸洗操作。

（3）酸洗过程中会随机出现酸液温度和酸液浓度异常（柱状图变红闪烁），处理方法如下：

1）酸液温度异常。选中发生异常对应的换热器阀门，点击增大或减小温度控制按钮，将温度调节正常（通过调节加热器蒸汽阀门开口度来控制温度）。酸液温度异常显示（柱状图变红闪烁），如图 3-52 所示。

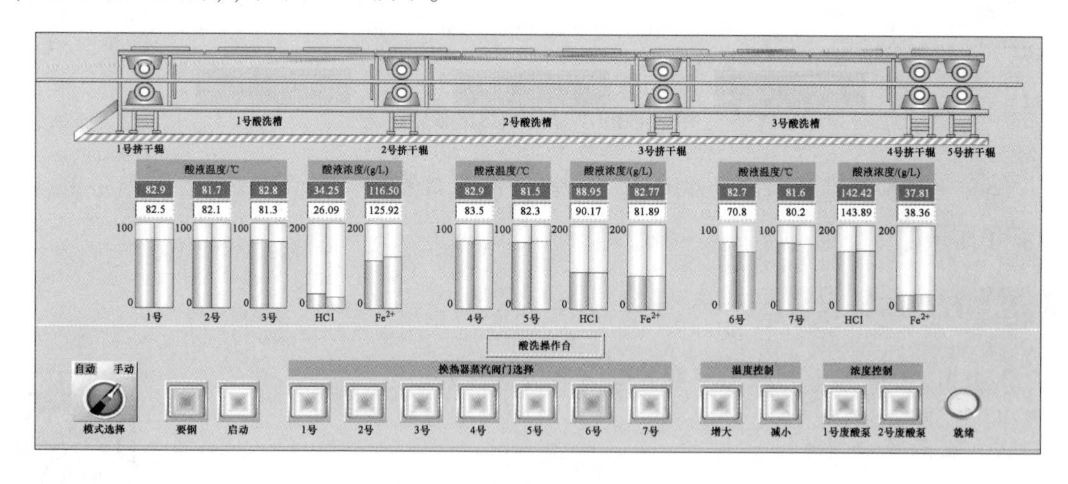

图 3-52 酸液温度异常显示

2）酸液浓度异常。打开其中一个废酸泵（1 用 1 备），排出废酸，补充新酸，直到 Fe^{2+}浓度和 HCl 浓度都恢复到正常值范围。酸液浓度异常显示（柱状图变红闪烁），如图 3-53 所示。

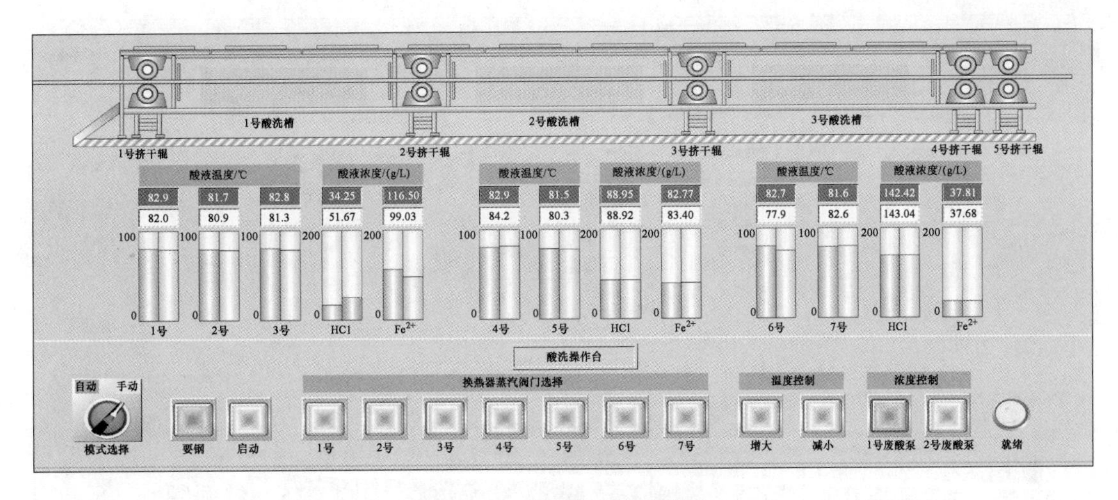

图 3-53　酸液浓度异常显示

（4）以上操作正确完成后，酸洗操作完成，如图 3-54 所示。

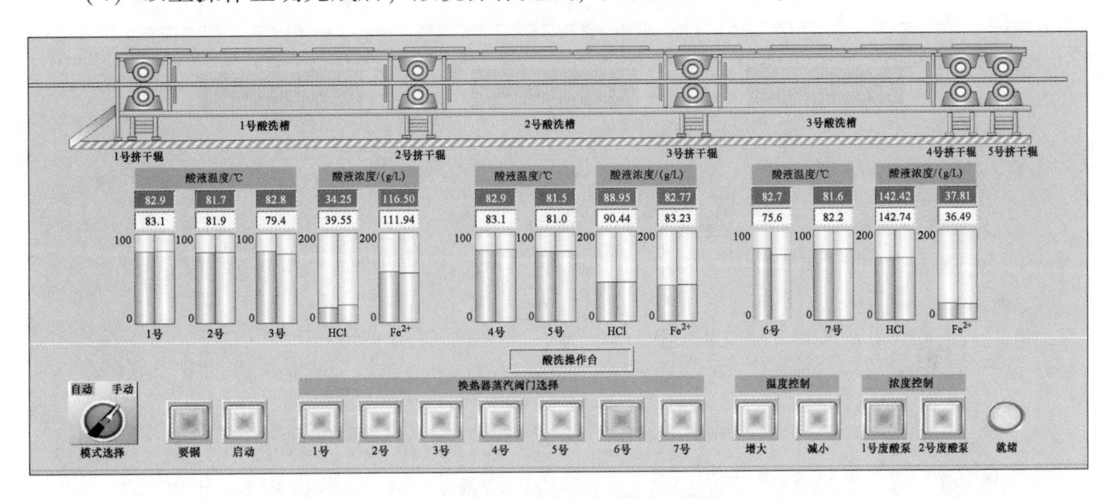

图 3-54　酸洗操作完成

（5）酸循环具体操作步骤如下：

1）将控制模式切换为远程；

2）对于单个酸洗槽，循环泵留 1 个备用，其余全部打开；

3）加热器全部打开；

4）以上操作正确完成后，就绪指示灯亮起，酸循环系统操作完成，如图 3-55 所示。

3.4.4.2　智能冷轧带钢漂洗生产仿真实训操作

（1）漂洗仿真操作和监控画面，如图 3-56 所示。

（2）漂洗烘干辅助操作台和漂洗烘干操作台，如图 3-57 和图 3-58 所示。

A　漂洗准备

（1）调用并下达工艺参数。

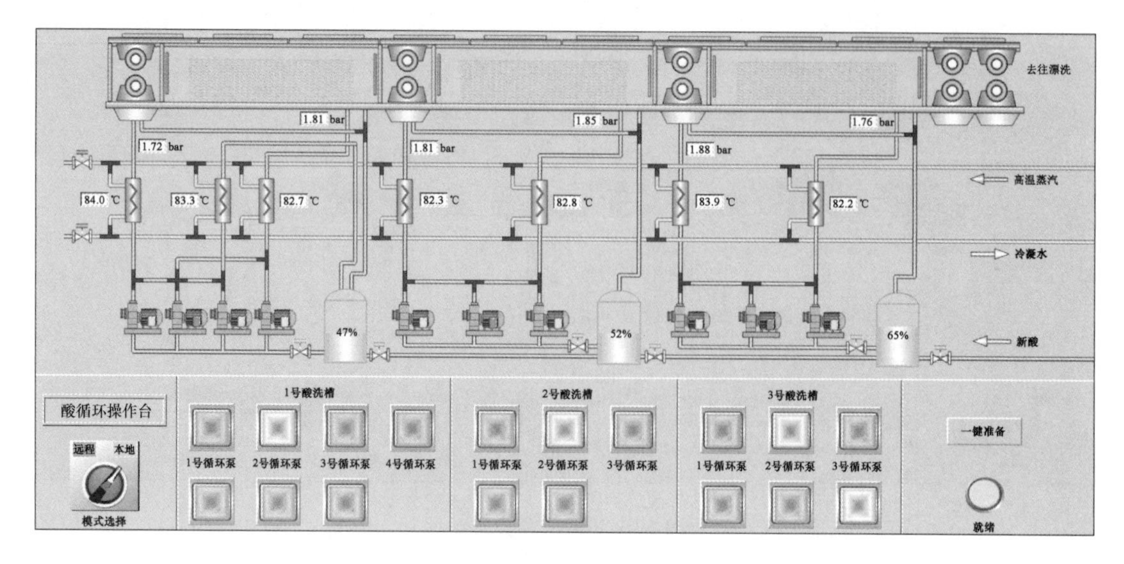

图 3-55 酸循环系统操作

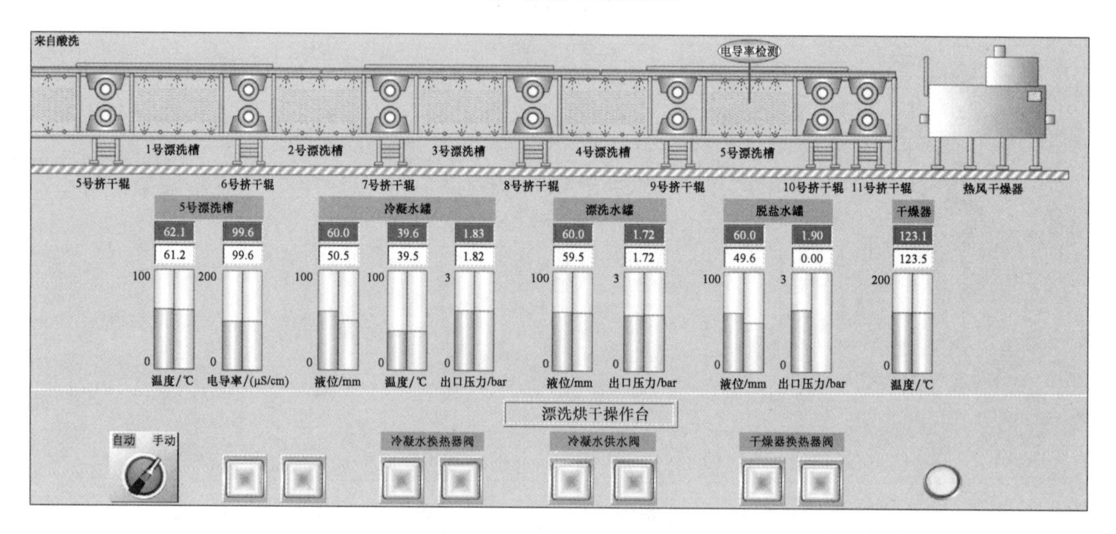

图 3-56 漂洗仿真操作和监控画面

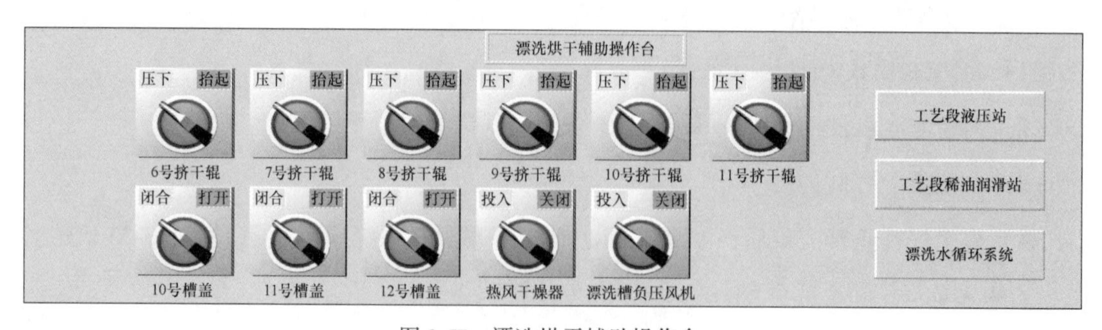

图 3-57 漂洗烘干辅助操作台

(2) 检查并确认酸洗辅助操作台运行状态，包括：6号~11号挤干辊→压下，10号~12号槽盖→闭合，热风干燥器→投入，漂洗槽负压风机→投入。

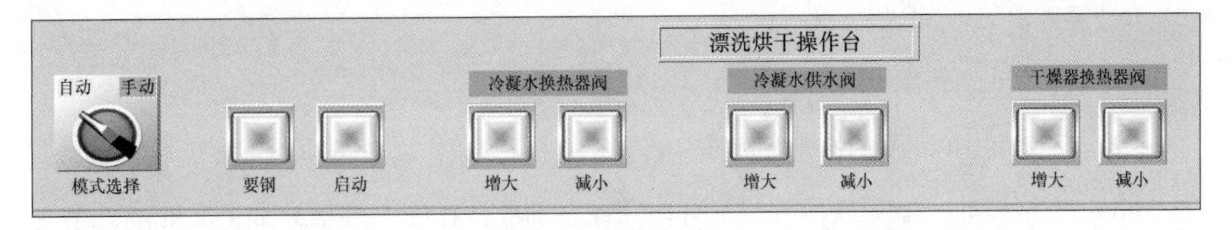

图 3-58 漂洗烘干操作台

（3）检查并确认工艺段液压站运行状态。

（4）检查并确认工艺段稀油润滑站运行状态。

（5）检查并确认水循环系统运行状态，水循环系统准备就绪，如图 3-59 所示。

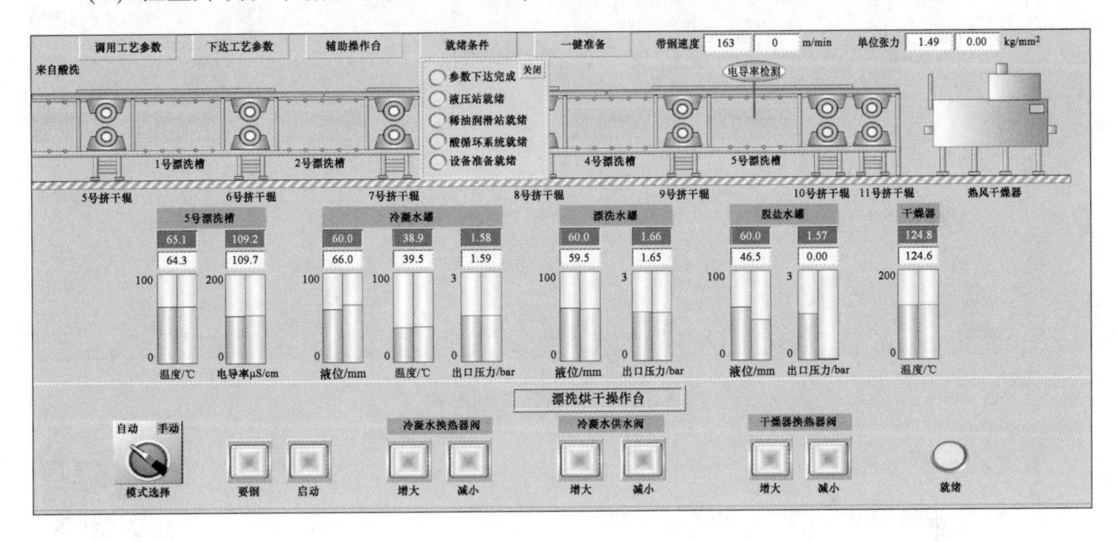

图 3-59 水循环系统准备就绪

（6）以上准备条件满足后，就绪指示灯亮起，表示漂洗准备工作完成，如图 3-60 所示。

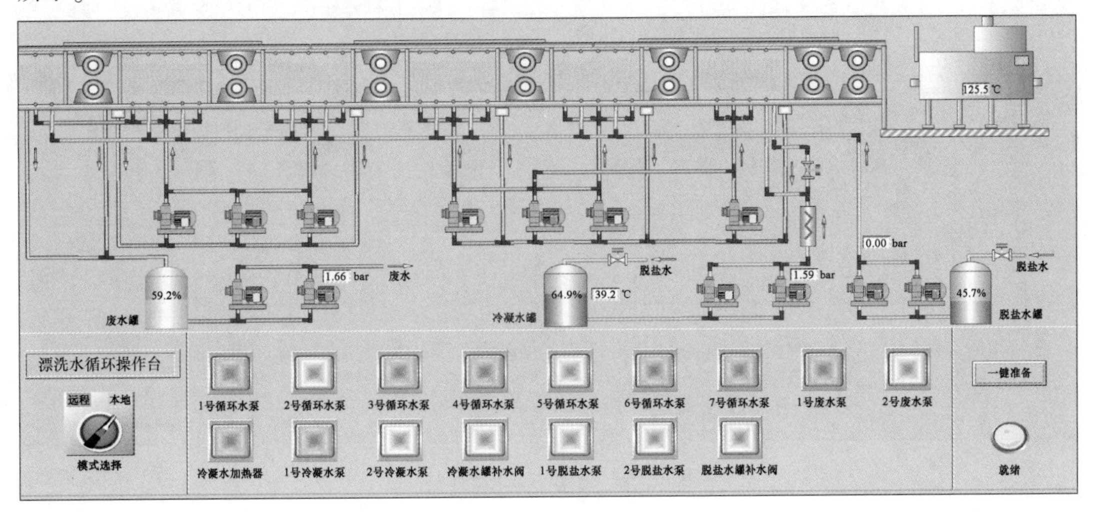

图 3-60 漂洗准备工作完成

B 漂洗自动模式

（1）将[模式选择]切换到[自动]。

（2）点击[要钢]，显示待漂洗带钢。

（3）点击[启动]，在系统的控制下自动完成全部漂洗操作，包括异常工况处理，漂洗自动控制模式如图3-61所示。

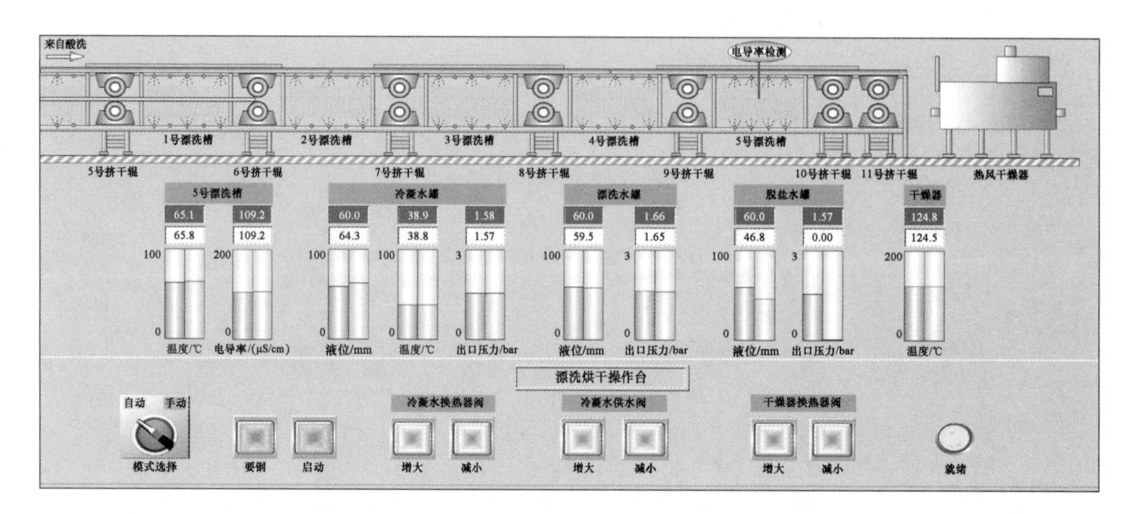

图3-61 漂洗自动控制模式

C 漂洗手动模式

（1）将[控制模式]切换到[手动]。

（2）点击[启动]，带钢向前运动，开始漂洗操作，如图3-62所示。

（3）漂洗过程中会随机出现漂洗槽温度异常、热风干燥器温度异常和电

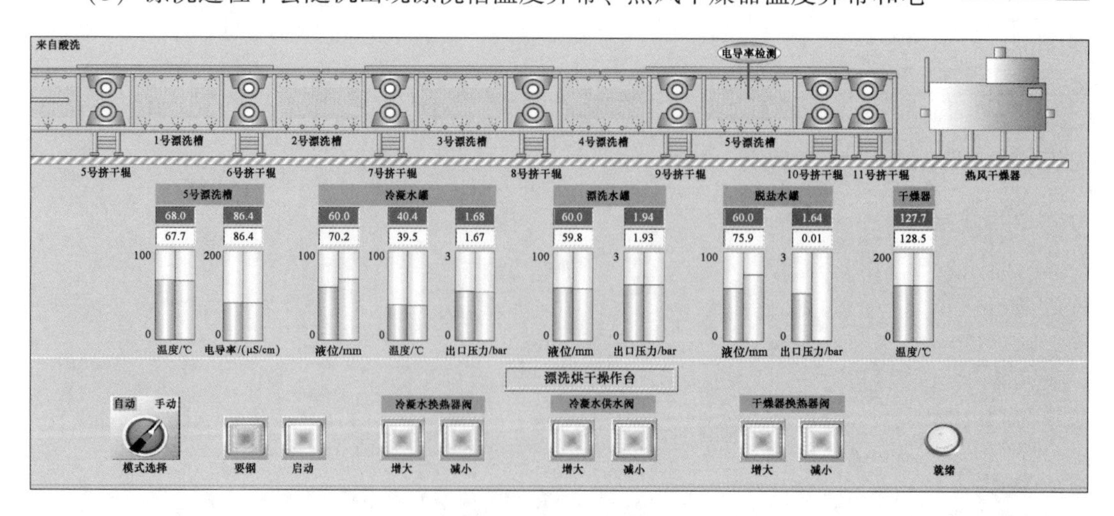

图3-62 漂洗手动控制模式

导率异常（柱状图变红闪烁），处理方式如下：

1）漂洗槽温度异常。点击[冷凝水换热器阀]→[增大]或[减小]，控制所供应冷凝水温度升高或降低（通过调节换热器蒸汽阀门开口度来控制温度）。漂洗槽温度异常，如图 3-63 所示。

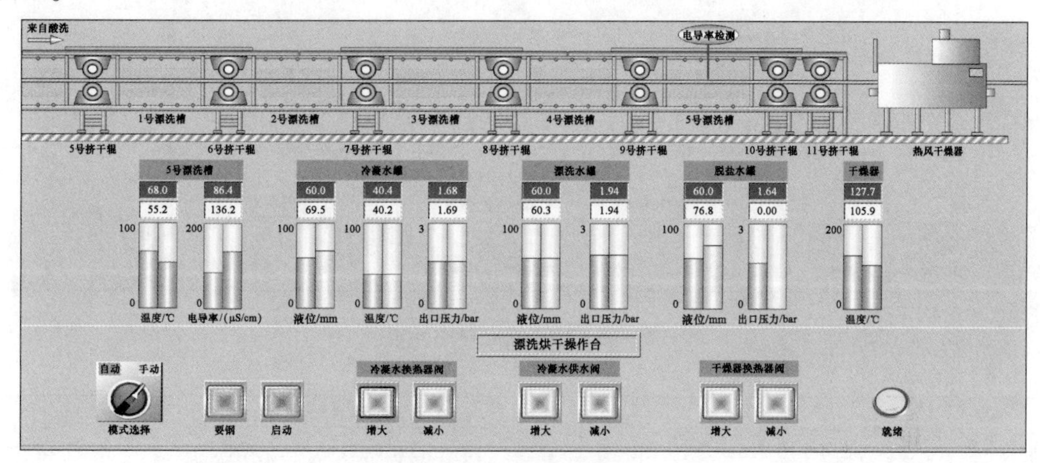

图 3-63 漂洗槽温度异常

2）热风干燥器温度异常。点击[干燥器换热器阀]→[增大]或[减小]，控制干燥器热风温度升高或降低（通过调节换热器蒸汽阀门开口度来控制温度）。热风干燥器温度异常，如图 3-64 所示。

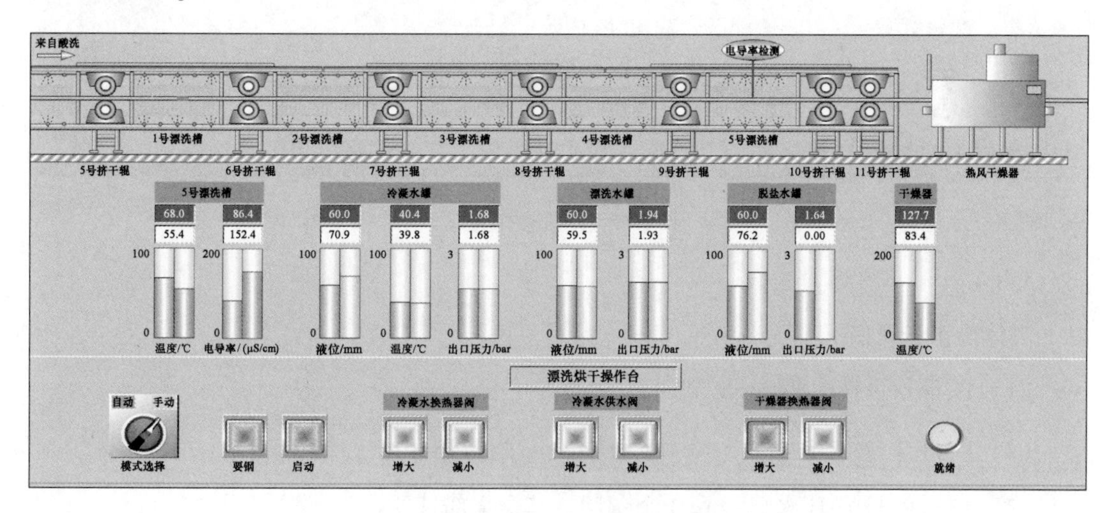

图 3-64 热风干燥器温度异常

3）漂洗槽电导率异常。点击[冷凝水供水阀]→[增大]或[减小]，控制冷凝水供应量增大或减小，将漂洗后带钢表面电导率调整到合理范围内。漂洗槽电导率异常，如图 3-65 所示。

（4）以上操作正确完成后，漂洗操作完成，如图 3-66 所示。

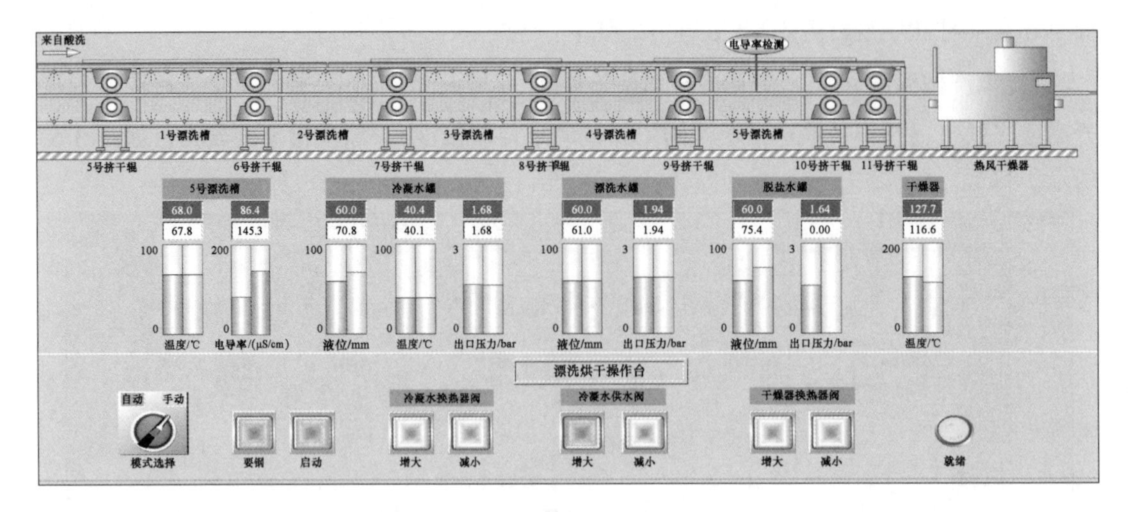

图 3-65 漂洗槽电导率异常

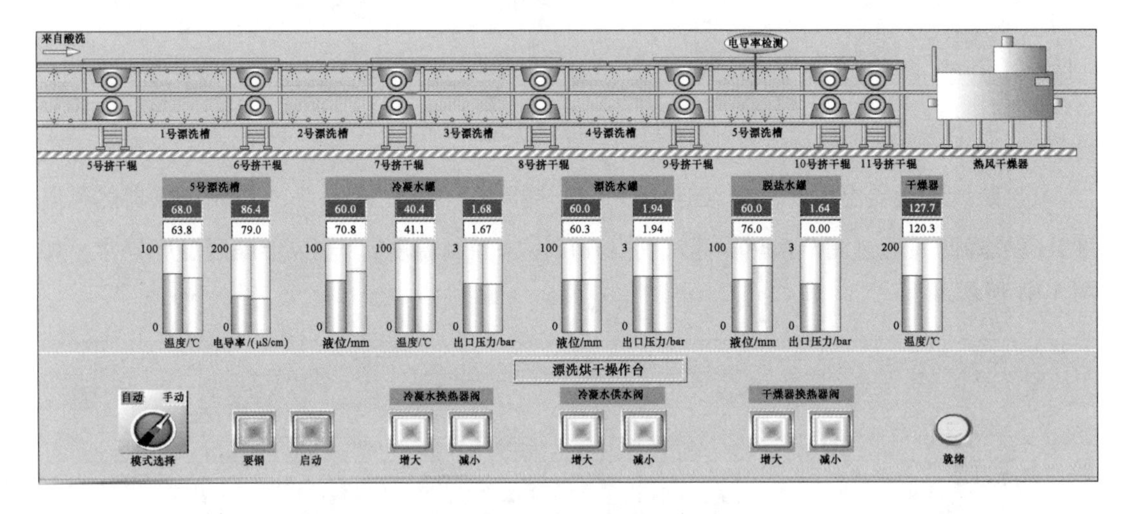

图 3-66 漂洗操作完成

3.4.4.3 水循环系统

具体操作步骤如下：

(1) 将[模式选择]切换为[远程]；

(2) 1 号~3 号[循环水泵]，留 1 个备用，其余全部打开；

(3) 4 号~6 号[循环水泵]，留 1 个备用，其余全部打开；

(4) 7 号[循环水泵]打开；

(5) [废水泵]开启其中 1 个，另 1 个备用；

(6) [脱盐水泵]开启其中 1 个，另 1 个备用；

(7) [冷凝水泵]开启其中 1 个，另 1 个备用；

（8）冷凝水加热器打开；

（9）打开冷凝水罐补水阀，待液面达到合理范围后，关闭阀门；

（10）打开脱盐水罐补水阀，待液面达到合理范围后，关闭阀门；

（11）以上操作正确完成后，就绪指示灯亮起，水循环系统操作完成，如图 3-67 所示。

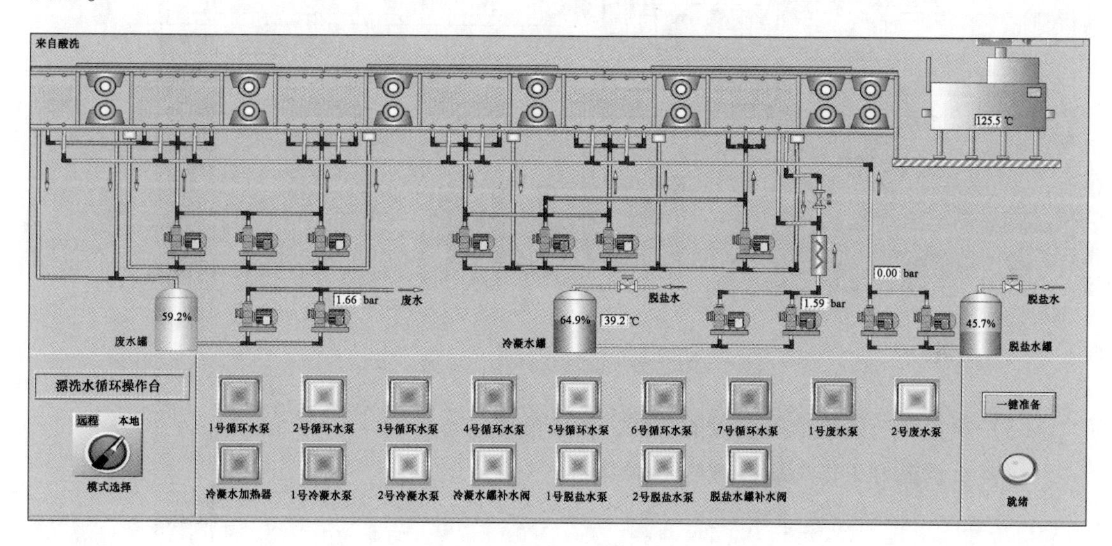

图 3-67　水循环系统操作

3.4.5 现代企业冷轧板带钢生产酸洗智能控制

以某企业冷轧生产线的生产为例，介绍智能酸洗生产岗位操作技能，酸洗在生产线布置位置如图 3-68 所示，酸洗生产操作界面如图 3-69 所示。

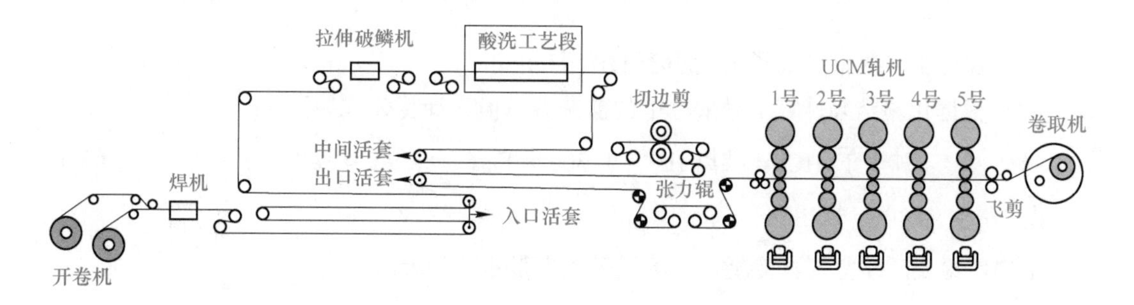

图 3-68　酸洗在生产线布置位置

3.4.5.1　酸洗操作岗位职责

（1）负责原材料、半成品等酸洗工作。

（2）根据工艺升温要求严格控制温度，根据不同材质、酸的强弱度，观察材料除锈状态，在除锈的同时严禁带钢过酸造成麻点。

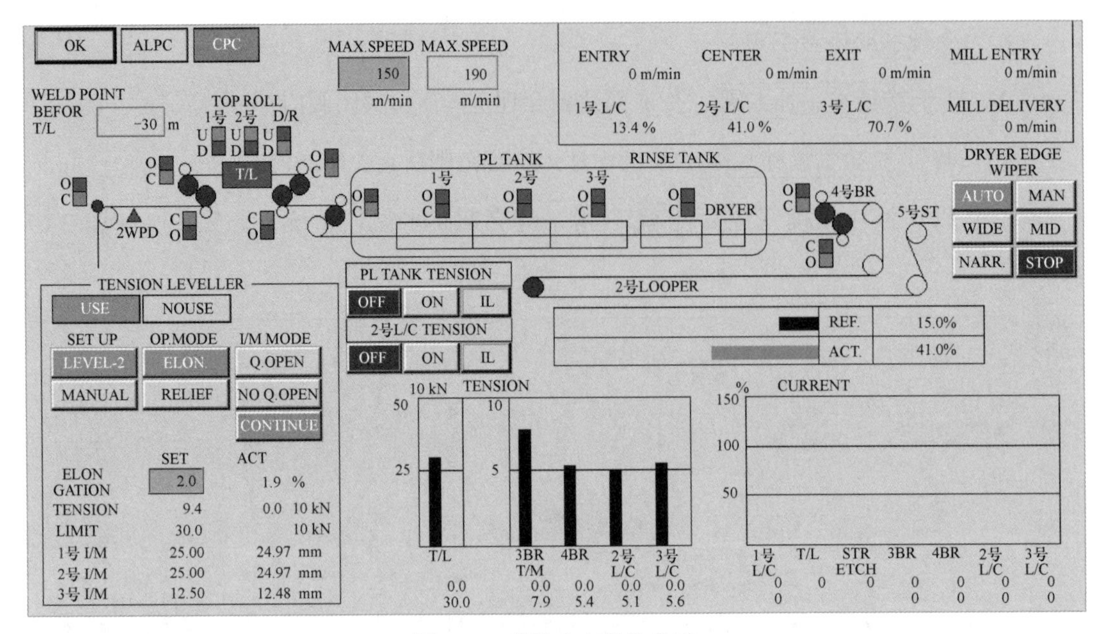

图 3-69　酸洗生产操作界面

(3) 负责调节磷化池酸洗段的总酸、游离酸等。

(4) 负责搞好工作环境区域内卫生。

3.4.5.2　特别注意事项

(1) 上岗前必须认真检查压缩空气、冷凝水、蒸汽等条件是否具备。

(2) 检查排雾风机是否正常运转。

(3) 发现电导率报警及时取样化验查出原因，并立即停止使用漏酸的石墨换热器。

3.4.5.3　操作步骤

酸洗操作台界面，如图 3-70 所示。

A　岗位要点

(1) 保证 1 号酸槽铁离子浓度小于 120 g/L。

(2) 根据化验结果计算 1 号酸槽中的酸洗液总值，计算公式如下：

$$\sum HCl = 游离\ H^{+} + 1.306 \times Fe^{2+} + 1.96 \times Fe^{3+} \tag{3-1}$$

B　生产准备

上岗前检查压缩空气、冷凝水、蒸汽等条件是否达到要求。

C　具体操作步骤

(1) 上岗前检查压缩空气、冷凝水、蒸汽等条件是否具备。

(2) 检查排雾风机是否正常运转。

(3) 正常酸洗过程中每 2 h 检查一次泵、阀门、管道等状态是否正常，是否有泄漏。

(4) 正常生产过程中每班酸液化验两次，并根据化验结果及时调整酸液浓度检测仪表数值。

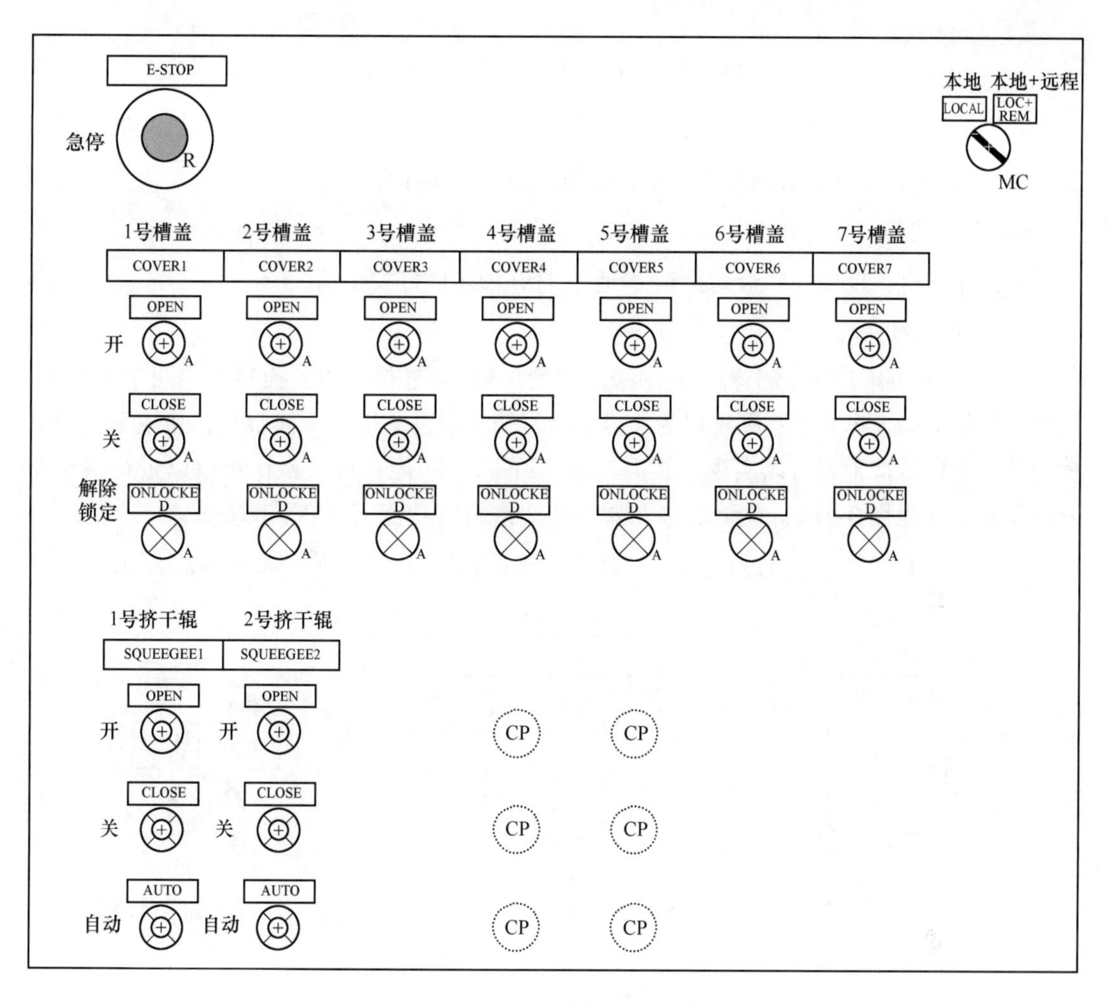

图 3-70 酸洗操作台界面

(5) 及时取回化验分析结果，并做适当调整。

(6) 3 个酸槽温度均调整在 80~85 ℃。

(7) 换酸量依据钢种、规格、热轧原料条件、卷取及终轧温度进行自动调整、自动换酸，原则上小时产量越大，卷取温度及终轧温度越高，换酸量越大。

(8) 及时向酸再生站送冲洗水，使再生站冲洗水罐的液位超过 80%。

(9) 石墨加热器在长时间停机后，启动前必须排净其冷凝水，防止石墨加热块损坏。

3.4.5.4 更换挤干辊

A 特别注意事项

(1) 在更换挤干辊前打开槽盖插好安全销。

(2) 现场操作盘切换到 本地 。

(3) 禁止踩踏辊面、喷射梁作业。

(4) 设专人指挥天车作业。

B 操作步骤

a 岗位要点

利用检修时间根据挤干辊使用周期的要求，安排更换挤干辊。工艺段停机、现场操作盘切换到[本地]，打开槽盖插好安全销，设专人指挥天车作业。

b 生产准备

工艺段停机、现场操作盘切换到[本地]，打开槽盖插好安全销。

c 具体操作步骤

(1) 全线共有12对挤干辊，其中酸洗段为1号~4号挤干辊，换辊共用两个换辊车，换辊车换位借助天车完成；漂洗段为5号~12号挤干辊，共用一个换辊车，换辊车换位可横向移动完成。挤干辊可以实现“提升”和“下降”功能；现场操作箱可以进行换辊车开进和开出（见图3-71)，挤干辊“夹紧”和“倾斜”功能实现靠手动完成。

(2) 工艺段停车，关闭相应循环，将现场操作箱切换到[本地]，如图3-72所示。

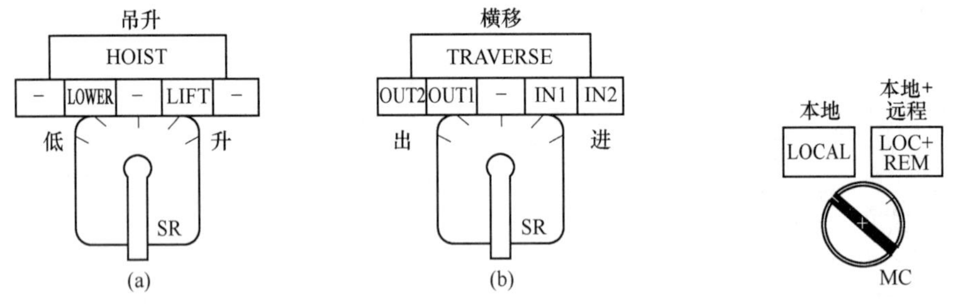

图3-71 挤干辊操作局部界面

(a) 吊升；(b) 横移

图3-72 循环操作局部界面

(3) 打开待更换挤干辊所在槽盖（注意：奇偶数槽盖打开顺序，确认安全销)。

(4) 打开待更换挤干辊所在密封挡板。

(5) 更换挤干辊。

3.4.5.5 酸循环系统

A 生产准备

确认各酸罐的液位，只有当液位满足工艺要求的高度时方可准备启动系统，系统的启动需在小循环状态下操作。

B 操作步骤

(1) 将操作面板切换到[机旁]工作状态。

(2) 选择酸循环泵，并确认其工作状态良好。

(3) 打开所用的酸循环泵进酸口手动阀门。

(4) 关闭气动供酸阀门。

(5) 打开小循环回酸管手动阀门。

（6）将酸循环泵出酸口手动阀门的开口度打到 1/3 左右。

（7）将所用酸循环泵的传动轴安全罩打开，手动转动传动轴 0.5～1 圈后，然后将安全罩关闭。

（8）启动所用的酸循环泵（进酸后首次启动，应事先将过滤器侧壁的排空阀打开，待空气排空后，方可启动酸循环泵）。

（9）当酸循环泵启动运转 1～2 s 后，将酸循环泵出酸口手动阀门缓慢匀速打到全开状态。

（10）打开石墨加热器蒸汽手动阀 1～3 圈。

（11）打开石墨加热器蒸汽自动阀。

（12）打开石墨加热器冷凝水主回路阀门（疏水器前后阀门都打开）。

（13）根据工艺人员给定的升温加热曲线，通过调整石墨加热器蒸汽手动阀门开口度，调节加热速度。

（14）当酸液温度达到工艺要求值时，将蒸汽手动阀门调小，使酸液保温，以备投用。

C 运行控制

（1）酸液在小循环和大循环之间的切换控制。

1）从小循环切换到大循环：当酸液要投入使用时，需进行小循环向大循环的切换过程。

2）从大循环切换到小循环：当酸液不投入使用时，需进行大循环向小循环的切换过程。

（2）酸液在大小循环之间进行切换时，必须遵循先开后关的顺序原则，切勿反向操作。

3.4.5.6 漂洗

A 作用及功能

漂洗段的作用是清洗酸洗后带钢表面残留的 H^+、Cl^-，防止带钢遭到腐蚀。

B 主要技术参数

水温度：60～80 ℃。

C 操作步骤

（1）将漂洗段操作面板切换到【机旁】工作状态。

（2）打开水罐脱盐水气动阀。

（3）确认冷凝水罐液位值达到最高，如液位不足，通知脱盐水站供脱盐水。

（4）打开冷凝水罐蒸汽气动阀，将冷凝水加热并保持在 80～85 ℃。

（5）启动冷凝水泵向漂洗槽供水。

（6）打开漂洗槽蒸汽手动阀门 1～3 圈。

（7）打开漂洗槽蒸汽气动阀门。

（8）启动 4 台漂洗水循环泵。

D 运行控制

（1）漂洗槽的水温，可通过调节漂洗槽蒸汽手动阀门控制。

（2）漂洗槽的水流量，可通过调节冷凝水泵出水口到冷凝水罐支管阀门反向控制。

3.4.5.7 烘干

A 特别注意

（1）烘干风机全部使用手动操作，不再使用自动，高压段不再开启。

（2）烘干风机不可频繁手动起停，每次起停需间隔 30 min。

B 生产要求

（1）生产线检修后做生产准备时，手动开启烘干风机加热段电机，使烘干风机自动加热到设定温度。

（2）产线检修起车后 8 h 内漂洗段温度低，带钢自身温度低，烘干机要手动投入使用。

（3）正常生产 8 h 后手动关闭烘干风机。

（4）非计划检修停机 4 h 以上或因其他原因更换漂洗水后，由于带钢温度不够，需要起车前 30 min 手动开启烘干风机至起车后 8 h 关闭。

（5）产线发生 1 h 以上停机，需手动关闭烘干机前吹扫装置，起车前打开吹扫装置。

（6）同规格的带钢表面带水开启烘干风机，至换规格且不带水时关闭。

3.4.6 相关理论知识

3.4.6.1 酸洗理论

A 酸洗目的

热轧带钢在冷轧前必须进行酸洗，其目的是清除黏附在钢材表面的氧化层，为后续加工做好准备，这种氧化层是热轧时产生的氧化铁皮或经水腐蚀产生的铁锈。

B 酸洗种类

a 酸洗的种类

酸洗有盐酸酸洗、硫酸酸洗、硝酸酸洗、氢氟酸酸洗、混合酸酸洗和磷酸酸洗。

b 酸洗机组分类

按带钢酸洗的过程分类，可分为连续式酸洗机组和推拉式酸洗机组。

推拉式酸洗机组酸洗，每根带钢经夹送辊依次咬入，不用焊接，推送向前直至卷取，逐卷带钢间断地通过酸洗机组。推拉式酸洗机组用于中等产量的板带生产已有多年，近年来经不断改进提高，已发展成适用于年产 50 万~80 万吨中等冷轧厂的酸洗机组。

连续式酸洗机组的工艺特点是钢卷逐卷展开后，钢卷与钢卷之间头尾焊接起来连续地通过酸洗槽。而推拉式酸洗是钢卷逐卷展开后即穿过酸洗槽，钢卷与钢卷之间不进行焊接，因此又称为半连续式酸洗。下面介绍连续式酸洗机组的优缺点。

(1) 优点:

1) 连续式机组除可使用动力剪外,还可使用拉剪;

2) 装备拉伸矫直机,改善带钢平直度能力较好;

3) 机组运行速度较高,一般穿带速度为60 m/min,运行速度可达230 m/min;

4) 采用浅槽紊流式酸洗槽,酸洗时间短,加热启动快,调节酸液成分快。

(2) 缺点:

1) 由于配有昂贵的焊机、拉矫机、前后储料活套等,因此设备复杂,设备质量重,同时所需厂房高度较高,投资大;

2) 由于需要焊接,因此钢卷规格变换受到限制,组织生产不很灵活;

3) 停机期间酸槽中有带钢,重新启动时需引带,不能用大循环加热酸液。

C 除鳞方法

除鳞(清除氧化铁皮)的方法有三种,即机械除鳞法、化学除鳞法及机械-化学联合法,机械-化学联合法是目前最普遍采用的除鳞形式。从设备上看,除鳞可分为弯曲酸洗和喷丸破鳞酸洗两种形式。在现代化的冷轧生产线上,主要采用拉矫酸洗除鳞。

根据化学除鳞介质的不同,可分为以下几种方式。

(1) 硫酸酸洗。硫酸酸洗是将浓度为78%或96%的浓硫酸加以稀释,在非连续酸洗中,硫酸浓度一般为20%;在连续酸洗中,硫酸浓度一般为15%~25%。

(2) 盐酸酸洗。浓盐酸是含有32%氯化氢的水溶液,它所含的杂质如铁、氯化砷,其总量小于0.002%,因此酸洗时不用考虑其有害后果。盐酸酸洗主要是通过化学作用溶解氧化铁皮,其酸洗浸蚀能力随着温度和浓度的提高而急剧增大,盐酸具有很强的溶解能力,酸洗速度相当高。

(3) 其他酸酸洗。除硫酸和盐酸外,多年来在有限范围内也使用其他酸,例如硝酸、氢氟酸、混合酸和磷酸。

D 酸洗原理

a 带钢表面氧化铁皮

(1) 氧化铁皮的形成。氧化铁皮是金属在加热、热处理或在热状态进行加工时形成的一层附着在金属表面上的金属氧化物。由于热轧带钢的化学成分、轧制温度、轧制后的冷却速度及卷取温度的不同,所以带钢表面生成的氧化铁皮结构、厚度性质也有所不同。

(2) 氧化铁皮的组成。如图3-73所示,氧化铁皮结构通常有三层,即维氏体层(FeO,氧化亚铁)、四氧化三铁层(Fe_3O_4,磁性氧化铁)和三氧化二铁层(Fe_2O_3,氧化铁)。Fe_2O_3层含氧最多,最难溶解,在正常未被破坏的氧化铁皮中,它在离基体金属最远的外层,中间是Fe_3O_4层,含氧最少的是维氏体层,直接附着在铁的表面上,这些氧化层之间往往没有明显的分界线,而是互相渗透,几乎没有纯净的Fe_2O_3层。

b 酸洗机理

带钢表面上的氧化铁皮(FeO、Fe_3O_4、Fe_2O_3)不溶于水,当把它们浸在酸液里或其表面喷洒酸液时,则会与酸发生一系列的化学反应。生产中将酸液加热,将带钢反复弯

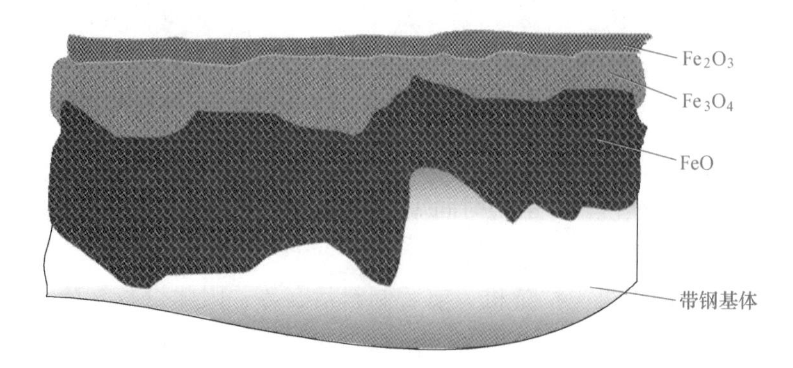

图 3-73　带钢氧化铁皮组织结构

曲、矫直都会加快酸洗速度，缩短酸洗时间。

酸洗机理（以盐酸为例）可以概括为以下 4 个方面。

（1）溶解作用（酸洗的化学原理和电化学原理）。带钢表面的氧化铁皮溶解于酸中生成可溶解于酸的氯化物，从而把氧化铁皮从带钢表面除去，这种作用叫作溶解作用。酸洗时在氧化铁、金属铁和酸洗液之间的化学反应，可用下列局部过程的反应式表示：

$$Fe_2O_3 + 6HCl \longrightarrow 2FeCl_3 + 3H_2O \tag{3-2}$$

$$Fe_3O_4 + 8HCl \longrightarrow 2FeCl_3 + FeCl_2 + 4H_2O \tag{3-3}$$

$$FeO + 2HCl \longrightarrow FeCl_2 + H_2O \tag{3-4}$$

（2）机械剥离作用。带钢表面氧化铁皮中除铁的氧化物外，还夹着部分的金属铁，而氧化铁皮又具有多孔性，酸溶液通过氧化铁皮的孔隙和裂缝与铁或基体铁反应产生大量的氢气。由于这部分氢气产生的膨胀压力，就可以把氧化铁皮从带钢表面上剥离下来，这种过程称为剥离作用。其反应式为：

$$Fe + 2HCl \longrightarrow FeCl_2 + H_2\uparrow \tag{3-5}$$

未受到拉伸等操作的氧化层的溶解速度非常慢，为了提高酸洗速度和质量，目前各种工业氧化层经过处理后会产生裂缝和气孔，酸洗时酸液可进入裂缝和气孔直到基体金属。盐酸酸洗时，有 33%的氧化铁皮是靠机械剥离作用去除的。

（3）渗透作用。酸液通过氧化铁皮缝隙进入，与 FeO 反应，由于 FeO 比 Fe_2O_3 容易与酸发生反应，从而出现氧化铁皮因下部 FeO 溶解于酸而脱落的现象，这种现象称为渗透作用。

实际生产中，酸洗机组往往在酸洗段入口设拉伸矫直机，其目的是在矫直带钢的同时使带钢表面的鳞皮破裂，促进机械剥离作用和渗透作用以缩短酸洗时间增加酸洗速度。

（4）还原作用。在酸与铁基体反应时产生氢原子，一部分氢原子互相结合成为氢分子变成气体，另一部分氢原子依靠其较强的还原能力，将高价铁的氧化物和高价铁盐还原成易溶于酸的低价氧化物或铁盐，其反应为：

$$Fe_2O_3 + 2[H] \longrightarrow 2FeO + H_2O \tag{3-6}$$

$$FeCl_3 + [H] \longrightarrow FeCl_2 + HCl \tag{3-7}$$

综上所述，带钢表面的氧化铁皮的酸洗过程实际上是通过以上四种方式共同作用的结果，加强其中任一项作用都会起到提高酸洗速度的效果。

3.4.6.2 酸洗机组的主要设备

A 张力辊

功能：张力辊为进入工艺段和活套的带钢提供张力。

组成：包括两个张力辊、两个压辊和有轴承座的支撑框架。每个张力辊由独立的电机经过减速机驱动，每个张力辊含有一个压辊，气缸使压辊升降运动。

B 纠偏辊

功能：纠偏辊用于对中活套处的带钢 。

组成：采用二辊式设计，带钢对中是通过液压缸带动辊子相对其中心位置旋转来实现的。带钢位置的偏差是通过调整可自动随带钢宽度变化的 CPC 传感器检测的。

C 活套

功能：在圆盘剪剪刃更换期间，2 号活套将保证机组其他段连续操作。

速度：最大值 150 m/min

活套车行程：最大值 135570 mm 。

带钢储量：最大值 271140 mm。

层数：2 层。

D 酸洗槽

功能：酸洗槽主要作用是清洗带钢表面的氧化铁皮，使带钢表面光洁、银亮，可以消除部分原料缺陷。酸洗工艺采用喷射酸洗槽，能够缩短酸洗时间，并且设备利用率高。酸洗槽的位置如图 3-74 所示。

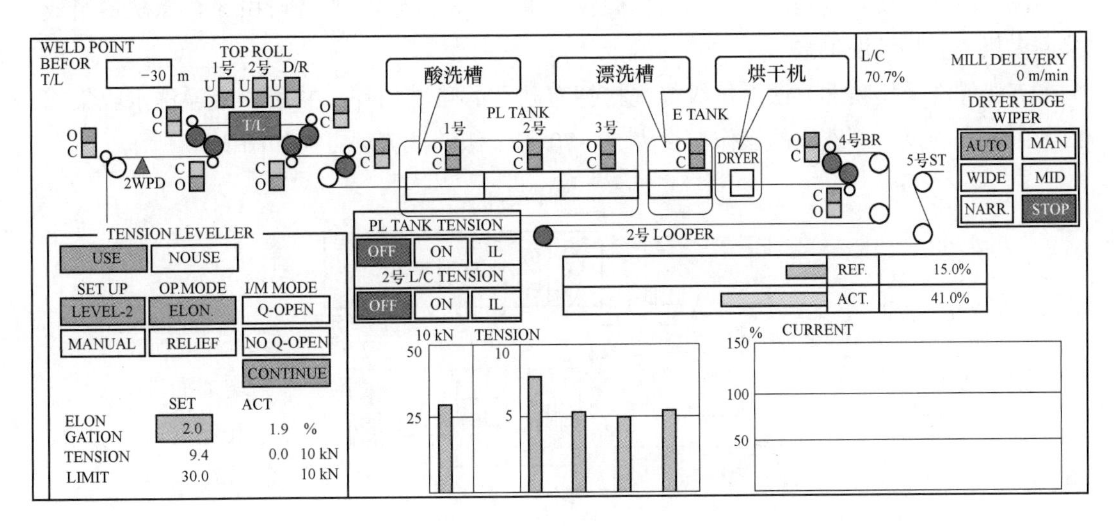

图 3-74 酸洗槽的位置

酸洗槽采用焊接结构，槽内采用橡胶衬和衬砖，液位约 200 mm。酸槽上表面有 FRP

盖，使1号酸洗槽被酸液充满。中间挡石设置在下底面，27.5 m的有效浸渍长度被挡石分成5段，每段约5.5 m。

在新的喷射酸洗槽中，不存在现存喷射酸洗槽的深沟槽，使结构更简单。从密封盖泄漏的酸液将流到回流槽内，液压缸使槽盖和内盖（FRP盖）打开和关闭。每个槽可设5个槽盖，挤干辊设立的槽盖要短些，并可单独打开。

E　挤干辊

功能：为了保证3个酸洗槽之间的酸浓度相对独立，在每段槽子的出口处设计了一套挤干辊，两端安装在一个框架内。上辊的位置通过气缸控制。挤干辊成对使用，通过挤干辊的挤压挤去酸洗后带钢表面多余的酸液。挤干辊，如图3-75所示。

图3-75　挤干辊

F　漂洗槽

漂洗段的主要功能是清洗带钢表面酸洗后留下的残余物，漂洗段由5个漂洗槽组成，采用多级逆流热漂洗工艺。

五级漂洗采用喷淋方法。每级漂洗槽拥有独立的喷淋循环，共用一个漂洗水收集槽，内置卧式离心泵。漂洗段的操作温度为50~70 ℃。漂洗液流动方向如图3-76所示。

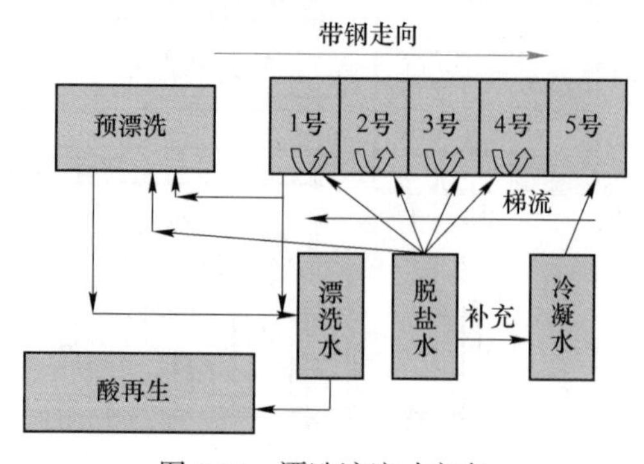

图3-76　漂洗液流动方向

漂洗槽作用：用热的脱盐水清洗带钢表面残留的酸液。

3.4.6.3　常见产品缺陷的产生原因及处理方法

A　酸洗气泡

缺陷现象：呈条状的小鼓泡，破裂后呈黑色的裂纹；经过轧制后，气泡裂缝会延伸扩大，致使产品的力学性能降低。

产生原因：酸洗气泡是由于酸和裸露的金属作用，生成氢气所造成的，它在冷轧时会发生噼啪的爆炸声。

预防及处理方法：调整酸洗的浓度，控制酸洗时溶液的温度和带钢表面平直状态。

B　过酸洗

缺陷含义：金属在酸溶液中停留时间过长，使其在酸溶液的作用下，表面逐渐变成粗糙麻面的现象称为过酸洗。

缺陷现象：表面逐渐变成粗糙麻面，板面发黑，高速轧制时易发生断带。

产生原因：

(1) 金属在酸液中停留时间过长；

(2) 酸溶液浓度过高；

(3) 酸洗连续作业中断。

预防及处理方法：

(1) 控制酸浓度和温度，及时化验；

(2) 保证挤干辊质量良好；

(3) 避免带钢在机组停车时，在酸液中滞留时间过长。

C　欠酸洗

缺陷含义：带钢酸洗之后，表面残留有局部未洗掉的氧化铁皮时称为欠酸洗。

缺陷现象：

(1) 轻者轧制后产品表面呈暗色或花脸状；

(2) 严重时氧化铁皮被压入呈横向条片状黑色条纹，钢卷表面无光泽；

(3) 由于氧化铁皮的延伸系数较差，在轧制后因延伸不均使产品出现浪形或瓢曲等缺陷。

产生原因：

(1) 热轧钢卷各部分温度和冷却速度不同，沿钢卷长度的氧化铁皮结构和厚度不同，局部酸洗未洗净；

(2) 酸洗工艺不适当，如酸浓度和温度偏低、Fe 含量高、工艺速度过快、酸洗时间不足等；

(3) 拉伸矫直机的拉伸系数不够，影响酸洗效果。

预防及处理方法：

(1) 调节拉伸除鳞机的张力，提高破鳞效果；

(2) 控制酸液的浓度、温度、铁离子含量，保证换酸量与小时产量匹配；

（3）保证带钢在酸洗槽内的通过时间。

D　夹杂

缺陷现象：夹杂是在带钢表面有明显的点状、块状、长条状或柳叶状、小黑条状金属夹杂物，如图 3-77 所示。

产生原因：夹杂是由于热轧时氧化铁皮压入形成的。

预防及处理方法：这样的缺陷不可能采取酸洗去除，应严格控制原料质量。

E　锈蚀

缺陷含义：原料酸洗后，表面重新出现锈层的现象称为锈蚀，如图 3-78 所示。

图 3-77　夹杂

图 3-78　锈蚀

缺陷现象：表面呈不规则的点状、块状、条片状的锈斑，轻者为浅黄色，较重者为黄褐色或红色，严重时为黑色，表面粗糙。

产生原因：

（1）钢板与周围介质（空气、水、汽等）接触发生化学反应形成铁的化合物；

（2）退火钢卷在中间库停留时间长（大于 10 天）表面可见局部点锈，如果湿度大或库房漏水将加速锈蚀；

（3）钢板涂油不均匀，在未涂油处出现红黄色锈斑；

（4）防锈油含水分多，质量差；

（5）运输途中进水，湿度大，存放时间长易出现黑锈斑。

预防及处理方法：

（1）采用防锈能力强，不易乳化，又不易于消除的防锈油；

（2）防锈油必须均匀涂在钢板上，发现涂油不均或漏涂，必须检修涂油机；

（3）均衡生产，保证钢卷及时进入下道工序，减少库存时间；

（4）严格执行酸洗、清洗操作规程，给成品表面涂油，并应堆放在干燥的地方。

F　划伤

缺陷现象：钢板（带）表面呈现低于轧制面的沟状式线状缺陷、连续或断续分布于钢板的全部或局部，平整前划伤处较平滑，沟槽处为灰黑色，平整后划伤有毛刺，呈金属亮色，如图 3-79 所示。

图 3-79　划伤

产生原因：

(1) 由于卷取辊、弯曲辊的表面出现质硬的异物；

(2) 带钢的浪形及折棱与导板呈线接触；

(3) 带钢在拆卷过程中拍打折头刮板等；

(4) 热轧冷却后的带钢在卷取的过程中，钢卷层与层之间发生滑移摩擦。

预防及处理方法：

(1) 经常检查机组的滚动部件和导板，维护好设备；

(2) 各机组经常检查带钢表面质量，每包成品垛板时要抽查 1~2 张；

(3) 检修后，注意擦洗各种辊子使其表面清洁；

(4) 发现划伤缺陷，及时查明原因消除隐患。

3.4.6.4　常见酸洗生产异常工况的产生原因及处理方法

A　酸槽断带

当带钢在酸槽内发生断带事故时，中间段会自动出现急停信号，酸槽内无张力的现象。此时的操作步骤如下：

(1) 入口段、出口段停止运行。

(2) 中间段所有的酸泵、水泵、蒸汽停止。

(3) 酸洗槽放酸并冲洗后打开槽盖，打开全部挤干辊，找到断带位置。

(4) 入口活套和出口活套张力消失，减小拉矫机张力。

(5) 将断带处的带钢头、尾拉在一起（根据断带实际位置将带钢头拉到带尾处或将带钢尾拉到带头处）。

(6) 将带头拉到带尾处的方法：

1) 先将带头用水焊割成弧形，并在带头处割出一个小孔，穿入引带，如图 3-80 所示；

2）在入口活套卷扬处安排一名人员，点动入口活套卷扬，使活套小车向“空套”位置运行，保证在酸洗槽穿带时，入口活套的带钢处于适当的松弛状态；

3）在拉矫机处安排一名人员，点动拉矫机单元（包括1号转向夹送辊、2号张力辊、3号张力辊），使带钢向前进方向运行，保证在酸洗槽穿带过程中，3号张力辊出口处的带钢处于适当的松弛状态；

4）组织人员牵引引带，沿带钢运行方向将带头拉至带尾处。

（7）将带尾拉到带头处的方法：

1）先将带尾用水焊割成弧形，并在带尾处割出一个小孔，穿入引带，如图3-81所示；

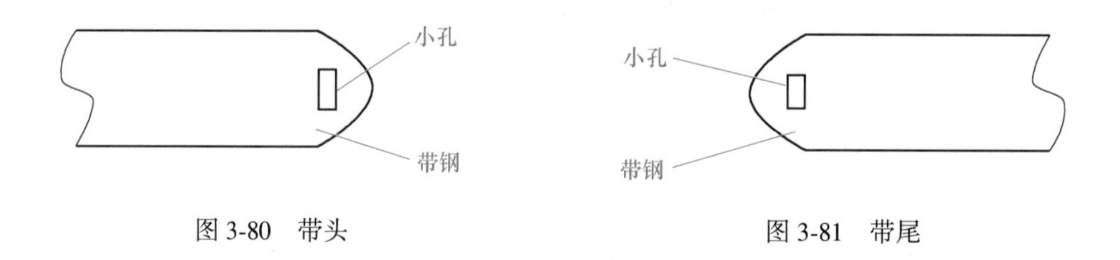

图3-80 带头　　图3-81 带尾

2）在出口活套卷扬处安排一名人员，点动出口活套卷扬，使活套小车向“空套”位置运行，保证在酸洗槽穿带过程中，出口活套的带钢处于适当的松弛状态；

3）在4号张力辊处安排一名人员，点动4号张力辊，使带钢向后退方向运行，保证在酸洗槽穿带过程中，4号张力辊入口处的带钢处于适当的松弛状态；

4）组织人员牵引引带，沿带钢运行方向逆向将带尾拉至带头处。

（8）将带头压在带尾上焊牢。

（9）检查焊缝质量。

（10）确认焊缝牢固后，各段恢复正常状态，准备生产（注意：焊接处不能切边和轧制）。

B　活套内断带

当带钢在活套内发生断带事故时（以1号活套为例），入口段和中间段会自动出现急停信号，指示1号活套内无张力。操作步骤如下：

（1）停止中间段所有的酸泵、水泵、蒸汽；

（2）酸洗槽放酸，减小张力；

（3）拉矫机工作辊打开；

（4）将断带处的带钢头尾拉在一起；

（5）将带头压在带尾上，在带钢上表面焊牢；

（6）检查焊缝质量；

（7）确认焊缝牢固后，各段恢复正常状态，准备生产。

3.4.7 安全注意事项

(1) 操作人员上岗前必须穿戴好必要的劳动保护用品。

(2) 取样时戴好防酸手套、防酸眼镜，防止被酸液灼伤。

(3) 按指示灯试验，确认按钮指示灯是否完好。

(4) 配置酸液，应佩戴防护眼镜、耐酸手套，穿好围裙。

(5) 作业人员必须了解各类酸的性质和防护急救方法，到酸类仓库按需要提取，确认名称和数量，不许弄错。

(6) 搬运或向槽中倾注酸液时应特别小心，并检查酸罐有无破损。两个人共同操作时，应统一指挥，协作配合好。

(7) 配制酸液前，先向槽内加入一定量的水（视需配制的酸液浓度)，并开启通风装置。

(8) 待水加到位后，采用适当粗细的耐酸软管将酸缓慢引入酸洗槽，全过程要有人监视。严禁先倒酸液、后加水，以防止产生酸雾或飞溅伤人。随时注意酸液的温度，发现温度过高，应停止作业，以防止塑料槽高温变形，发生泄漏，待温度降低后再进行操作。

(9) 放入或取出工件时，应使用专用工具缓慢进行。

(10) 往酸洗槽中补充酸液、药物或水时，应细心搅拌，防止槽内液体外溢。

(11) 不准俯身在酸槽上进行观察、测温、搅拌或工作。

(12) 如果酸液溅在皮肤上，应立即用清水冲洗。

(13) 废酸液必须经过中和或用其他方法处理，符合排放标准，才允许排放。

(14) 酸的保存、储蓄应遵守有关规定，废酸液应集中回收或统一处理，用管子引流酸液或废液时，不准用口吸。

3.4.8 检查评价

检查评价见表 2-1。

3.4.9 练习题

[理论知识试题精选]

一、选择题

(1) 冷轧生产过程的基本工序为（　　)、轧制、退火、平整和精整。

A. 酸洗　　B. 焊接　　C. 上料　　D. 改善板形

(2) 冷轧酸洗工艺中的盐酸溶液基本不腐蚀（　　)，这样经酸洗后表面平滑银亮。

A. 氧化层　　B. 主体　　C. 基体　　D. 铁

(3) 冷轧酸洗工艺欠酸洗可导致轧制延伸不均，使产品出现浪形和（　　）等缺陷。

A. 乳化斑　　B. 锈蚀　　C. 瓢曲　　D. 白点

(4) 冷轧酸洗机组对酸洗后热轧带钢纵向切边处理的设备是（　　)。

A. 圆盘剪　　B. 碎边剪　　C. 横切剪　　D. 飞剪

(5) 冷轧酸洗工艺废酸中的铁离子大部分以（　　）形式存在。

A. Fe^{2+}　B. Fe^{+}　C. Fe^{3+}　D. Fe^{4+}

(6) 冷轧酸洗工艺段中冲洗槽是盛放漂洗液，清除带钢表面残余（　　）的设施。

A. 水　B. 铁锈　C. 酸液　D. 碱液

(7) 冷轧酸洗工艺中通过加强酸洗液的流动性，也可以提高酸洗（　　）。

A. 质量　B. 速度　C. 温度　D. 浓度

(8) 热轧钢带卷要进一步进行冷加工，必须经过（　　）才能轧制。

A. 平整　B. 矫直　C. 酸洗　D. 加热

(9) 原料酸洗后表面重新出现锈层的现象叫作（　　）。

A. 乳化斑　B. 锈蚀　C. 铁锈　D. 裂边

(10) CDCM 表示（　　）。

A. 轧机-退火联合　B. 退火-平整联合　C. 罩式炉　D. 酸洗-轧机联合

(11) 冷轧酸洗工艺中，盐酸的酸洗速度比硫酸的酸洗速度（　　）。

A. 相同　B. 慢　C. 快　D. 没关系

(12) 金属在酸溶液中停留时间过长，在酸溶液的作用下，表面逐渐变成粗糙麻面的现象称为（　　）。

A. 锈蚀　B. 欠酸洗　C. 过酸洗　D. 夹杂

(13) 酸洗的控制温度为（　　）℃。

A. 80~85　B. 80~90　C. 75~80　D. 75~85

(14) 酸洗工艺采用（　　），能够缩短酸洗时间，并且设备利用率高。

A. 深槽酸洗　B. 浅槽酸洗　C. 浅槽喷射酸洗　D. 紊流酸洗

(15)（　　）是由于酸和裸露的金属作用生成氢气造成的。它在冷轧时会发生噼啪的爆炸声，它的外观特征是呈条状的小鼓泡，破裂后呈黑色的裂纹；经过轧制后，气泡裂缝会延伸扩大，致使产品的力学性能降低。

A. 锈蚀　B. 酸洗气泡　C. 过酸洗　D. 氧化铁皮压入

(16) 对普碳钢锭的表面缺陷进行清理时，一般采用（　　）清理。

A. 酸洗　B. 扒皮　C. 火焰　D. 气割

(17) 带钢酸洗之后表面残留局部未洗掉的氧化铁皮时称为（　　）。

A. 锈蚀　B. 欠酸洗　C. 过酸洗　D. 夹杂

(18) 酸洗槽内液面高度约为（　　）mm。

A. 100　B. 200　C. 400　D. 350

(19) 酸洗循环泵停止后，槽内液体会在（　　）min 内自动排尽。

A. 3　B. 4　C. 5　D. 6

(20) 换酸或长时间停机或突发事故的生产停车时，将酸洗循环泵停止就能够在 5 min 内使槽内液体排尽，同时也可在（　　）min 内将酸液打入酸槽。

A. 5　B. 3　C. 4　D. 10

二、判断题

（　　）(1) 金属在酸溶液中停留时间过长，表面逐渐变成粗糙麻面的现象称为过酸洗。

（　　）(2) 普通碳钢经酸洗、水洗和干燥后，其表面应呈灰白色或银白色，但因操作不当，酸洗工艺制度和某些机械设备不良的影响，往往造成带钢的不同缺陷，这些缺陷主要有酸洗气泡、过酸洗、欠酸洗、锈蚀、夹杂等。

(　　)(3) 冷轧酸洗工序设置矫直机的作用是继续对轧件进行轧制。

(　　)(4) 酸洗是热轧生产必需的基本工序之一。

(　　)(5) 冷轧酸洗工艺可以完全清除带钢表面的氧化铁皮。

(　　)(6) 酸洗工艺中，带钢酸洗之后表面残留局部未洗掉的氧化铁皮时称为欠酸洗。

(　　)(7) 冷轧酸洗机组拉伸矫直机内部没有张力测量辊。

(　　)(8) 带钢在酸洗后表面出现缺陷的星罗棋布的黑点称为夹杂。它是由于热轧时氧化铁皮压入所形成的，这样的缺陷酸洗可以去除。

(　　)(9) 锈蚀生成的原因是，带钢酸洗后表面残留少许的酸溶液或带钢清洗后没有达到完全干燥而使带钢表面重新生锈。带钢经过酸洗后，在高温的清洗水中停留时间过长也可能生成锈蚀。

(　　)(10) 酸洗槽工作时的温度是 80~85 ℃。

(　　)(11) 薄规格的热轧酸洗带钢可以替代冷轧带钢进行冲压加工来降低生产成本。

(　　)(12) 冷轧酸洗时硫酸与铁作用产生的氢气向基体内扩散，使钢的内应力增加，塑性和硬度都降低，脆性提高的现象称为氢脆。

(　　)(13) 冷轧酸洗工艺，目前多采用比较先进的浅槽紊流酸洗方式。

(　　)(14) 冷轧酸洗采用盐酸进行酸洗，其主要的原因是盐酸可以进行回收再利用。

(　　)(15) 欠酸洗的带钢轻者轧制之后产品表面呈暗色或花脸状，严重时氧化铁皮被压入呈黑斑。

[操作技能试题精选]

完成表 3-6 轧制计划单中带钢的酸洗操作。

表 3-6　轧制计划单

位置	钢卷号	钢种	来料厚度/mm	来料宽度/mm	产品厚度/mm	产品宽度/mm	屈服强度/MPa
入口	A220100941E	DC01	2.75	1250	0.40	1220	270
出口	221W033820000	DC01	2.75	1250	0.40	1220	270

考核要求：

(1) 正确打开冷连轧仿真实训教学软件；

(2) 调用并下达工艺参数；

(3) 检查并确认酸洗辅助操作台运行状态；

(4) 检查并确认工艺段液压站运行状态；

(5) 检查并确认稀油润滑站运行状态；

(6) 检查并确认酸循环系统运行状态；

(7) 酸液温度出现异常能调整到正常范围内；

(8) 酸液浓度出现异常能调整到正常范围内；

(9) 漂洗槽温度出现异常能调整到正常范围内；

(10) 热风干燥器温度出现异常能调整到正常范围内；

(11) 漂洗槽电导率出现异常能调整到正常范围内；

(12) 安全文明操作；

（13）操作时间为 20 min。

酸洗仿真操作测试评分，见表 3-7。

表 3-7 酸洗仿真操作测试评分

项目要求	配分	评 分 标 准	扣分	得分
操作准备	35 分	（1）未正确打开冷连轧仿真实训教学软件，扣 2 分； （2）未调用并下达工艺参数，扣 3 分； （3）未检查并确认酸洗辅助操作台运行状态，缺少一项扣 5 分； （4）未检查并确认工艺段液压站运行状态，扣 5 分； （5）未检查并确认稀油润滑站运行状态，扣 5 分； （6）未检查并确认酸循环系统运行状态，扣 5 分		
操作过程与操作结果	55 分	（1）未将 模式选择 切换到 手动 酸洗模式，扣 5 分； （2）酸液温度出现异常未调整到正常范围内，扣 10 分； （3）酸液浓度出现异常未调整到正常范围内，扣 10 分； （4）漂洗槽温度出现异常未调整到正常范围内，扣 10 分； （5）热风干燥器温度出现异常未调整到正常范围内，扣 10 分； （6）漂洗槽电导率出现异常未调整到正常范围内，扣 10 分		
安全文明操作	10 分	违反安全操作规程，每次扣 5 分		

任务 3.5 剪切智能控制

知识目标

- 圆盘剪的结构及工作原理；
- 剪切设备操作规程；
- 常见产品缺陷的原因及处理方法；
- 常见剪切生产异常工况的原因及处理方法。

技能目标

- 能读懂并确认冷轧带钢剪切生产工艺参数；
- 能检查并确认剪切设备的运行状态；
- 正确判断并能处理常见剪切生产简单故障。

3.5.1 任务描述

本任务主要学习圆盘剪的结构及工作原理，剪切操作规程和剪切生产质量检测及处理方法；能读懂剪切生产工艺参数，检查剪切设备的运行状态，处理冷轧带钢剪切生产常见简单故障。剪切仿真操作和监控画面，如图 3-82 所示。

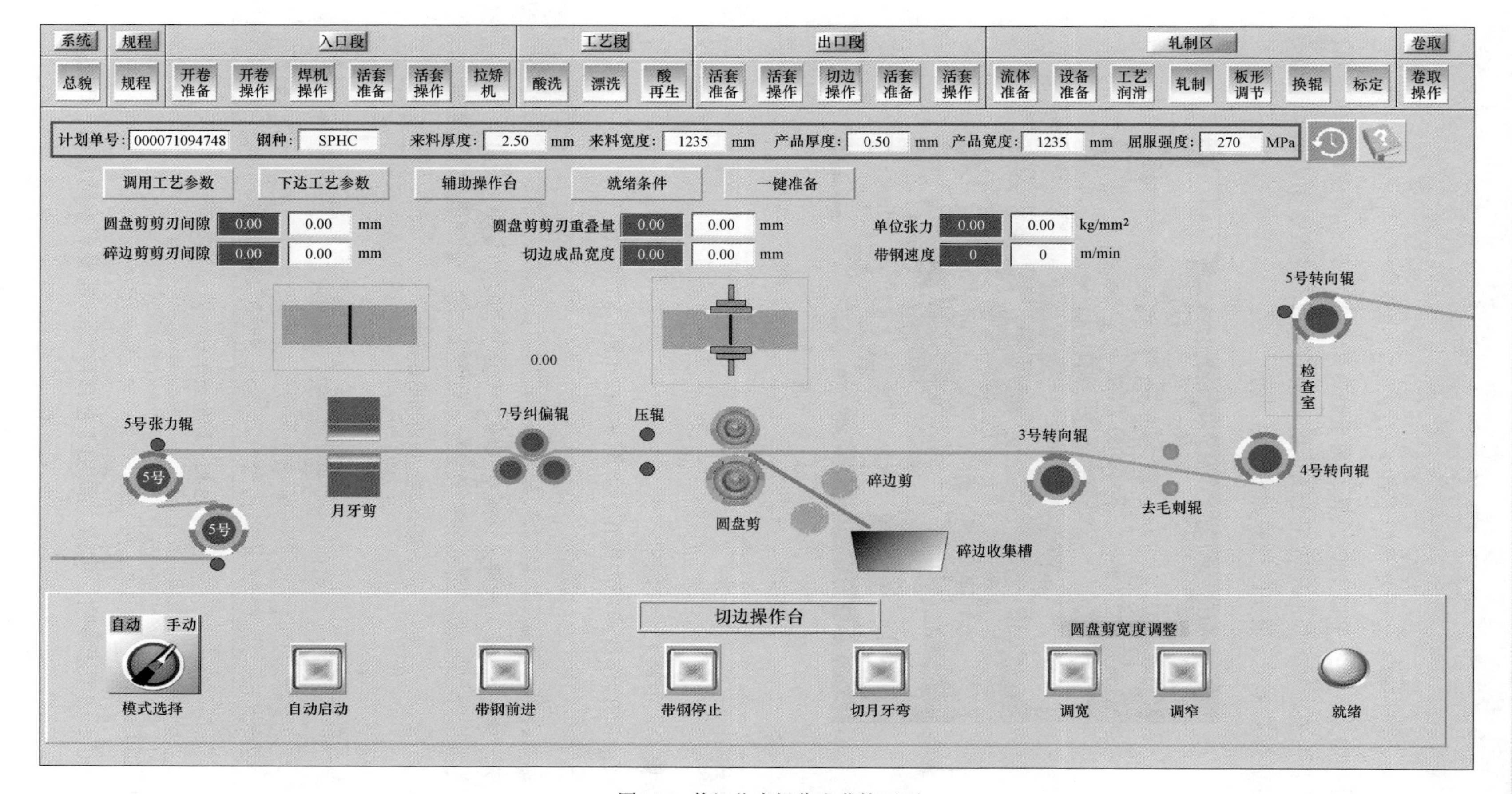

图3-82 剪切仿真操作和监控画面

3.5.2 任务分析

圆盘剪用于剪切带钢的边部，位于月牙剪后，用于剪切带钢到预设定宽度。每个剪座设有两套外挂剪头，剪座可做180°旋转，用于操作工更换剪刃，剪座旋转由液压缸完成。带钢支持辊及由液压缸动作的压辊用于支撑剪刃间的带钢，宽度、剪刃侧间隙和剪刃垂直间隙调整都可自动实现。液压圆盘剪如图3-83所示。

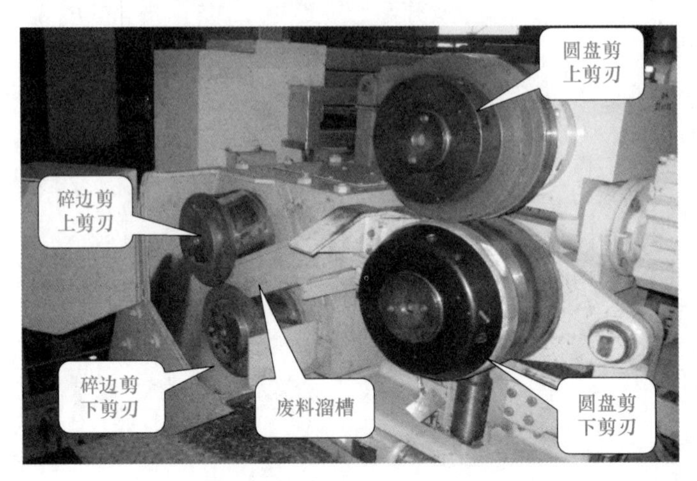

图3-83 液压圆盘剪

3.5.3 任务准备

（1）接收冷轧带钢生产计划单

（2）切边辅助操作台和切边操作台如图3-84和图3-85所示。

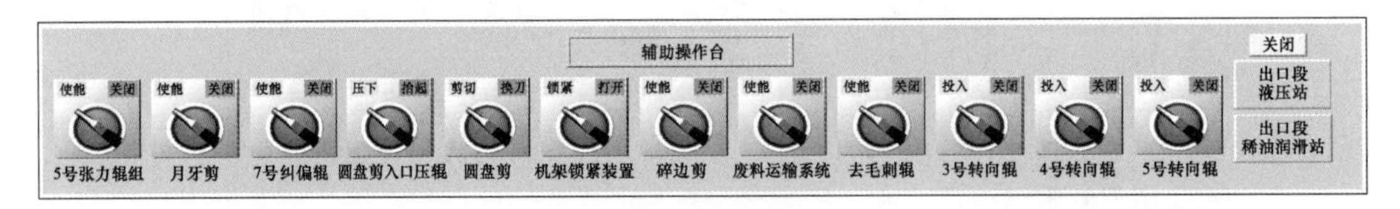

图3-84 切边辅助操作台

图3-85 切边操作台

（3）切边准备。

1）调用并下达工艺参数，包括：调用工艺参数后，需要观察圆盘剪、碎边剪剪刃间隙和重叠量设定值，如超出正常范围，需修改后再进行下达工艺参数，否则会提示错误。工艺参数如图 3-86 所示。

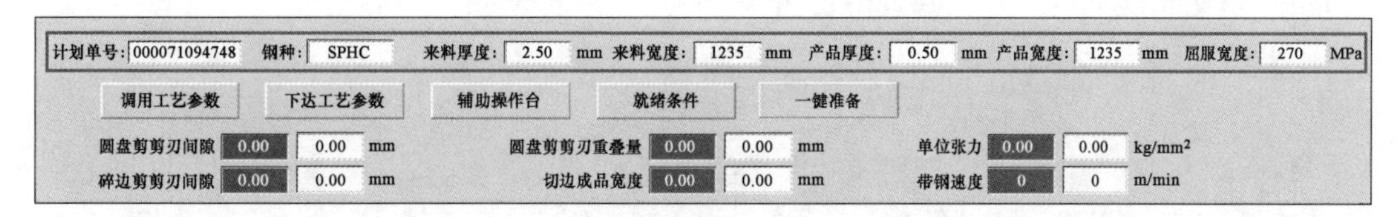

图 3-86　工艺参数

2）检查并确认切边辅助操作台运行状态：包括碎边剪→使能，月牙剪→使能，圆盘剪→剪切，7 号纠偏辊→使能，去毛刺辊→使能，5 号张力辊组→使能，6 号张力辊组→使能，静电涂油机→使能，出口分切剪→使能，机架锁紧装置→锁紧，废料运输系统→使能，圆盘剪入口压辊→压下。

3）检查并确认出口液压站运行状态。

4）检查并确认出口段稀油润滑站运行状态。

5）上述剪切准备条件全部满足后，就绪指示灯点亮，表示切边准备工作完成，如图 3-87 所示。

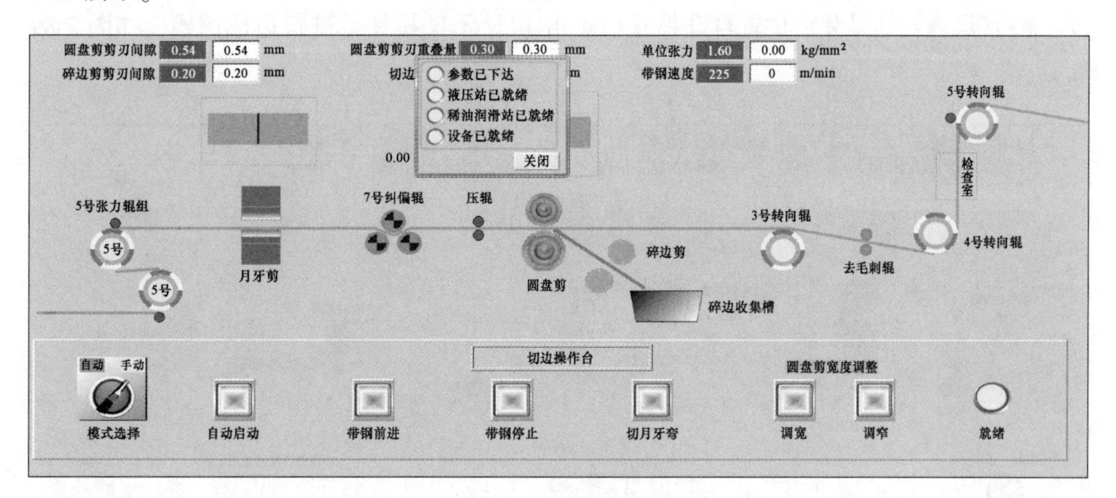

图 3-87　剪切准备就绪

3.5.4　任务实施

3.5.4.1　冷轧带钢切边生产仿真实训操作

微课　切边仿真操作

A　切边自动模式

（1）将模式选择切换到自动切边模式。

（2）点击[自动启动]，在系统的控制下自动完成全部切边操作，如图 3-88 所示。

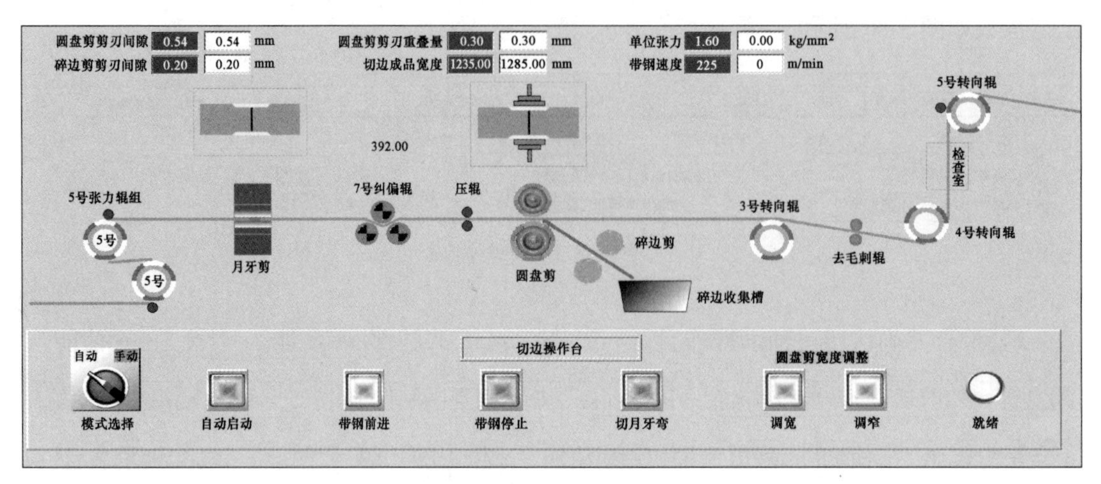

图 3-88 自动控制模式

B 切边手动模式

（1）将[模式选择]切换到[手动]切边模式。

（2）点击[带钢前进]，带钢向前运动。

（3）焊缝到达月牙剪位置自动停止，点击[切月牙弯]按钮，进行边部挖槽，如图 3-89 所示。

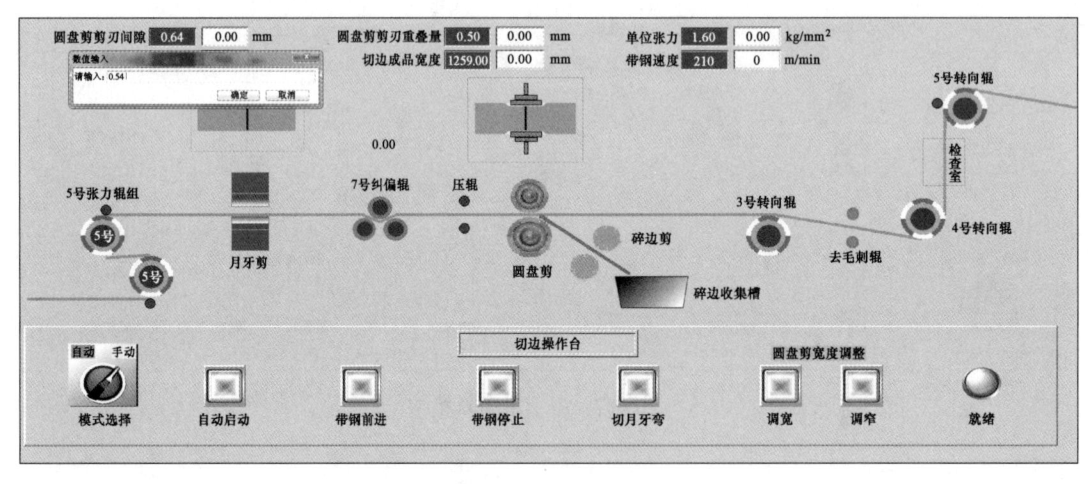

图 3-89 手动控制模式

（4）切槽完成后，点击[带钢前进]，带钢继续向前运动，如图 3-90 所示。

（5）焊缝到达圆盘剪位置自动停止，点击[调宽]或[调窄]按钮，将切边成品宽度（剪刃间距）调整到接近设定值（误差为 0~+5 mm）。

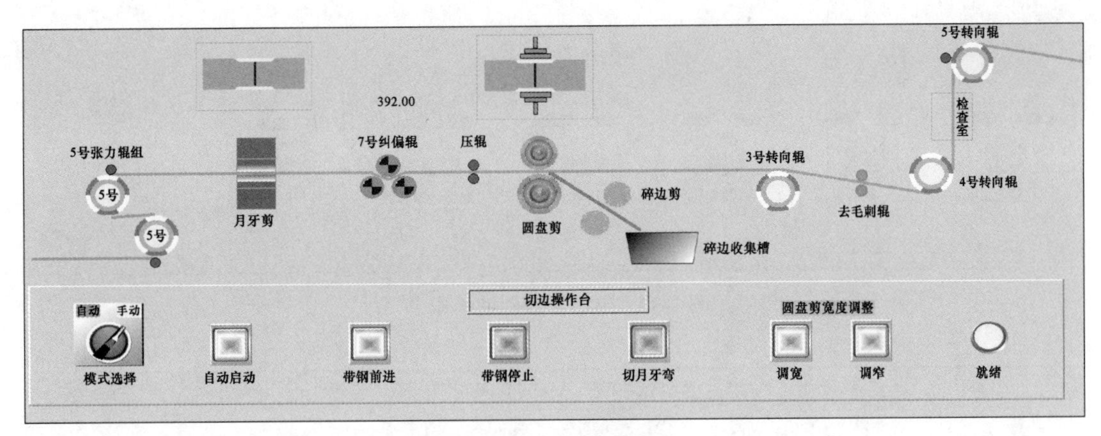

图 3-90 分卷剪切

(6) 点击[带钢前进]，带钢继续向前运动，圆盘剪进行切边。

(7) 焊缝到达出口分切剪前位置自动停止，点击[分切剪切]，进行分卷剪切。

(8) 点击[带钢前进]，带钢继续向前运动。

(9) 焊缝到达出口分切剪后位置自动停止，再次点击[分切剪切]，进行焊缝切除。

(10) 点击[带钢前进]，带钢继续向前运动，继续进行切边。

(11) 以上操作正确完成后，切边操作全部完成，如图 3-91 所示。

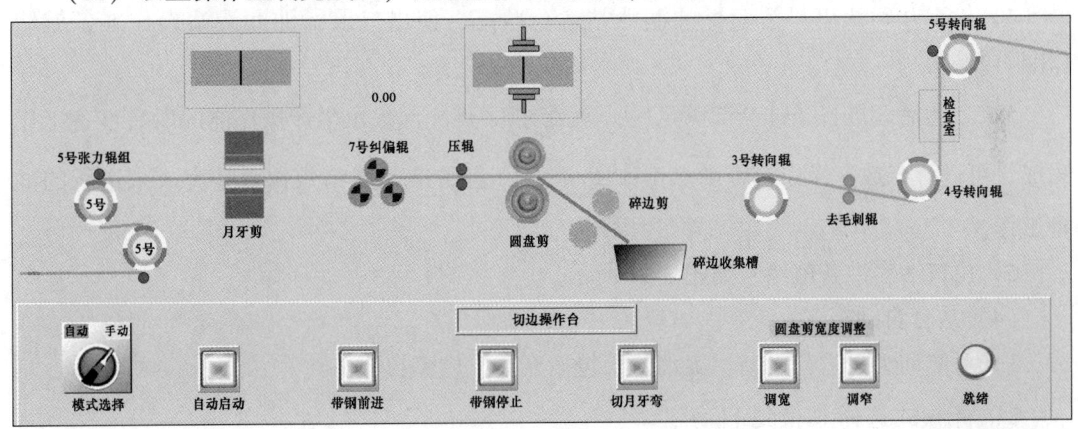

图 3-91 切边操作全部完成

微课 活套仿真操作

3.5.4.2 冷轧带钢出口活套操作仿真实训操作

(1) 接收冷轧带钢生产计划单。

(2) 出口活套辅助操作台和出口活套操作台如图 3-92 和图 3-93 所示。

(3) 出口活套准备：

1) 调用并下达工艺参数；

2) 检查并确认焊接辅助操作台运行状态，包括：[4 号纠偏辊]→[使能]，[1 号转向辊]→

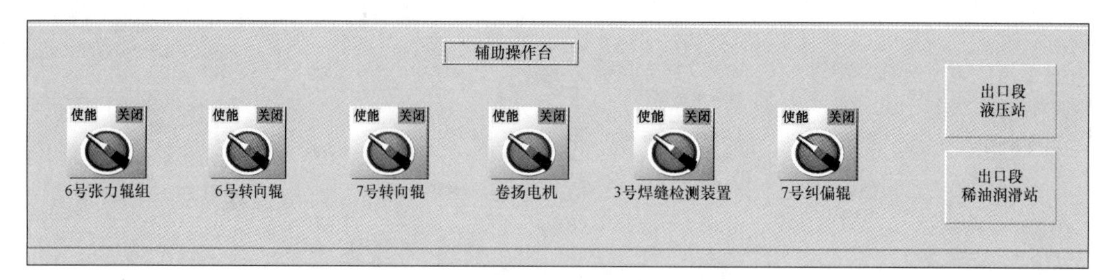

图 3-92 出口活套辅助操作台

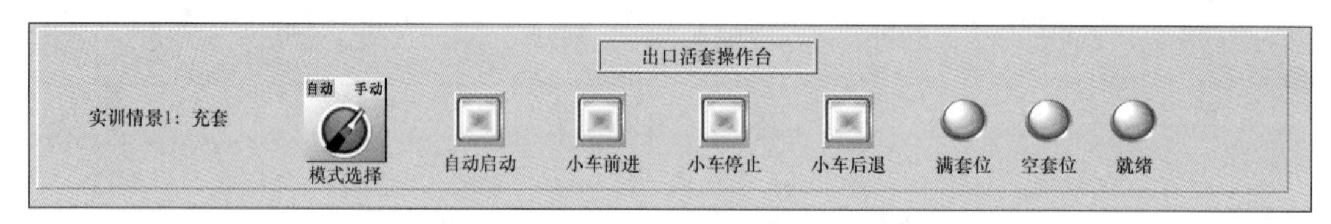

图 3-93 出口活套操作台

使能，5号纠偏辊→使能，卷扬电机→使能，6号纠偏辊→使能，2号转向辊→使能，4号张力辊组→使能，1号转向辊压辊→压下，2号转向辊压辊→压下，4号张力测量装置→使能，2号焊缝检测装置→使能；

3）检查并确认出口段液压站运行状态，使出口段液压站操作准备就绪（出口段共用）；

4）检查并确认出口活套稀油润滑站运行状态，使出口段稀油润滑站操作准备就绪（出口段共用）；

5）上述活套准备条件全部满足后，就绪指示灯亮起表示生产操作前的所有准备工作完成，可进行充放套操作，否则点击就绪条件，查看准备就绪条件，并完成未进行的准备工作。

6）出口活套准备就绪，如图 3-94 所示。

（4）活套自动模式：

1）对实训情景进行判断，实训情景包括充套、放套；

2）将模式选择切换到自动；

3）点击自动启动，可看到内部程序自动完成充套或放套工作，自动放套如图 3-95 所示。

（5）活套手动模式：

1）对实训情景进行判断，实训情景包括充套、放套；

2）将模式选择切换到手动；

3）若实训情景为充套，点击小车后退，当小车运行到充套位时，点击小车停止，完成充套工作，手动充套如图 3-96 所示；

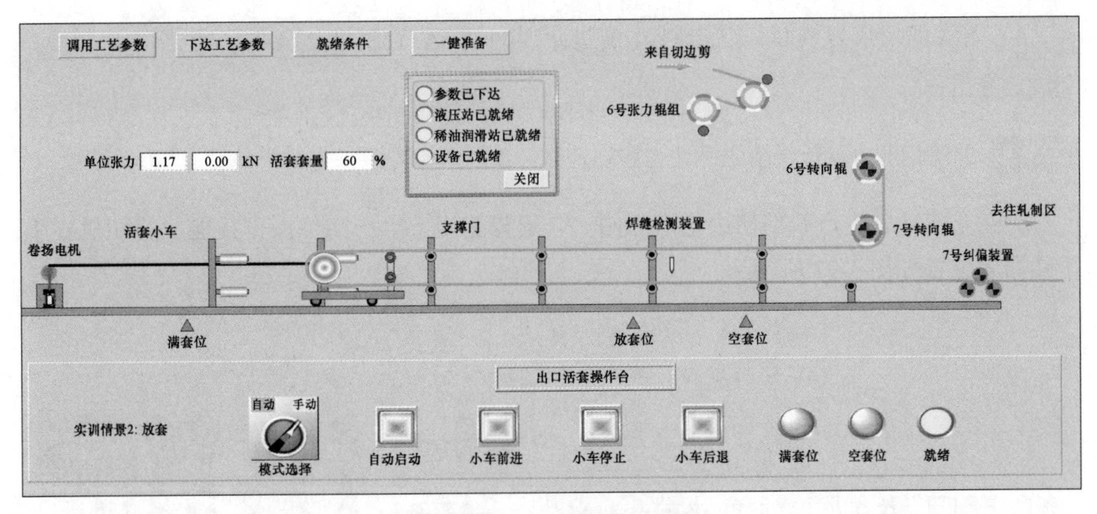

图 3-94　出口活套准备就绪

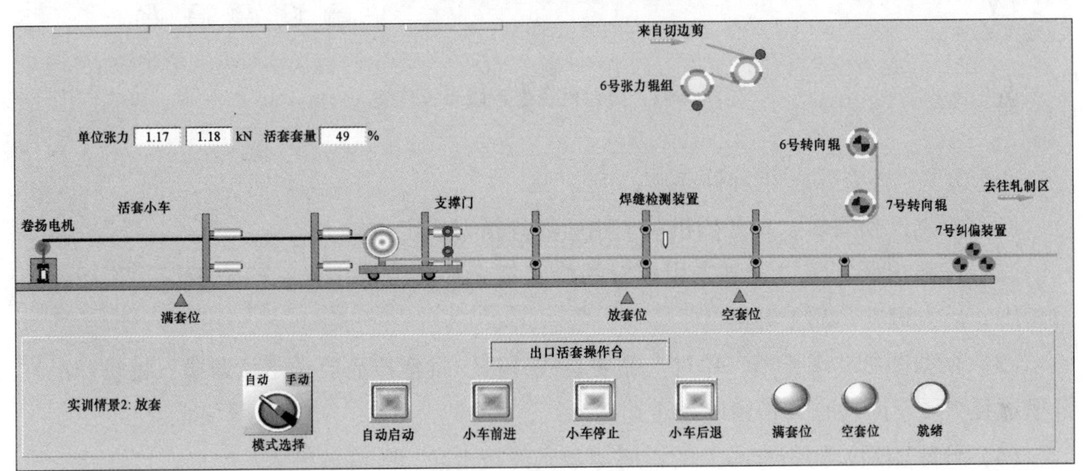

图 3-95　自动放套

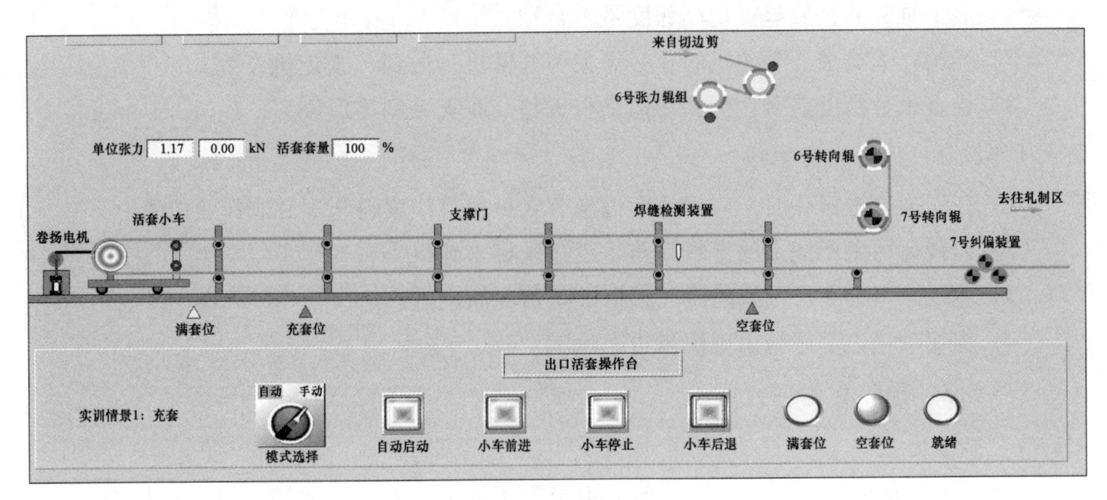

图 3-96　手动充套

4）若实训情景为放套，点击[小车前进]，当小车运行到[放套位]时，点击[小车停止]，完成放套工作。

3.5.5 现代企业冷轧板带钢生产切边智能控制

以某企业冷轧生产线的切边生产为例，介绍智能切边生产岗位操作技能，剪切机在生产线布置位置如图3-97所示。

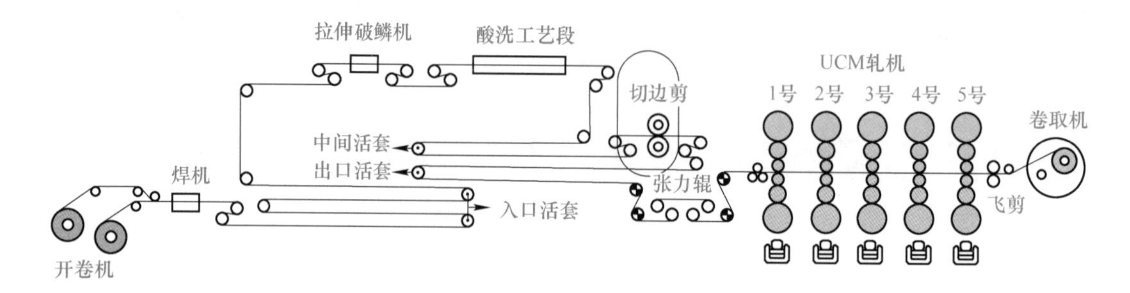

图3-97 剪切机在生产线布置位置

3.5.5.1 切边剪操作岗位职责

（1）根据开槽要求，在开槽机装上相应的开槽刀、定位轮。

（2）按要求调好定位，要先用相应的蜂窝板余料调试好定位，确定无误（按图纸要求角度）后方可在产品上开槽。

（3）根据图纸要求开槽，单件产品要看线开槽，批量产品要做定位开槽，批量产品在开槽过程中要定时检查开槽精度是否达标。

（4）开好槽后，要把产品上的铝屑等杂质清扫干净，并摆放整齐。

（5）检查锯片是否锋利，否则不能继续使用。

（6）装上锯片后，要检查切削深度是否合理。

（7）当操作人员离开开槽机时，必须关掉开槽机，做到“人走机停”。

（8）检查尺寸精度是否达标，切边是否平整、有无毛刺等现象。

3.5.5.2 特别注意事项

（1）在切换废边料斗时，应确认附近没有人员并且吊废料斗车在非作业位置。

（2）监视运行生产线上的带钢，防止废边丝带入轧机。

（3）发现来料存在严重缺陷时，根据缺陷情况做出处理。

（4）剪切带钢边部严禁出现锯齿边。

3.5.5.3 操作步骤

A 岗位要点

根据计划单的要求，进行剪边或不剪边操作。带钢在不剪边或带钢剪切规格变化时，进行侧冲切剪，圆盘剪、碎边剪进行刀片调整和宽度调节。带钢在圆盘剪进行边部剪切。

废边经碎边剪切成小块，由废边运输链运出。

B　生产准备

（1）按指示灯试验，确认指示灯、按钮是否完好。

（2）检查监视器是否完好。

（3）与入口、出口、主操工联系确认生产计划编排。

（4）检查圆盘剪剪刃、碎边剪及废料输送系统是否完好、正常。

（5）检查圆盘剪、碎边剪是否在初始位置。

（6）对圆盘剪、碎边剪剪刃的零位进行校准。

（7）对圆盘剪、碎边剪初始位置进行校准。

（8）圆盘剪、碎边剪的方式选择自动或者手动。

C　具体操作步骤

a　自动状态下的剪切操作

将月牙剪、圆盘剪全部切换至AUTO状态，挖边剪、圆盘剪信号灯亮后，按下室内操作盘挖边剪自动和挖边剪到圆盘剪后，便有以下自动过程：

（1）焊缝到达冲切机自动定位；

（2）挖边剪在带钢边部自动挖边，完毕后挖边剪退回到原始位置；

（3）焊缝自动定位在圆盘剪处；

（4）圆盘剪自动进行宽度、间隙、重叠量调节；

（5）圆盘剪调节完毕，圆盘剪段启车THREAD信号灯亮；

（6）圆盘剪段启车打开THREAD，启车将带头运行至质检室，在质检确认宽度和切边质量合格后启车生产。

b　手动方式下的切边操作

（1）在圆盘剪操作台上，预选月牙剪、圆盘剪、碎边剪为手动操作模式。

（2）带钢焊缝离开2号活套，自动定位在月牙剪处。

（3）在冲边剪近机面板上将月牙剪预选为近机状态，将圆盘剪移向带钢，如图3-98所示。

（4）在操作室操作面板上按下冲切口达到圆盘剪的确认按钮至信号灯指示开启。

（5）根据带钢厚度、宽度、材质在圆盘剪机旁操作面板上手动进行剪刃间隙和重叠量调节，如图3-99所示。

（6）在机旁操作面板上把圆盘剪宽度调节锁紧缸打开，压辊压下。

（7）手动调节圆盘剪宽度直至调节到设定宽度，关闭锁紧液压缸。

（8）手动调节碎边剪宽度直至调节到设定宽度。

（9）按下废边输送系统至信号灯指示开启。

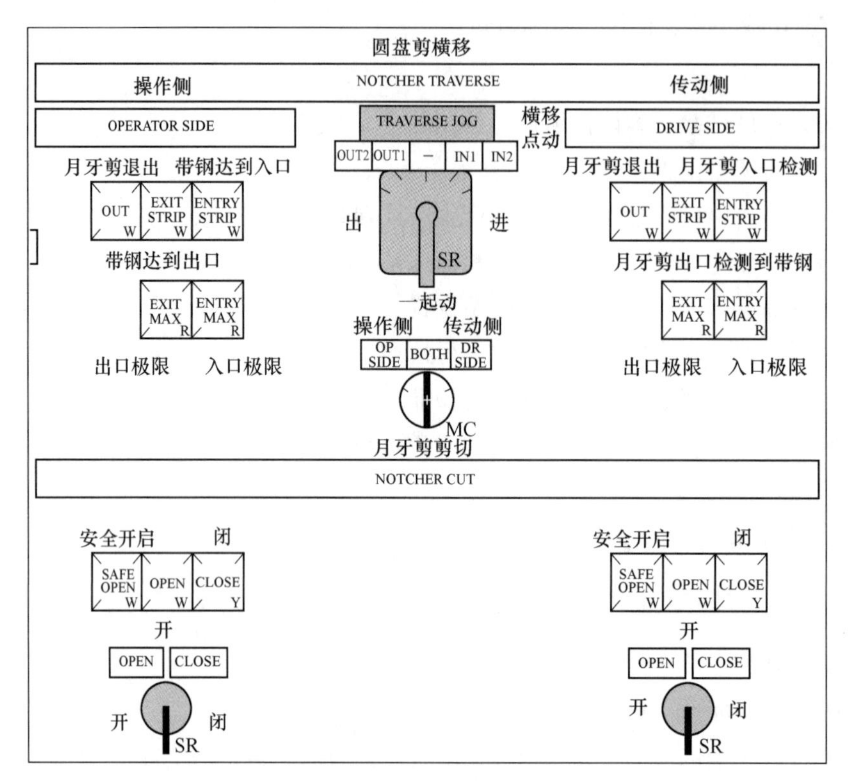

图 3-98 圆盘剪操作台

（10）点动切边段一段距离，确认剪切宽度和剪切质量。

（11）剪边准备就绪信号灯指示开启，按下启动。

c 切边结束，不切边方式

（1）焊缝自动停在冲切剪处冲切后，冲切剪退回初始位置。

（2）冲切口自动到达圆盘剪定位。

（3）圆盘剪退出作业线。

（4）碎边剪退出作业线。

（5）确认切边段运行信号灯指示开启，启动切边段。

3.5.6 相关理论知识

3.5.6.1 月牙剪

月牙剪包括两个液压移动的剪切单元，分别布置在带钢的两侧。带钢宽度换规格时，这个设备用来在带钢边部切口，使后续的圆盘剪剪刃能够容易横移进出。剪刃由液压缸驱动。月牙剪的机架通过光栅检测带钢边部进行调整，月牙剪的实际位置将被检测。

3.5.6.2 一体式圆盘剪和碎边剪

A 概述

圆盘剪和碎边剪集成为一个单元（带去毛刺装置），在操作侧和驱动侧都有一套旋转

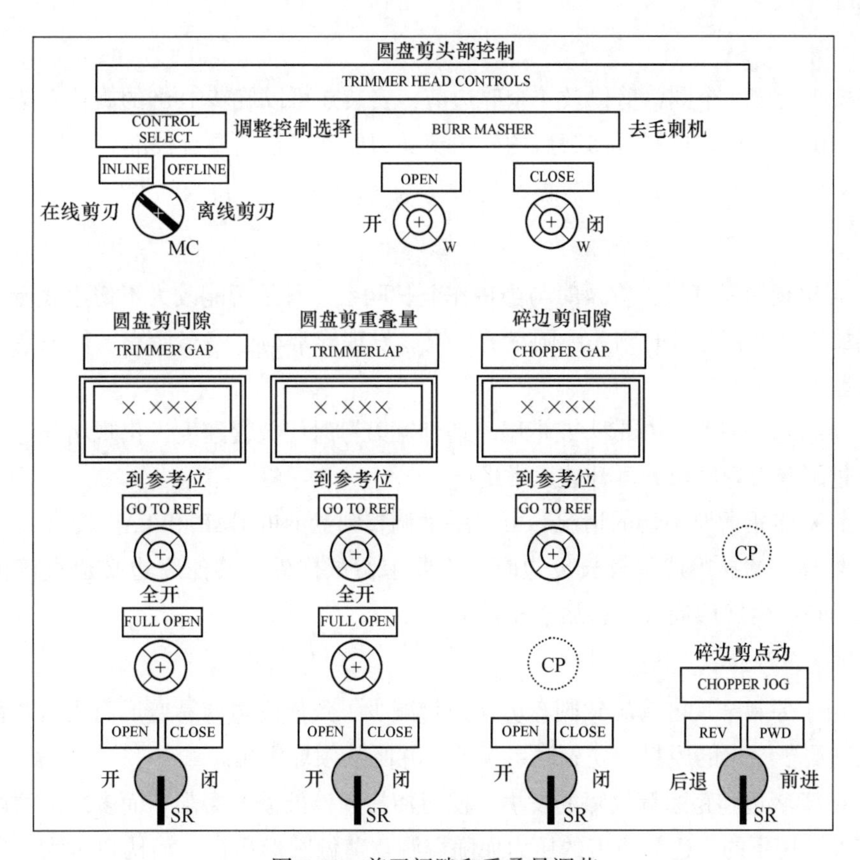

图 3-99 剪刃间隙和重叠量调节

平台，在每个平台上安装有 2 套圆盘剪和 2 套完整的碎边剪（1 套备用）。一旦圆盘剪和碎断剪之间的溜槽内发生废料堆积，另一侧圆盘剪和碎断剪可同时旋转至工作位置。备用设备可以立即投入使用，保证生产线连续运转，此时可以清除溜槽内的废边。由于圆盘剪和碎断剪在同一个旋转平台上，圆盘剪剪刃和碎边剪剪刃之间的溜槽制成一个整体，降低了废边堵塞的可能性。

平台的旋转由齿轮马达完成。平台旋转后，通过电动机械方式夹紧在工作位置。根据计算机二级中的预设表，圆盘剪剪刃间隙、重叠量以及碎边剪的间隙能够自动调整到任意工作位置。根据预设定表，调整剪刃间隙和重叠量，可以最大程度减少剪切后的带钢毛刺，杜绝对产品质量产生不良影响（如裂纹、锯齿边）。

B 圆盘剪剪刃的间隙调整

确定圆盘剪刃盘侧向间隙时，要考虑被剪切钢板的厚度和强度，侧向间隙过大，剪切时钢板会产生撕裂现象；侧向间隙过小，又会导致设备超载、剪刃磨损快，切边后边部发亮和毛边过多。因此，剪刃间隙的调整对剪边机来说是非常重要的，剪刃间隙的大小直接影响剪刃的使用寿命和剪切质量。

调整工作由一台齿轮电机及蜗轮蜗杆传动系统来完成，它通过电控设备可以快速准确地将剪刃调整到某个设定的间隙值，并且在剪切工作状态下可随时调整间隙，因此在改变钢板规格时不需要停机也可以完成剪刃间隙的调整。

C 特点

转塔式平台带4个圆盘剪以及4个碎边剪，安装在可以旋转180°的旋转框架上。

剪刃间隙自动设定控制，修磨后的碎边剪剪刃能够轻松地进行校准。

3.5.6.3 常见异常工况的原因及处理方法

A 圆盘剪堵边的处理方法

(1) 若出现原料窄尺，应及时与当班作业长联系，看是否能改为不切边放行；若必须切边，则放慢速度，并且时刻关注圆盘剪情况，发现异常马上停车检查，待该卷带钢全部通过圆盘剪再正常生产。

(2) 镰刀弯一般都处在带头或带尾，遇到镰刀弯时应放慢速度，出现堵挂边要及时停机处理，过了镰刀弯区域方可升速正常生产。

(3) 针对带钢薄厚不均的情况，可以手动调整圆盘剪的GAP和LAP数值。

(4) 处理完堵挂边遗留较长废边时，除要求留试样外，其他废边必须直接扔进废料斗，禁止扔在圆盘剪四周或废料运输皮带上。

B 圆盘剪挂边的处理方法

(1) 由于原料窄尺容易导致圆盘剪切边量减少，致使废边容易变形而溜出圆盘剪的溜槽。若发现属于窄尺的原料，立刻联系领导，并听从领导安排。

(2) 由于堵边和跑边等故障的发生，使得溜槽入口处需要磨削，而多次的磨削使溜槽口逐渐扩大，切下的废边受剪刃的压力而随着圆盘剪做圆形运行，溜槽口过大，会使切下的废料无法顺溜槽而下，因而会出现跑边的现象。为预防溜边现象的发生，可以将生产运行速度放慢，待剪掉落废料后再升速运行，或者更换新的溜槽盖板。

(3) 处理完堵挂边遗留较长废边时，除要求留试样外，必须将废边直接扔进废料斗，禁止扔在圆盘剪四周或废料运输皮带上。

C 活套充满停机

故障现象：酸轧线出现生产设备事故，造成出口1号活套充满，工艺段停机，使带钢表面产生水锈缺陷。

处理方法：倒出表面产生水锈的带钢，重新酸洗去除水锈，并标识缺陷点，提示轧机低速轧制水锈段。

D 毛刺

故障现象：带钢边部出现毛刺。

产生原因：由于带钢较软或设备等原因引起带钢在剪切过程中边部出现毛刺，在轧制后产生锯齿边。

处理方法：停机并调整圆盘剪剪刃间隙，定期更换圆盘剪剪刃。

3.5.7 安全注意事项

(1) 机组运行时，不得在设备旋转、传动部位以下及运行的带钢上行走。

（2）处理圆盘剪、碎边剪及冲切剪事故时必须按下[快停]。

（3）更换圆盘剪剪刃及调整剪刃间隙时，必须确认安全后方可操作。

（4）碎边剪工作时，不允许有人停留在旁边。

（5）正常切边时，不允许有人站在带钢运行的正面跳板上。

（6）启动出口废料运输设备必须进行安全确认，严禁在出口废料运输设备上行走。

（7）在处理废板运输设备旁散落的废边时，必须停止废边运输设备。

（8）处理跑边时，确认后应立即停机处理，要走安全通道，严禁在设备下方运行；点动过程中处理跑边，跑出的毛边头一定要剪掉，不能缠绕在碎边剪轴上，以免伤人。

3.5.8 检查评价

检查评价见表 2-1。

3.5.9 练习题

[理论知识试题精选]

一、选择题

（1）圆盘剪段最大穿带速度是（　　）m/min。

A. 60　　B. 30　　C. 40　　D. 55

（2）最大剪切碎边宽度为（　　）mm。

A. 20　　B. 40　　C. 55　　D. 35

（3）去毛刺机主要作用是（　　）。

A. 去除开卷后热轧原料毛刺　　B. 去除剪切后带钢的边部毛刺

C. 去除轧制后带钢边部毛刺　　D. 去除带钢表面氧化铁皮

（4）用于剪断运动中轧件的剪切机称为（　　）。

A. 平刃剪　　B. 斜刃剪　　C. 飞剪　　D. 圆盘剪

（5）圆盘剪切机广泛用于纵向剪切厚度为 20~30 mm 的钢板和薄带钢。为了减少钢板边部与刀盘的摩擦，刀盘轴与钢板运行方向并不垂直而是成一角度，通常是（　　）。

A. 0°20′~0°22′　　B. 20°~22°　　C. 30°~32°　　D. 32°~35°

二、判断题

（　　）（1）剪切下的钢坯切头或切尾要及时推走，以保护剪刃。

（　　）（2）剪切机刃口变钝时，会使剪切力增大。

（　　）（3）平行刀片剪切机可以剪切运动中的轧件。

（　　）（4）飞剪机可以剪切运动中的轧件。

（　　）（5）剪切机剪刃间隙过大容易造成剪刃相互碰撞。

（　　）（6）剪切机剪刃间隙过大容易造成金属切口不齐或出现拉口现象。

（　　）（7）剪切机比锯机切断面平整，轧件端部不变性。

（　　）（8）一台飞剪机只能剪切一种定尺长度。

（　　）（9）圆盘剪切机可以剪切运动中的轧件。

（　　）（10）剪切机工作时应保证剪刃有足够的冷却水。

[操作技能试题精选]

完成表3-8轧制计划单中带钢的剪切操作。

表3-8 轧制计划单

位置	钢卷号	钢种	来料厚度/mm	来料宽度/mm	产品厚度/mm	产品宽度/mm	屈服强度/MPa
入口	A220100941E	DC01	2.75	1250	0.40	1220	270
出口	221W033820000	DC01	2.75	1250	0.40	1220	270

考核要求：

(1) 正确选用并修订剪刃间隙（Gap）和重叠量（Lap）设定值；

(2) 检查并确认剪切操作准备指示灯是否亮起；

(3) 焊缝到达月牙剪位置正确，进行边部挖槽；

(4) 焊缝到达圆盘剪位置，将切边成品宽度（剪刃 间距）调整到接近设定值（误差为0~+5 mm）；

(5) 焊缝到达出口分切剪前位置正确，进行分卷剪切；

(6) 焊缝到达出口分切剪后位置正确，进行焊缝切除剪切；

(7) 安全文明操作；

(8) 操作时间为6 min。

剪切仿真操作测试评分，见表3-9。

表3-9 剪切仿真操作测试评分

项目要求	配分	评分标准	扣分	得分
操作准备	35分	(1) 未正确打开冷连轧仿真实训教学软件，扣5分； (2) 未调用并下达工艺参数，扣5分； (3) 未检查并确认剪切辅助操作台运行状态，缺少一项扣5分； (4) 未检查并确认出口段液压站运行状态，扣5分； (5) 未检查并确认出口段稀油润滑站运行状态，扣5分		
操作过程及操作结果	55分	(1) 选用并修订剪刃间隙（Gap）和重叠量（Lap）正确设定值，选错扣10分； (2) 剪切操作准备指示灯未亮起，扣5分； (3) 焊缝到达月牙剪位置未进行边部挖槽，扣10分； (4) 焊缝到达圆盘剪位置，未将切边成品宽度（剪刃间距）调整到接近设定值（误差为0~+5 mm），扣10分； (5) 焊缝到达出口分切剪前位置，未进行分卷剪切，扣10分； (6) 焊缝到达出口分切剪后位置，未进行焊缝切除剪切，扣10分		
安全文明操作	10分	违反安全操作规程，每次扣5分		

任务 3. 6　酸再生智能控制

知识目标

- 酸再生的工艺与设备结构；
- 酸再生工作原理；
- 常见产品缺陷与异常工况的原因及处理方法。

技能目标

- 能读懂并确认酸再生工艺参数；
- 能检查并确认酸再生设备的运行状态；
- 能处理酸再生生产中的常见简单故障。

3. 6. 1　任务描述

本任务主要学习酸再生设备的结构及工作原理，酸再生操作规程；能读懂酸再生生产工艺参数，检查酸再生设备的运行状态，处理酸再生生产中的常见简单故障。酸再生仿真操作和监控画面，如图 3-100 所示。

3. 6. 2　任务分析

酸再生系统是酸连轧生产中的关键环节，目的是通过物理化学反应处理生产中产生的废酸和废水，生成新酸，实现资源循环利用。

3. 6. 3　任务准备

（1）接收冷轧带钢生产计划单。

（2）调用并下达工艺参数。

（3）检查并确认酸洗辅助操作台运行状态。

（4）检查并确认工艺段液压站运行状态。

（5）检查并确认稀油润滑站运行状态。

（6）检查并确认酸循环系统运行状态。

以上操作均见任务 3. 4“酸洗智能控制”。

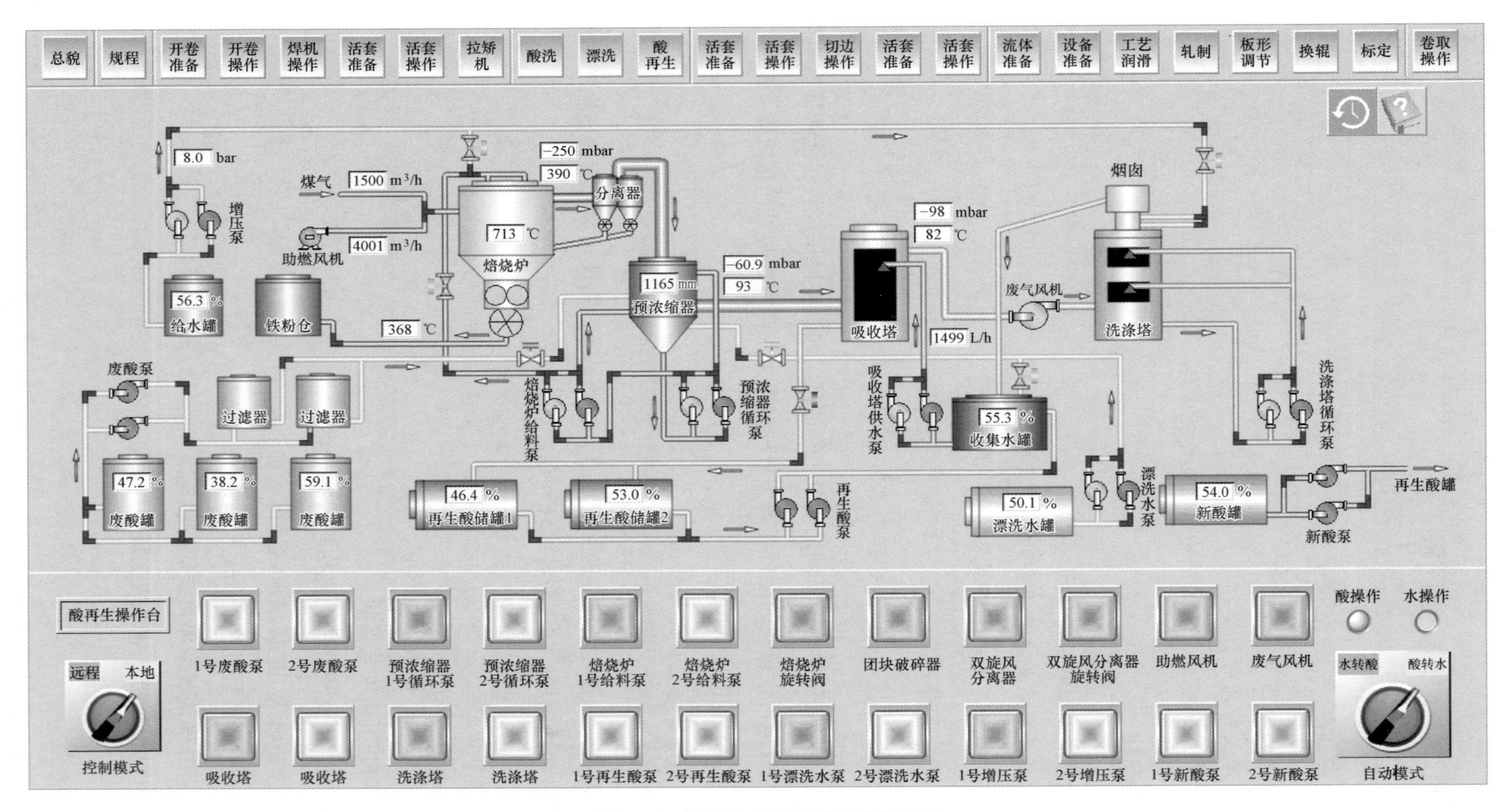

图3-100 酸再生仿真操作和监控画面

3.6.4 任务实施

下面介绍冷轧板带钢生产酸再生仿真实训操作，酸再生操作台如图3-101所示。

酸再生操作需完成水操作到酸操作的转换，包括手动和自动两种操作模式。

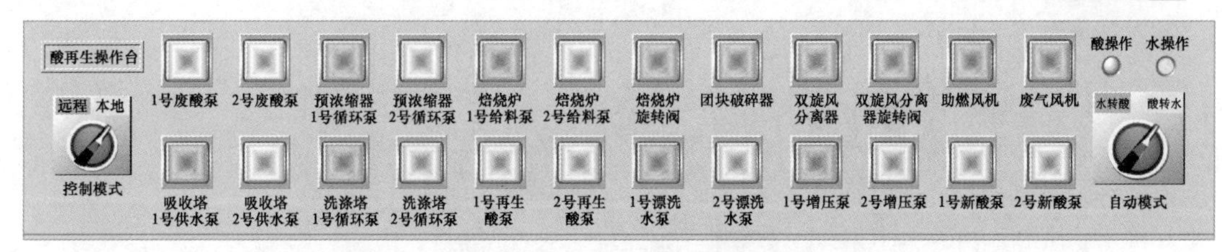

图 3-101 酸再生操作台

3.6.4.1 “水转酸”自动操作

（1）控制模式切换到远程。

（2）点击自动模式→水转酸，系统会自动完成由水操作到酸操作的转换操作。

（3）酸操作指示灯亮起表示状态转换完成，自动模式“水转酸”操作如图 3-102 所示。

3.6.4.2 “水转酸”手动操作

注意：阀门操作均需要直接点击画面中对应的阀门图案完成。

（1）将控制模式切换到远程。

（2）点击关闭预浓缩器供水阀和焙烧炉冲洗水阀，如图 3-103 所示。

（3）预浓缩器液位下降至 1100 mm 左右后，依次打开废酸泵（1 用 1 备）和预浓缩器进酸阀。

（4）点击打开吸收塔出酸阀，如图 3-104 所示。

（5）以上操作正确完成后，“水转酸”操作完成。

3.6.4.3 “酸转水”自动操作

（1）控制模式切换到远程。

（2）点击自动模式→酸转水，系统会自动完成由“酸操作”到“水操作”的转换操作。

（3）水操作指示灯亮起表示状态转换完成，自动模式“酸转水”操作如图 3-105 所示。

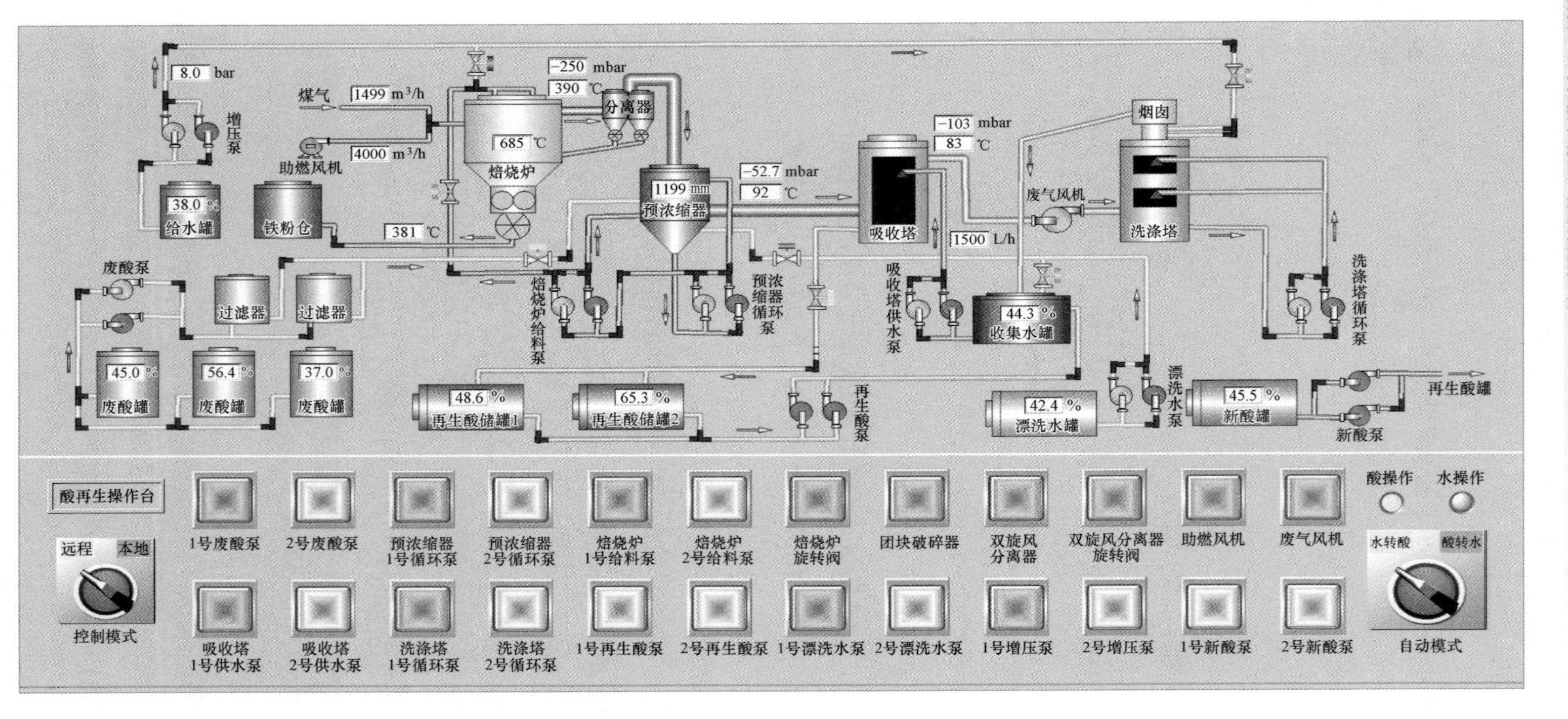

图3-102 自动模式“水转酸”操作

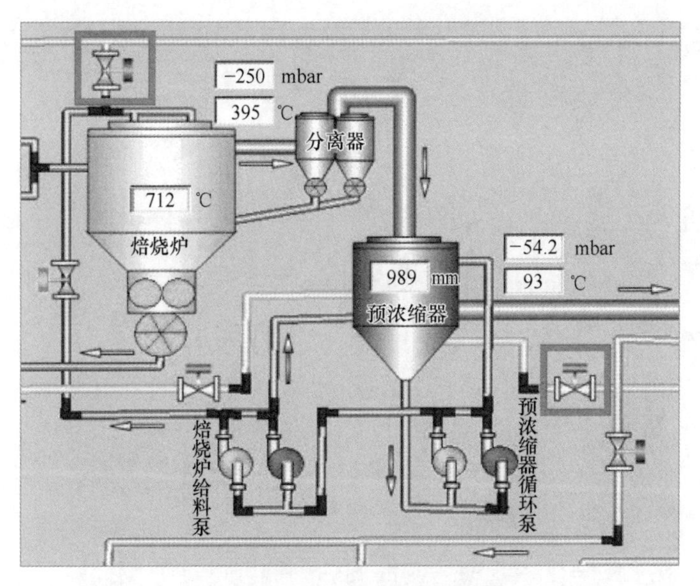

图 3-103　阀的位置图

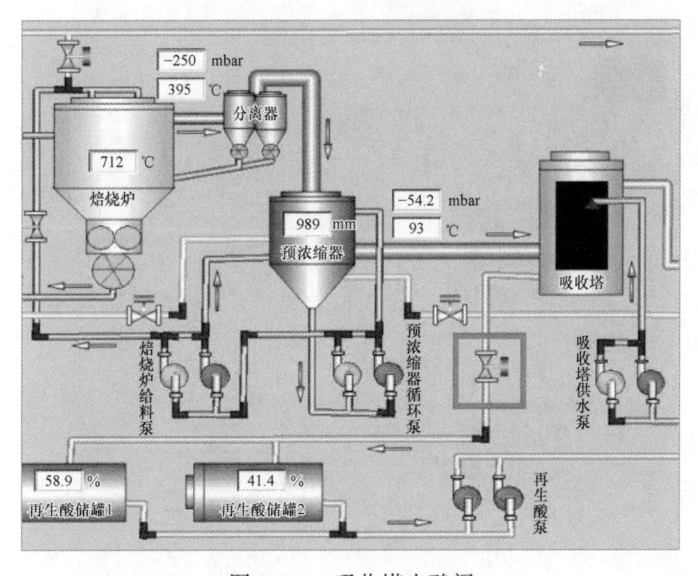

图 3-104　吸收塔出酸阀

3.6.4.4　“酸转水”手动操作

（1）将控制模式切换到远程。

（2）点击关闭吸收塔出酸阀。

（3）依次点击关闭预浓缩器进酸阀和废酸泵。

（4）预浓缩器液位下降至 1100 mm 左右后，依次点击打开焙烧炉冲洗水阀和预浓缩器供水阀。

（5）以上操作正确完成后，“酸转水”操作完成。

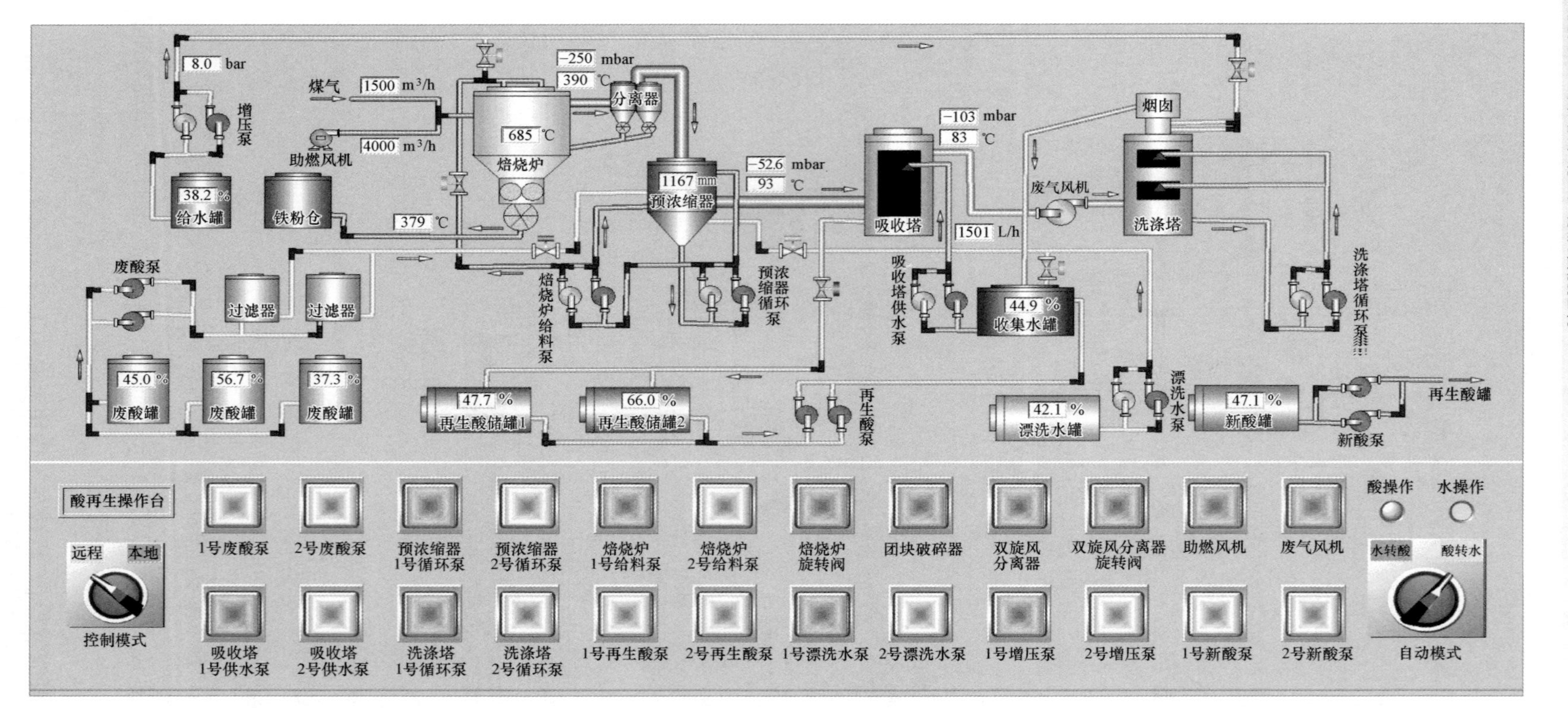

图3-105 自动模式“酸转水”操作

3.6.5 现代企业冷轧板带钢生产酸再生智能控制

以某企业冷轧生产酸再生生产为例，介绍智能酸再生生产岗位操作技能。

3.6.5.1　酸再生操作岗位职责

(1) 提前到岗对机组进行巡检，全面了解上一班组的工作情况，办理交接班手续，如实填写交接班记录。

(2) 熟练掌握生产工艺流程，具有一定判断处理生产问题的能力，其主要职责是及时发现生产过程中的突发问题并及时处理，保障酸再生机组正常运行。

(3) 在当班生产结束时，核算本班入库的新酸、废酸、生产再生酸以及再生酸配比出库情况，与接班人员办理交接手续，将生产记录与工具、备件使用情况一起交给接班人员并签字。

3.6.5.2　特别注意事项

(1) 禁止明火和火源。

(2) 生产期间严禁打开设备进行检查，机组打开前必须先进行冷却。

(3) 取样、清洗喷枪时，戴好防酸手套、防酸眼镜，防止被酸液灼伤。

(4) 处理铁粉时穿戴好必要的劳动保护用品，防止被铁粉灼伤。

(5) 废酸中的游离盐酸浓度不得大于 60 g/L，否则将产生大量的氢气，有爆炸的危险。

(6) 石墨加热器在长时间停机后，启动前必须排净其冷凝水，防止石墨加热块损坏。

3.6.5.3　操作步骤

A　岗位操作要点

做好酸再生机组的生产准备工作，根据化验结果及时调整再生酸的浓度、酸再生机组的各种参数，准确判断并处理酸再生机组的各种事故。酸再生机组每班操作人员，应该做好运行记录、本班报表打印。

B　生产准备

(1) 关闭所有溢流管道的排放阀门，现场所有阀门都处于工作状态。

(2) 关闭所有清洗阀门、冲洗阀门、压缩空气。

(3) 关闭所有排放阀门。

(4) 对机组报警进行确认。

C　具体操作步骤

a　脱硅系统的操作步骤

(1) 废酸加热：

1) 启动废酸泵；

2) 废酸经废酸泵流到浸溶塔；

3）调整废酸最大流量为 12500 L/h；

4）调整设定温度为 80~85 ℃；

5）废酸在浸溶塔中循环，直到浸溶塔酸液到达 80~85 ℃。

（2）选择“操作程序”：

1）当酸液温度达到 80 ℃后，浸溶塔废酸经石墨换热器到达工艺反应罐。在废酸没过搅拌器时，加入空气和 NH_4OH 的顺序是：启动主搅拌机→NH_4OH 搅拌机→NH_4OH 喂料泵；调整 NH_4OH 流量为自动设定值；调整空气气流量为设定值；废酸从工艺罐溢流到混合罐；启动絮凝剂泵，该泵将根据废酸流量自动调整设定值；废酸从沉淀罐溢流到脱硅废酸罐。

2）当沉淀槽有足够的泥浆时检查过滤挤压机，关闭 运输挡板 ，启动 泥浆泵 。

3）当泥浆泵流量低于 0.7 m^3/h 时，泥浆泵停止工作。

4）启动 自动 清洗程序。

5）泥饼冲洗水流回沉淀罐自动清洗完成后，打开 过滤挡板 ，泥饼落入泥饼仓，泥饼将被储存在泥饼仓中。

（3）废酸脱硅停机。

b 酸再生站的启动程序

（1）酸再生站的启动，机组的启动可以在现场和操作室内进行，启动次序相同，必须按下列程序进行：

1）启动脱盐水增压站。

2）启动冲洗水泵。

3）启动预浓缩器循环泵。

4）启动吸收塔泵，吸收塔流量调整到最小值。

5）启动文丘里洗涤泵。

6）启动处理后的废酸泵，处理后的废酸泵把脱硅废酸送到洗涤塔。

7）启动 1 级洗涤塔泵。

8）在“冲洗水操作”期间，废酸流回脱硅后的废酸罐。

9）在“酸操作”期间，废酸进入预浓缩器中。

10）洗涤塔如果没有脱硅废酸供给，脱盐水进入洗涤塔中。调整脱盐水的流量为 2500 L/h，脱盐水将溢流到中间储罐。

11）启动 2 级洗涤塔泵。

12）启动废气风机。

13）启动废气风机后打开风机喷淋水阀，调整流量为 2900 L/h。当废气风机启动后，负压设定值调整到目标压力。

14）启动氧化铁粉输送风机→螺旋运输机旋转阀→双旋风分离器旋转阀→螺旋运输机旋转阀→焙烧炉旋转阀→底破碎机→双旋风旋转阀 。

15）启动助燃风机。当焙烧炉是冷的时，即 TICR6317 小于最小值。烧嘴将自动用助燃空气吹扫，吹扫时间约为 15 min。

注意：热的燃烧室不能用助燃空气吹扫，因为温度波动将破坏燃烧室的内衬。

16）点火。在烧嘴吹扫完毕后烧嘴逐个点着，烧嘴的煤气量为最小值，所有烧嘴点燃后以最小煤气量工作 1 h。1 h 以后，烧嘴的煤气量逐渐增大（40~50 ℃/h）。

17）启动焙烧炉上料泵。当焙烧炉炉顶出口温度 TICRSA 达到 390 ℃时，启动焙烧炉上料泵，并检查该泵的机械密封水。

18）下枪。当炉顶温度达到不同目标值时，依次下酸枪。酸枪由焙烧炉上料泵供给冲洗水，酸枪向焙烧炉中喷洒冲洗水。

19）酸操作。当所有酸枪都下入焙烧炉中，炉顶温度稳定后，机组可以改成酸操作。

20）设定吸收塔酸液密度，保证再生酸浓度达到目标值。如果机组停机超过 30 min，焙烧炉上料泵、循环泵将关闭，浓缩酸管道必须清洗，防止管道结晶。如果酸操作被中断，机组将进行冲洗水操作；酸操作可以随时中断。

（2）再生机组按下列程序停机：

1）停止酸操作。

2）通过停止酸操作程序，废酸至文丘里的阀关闭。预浓缩器中的废酸被消耗到文丘里液位为最小值。当文丘里液位达到最小值时，文丘里水阀打开进水。

3）启动新水操作程序。当这个操作程序启动时，酸枪喷淋用水自动改为脱盐水，然后依次关闭烧炉上料泵、烧嘴、助燃风机和煤气阀门、废气风机、吸收塔泵、循环泵、冲洗水泵、双旋风分离器旋转阀、炉底破碎机、炉底旋转阀、螺旋运输机、双旋风分离器旋转阀、螺旋运输机旋转阀、氧化铁粉运输风机、洗涤塔泵、脱硅废酸泵、洗涤预浓缩器泵、脱盐水增压站。

3.6.6 相关理论知识

3.6.6.1 酸再生理论基础

A 酸再生的目的

冷轧带钢酸洗是用化学方法除去金属表面氧化铁皮的过程，按生产方法通常分为酸法、碱法-酸法、氢氧化物法、电解法等。为了节约能源和减少环境污染，有必要对废酸进行回收利用，通常选取盐酸进行酸洗，由再生机组回收酸洗线废酸。

B 盐酸废液的形成及性质

酸洗线生产时，带钢表面的氧化铁皮与酸洗槽内的盐酸溶液接触而发生一系列的化学反应，随着反应的进行，酸溶液中的酸浓度逐渐降低，反应生成的氯化亚铁（$FeCl_2$）浓度逐渐升高。当酸溶液降低到一定值时，酸液排放到酸再生工厂进行再生，这就是盐酸废液或者废酸。

C 酸再生原理

a 盐酸再生原理

酸洗反应式： $FeO + 2HCl = FeCl_2 + H_2O$ (3-8)

再生反应式： $4FeCl_2 + 4H_2O + O_2 = 2Fe_2O_3 + 8HCl$ (3-9)

b 鲁兹纳法

带钢在酸洗时，带钢表面的氧化铁皮除含有铁元素之外，还含有其他元素（如硅、镁、碳等）。这些元素在酸洗时也都溶解在酸洗液中，再生此种废酸溶液时，这些杂质元素可能富含在氧化铁粉中，因此，为得到质量好的氧化铁粉，在喷雾之前必须先分离出其中的杂质元素，特别是其中的硅元素，即除硅。

D 脱硅工艺

a 脱硅工艺流程

脱硅工艺流程为：废酸→废酸过滤器→石墨加热器（80~85 ℃）→浸溶塔（加入碎边）→冷却器（40~45 ℃）→工艺罐（加入氨水和压缩空气）→ 混合罐（加入絮凝剂）→沉淀槽→脱硅废酸罐。

b 脱硅工艺过程描述

脱硅生产控制界面，如图3-106所示。

酸洗机组的废酸通过泵连续地送入酸储罐中，再把废酸从储罐送入脱硅工艺段的浸溶塔中，浸溶塔通过电磁吊装满废铁屑，废酸从底部进入浸溶塔以便和铁屑充分接触。在浸溶塔中未反应的游离酸和铁反应，反应后的废酸依靠重力从浸溶塔溢流到反应罐中，浸溶塔中产生的气体被排放到大气中。

氨水被加入含铁废酸的反应罐中，以便把pH值提高到3.5~4.5。结果氯化亚铁（$FeCl_2$）一小部分反应生成颗粒状的氢氧化亚铁［$Fe(OH)_2$］吹入空气，$Fe(OH)_2$被氧化成$Fe(OH)_3$絮状物，并吸附废酸中的SiO_2颗粒。

在随后的脱硅沉淀罐中加入絮凝剂使絮状物沉淀出来，处理过的废酸通过沉淀罐溢流进入酸处理收集罐中。脱硅沉淀槽中泥浆被送到压滤机过滤，压滤得到的液体也被送到酸处理收集罐中作为预处理废酸，滤饼将被收集运输处理。

脱硅工艺的主要反应如下：

浸溶塔 $Fe + 2HCl = FeCl_2 + H_2$ (3-10)

反应罐 $2NH_3 + 2H_2O + FeCl_2 = Fe(OH)_2 + 2NH_4Cl$ (3-11)

NH_4Cl将在焙烧炉中分解。

反应罐中的氧化 $4Fe(OH)_2 + O_2 + 2H_2O = 4Fe(OH)_3$ (3-12)

$4FeCl_2 + 10H_2O + O_2 = 4Fe(OH)_3 + 8HCl$ (3-13)

酸洗线来的废酸收集在废酸罐（300 m^3）中。利用废酸泵的运输通过废酸过滤器，经过石墨加热器把废酸温度加热到80~85 ℃，到达浸溶塔（用电磁吊向浸溶塔内加入含硅较少的碎边）底部进入，随着液位的上升，铁浓度越来越高、氢离子越来越少。依靠重力溢流到冷却器（冷却水冷却），将废酸的温度降低到40~45 ℃，进入工艺反应罐。为了把

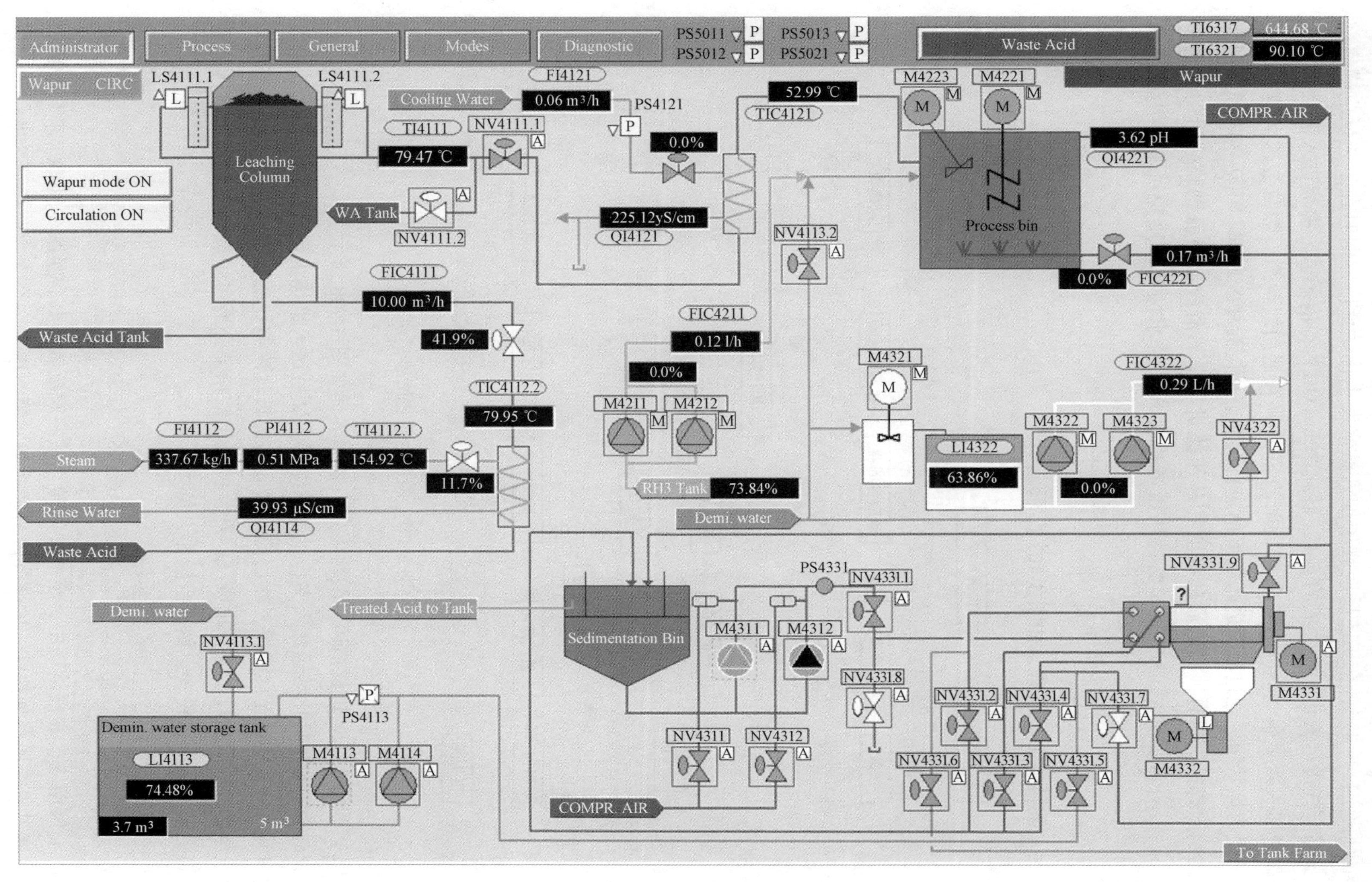

图3-106　脱硅生产控制界面

pH 值提高到 4.0~4.5，在工艺反应罐中加入氨水发生化学反应，同时在工艺反应罐底部吹入压缩空气进行氧化，使生成的 $FeCl_3$ 转化为 $Fe(OH)_3$，依靠重力溢流进入混合罐，在混合罐中加入絮凝剂（$Fe(OH)_3$ 颗粒凝聚的 SiO_2 颗粒遇到絮凝剂，颗粒会越来越大）而使溶液变为絮状物，通过溢流进入沉淀槽进行沉淀。从沉淀槽的底部，用活塞隔膜泵把泥浆输送到压滤机。同时，脱硅后的废酸和从压滤机出来的清液会溢流到脱硅后的废酸罐（300 m^3），冲洗滤饼后的冲洗水也会从压滤机排入漂洗水储罐，避免可能发生的环境污染。

E 酸再生工艺

（1）酸再生工艺流程，如图 3-107 所示。

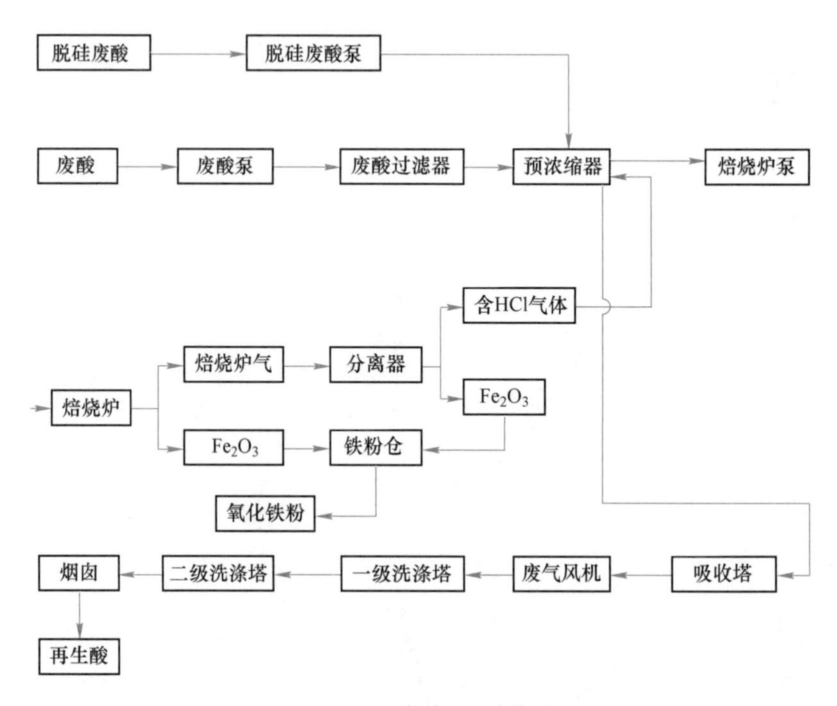

图 3-107 酸再生工艺流程

（2）酸再生工艺过程描述，酸再生生产控制界面如图 3-108 所示。

脱硅后废酸由净化酸罐送入文丘里预浓缩器，然后送入焙烧炉燃烧加热，产生的炉气通过双旋风分离器送至文丘里，然后流入吸收塔被吸收浓缩盐酸，废气通过一级洗涤塔和二级洗涤塔，最后通过烟囱排出废气。产生的氧化铁粉部分通过炉底破碎机和旋转阀，借助螺旋运输机运至铁粉仓，然后由操作人员进行装车。

3.6.6.2 酸再生机组主要设备

A 脱硅机组主要设备

（1）浸溶塔。在浸溶塔中，废酸中的游离酸溶解废铁，其含量减少到零。来自酸罐中的废酸通过热交换器加热后，输送到浸溶塔底部。浸溶塔是一个立式圆柱形容器，内部衬

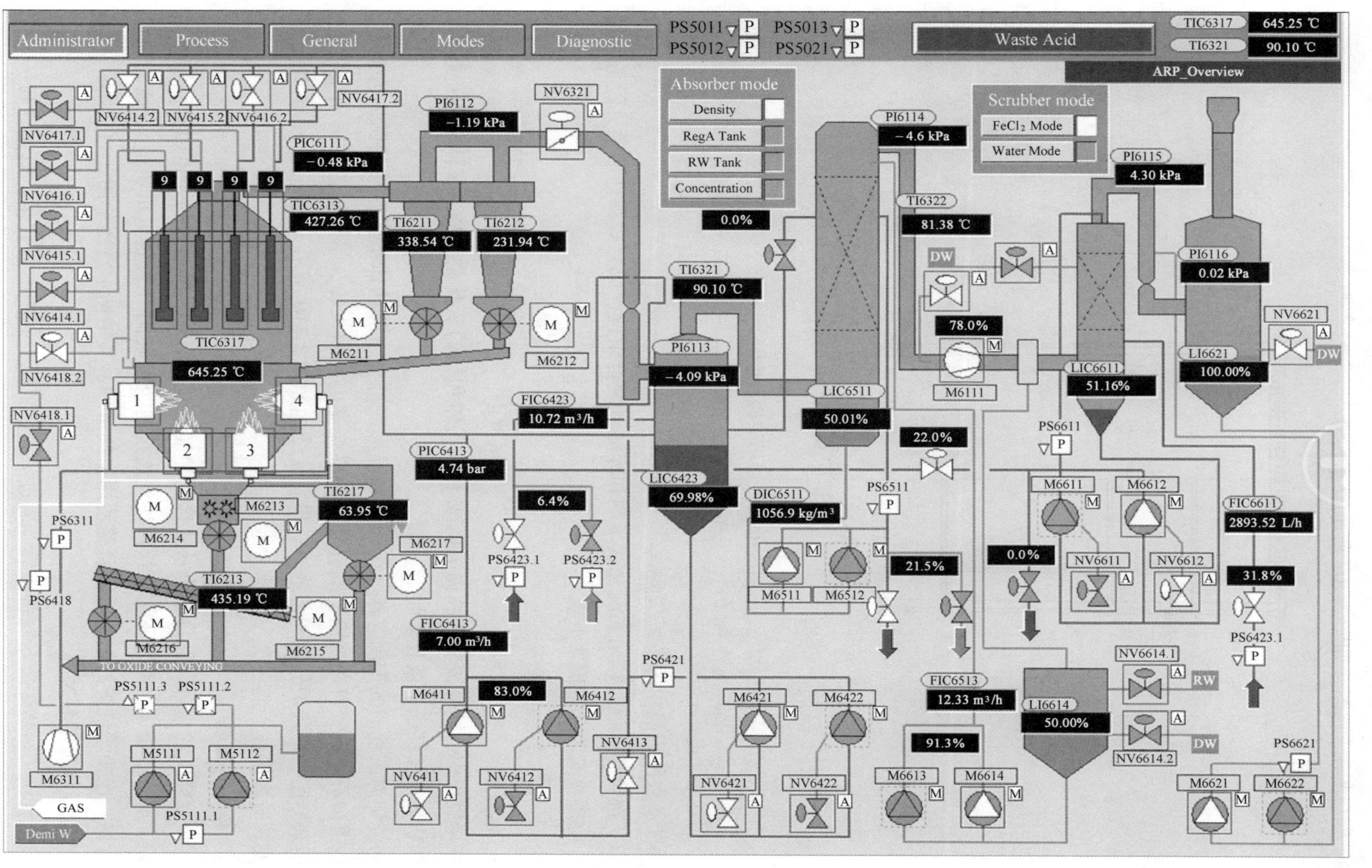

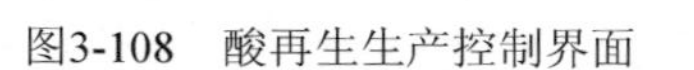
图3-108 酸再生生产控制界面

胶衬砖。其结构示意图，如图 3-109 所示。

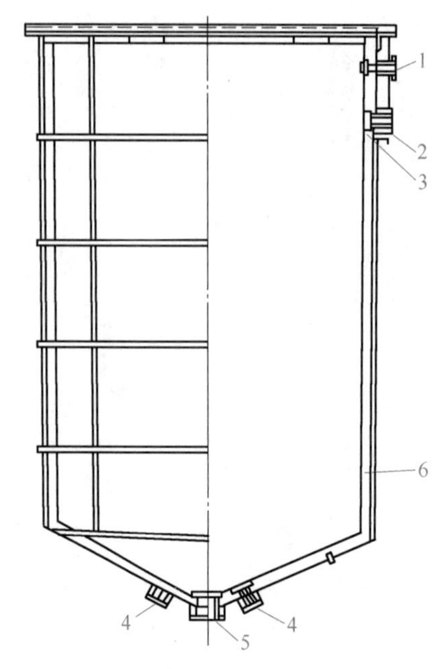

图 3-109 浸溶塔结构示意图

1—溢流口；2—酸出口；3—液位计口；4—废酸入口；5—排放口；6—内衬

功能：去除废酸中的游离盐酸。

（2）混合罐。混合罐用来混合絮凝剂和废酸，混合罐设计成立式圆柱形罐，配备有搅拌器，搅拌器安装在钢框架上。

B 再生机组主要设备

a 焙烧炉

在焙烧炉中，浓缩废酸被高温分解成 HCl 气体和铁的氧化物。HCl 气体从顶部排出，同时铁粉颗粒在锥底中被收集起来。

焙烧炉为圆柱形的钢制容器，带顶盖和锥形底部。在圆柱体下部区域的圆周方向上，其切线方向等距布置有燃烧室。圆柱外壳和燃烧室内衬耐火砖。焙烧炉置于滑动垫板上，以适应热膨胀。焙烧炉外侧配备绝热材料，其结构如图 3-110 所示。焙烧炉分段运输到现场，安装时焊接在一起。

b 粉尘分离器

一个双旋风粉尘分离器将粉尘从热焙烧炉气中分离出来，再通过粉尘返回管路输送回焙烧炉下部。双旋风分离器下部直接用法兰连接两个旋转阀（齿轮电机驱动），密封粉尘返回管路。连接焙烧炉的粉尘返回管路使用空气清理，其结构示意图如图 3-111 所示。

c 氧化铁粉除氯装置

氧化铁粉从焙烧炉旋转阀落出后，通过除氯装置减少其中的氯含量。氧化铁粉从焙烧炉底部进入螺旋运输机，在其中直接加热，与铁粉运输方向相反的热燃烧气体直接与铁粉

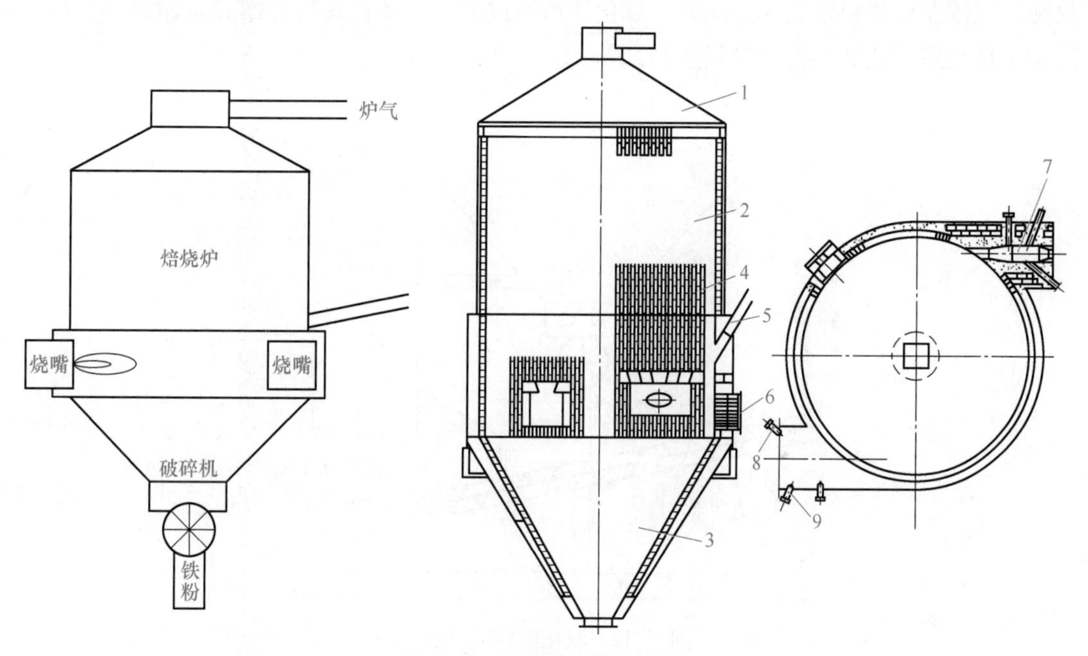

图 3-110 焙烧炉结构示意图

1—炉顶；2—炉膛；3—炉底；4—耐火砖衬；5—气孔；6—人孔；7—燃烧室；8—观察室；9—火焰检测器

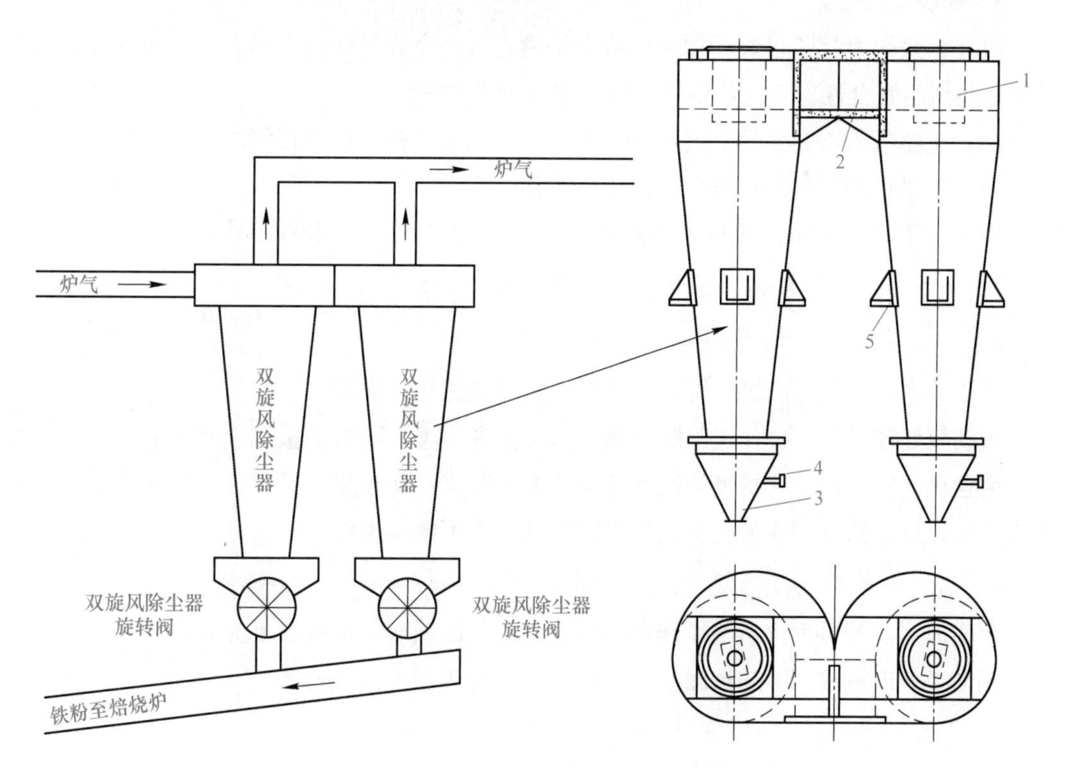

图 3-111 双旋风粉尘分离器结构示意图

1—旋转内套筒；2—连接板；3—观察清扫孔；4—测温孔；5—支撑

接触。气体在回流到焙烧炉的同时，氧化铁粉通过另一个旋转阀离开螺旋运输机，然后经运输系统最终到达储存仓，如图 3-112 所示。

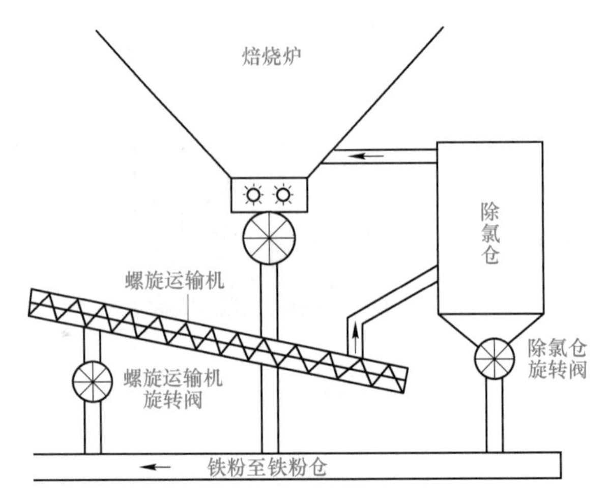

图 3-112 氧化铁粉除氯装置

d 燃烧系统

(1) 焙烧炉直接通过烧嘴加热，每个烧嘴通过一个先导烧嘴点燃，可以单独控制。为了保证较高的安全性，其火焰由紫外线火焰探测器监测。

(2) 主燃气管路为全部烧嘴供气，配备必要的安全截止阀和排气阀。

(3) 提供助燃空气的风机由恒速电机驱动。

(4) 对于每个烧嘴，助燃空气和燃气的流量一直处于监视和调节状态。

3.6.6.3 生产异常时的操作处理要求和有关注意事项

A 煤气管道泄漏

产生原因：酸气腐蚀煤气管道或者煤气管道法兰垫片损坏。

预防及处理方法：操作工佩戴呼吸器检查泄漏位置，同时上报调度室及应急管理小组并开窗通风，确认位置后机组停机并排空浓缩酸管道及文丘里，操作人员撤离现场；由专业人员进行检查修复，故障处理完毕再次确认，方可继续操作。

B 酸再生机组故障停机造成浓缩酸管道结晶

产生原因：酸再生机组酸操作期间故障停机，浓缩酸管道排放不及时。

预防及处理方法：拆卸浓缩酸管道法兰，用高压水枪清洗通透。

C 酸泄漏伤人

产生原因：管路老化或者罐体损坏造成酸液泄漏，而操作工巡检时未佩戴保护用品造成酸喷溅到身上或者眼睛里。

预防及处理方法：穿戴好劳动保护用品，按应急预案处理。

3.6.7　安全注意事项

（1）生产时，所有设备阀门都处在工作状态方可操作。

（2）主操作工必须持操作证上岗，禁止无证人员操作设备。

（3）点火失败后，必须先用氮气进行吹扫，防止炉内有残余煤气在点火时发生爆炸。

（4）在处理漏酸时，必须小心谨慎。当酸液溅到人身上时，应迅速用大量清水清洗。

（5）开启阀门应侧身操作，以免酸液溅到身体伤人。

（6）取样化验时，必须穿戴好防酸劳保用品，防止酸液伤人。

（7）处理铁粉堵塞时，必须准确确认，采取安全措施防止铁粉漏出伤人。

（8）在酸再生机组厂房内严禁烟火，以免发生爆炸（如需动火，严格执行动火审批管理制度）。

3.6.8　检查评价

检查评价见表 2-1。

3.6.9　练习题

[理论知识试题精选]

一、选择题

（1）再生 HCl 浓度约为（　　）g/L。

A. 160　　B. 200　　C. 230　　D. 250

（2）换酸、长时间停机或突发事故的生产停车时，将酸洗循环泵停止就能够在 5 min 使槽内液体排尽，同时也可在（　　）min 内将酸液送入酸槽。

A. 5　　B. 3　　C. 4　　D. 10

（3）酸洗循环泵停止后，槽内液体会在（　　）min 内自动排尽。

A. 3　　B. 4　　C. 5　　D. 6

（4）除尘风机系统约含有（　　）个布袋。

A. 600　　B. 660　　C. 700　　D. 850

（5）废酸罐中废酸液通过废酸泵经石墨换热器加热至（　　）℃，被连续地打到 WAPUR 站的浸溶塔的底部。

A. 80~85　　B. 80~90　　C. 75~85　　D. 70~85

（6）废酸在浸溶塔中与铁充分反应，除去废酸中游离的盐酸，然后再通过石墨换热器降温至（　　）℃，再依靠重力溢流到工艺反应槽。

A. 50~60　　B. 40~45　　C. 40~50　　D. 40~55

（7）在 33%盐酸条件下，新酸消耗设计能力为（　　）kg/t。

A. 1.0~2.0　　B. 1.5~2.0　　C. 1.0~1.5　　D. 1.2~1.5

（8）清洗槽的作用是用热的脱盐水清洗带钢表面残留的（　　）。

A. 残油　　B. 残铁　　C. 酸液　　D. 残碳

(9) 酸循环系统用于酸溶液的循环，它是通过（ ）来控制酸液流速的。

A. 定量泵 B. 变频泵 C. 手动泵 D. 高压泵

(10) 脱硅和再生处理后盐酸回收率为（ ）%。

A. 100 B. 95 C. 98 D. 98.5

二、判断题

（ ）(1) 酸再生机组的最大生产能力是13.75 m^3/h。

（ ）(2) 酸再生机组废气洗涤系统采用一个洗涤塔。

（ ）(3) 焙烧炉炉顶温度控制在390 ℃左右。

（ ）(4) 焙烧炉炉内呈负压状态，炉顶压力控制在-250 Pa。

（ ）(5) 双旋风分离器用于分离吸收塔废气中带出的氧化铁颗粒。

[操作技能试题精选]

完成表3-10轧制计划单中带钢的酸再生操作。

表3-10 轧制计划单

位置	钢卷号	钢种	来料厚度/mm	来料宽度/mm	产品厚度/mm	产品宽度/mm	屈服强度/MPa
入口	A220100941E	DC01	2.75	1250	0.40	1220	270
出口	221W033820000	DC01	2.75	1250	0.40	1220	270

考核要求：

(1) 正确打开冷连轧仿真实训教学软件。

(2) 调用并下达工艺参数。

(3) 检查并确认酸洗辅助操作台运行状态。

(4) 检查并确认工艺段液压站运行状态。

(5) 检查并确认稀油润滑站运行状态。

(6) 检查并确认酸循环系统运行状态。

(7) 水转酸操作考核：

1) 是否将[控制模式]切换到[远程]；

2) 是否点击关闭[预浓缩器供水阀]和[焙烧炉冲洗水阀]；

3) 是否在预浓缩器液位下降至1100 mm左右后，依次打开[废酸泵]和[预浓缩器进酸阀]；

4) 是否点击打开[吸收塔出酸阀]；

5) 以上操作正确完成后，“水转酸”操作完成。

(8) 酸转水操作考核：

1) 是否将[控制模式]切换到[远程]；

2) 是否关闭[吸收塔出酸阀]；

3) 是否依次关闭[预浓缩器进酸阀]和[废酸泵]；

4) 是否在预浓缩器液位下降至1100 mm左右后，依次点击打开[焙烧炉冲洗水阀]和[预浓缩器供水阀]；

5）以上操作正确完成后，“酸转水”操作完成。

（9）安全文明操作。

（10）操作时间为 10 min。

酸再生仿真操作测试评分，见表 3-11。

表 3-11　酸再生仿真操作测试评分

项目要求	配分	评 分 标 准	扣分	得分
操作准备	30 分	（1）未正确打开冷连轧仿真实训教学软件，扣 2 分； （2）未调用并下达工艺参数，扣 3 分； （3）未检查并确认酸洗辅助操作台运行状态，缺少一项扣 5 分； （4）未检查并确认工艺段液压站运行状态，扣 5 分； （5）未检查并确认稀油润滑站运行状态，扣 5 分； （6）未检查并确认酸循环系统运行状态，扣 5 分		
操作过程与操作结果	60 分	“水转酸”操作考核如下： （1）未将控制模式切换到远程，扣 2 分； （2）未点击关闭预浓缩器供水阀和焙烧炉冲洗水阀，扣 8 分； （3）未在预浓缩器液位下降至 1100 mm 左右后，依次打开废酸泵和预浓缩器进酸阀，扣 10 分； （4）未点击打开吸收塔出酸阀，扣 10 分。 “酸转水”操作考核如下： （1）未将控制模式切换到远程，扣 2 分； （2）未关闭吸收塔出酸阀，扣 8 分； （3）未依次关闭预浓缩器进酸阀和废酸泵，扣 10 分； （4）未在预浓缩器液位下降至 1100 mm 左右后，依次点击打开焙烧炉冲洗水阀和预浓缩器供水阀，扣 10 分		
安全文明操　作	10 分	违反安全操作规程，每次扣 5 分		

模块 4　冷轧板带钢生产轧制智能控制

课件

任务 4.1　课程思政

思政目标

- 通过钢铁人物的先进事迹，培养学生职业素养和爱岗敬业精神；
- 培养学生对专业的自豪感和使命感，使学生具备运用所学知识服务于社会意识的情感素质。

钢铁人物

“当代雷锋”——郭明义

在郭明义的心中，永远燃烧着为党分忧、为企奉献、为民解愁的热望，始终在为了和谐社会建设而不懈奋斗，他是当之无愧的“当代雷锋”，是当之无愧的社会主义核心价值观的生动实践者！

他学习创新，科学管理。他先后考取了大专、本科的文凭，苦学英语多年，研制的采场公路建设、维修等一系列新技术、新工艺、新标准，填补了鞍钢采场公路建设的多项技术空白，研制的路料配比新方案，大幅度降低了修路成本，创效 1.5 亿多元。

他爱岗爱企，恪尽职守。他在担任矿扩建办英文翻译期间，是外方专家最信赖的合作伙伴，先后查出外方 5 台设备有重大质量缺陷，为企业赢得了 10 万美元的赔偿。无论是面对外方高于工资 7 倍的高薪聘请、承包方的吃请送礼，还是盗窃分子的威胁恐吓，他都不为所动，像一颗永不生锈的螺丝钉，牢牢地拧在了自己的岗位上。

他示范引领，形成团队。2009 年，他在鞍钢发起成立了郭明义爱心团队，如今已遍及全国，团队总数 1300 余支，志愿者总数超过 230 万人，广泛掀起了“跟着郭明义学雷锋”的热潮。历经市场经济的风雨考验，他让人民群众看到了雷锋精神强大的生命力、感召力和影响力，成为人民群众公认的、当之无愧的“活雷锋”。

任务 4.2 轧制智能控制

知识目标

- 冷连轧机的结构及工作原理；
- 轧机主控岗位操作规程；
- 冷轧带钢的产品缺陷及处理方法。

技能目标

- 能读懂冷轧带钢轧制生产工艺参数；
- 能检查并确认轧机及辅助设备的运行状态；
- 能处理冷轧带钢轧制生产常见简单故障。

4.2.1 任务描述

本任务主要学习冷连轧机的结构及工作原理，轧机操作规程和冷轧带钢的产品缺陷及处理方法。能读懂冷轧带钢轧制生产工艺参数，能检查并确认轧机及辅助设备的运行状态，处理冷轧带钢轧制生产常见简单故障。轧制仿真操作和监控画面如图 4-1 所示，轧制生产操作界面如图 4-2 所示。

图 4-1 轧制仿真操作和监控画面

4.2.2 任务分析

本岗位是酸轧生产线轧机主操作业岗位，其工作职责是主控操作，并指挥、协调、指

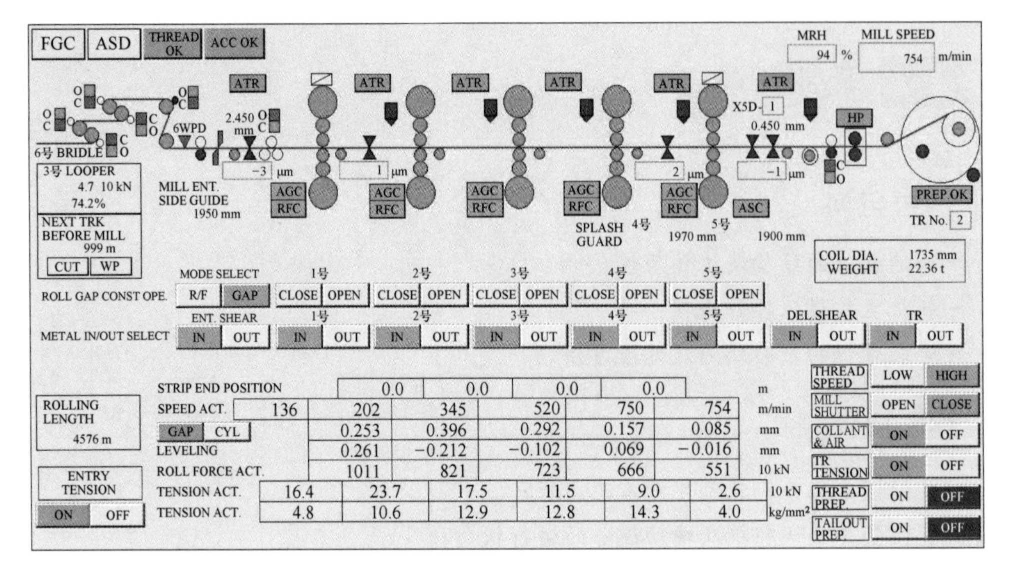

STRIP END POSITION		0.0	0.0	0.0	0.0	m
SPEED ACT.	136	202	345	520	750	754 m/min
GAP		0.253	0.396	0.292	0.157	0.085 mm
LEVELING		0.261	−0.212	−0.102	0.069	−0.016 mm
ROLL FORCE ACT.		1011	821	723	666	551 10 kN
TENSION ACT.	16.4	23.7	17.5	11.5	9.0	2.6 10 kN
TENSION ACT.	4.8	10.6	12.9	12.8	14.3	4.0 kg/mm²

图 4-2 轧制生产操作界面

导其他操作人员完成各种操作，完成相关数据记录和运行点检工作，保证轧机机组及相关设备安全、稳定地运行。要求本岗位操作人员严格按照操作步骤及要点进行操作，非正常切换为手动方式操作或维护方式操作时，需联系当班设备维护人员，一切准备确认无误后方可操作，并严禁非本岗位人员进行操作。

4.2.3 任务准备

(1) 接收生产计划单。

(2) 轧机操作台如图 4-3 所示。

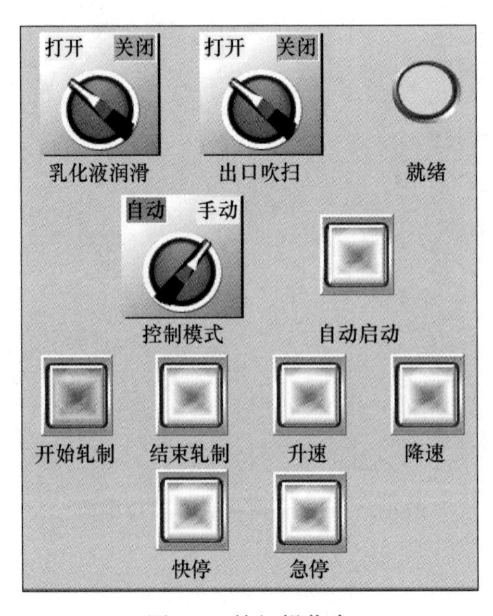

图 4-3 轧机操作台

（3）轧制准备：

1）调用并下达工艺参数；

2）检查并确认轧制区流体运行状态，轧制区流体监控画面如图 4-4 所示；

微课 流体准备仿真操作

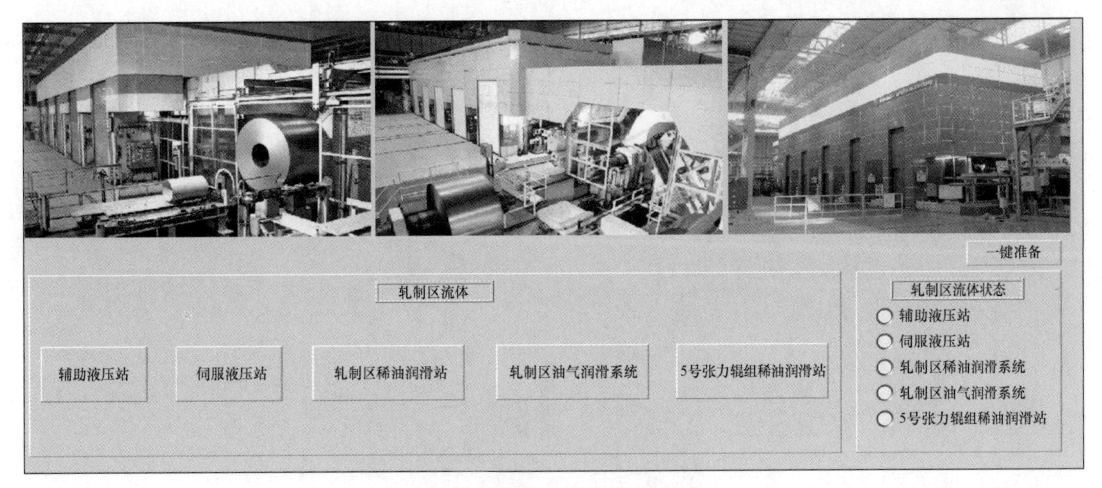

图 4-4 轧制区流体监控画面

3）检查并确认辅助液压站运行状态；

4）检查并确认伺服液压站运行状态；

5）检查并确认轧制区稀油润滑站运行状态；

6）检查并确认轧制区油气润滑站运行状态；

7）检查并确认 5 号张力辊组稀油润滑站运行状态，5 号张力辊组稀油润滑站准备就绪如图 4-5 所示；

8）检查并确认轧制区设备准备状态，轧制区设备准备就绪如图 4-6 所示；

9）检查并确认轧制区工艺润滑运行状态，轧制区工艺润滑准备就绪如图 4-7 所示；

10）轧制操作台准备就绪灯亮，表示轧制准备工作完成。

4.2.4 任务实施

4.2.4.1 冷轧带钢轧制智能控制仿真实训操作轧制自动模式

（1）轧制准备就绪指示灯亮起要满足六个条件：规程下达、设备准备就绪、流体准备就绪、工艺润滑准备就绪、乳化液润滑→打开、出口吹扫→打开。轧制准备就绪指示灯亮起之后方可进行轧制操作。

（2）将控制模式切换到自动。

（3）点击自动启动，在系统的控制下自动完成轧制工作，自动轧制控制界面如图 4-8 所示。

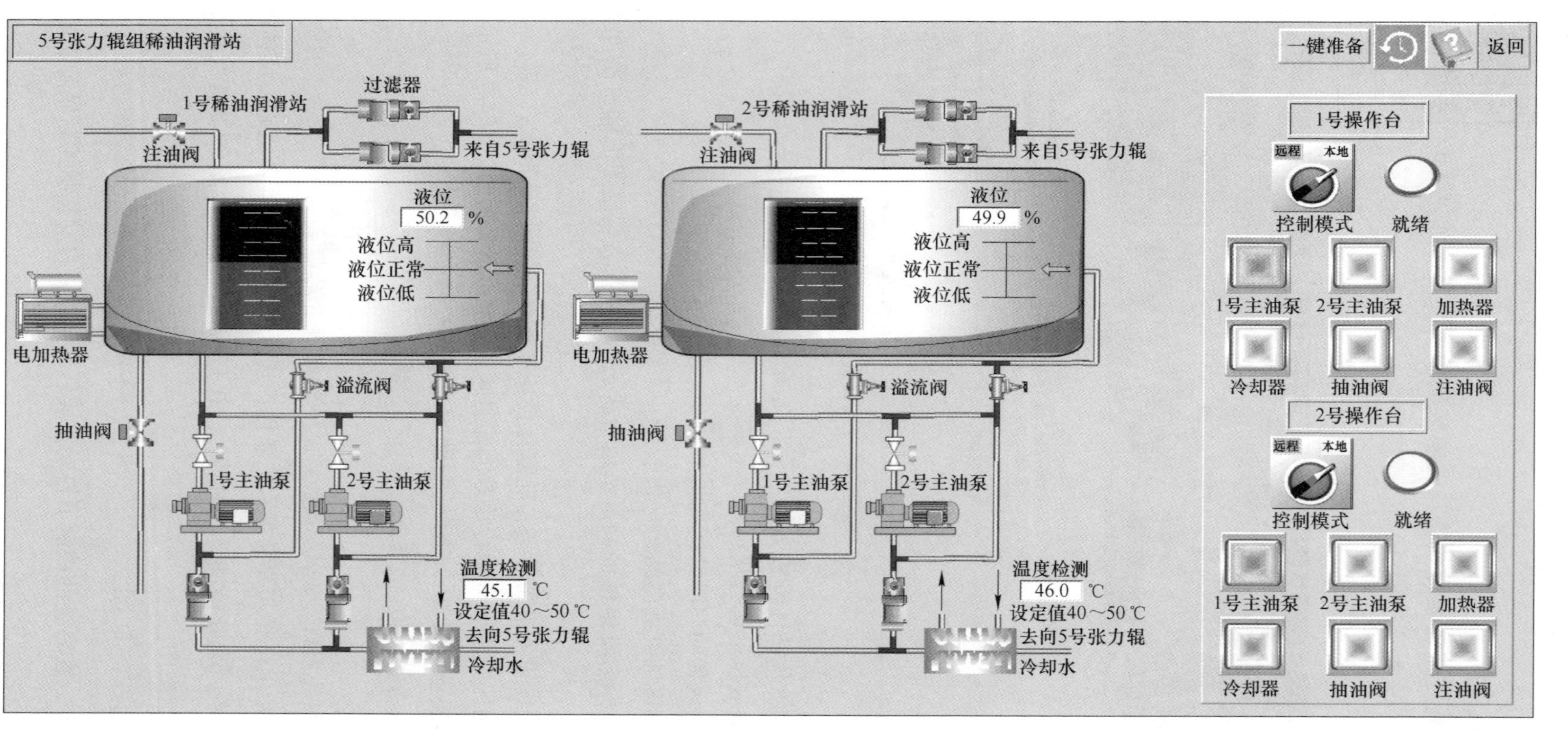

图4-5 5号张力辊组稀油润滑站准备就绪

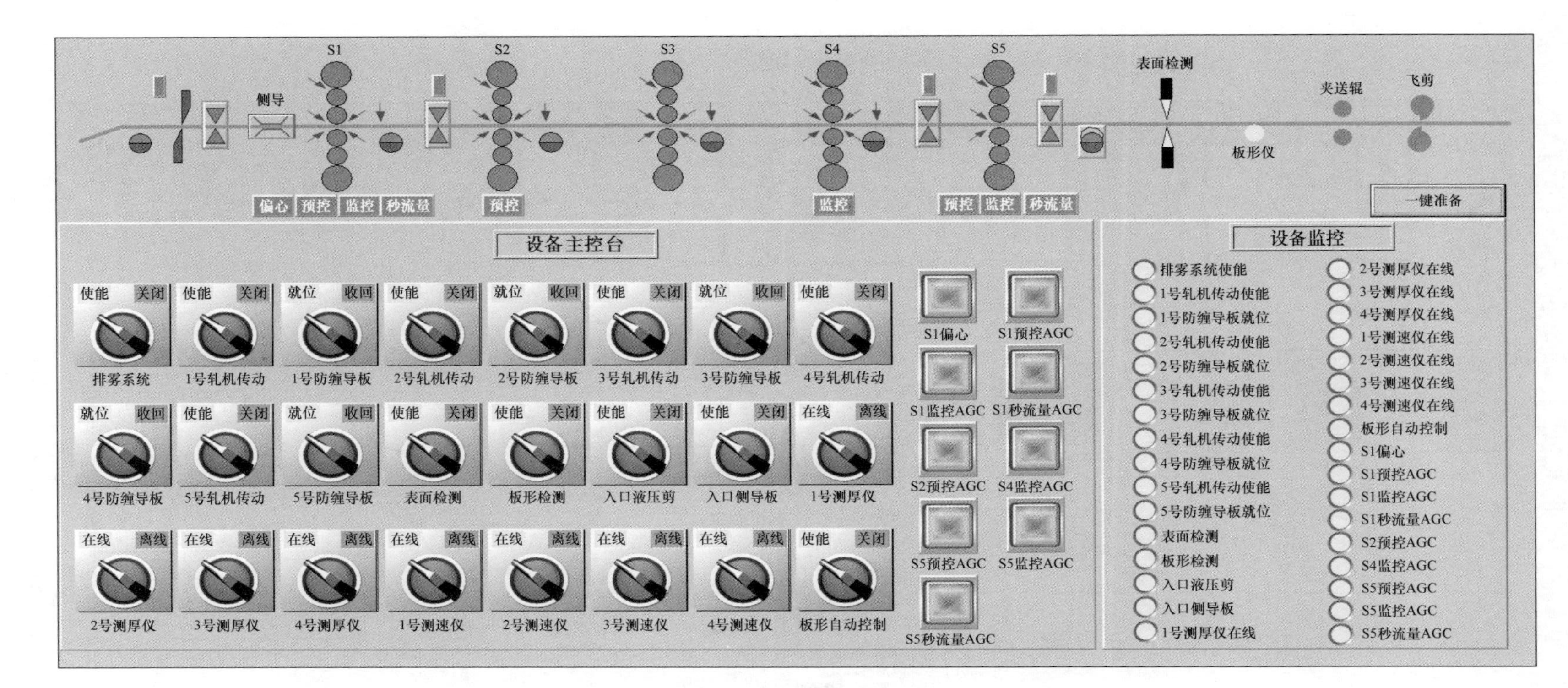

图4-6　轧制区设备准备就绪

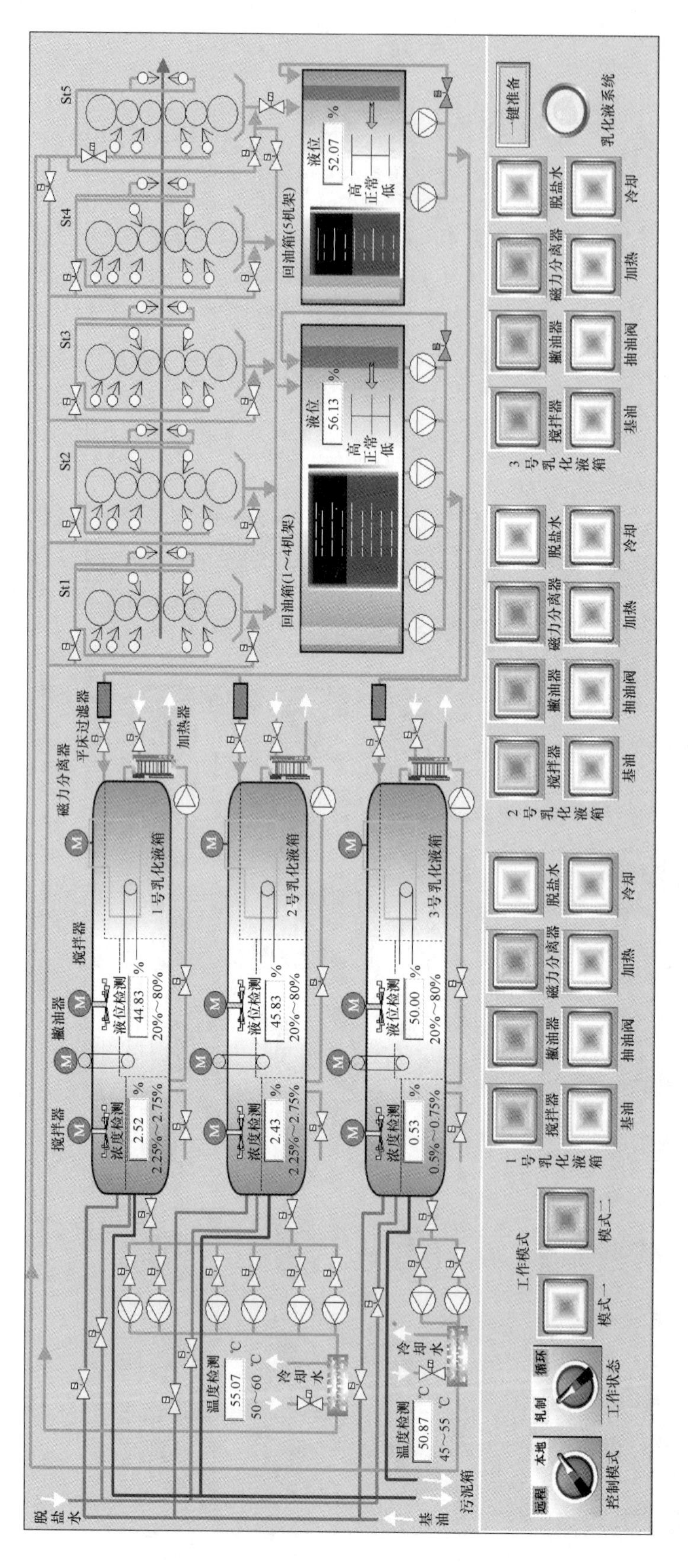

图4-7 轧制区工艺润滑准备就绪

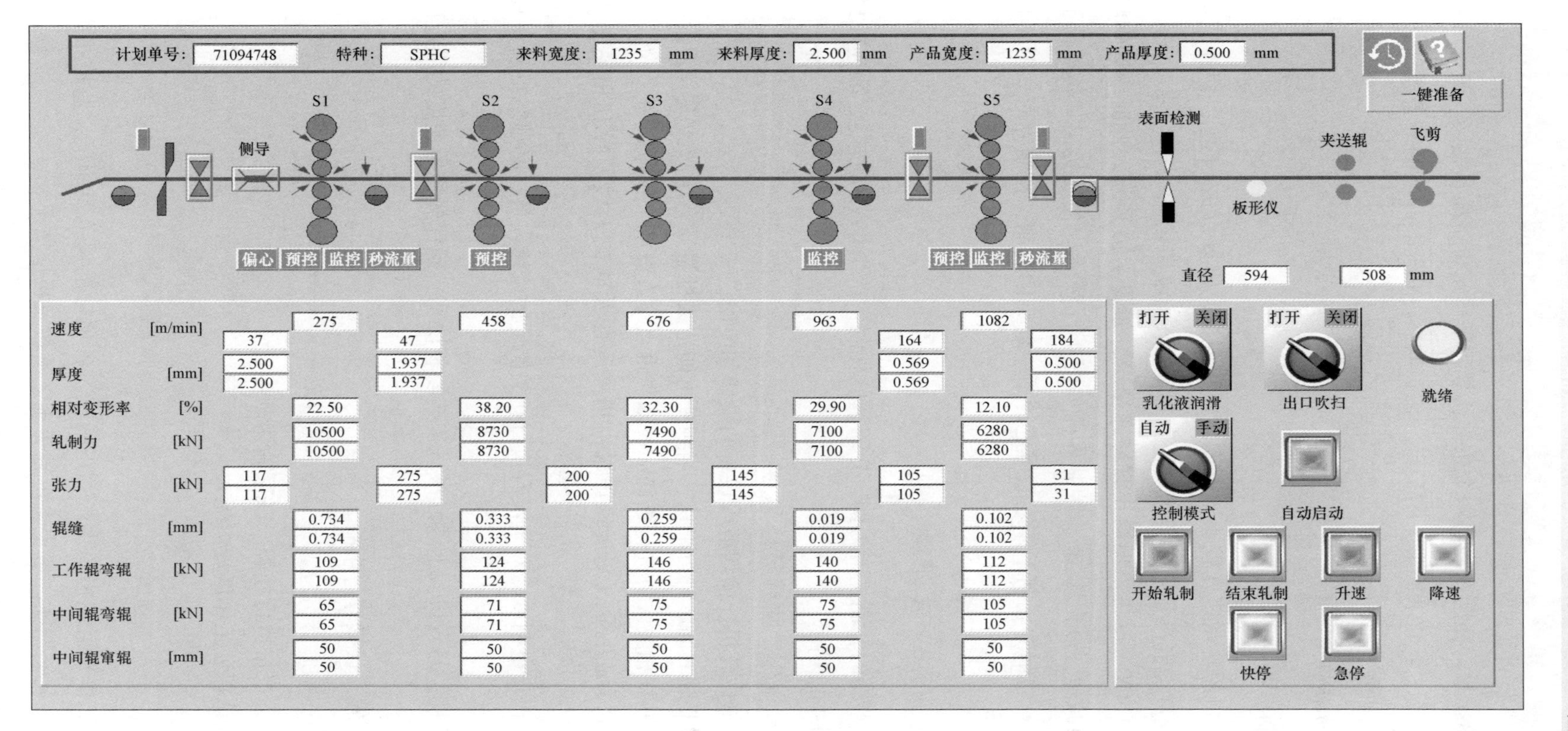

图4-8　自动轧制控制界面

4.2.4.2 冷轧带钢轧制智能控制仿真实训操作轧制手动模式

（1）轧制准备就绪指示灯亮起要满足六个条件：规程下达、设备准备就绪、流体准备就绪、工艺润滑准备就绪、乳化液润滑→打开、出口吹扫→打开。轧制准备就绪指示灯亮起之后方可进行轧制操作。

（2）将控制模式切换到手动。

（3）点击开始轧制。

（4）开始轧制后轧机的轧制速度较小，不满足规程要求，需要点击升速，使连轧机组的 入口速度与出口速度均能满足规程要求，控制界面如图 4-9 所示。

（5）当钢卷直径在 1400 mm 左右时会出现减速提示，如图 4-10 所示。此时一卷钢将要轧制完毕，需要进行减速，点击减速，控制界面如图 4-11 所示。使轧机出口速度降到 150 m/min 以下，完成一卷钢的轧制工作之后可进行下一卷钢的轧制，控制界面如图 4-12 所示。

4.2.5 现代企业冷轧板带钢生产轧制智能控制

以某企业冷连轧生产线的轧制生产为例，介绍智能轧制生产岗位操作技能，冷连轧机在生产线布置位置如图 4-13 所示。

4.2.5.1 冷连轧轧制生产操作岗位职责

（1）负责本岗位区域内轧机、横切剪等设备的操作和使用。

（2）设备出现问题必须对问题进行确认，当判断可能造成批量质量事故或人身及设备安全事故时要及时停机并找相关人员进行维修，通知当班点检人员或工程师到场。

（3）掌握设备运行情况并写入交接班记录，相关问题及时向上级领导和相关专业反馈。

（4）执行操作牌、停送电制度，对于没有执行相关制度的检修人员，必须坚决制止其检修。

（5）保证生产连续性，与入口段上卷和酸洗工艺段相协调，确保轧机段速度的稳定以及生产线连续生产。

（6）防止断带、勒辊、误操作等事故。

4.2.5.2 特别注意事项

（1）当处理事故时，严格执行挂牌、联系确认制度。

（2）启动设备要确认保证工作区域内无人。

4.2.5.3 操作步骤

A 岗位操作要点

本岗位的生产准备工作是组织指挥生产，正确执行各项标准规范及制度，监控张力、电流、轧制压力、速度、轧制厚度、弯辊、窜辊等工艺参数及板形情况。

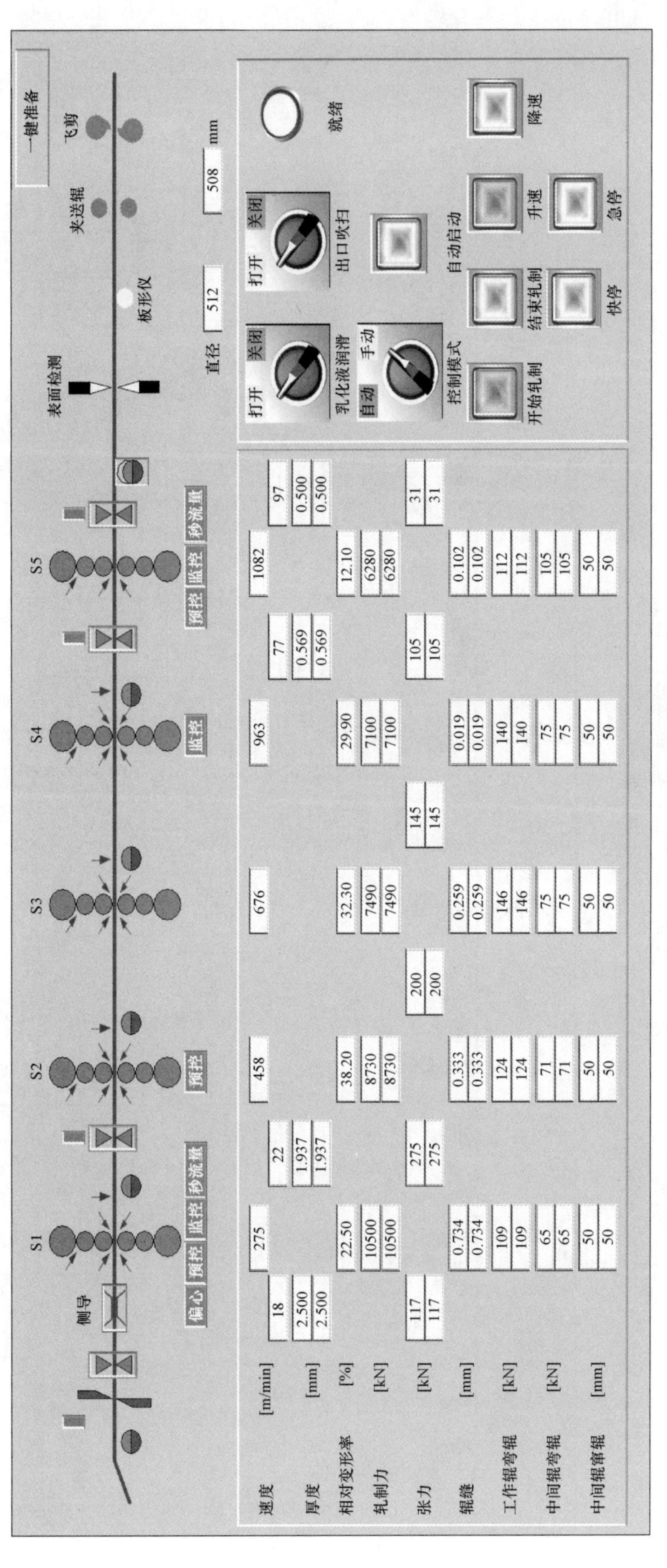

图4-9　手动轧制控制界面

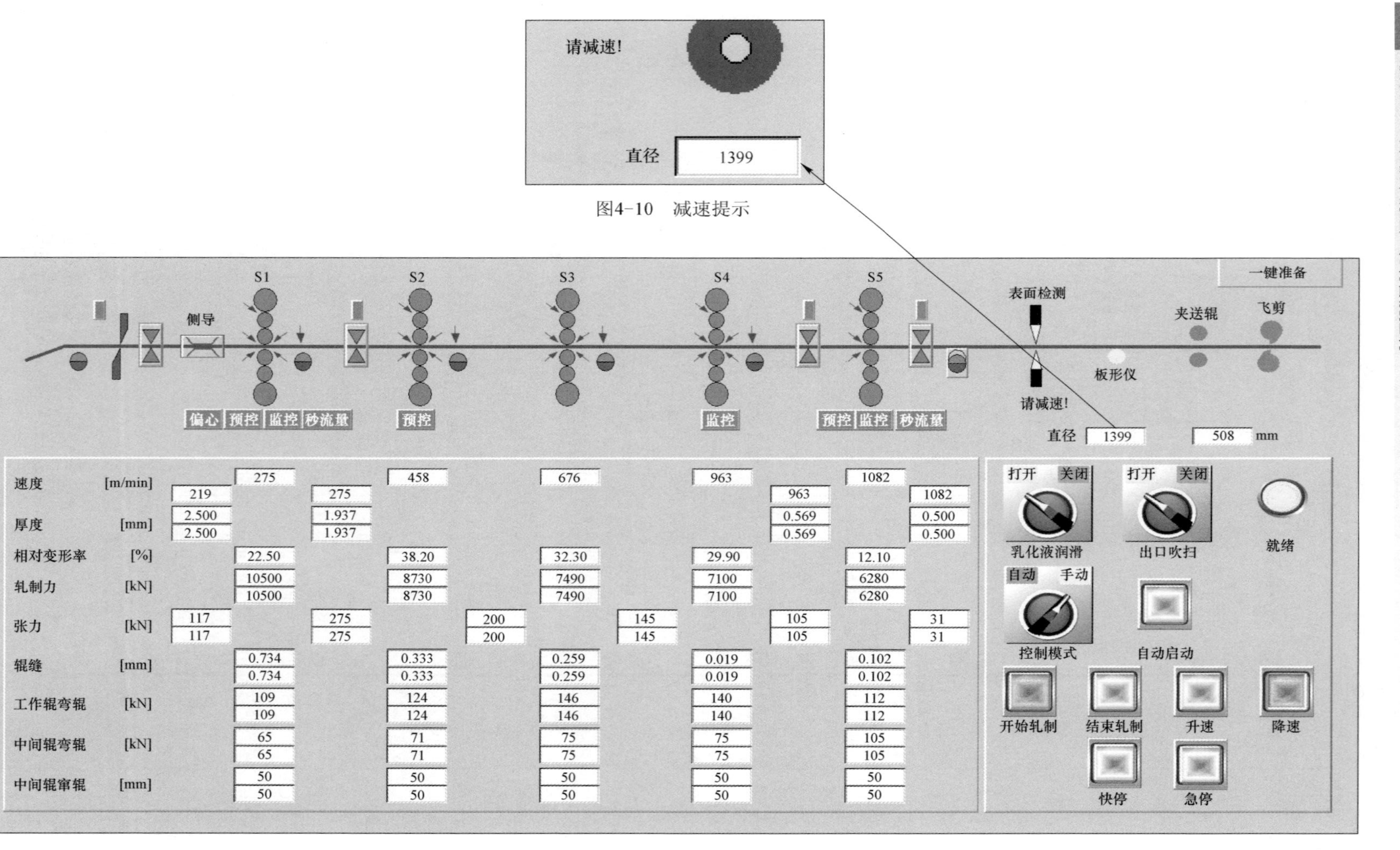

图4-10 减速提示

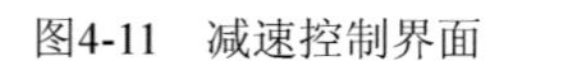
图4-11 减速控制界面

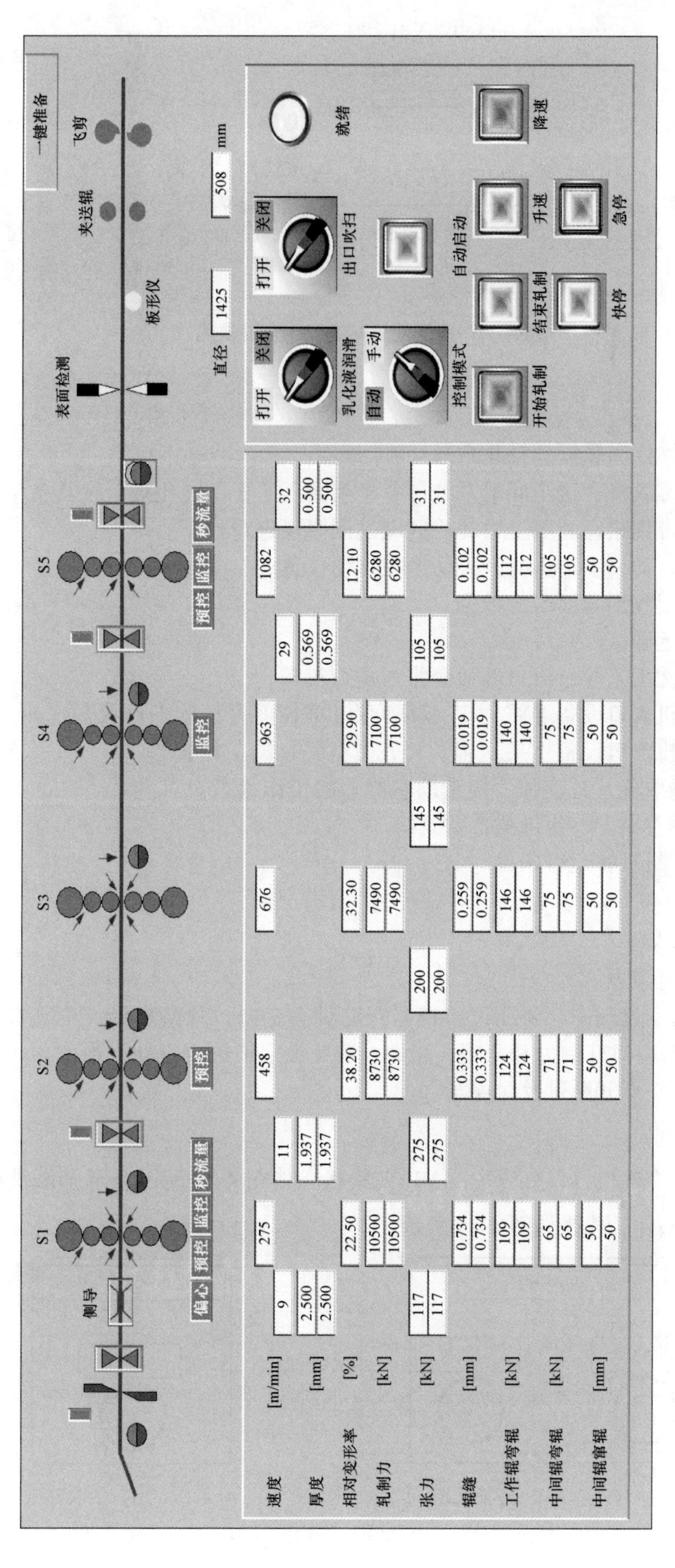
一键准备
飞剪
夹送辊
板形仪
表面检测
侧导
S1
S2
S3
S4
S5
偏心
预控
监控
秒流量
直径
1425
508
mm
速度 [m/min]
厚度 [mm]
相对变形率 [%]
轧制力 [kN]
张力 [kN]
辊缝 [mm]
工作辊弯辊 [kN]
中间辊弯辊 [kN]
中间辊窜辊 [mm]
打开
关闭
乳化液润滑
出口吹扫
自动
手动
控制模式
自动启动
就绪
开始轧制
结束轧制
升速
降速
快停
急停

图4-12　轧制完成界面

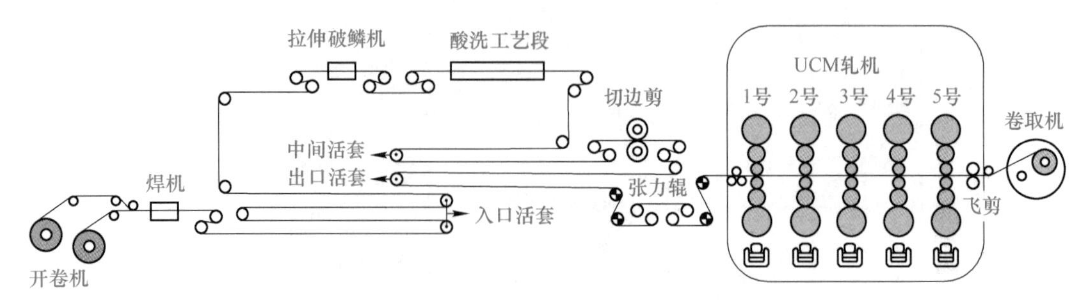

图 4-13 冷连轧机在生产线布置位置

B 生产准备

(1) 检查各操作面板信号灯是否完好。

(2) 确认排雾风机、液压润滑系统、各机架液压压下、乳化液系统具备生产条件。

(3) 在轧机带钢跟踪画面上对轧机区域的测厚仪进行校正。

(4) 检查各自动、手动选择开关切换在自动位置。

(5) 确认轧辊数据画面内的数据。

(6) 辊缝标定确认。

(7) 确认酸洗工艺段、出口等活套张力是否正常。

(8) 确认轧机入口设备（张力辊、测厚仪、横切剪等）的工作状态。

(9) 确认轧机出口设备（夹送辊、转鼓飞剪等）的工作状态。

(10) 确认卷取机（外支撑、皮带助卷器）的工作状态。

(11) 确认钢卷小车、步进梁准备就绪。

(12) 确认轧机具备运行条件。

C 具体操作步骤

a 穿带启车操作

(1) 特别注意事项：

1) 在轧机启动过程中，要通过监视器跟踪带头走向，观察板形、工艺参数的变化情况，出现板形异常应对轧制力和弯辊、张力、速度设定值进行手动干预；

2) 出现严重浪形和断带及时停车。

(2) 操作步骤：

1) 确认带头在轧机入口处于 CLAMP 夹紧状态如图 4-14 所示，通知酸洗确认 2 号出口活套具备运行条件后建张如图 4-15 所示。

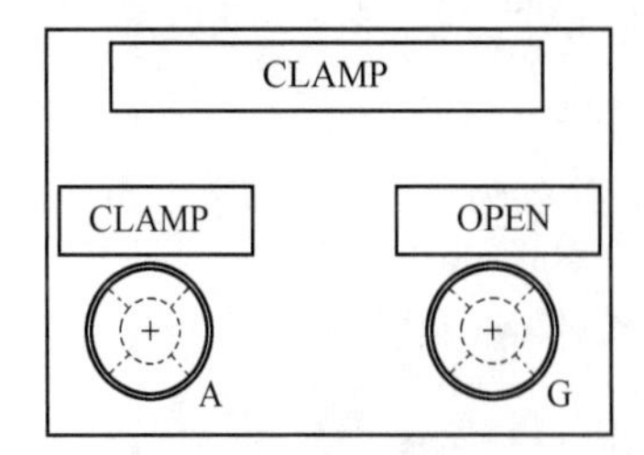

图 4-14 CLAMP 夹紧状态

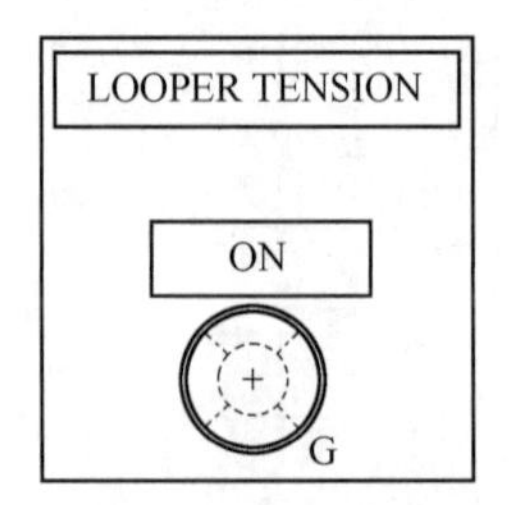

图 4-15 出口活套建张

2）带头准备操作。将分切剪前带钢夹紧装置打开OPEN如图 4-16 所示，使用入口段点动带钢如图 4-17 所示。将带头前 30~40 cm 用带钢夹紧，压弯角度 10°~ 20°。

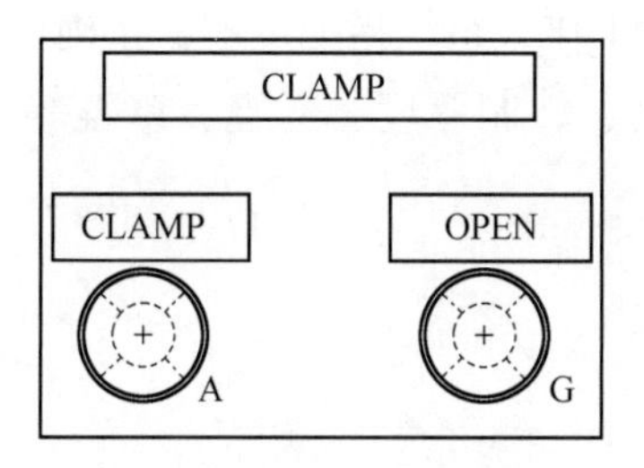

图 4-16 带钢夹紧装置打开

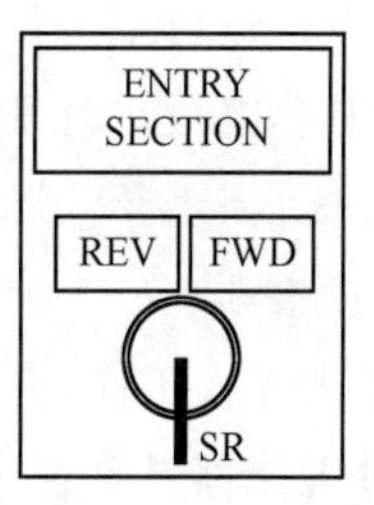

图 4-17 入口段点动带钢

3）机架间准备。将各机架间压辊抬起UP如图 4-18 所示，夹紧装置处在打开位UP如图 4-19 所示，旋转导板抬起。

4）联系确认。通知主操室对轧机区监视器进行监控，发现起套、堆钢等情况立即快停，联系酸洗确认准备足够的活套量。

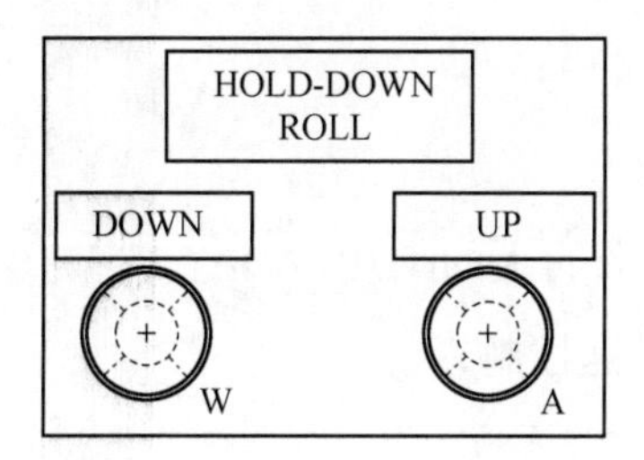

图 4-18 机架间压辊抬起

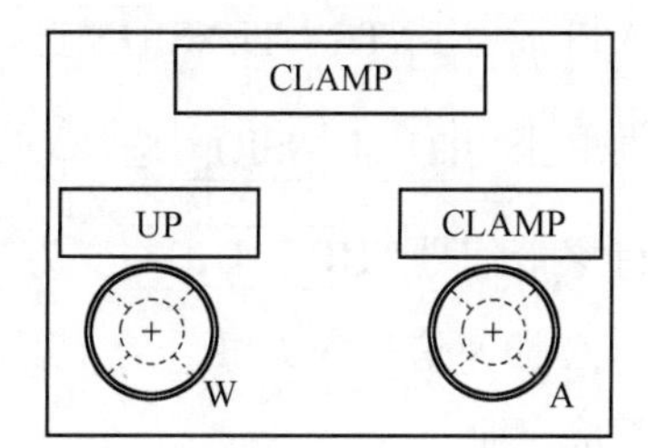

图 4-19 夹紧装置处在打开位

5）穿带操作。使用联动点动如图 4-20 所示，向前点动带钢至卷取机，卷取 4~7 圈后停止；收回皮带助卷器BELTWRAP OUT如图 4-21 所示，继续卷取至钢卷无明显跑偏。

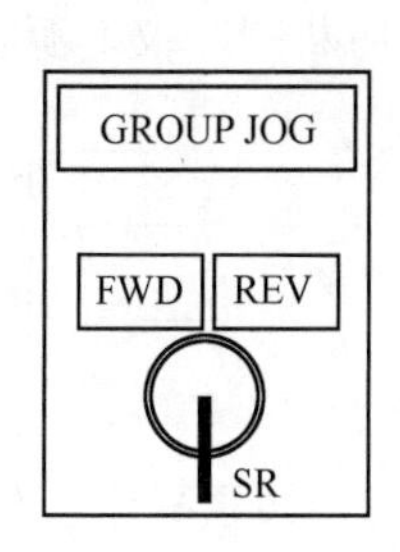

图 4-20 联动点动

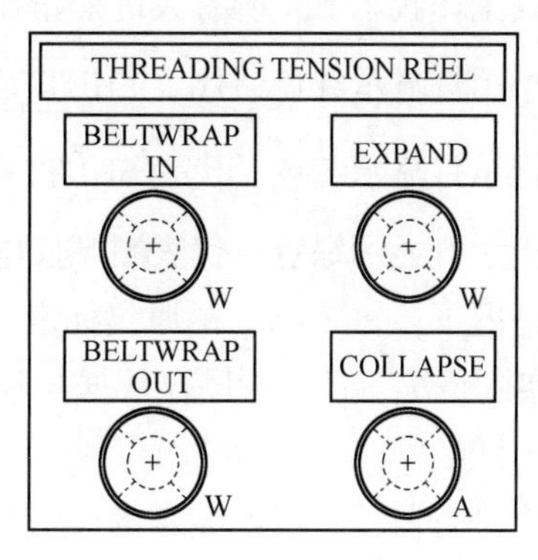

图 4-21 皮带助卷器

6）启车准备，恢复机架间设备到轧制状态。

7）得到启车信号后，通知轧机主操人员准备启车。

b 轧机启动

（1）岗位要点：进行本岗位的生产准备工作，组织指挥生产，正确执行各项标准规范及制度，监控张力、电流、轧制压力、速度、轧制厚度、弯辊、窜辊等工艺参数及板形情况。

（2）特别注意事项：

1）确认机架内无人工作；

2）确认各种工作器具是否全部取出；

3）确认卷取机当前的卷取位置与实际是否一致，否则，可在 HMI 画面上进行修改；

4）确认各架斜导板是否位置正确；

5）确认阶梯板、斜楔位置正确；

6）确认飞剪在初始位置。

（3）操作步骤：

1）点击 ROLL FORCE RESET 将轧制力恢复；

2）入口张力 ENTRY TENSION 选择 ON；

3）卷取张力 TR TENSION 选择 ON；

4）待穿带信号 THREAD OK 变为绿色，启动操作台上的 THREAD；

5）ACC 加速信号变为绿色后，可进行正常的升速控制。

c 正常作业

（1）岗位要点：进行本岗位的生产准备工作，组织指挥生产，正确执行各项标准规范及制度，监控张力、电流、轧制压力、速度、轧制厚度、弯辊、窜辊等工艺参数及板形情况。

（2）特别注意事项：

1）测厚仪工作状态下，所有人员禁止在附近工作，防止 X 射线的危害；

2）现场指示灯显示红色，代表 SHUTTER 打开；

3）现场指示灯显示黄色，代表 SHUTTER 关闭，但是未切断测厚仪电源；

4）现场指示灯显示绿色，代表测厚仪电源切断；

5）正常情况下，每 3~6 h 测厚仪标定一次；

6）根据实际情况，怀疑测厚仪数据异常时进行标定。

（3）操作步骤：

1）对厚度进行监控。观察显示的厚度是否在正常范围内，如果异常，停机对测厚仪重新标定后继续作业。

2）对原料厚度进行监控。如果原料厚度超厚或超薄在 100 μm 以上，要将入口厚度设定值调整到相应的实际厚度，并且根据实际情况低速运行。

3）对板形进行监控。板形出现严重的缺陷时，要低速运行或停机确认缺陷的来源，安排现场操作人员或轧机主控人员在主控台上调整弯辊和倾斜进行干预，使板形达到正常水平。

4）对前滑进行监控。前滑值变为负值时，轧钢生产发生打滑，如果打滑严重（前滑率为-10%以上）时，需要进行轧辊更换。

5）对各架轧制力偏差、各机架间的张力偏差进行监控。

6）对各种报警信号进行监控，发现异常的警报要及时通知相关人员。

d 甩架轧制

为了保证酸轧机组在甩 4 号机架轧制时可以顺利生产，特制定酸轧机组 4 号机架甩架轧制功能。4 号机架在出现设备故障不能参与轧制时，通过重新分配 1 号、2 号、3 号、5 号机架压下率及轧制力，达到顺利轧制目的。

（1）计划编排要求。在甩架轧制时，要求生产计划尽量减少变规格次数，同时减少变规格前后钢卷的规格差，做到规格变化尽可能小。如果原料规格不足，无法满足小规格差变化，可将规格差适当放大，规格变化允许最大值按合同大纲中的规定执行。

（2）操作特殊注意要求。在甩架轧制时，操作工按正常状态下的操作规程执行。此外，在变规格时，要求 3 号机架出口处有操作人员现场进行监控和调节。

（3）岗位要点。进行本岗位的生产准备工作，组织指挥生产，正确执行各项标准规范及制度，监控张力、电流、轧制压力、速度、轧制厚度、弯辊、窜辊等工艺参数及板形情况。

（4）特别注意事项。在甩架轧制时，操作工按正常状态下的操作规程执行。此外，在变规格时，要求 3 号机架出口处有操作人员现场进行监控和调节，检查甩架轧制程序是否启动成功及压下率表是否切换成功。

（5）操作步骤：

1）在二级画面上，根据电气要求进行 AGC 切换；

2）得到设备通知甩架程序切换完毕，按照正常操作规程进行操作。

4.2.6 相关理论知识

冷轧板带钢是冷轧钢板和冷轧钢带的总称。其中，成张交货的称为钢板，也称盒板或平板；长度很长、成卷交货的称为钢带，也称卷板。

冷轧板带钢生产，不仅要求产品的表面和尺寸精度高、板形平直，而且要求获得良好的组织和性能。通过冷轧变形和热处理的恰当配合，可以获得满足用户需要的各种性能的板带钢，特别有利于生产某些需要有特殊组织结构和性能的重要产品，例如硅钢板、不锈钢板等。一般用途冷轧板带钢的生产工序是：酸洗、冷轧、退火、平整、剪切、缺陷检查、分类以及成品包装。冷连轧轧机示意图如图 4-22 所示。

图 4-22 冷连轧轧机示意图

4.2.6.1 冷轧轧制工艺的特点

A 加工温度

加工温度低，在轧制中将产生不同程度的加工硬化。由于加工硬化，使轧制过程中金属变形抗力增大，轧制压力提高，同时还使金属塑性降低，容易产生脆裂。当钢种一定时，加工硬化的剧烈程度与冷轧变形程度有关。

B 采用工艺冷却和润滑

（1）工艺冷却。冷轧过程中产生的剧烈变形热和摩擦热使轧件和轧辊温度升高，故必须采用有效的人工冷却。轧制速度越高，压下量越大，冷却问题越显得重要。

（2）工艺润滑。冷轧采用工艺润滑的主要作用是减少金属的变形抗力，不但有助于保证在已有的设备能力条件下实现更大的压下量，而且可使轧机能够经济可行的生产厚度更小的产品。此外，采用有效的工艺润滑也直接对冷轧过程的发热率以及轧辊的温升起到良好影响。在轧制某些品种钢时，采用工艺润滑还可以起到防止金属粘辊的作用。

C 采用张力轧制

（1）防止带钢在轧制过程中跑偏。

（2）使所轧带材保持平直和良好的板形。

（3）降低金属的变形抗力，便于轧制更薄的产品，可以适当调整冷轧机主电机负荷。

4.2.6.2 轧制制度的制定

板带材轧制制度主要包括压下制度、张力制度、速度制度、辊型制度及润滑制度等，其中主要是压下制度（必然涉及速度制度、温度制度和张力制度）和辊型制度，它们决定着实际辊缝的大小和形状。轧制制度主要就是根据产品的技术要求、原料条件及生产设备的情况，运用数学公式（模型）或图表进行计算，决定各道次的实际压下量、轧制速度等，并根据产品特点确定轧制温度及辊型制度，以便在安全操作条件下达到优质、高产、低消耗的目的。

4.2.6.3 轧制设备

A CVC 轧机

a CVC 轧机的原理

连续可变凸度的 CVC 轧机（Continuously Variable Crown Mill）的上下工作辊都磨合成完全一样的 S 形凸度，只是互错 180°布置，四辊 CVC 轧辊的轴向窜动将直接改变辊缝的几何形状，如图 4-23 所示。用这种辊作中间辊时，可以调整工作辊的弯曲变形，从而改变实际辊缝凸度，工作辊（四辊 CVC 轧机）和中间辊（六辊 CVC 轧机）均设正负弯辊。

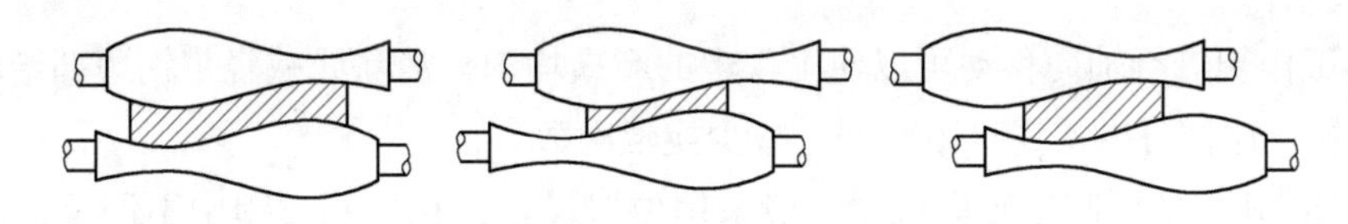

图 4-23 CVC 轧辊的工作原理图

（1）CVC 轧机轧辊轴向移动对轧辊等效凸度的影响。如果上工作辊向右、下工作辊向左轴向移动相同的距离，两个轧辊辊缝之间的距离变小，则产生一个大于零的凸度，即为正凸度。如果上工作辊向左、下工作辊向右轴向移动相同的距离，两个轧辊辊缝之间的距离变大，则产生一个小于零的凸度，即为负凸度。

（2）CVC 轧机轧辊通过轴向无级移动，使轧辊凸度能在一个最大值与最小值之间无级调节，可以达到轧辊凸度可连续变化的效果。连续可变凸度的轧辊对轧制各种板宽、板厚及不同来料凸度的带钢，在各种辊温分布的情况下，都能顺利进行平直度控制。

b CVC 轧机的主要优点

（1）不仅辊凸度可调范围大，而且能连续调节，再加上液压弯辊系统，使得板形调整范围显著增大。

（2）仅一对磨好的轧辊就能满足多种轧制系统的需要，可大大提高轧机的适应能力；可轧制多种不同的合金，产品的宽度与厚度显著扩大，可连续改变轧制条件以满足产品要求。

（3）轧辊工作时间显著延长，可大大减小换辊次数。

（4）CVC 轧机的应用还有其他的优势，例如轧制力下降、轧辊磨损减轻及轧辊位置更加稳定等。

B UCM 轧机

工程上通常把中间辊做轴向移动和工作辊设有液压弯辊的轧机称为 HC 轧机，把中间辊做轴向移动和工作辊、中间辊都设有液压弯辊的轧机称为 UC 轧机，把在 UC 轧机基础上再增设工作辊做轴向移动的轧机称为 UCMW 轧机，把四辊轧机的工作辊做成可以轴向移动的轧机称为 HCW 轧机。这些轧机的设计都是以 HC 轧机的设计思想为基础，因此称为 HC 系列轧机。

UCM 轧机是由日本三菱日立公司设计的具有中间辊弯辊且可轴向窜动功能的轧机，如图 4-24 所示。UCM 轧机的板形控制可通过调整中间辊轴向位置的 δ 值以及扩大了液压弯辊的效果来体现。图 4-25 示出了中间辊轴向位移后的 δ 值与板形、板凸度的关系。当 $\delta>0$时，带钢产生边浪；当 $\delta<0$ 时，带钢产生中浪；当 $\delta=0$ 时，带钢平直。

UCM 轧机的特点如下：

（1）UCM 轧机比 HC 轧机具有更强的板形控制功能。将中间辊的轴向位移与中间辊和工作辊的液压弯辊力优化组合，可以获得辊系横向刚度无穷大的轧制状态。因此可以针对更为复杂的板形缺陷进行调节，即不仅可以调节带钢出现的边浪、中浪，也可以控制肋浪等板形缺陷。

（2）工作辊进行轴向移动可以使工作辊的磨损均匀，消除或减轻带钢边部给轧辊带来的局部磨损，这样可以实现自由轧制，减少换辊次数。

（3）HC 轧机的中间辊轴向位置一般采用位置设定，在轧制过程中不调整，UCMW 轧机的中间辊和工作辊的位置均可以在轧制过程中作随机调整，以满足无头轧制板形控制要求。

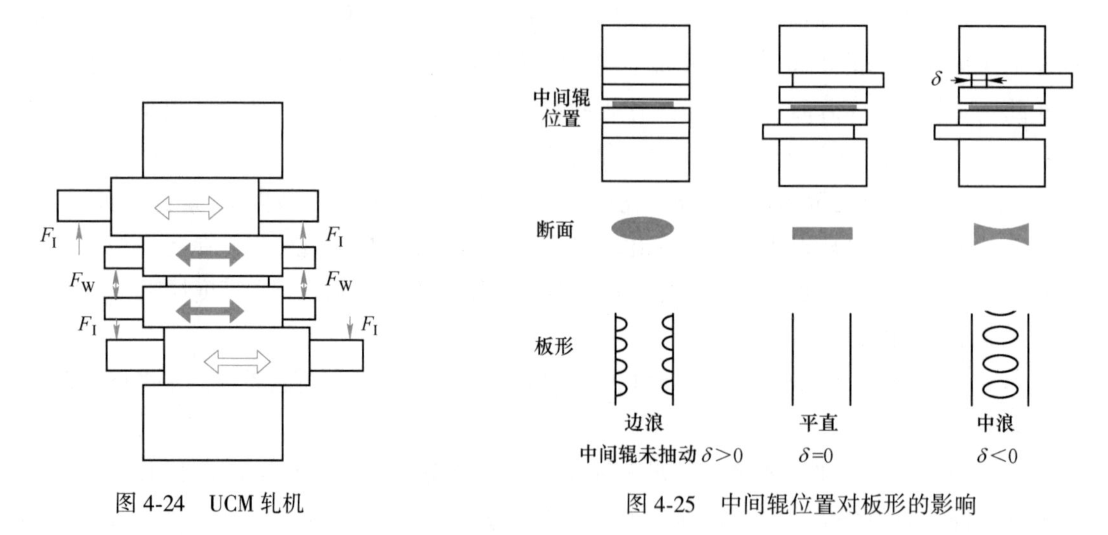

图 4-24 UCM 轧机　　图 4-25 中间辊位置对板形的影响

4.2.6.4 常见冷轧产品缺陷产生的原因及处理方法

A 瓢曲

故障现象：带钢中间呈凸形向上或向下鼓起，切成钢板时，四角向上翘起。

产生原因：

（1）工作辊凸度太大，或在轧制时轧辊中间温度太高，使带钢中间延伸量大于两边；

（2）由于某种原因压下量变小，产生中心延伸量大于两边；

（3）原料瓢曲大，轧后不易消除；

(4) 板形调节不当。

预防及处理方法：

(1) 合理分配辊型，正确分配压下量；

(2) 精心操作，勤观察板形；

(3) 原料横向厚度公差应尽量小。

B 辊印

故障现象：带钢表面周期性出现的压印，印坑形状大小相同。

产生原因：

(1) 粘辊辊印。由于轧辊表面粘有金属，在轧制时带钢表面形成压印，其形状与粘有金属形式一致，多呈点状、条状或块状。当原料有破边、折叠等缺陷进入轧机，或者穿带、甩尾时，辊缝不大，带钢与轧辊接触并相对滑动，造成金属粘于轧辊表面上，如果不清除干净，在轧制时造成辊印。

(2) 勒辊辊印。由于压下操作不当、原料板形不良、焊缝质量差等原因，引起带钢在辊缝中出现横向窜动，带钢出现浪形并向轧机某一侧游动，甚至形成折叠，习惯上叫作轧游。此时，把轧辊勒出深印，甚至粘辊。当勒辊出现后，带钢表面上留下印痕，即为勒辊辊印。

(3) 裂纹压印。由于轧辊掉皮或轧辊裂纹引起的，带钢表面上留下凸包和裂纹压印。

(4) 硌辊辊印。由于带钢尾部、破边轧入造成焊缝处太厚，使工作辊局部承受很大的压下量，辊面产生低于一般辊面的硌坑，留在带钢表面上是与硌坑相应大小及形状的凸起亮印。

预防及处理方法：

(1) 保护好轧辊表面，精心操作，防止各种事故发生；

(2) 要特别注意热轧带钢坯料的质量，是否有破边、折叠，焊缝是否良好，以防造成粘辊、勒辊、硌辊等事故；

(3) 定时进行钢板表面质量检查，以便及早发现和处理。

C 锯齿边

故障现象：在大张力和无宽展的条件下，边部金属要强迫延伸，容易产生边部裂口。塑性越差的金属，越易发生裂边，如图 4-26 所示。

产生原因：酸洗机组圆盘剪剪刃间隙调整不当，或剪刀磨损严重，剪边后有毛刺，轧后为锯齿边，更严重的是裂边容易造成断带，带来操作事故。裂边还减少了钢板有效宽度，降低了成材率，可用肉眼判定不易混淆。

预防及处理方法：

(1) 提高热轧带钢边缘质量；

(2) 提高操作水平，合理调整圆盘剪剪刃间隙，严格按周期更换剪刃。

D 中间浪

故障现象：带钢中间部位沿轧制方向凸凹不平的连续波浪状态，如图 4-27 所示。

图 4-26 锯齿边

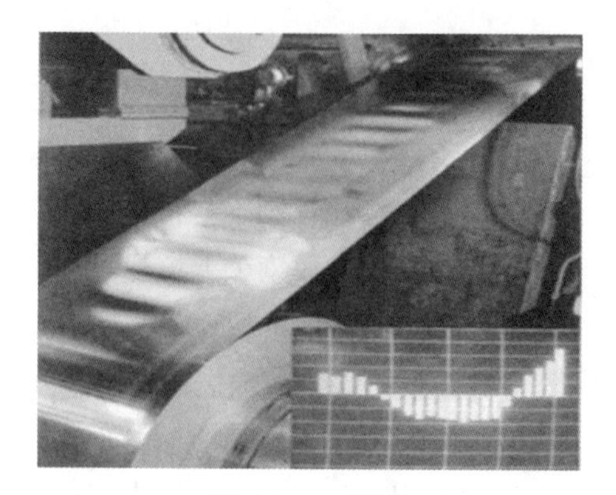

图 4-27 中间浪

产生原因：带钢中间延伸量大于边部延伸量，导致边部受拉应力中间受压应力，易产生裂边。

预防及处理方法：

(1) 严格把好原料关，保证来料板形；

(2) 按轧制周期定期换辊；

(3) 合理调节轧辊弯曲与倾斜，分段冷却；

(4) 合理减小弯辊力，改善或消除中间浪。

E 单边浪

故障现象：带钢一侧沿轧制方向凸凹不平连续的波浪状弯曲，如图 4-28 所示。

产生原因：带钢有浪形一边的延伸量大于中间和另一边的延伸量。

预防及处理方法：

(1) 严格把好原料关，保证来料板形；

(2) 按轧制周期定期换辊；

(3) 合理调节轧辊弯曲与倾斜，分段冷却；

(4) 通过合理调节轧辊倾斜，改善或消除单边浪。

F 双边浪

故障现象：带钢两侧沿轧制方向凸凹不平连续的波浪状弯曲，如图 4-29 所示。

图 4-28 单边浪

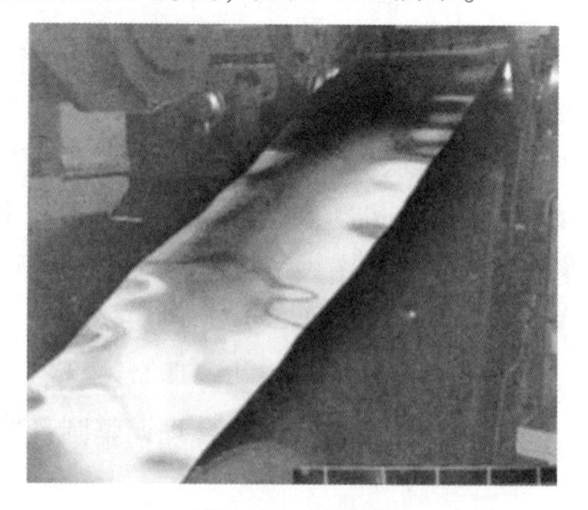

图 4-29 双边浪

产生原因：带钢两边的延伸量大于中间的延伸量，导致边部受压应力、中间受拉应力。

预防及处理方法：

（1）严格把好原料关，保证来料板形；

（2）按轧制周期定期换辊；

（3）合理调节轧辊弯曲与倾斜，分段冷却；

（4）合理增大弯辊力，改善或消除双边浪。

4.2.7 安全注意事项

（1）轧机启动前必须给出转车信号，在焊缝或缺陷位置进入轧机之前，检查轧机是否降到设定速度，并发出信号，以防止断带伤人或损坏设备。

（2）轧机运行过程中必须严格监视运行，注意检查各参数的异常变化，根据实际情况随时减速或停机。

（3）处理事故时，主操作工必须按下快停，事故处理完毕，由班长通知转车后方可解除快停。

（4）主操作工持操作证上岗，禁止无证人员操作设备，禁止无关人员进入主控台。

（5）进入机架间，必须插好上下导板安全销并把测厚仪关闭，停机作业。

（6）更换工作辊，中间辊时，换辊小车的走停及横移时必须鸣笛，确认附近无障碍物和人，同时监测电缆盘正常后方可操作。

（7）更换支撑辊由专人指挥，更换前必须确认天车钢丝绳、抱闸、吊具是否完好，确认安全无误方可作业。

（8）出现带钢断带或需要倒带时，必须做好安全确认，以防带钢伤人。

4.2.8 检查评价

检查评价见表 2-1。

4.2.9 练习题

[理论知识试题精选]

一、选择题

(1) 钢材的压力加工主要有轧制、锻造、冲压、(　　)、拉拔等方式。

A. 连轧　　B. 冷轧　　C. 挤压　　D. 冷拔

(2) 轧制后轧件长度的增加量叫作（　　）。

A. 伸长率　　B. 延伸量　　C. 延伸系数　　D. 宽展

(3) 轧制后轧件高度的减少量叫作（　　）。

A. 压下率　　B. 压延量　　C. 压下量　　D. 宽展

（4）轧制节奏是指（　　）。

A. 开始轧制第一支钢到开始轧制第二支钢的延续时间

B. 单位时间内轧制钢的支数

C. 一支钢从开始轧制到轧制完成需要的时间

D. 一支钢轧完到下一支钢开始轧制的空隙时间

（5）单机座单根轧件轧制时，轧制节奏与轧制周期的关系是（　　）。

A. 轧制节奏>轧制周期　　B. 轧制节奏<轧制周期

C. 轧制节奏=轧制周期　　D. 其他

（6）带钢轧制出现边浪的根本原因是（　　）。

A. 压下率小　　B. 中部压下率大

C. 边部压下量大　　D. 边部压下量小

（7）轧制钢板时，头部出现了镰刀弯，是因为（　　）。

A. 一边延伸大于另一边　　B. 中间延伸大于两边

C. 两边延伸大于中间　　D. 肋部延伸大于中间

（8）在辊径一定时，降低（　　），增加摩擦系数，便于顺利咬入。

A. 轧制压力　　B. 轧制速度　　C. 轧制温度　　D. 电流

（9）在轧制过程中，轧件的出口速度与（　　）无关。

A. 轧辊直径　　B. 辊道转速　　C. 主电机转速　　D. 轧辊转速

（10）轧制线调整装置由（　　）组成。

A. 斜楔板和阶梯板　　B. 轧辊和压上缸

C. 弯辊缸和接轴支撑　　D. 轧辊和阶梯板

（11）轧制线调整装置按照（　　）进行计算。

A. 轧辊直径　　B. 带钢厚度

C. 轧辊直径和带钢厚度　　D. 带钢宽度

（12）轧制时的变形速度就是（　　）。

A. 轧制速度　　B. 工作辊径的线速度

C. 单位时间内的单位移位体积　　D. 中间辊的线速度

（13）如果用 H、h 分别表示轧制前、后轧件的厚度，那么 $H-h$ 则表示是（　　）。

A. 绝对压下量　　B. 相对压下量

C. 压下率　　D. 宽展率

（14）咬入角就是轧制时轧件与轧辊表面所接触的弧线对应的（　　）。

A. 圆周角　　B. 圆心角　　C. 圆弧角　　D. 圆边角

（15）稳定的轧制状态下，继续轧制的条件是（　　）。

A. 咬入角≤摩擦角　　B. 咬入角≤2倍的摩擦角

C. 咬入角≥2倍的摩擦角　　D. 咬入角=2倍的摩擦角

（16）（　　）缺陷是属于轧制造成的。

A. 偏析　　B. 疏松　　C. 折叠　　D. 化学成分不均

（17）一根6 m长的钢坯轧制成12 m长的轧件，其伸长率为（　　）。

A. 50%　　B. 100%　　C. 200%　　D. 300%

(18) 机组每轧一根钢所需的时间称为（　　）。

A. 轧制时间　　B. 轧制图表　　C. 轧制节奏　　D. 成材率

(19) 若上下轧辊辊径相差较大，则轧制过程中易使该道次轧件产生（　　）。

A. 扭转　　B. 耳子　　C. 弯头　　D. 磨损

(20) 连轧过程中，前后两架轧机存在金属秒流量差，当后架的秒流量大于前架时，前、后架之间的轧件受到前架轧机的拉力作用，此力通常称为（　　）

A. 拉力　　B. 张力　　C. 压力　　D. 轧制力

(21) 带钢轧制过程中，在距两边一定位置处，带钢厚度发生急剧减薄的现象称为(　　)。

A. 边部减薄　　B. 浪形　　C. 厚度波动　　D. 凸度

(22) 轧制产品要进行检验，其中表示钢材的塑性好坏的指标是（　　）。

A. 屈服强度　　B. 弯曲度　　C. 伸长率　　D. 抗拉强度

(23) 随着轧制后金属晶粒的长大，金属的塑性（　　）。

A. 变好　　B. 变差　　C. 不变　　D. 其他

(24) 当采用下压力轧制时，轧制线在中线（　　）。

A. 之下　　B. 之上　　C. 重合　　D. 其他

(25) 下列最有利于提高轧机小时产量的对策是（　　）。

A. 增加坯料单重　　B. 提高开轧温度

C. 增加成品机架压下量　　D. 降低轧制速度

(26) 轧件的前滑值随着（　　）而减小。

A. 轧制温度的升高　　B. 轧制速度的减小

C. 轧制速度的增加　　D. 轧制温度的降低

(27) 合格的轧制产品数量占产品总检验量与中间废品量总和的百分数叫作（　　）。

A. 一次合格率　　B. 成材率　　C. 成坯率　　D. 合格率

(28) 轧制生产过程中，操作人员要随时检查钢材（　　），发现问题及时处理，避免出现质量问题。

A. 内在　　B. 表面　　C. 成分　　D. 组织

(29) 制定轧制工艺过程的首要依据是（　　）。

A. 产品的技术条件　　B. 生产规模的大小

C. 钢种的加工性能　　D. 钢的化学成分

(30) 在相同的轧制条件下，轧辊的直径越细，轧制压力越（　　）。

A. 小　　B. 大　　C. 无变化　　D. 无关

(31) 轧制变形区内金属的纵向、横向流动将遵守（　　）定律。

A. 体积不变定律　B. 最小阻力定律　C. 剪应力定律　D. 秒流量一致

(32) 在轧制过程中轧件厚度波动的主要原因是（　　）。

A. 轧制力的波动　　B. 空载辊缝的变化

C. 轧机纵向刚度模数的变化　　D. 轴承油膜厚度的变化

(33) 轧制线调整装置垂直方向定位精度为（　　），由自动位置控制器执行。

A. ±0.1 mm　　B. ±1 mm　　C. ±2 mm　　D. ±1.5 mm

(34)（　　）是指热轧带钢中心线沿长度方向出现的镰刀形，具有这种缺陷的原料在冷轧机组上必然出现跑偏，严重时因刮边而造成断带事故。

A. 镰刀弯　　B. 鱼尾　　C. 隆起　　D. 裂边

(35) 轧制时两轧辊的旋转方向相同，轧件做旋转运动且与轧辊转动方向相反，这是(　　)轧制方式。

A. 冷轧　　B. 纵轧　　C. 斜轧　　D. 横轧

(36) (　　) 是质量保证的基础。

A. 认真检查　　B. 精轧操作　　C. 质量控制　　D. 冷轧工序

(37) 冷轧的概念是（　　）。

A. 在再结晶温度以下进行轧制　　B. 在再结晶温度以上进行轧制

C. 在室温下轧制　　D. 不加热轧制

(38) 冷轧之后带钢的密度（　　）。

A. 增加　　B. 降低　　C. 保持不变　　D. 可能增加，也可能降低

(39) 冷轧钢带通常涂油供货。在正常的包装、运输、装卸和储存条件下，供方应保证自生产完成之日起（　　）个月内不生锈。

A. 3　　B. 4　　C. 5　　D. 6

(40) 下列不属于冷轧优点的是（　　）。

A. 产品表面质量良好　　B. 产品的力学性能好

C. 能生产薄而小的产品　　D. 产品的尺寸不够精确

二、判断题

(　　) (1) 大多数轧钢厂在轧制生产过程中采用二级计算机控制，第一级为控制计算机，第二级为过程控制计算机。

(　　) (2) 实践表明，在带张力轧制时，其他条件不变，张力越大，轧制压力越小。

(　　) (3) 轧制温度对轧制来说很重要，轧制后可采用多种冷却方式，如空冷、堆冷等，这是因为轧后冷却对钢的性能没有影响。

(　　) (4) 在总压下量相同的情况下，轧制道次越多，总的宽展量越少。

(　　) (5) 边部或中部浪是热轧产生的缺陷，具有这种缺陷的原料是难以冷轧出高质量成品的。在冷轧过程中会跑偏，轧皱或出现轧制不稳定现象。

(　　) (6) 轧制又称压延，是指金属通过旋转的轧辊间受到压缩而产生塑性变形的压力加工过程。

(　　) (7) 轧制压力是指金属变形时所需轧制总压力，变形抗力是指金属抵抗塑性变形的能力。

(　　) (8) 带钢轧制过程中，在距两边一定位置处，带钢厚度发生急剧减小的现象称为边部减薄。

(　　) (9) 在轧制生产过程中，计算机主要通过仪器仪表来采集现场数据。

(　　) (10) 在各架轧机后的测张辊高出轧制线的高度逐架降低。

(　　) (11) 轧制时，轧件的出口速度大于轧辊线速度的现象称为前滑。

(　　) (12) 轧制成品的力学性能与原料的化学成分有直接的关系，因此带钢卷取时的温度高低不会影响其力学性能。

(　　) (13) 轧制压力只能通过直接测量的方法获得。

(　　) (14) 轧制压力就是在变形时，轧件作用于轧辊上的力。

(　　) (15) 轧件在轧制时的稳定性取决于轧件的高宽比。

(　　) (16) 在轧制极薄带钢时都用细辊径的轧辊进行轧制，这是因为轧辊变细、轧制力变大的缘故。

(　　) (17) 轧件宽度对轧制力的影响是轧件宽度越宽，所需轧制力越大。

(　　)(18) 不论哪种轧制方式，轧制时变形区金属均处于三向压应力状态下。

(　　)(19) 在轧钢生产中，金属的轧制速度和金属的变形速度是截然不同的两个概念。

(　　)(20) 压下规程的主要内容包括轧制道次、各道次的压下量、各道轧件的断面尺寸等。

(　　)(21) 轧制工艺制度主要包括变形制度、速度制度和温度制度三部分。

(　　)(22) 在轧制实际操作中，$D_{上}>D_{下}$易造成轧件出现向上翘头现象。

(　　)(23) 在板带钢轧制时，前后张力的加大，使宽展减小。

(　　)(24) 在轧制生产过程中，塑性变形将同时产生在整个轧件的长度上。

(　　)(25) 轧钢产品的技术条件是制定轧制工艺过程的首要依据。

(　　)(26) 提高轧制速度，有利于轧件咬入。

(　　)(27) 轧制生产实践表明，所轧制的钢越软，则其塑性就越好。

(　　)(28) 在轧制生产过程中，为了获得良好的板形，必须使带材沿宽展方向上各点的伸长率和压下率基本相等。

[操作技能试题精选]

完成轧制计划单中产品的轧制操作，生产计划单见表 4-1。

表 4-1　生产计划单

位置	钢卷号	钢种	来料厚度/mm	来料宽度/mm	产品厚度/mm	产品宽度/mm	屈服强度/MPa
入口	A220100941E	DC01	2.75	1250	0.40	1220	270
出口	221W033820000	DC01	2.75	1250	0.40	1220	270

考核要求：

(1) 正确打开冷连轧仿真实训教学软件；

(2) 调用工艺参数；

(3) 检查并确认辅助液压站运行状态；

(4) 检查并确认伺服液压站运行状态；

(5) 检查并确认稀油润滑站运行状态；

(6) 检查并确认轧制区油气润滑系统；

(7) 检查并确认轧制区 5 号张力辊组稀油润滑站运行状态；

(8) 检查并确认轧制设备运行状态；

(9) 检查并确认工艺润滑系统运行状态；

(10) 使连轧机组的入口速度与出口速度均能满足规程要求；

(11) 能在准确时机进行减速，使轧机出口速度降到 150 m/min 以下，完成一卷钢的轧制工作；

(12) 安全文明操作；

(13) 操作时间为 15 min。

冷连轧轧制仿真操作测试评分，见表 4-2。

表 4-2 轧制操作测试评分

项目要求	配分	评 分 标 准	扣分	得分
操作准备	45分	(1) 未正确打开冷连轧仿真实训教学软件，扣5分； (2) 未调用并下达工艺参数，扣5分； (3) 未检查并确认辅助液压站运行状态，扣5分； (4) 未检查并确认伺服液压站运行状态，扣5分； (5) 未检查并确认稀油润滑站运行状态，扣5分； (6) 未检查并确认轧制区油气润滑系统，扣5分； (7) 未检查并确认轧制区5号张力辊组稀油润滑站运行状态，扣5分； (8) 未检查并确认轧制设备运行状态，扣5分； (9) 未检查并确认工艺润滑系统运行状态，扣5分		
操作过程与结果	45分	(1) 未将[模式选择]切换到[手动]模式，扣5分； (2) [乳化液润滑]、[出口吹扫]未打开，扣10分； (3) 未进行升速轧制，扣15分； (4) 未在提示减速处减速，扣15分		
安全文明操作	10分	违反安全操作规程，每次扣5分		

任务 4.3 板形智能控制

知识目标

- 板形控制基础知识；
- 板形控制操作规程；
- 冷轧带钢的板形质量检测及处理方法。

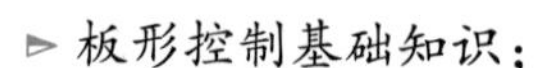

- 能读懂冷轧带钢板形控制工艺参数；
- 能检查并确认轧机及辅助设备的运行状态；
- 能处理冷轧带钢板形控制生产常见简单故障。

4.3.1 任务描述

本任务主要学习板形控制的基础知识，板形调整操作规程和板形质量检测及处理方法；能读懂冷轧带钢板形调整生产工艺参数，能检查轧机和辅助设备的运行状态，能处理冷轧带钢板形调整常见简单故障。板形调整仿真操作和监控画面如图 4-30 所示，板形调整生产操作界面如图 4-31 所示。

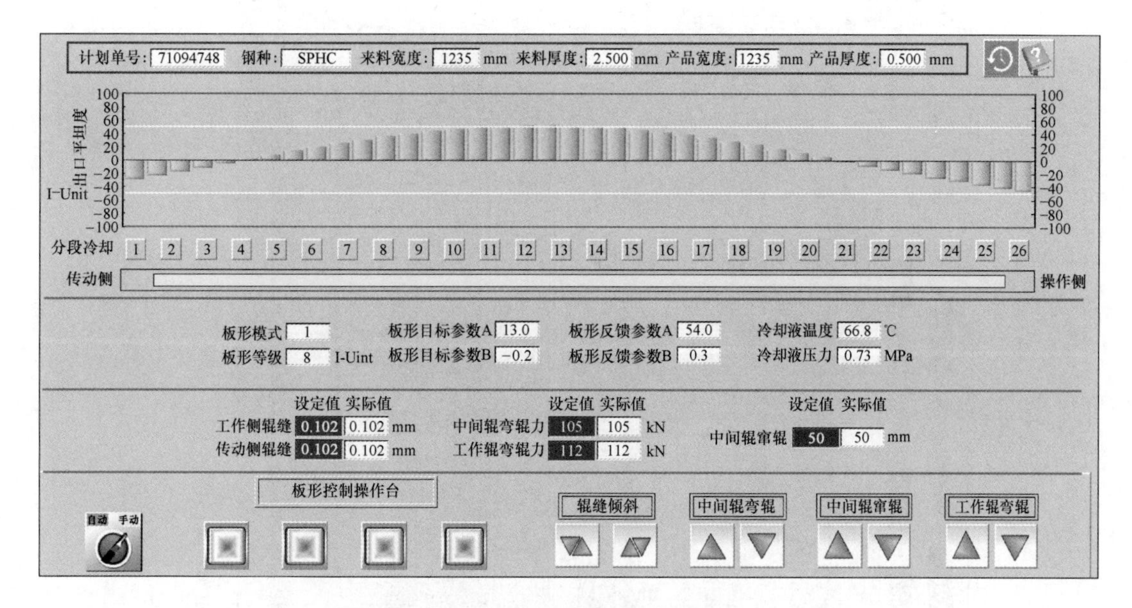

图 4-30　板形调整操作和监控画面

4.3.2 任务分析

冷连轧板形调整是冷轧生产过程的重要内容，操作工需要观察轧机出口和机架间板形情况，对带钢板形做出迅速的判断并及时加以干预，保证获得良好的带钢平坦度。

4.3.3 任务准备

(1) 接收生产计划单。

(2) 板形调整操作台。

(3) 板形调整准备：

1) 调用并下达工艺参数，板形调整工艺参数如图 4-32 所示；

2) 流体准备、设备准备、工艺润滑准备见 4.2.3 节轧制准备。

4.3.4 任务实施

4.3.4.1 冷轧带钢轧制智能控制仿真实训板形调整操作自动模式

(1) 点击 一键准备，可看到 就绪 指示灯变为绿色，达到允许轧制条件。

(2) 将 模式选择 切换到 自动。

(3) 点击 自动启动，在后台程序的自动控制下完成板形调整工作，如图 4-33 所示。

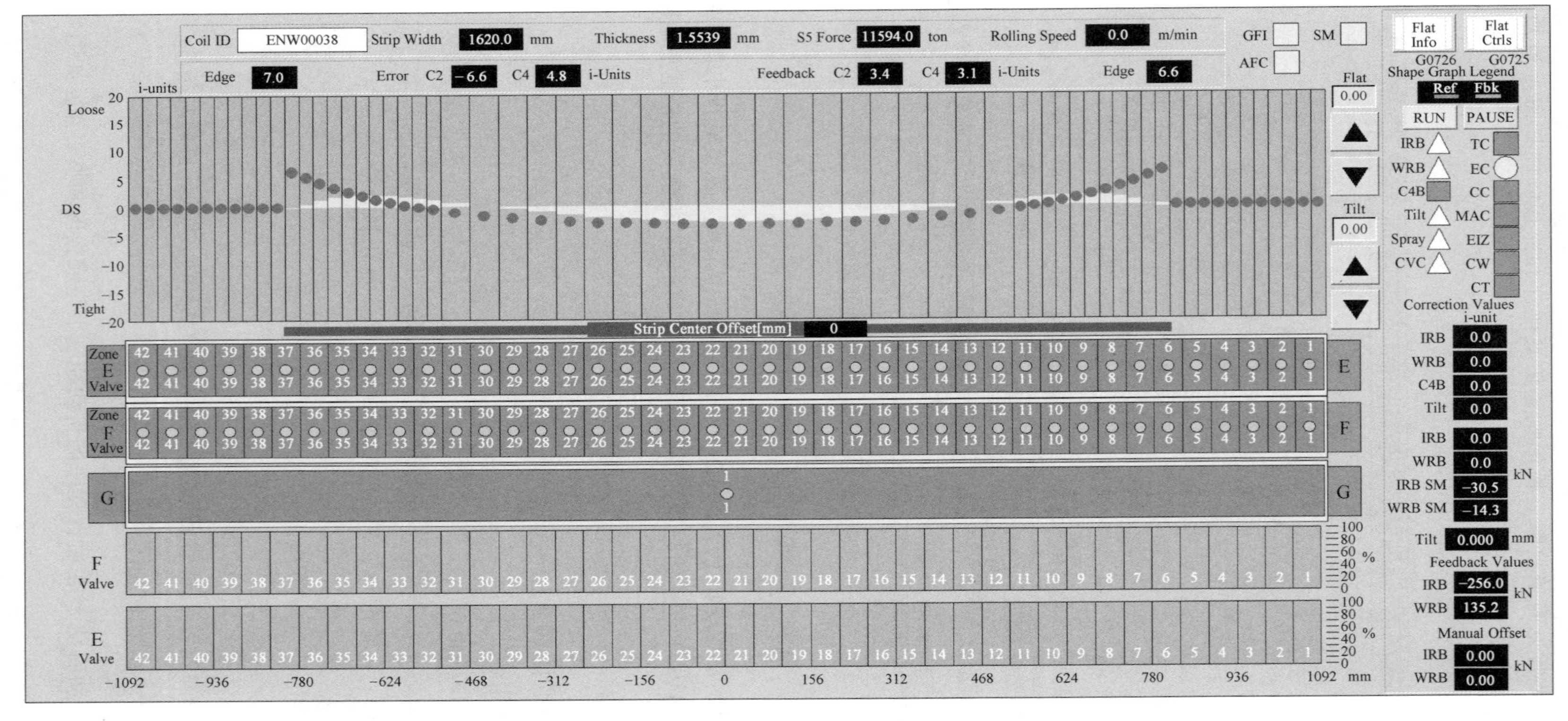

图4-31 板形调整生产操作界面

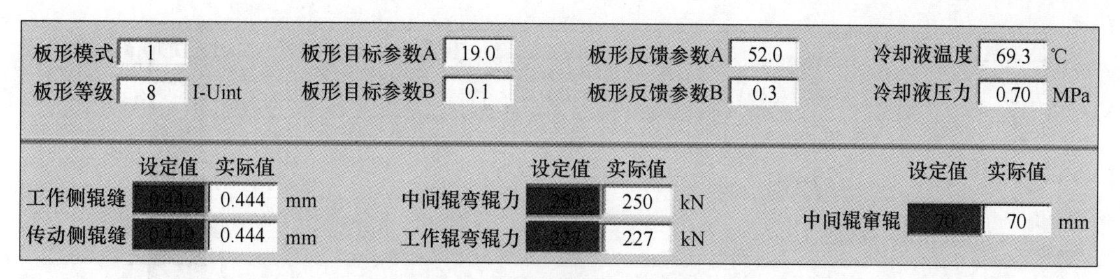

图 4-32　板形调整工艺参数

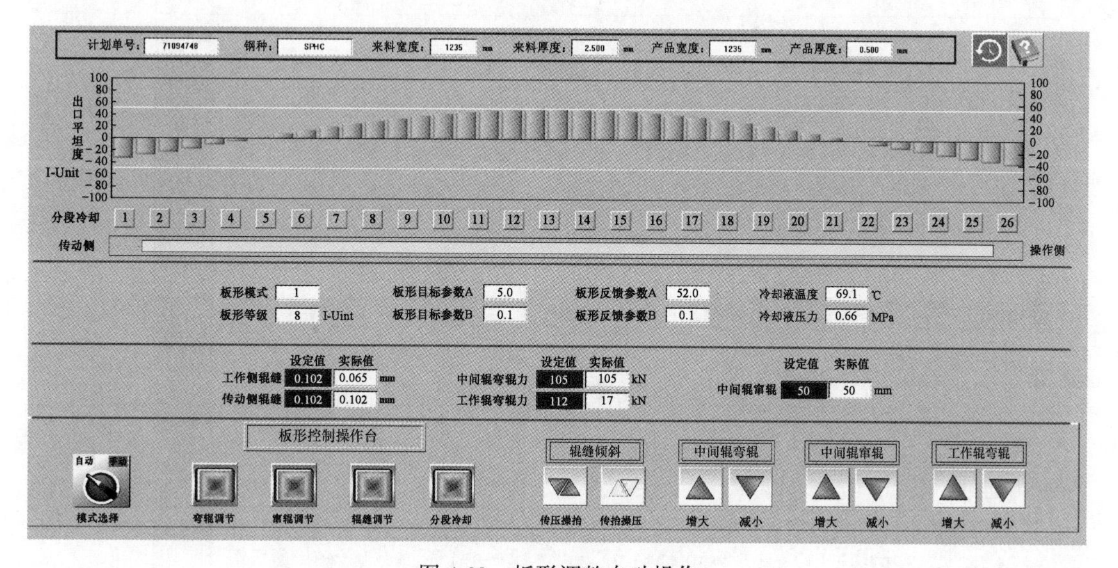

图 4-33　板形调整自动操作

4.3.4.2　冷轧带钢轧制智能控制仿真实训板形调整操作手动模式

（1）模式选择切换到手动。

（2）点击弯辊调节、窜辊调节、辊缝调节和分段冷却，开启所有控制模块。

（3）根据板形曲线和板形反馈参数，判断当前板形缺陷类型（中浪、单边浪或者双边浪），如图 4-34 所示。

（4）中浪时，点击工作辊弯辊→减小、中间辊弯辊→减小以及中间辊窜辊→增大进行调整，调整中浪如图 4-35 所示。

（5）双边浪时，点击工作辊弯辊→增大、中间辊弯辊→增大以及中间辊窜辊→减小进行调整，如图 4-36 所示。

（6）单边浪或楔形时，点击辊缝倾斜进行调节，如图 4-37 所示。

（7）当板形反馈参数 A 和 B 的绝对值，分别小于或等于板形目标参数 A 和 B 时，板形调整完成，如图 4-38 所示。

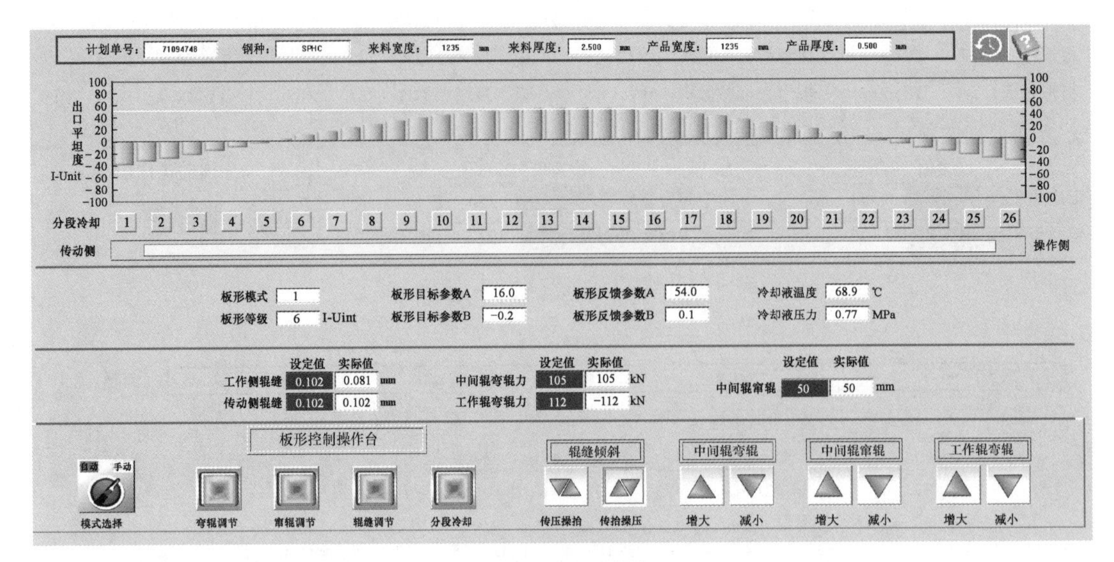

图 4-34 板形曲线

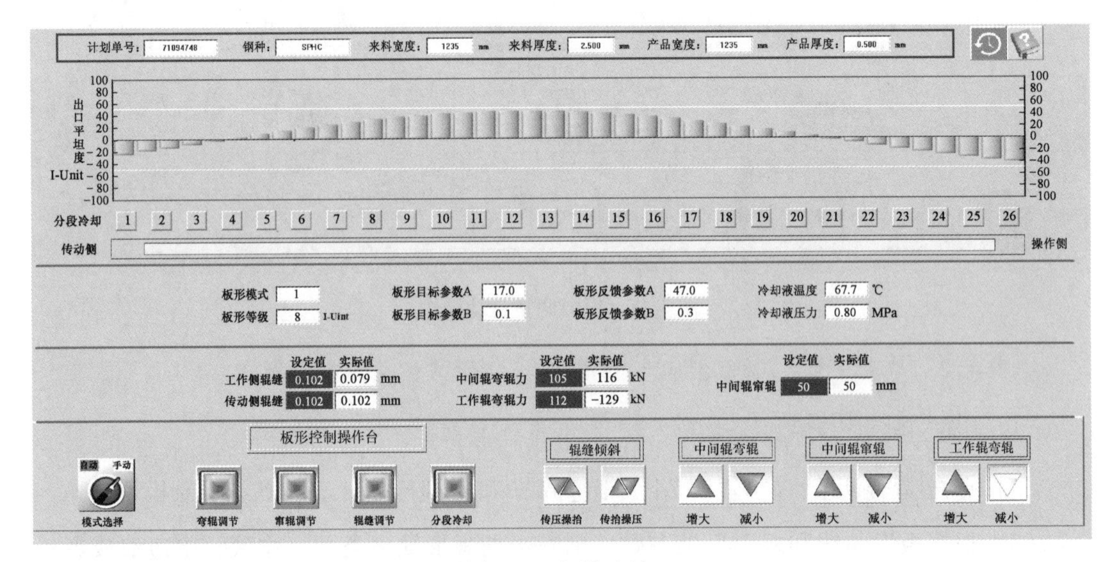

图 4-35 调整中浪

4.3.5 现代企业冷轧板带钢生产板形智能控制

以某企业冷轧生产线的版形控制为例，介绍板形控制生产岗位操作技能。

4.3.5.1 冷连轧轧制生产操作岗位职责

同4.2.5.1节。

4.3.5.2 特别注意事项

(1) 严格监视各项参数，发现异常要及时进行调节。

(2) 根据实际板形状态进行控制。

(3) 注意板形曲线与实际板形是否相符。

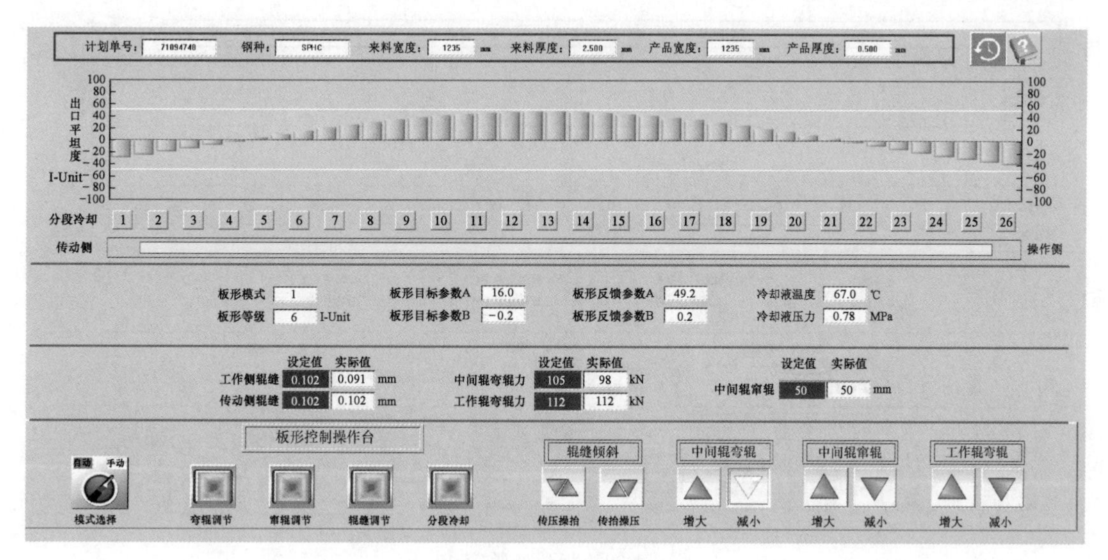

图 4-36 调整双边浪

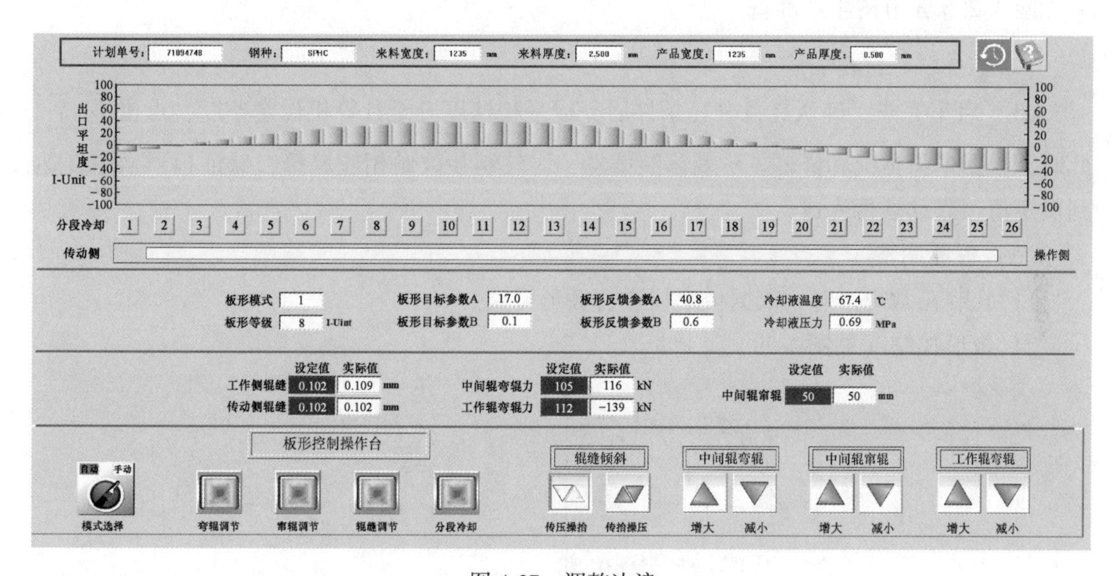

图 4-37 调整边浪

（4）生产过程中，要根据原料情况或者轧机状态进行适当的操作。

（5）生产过程中，严格遵守轧机技术规程进行控制。

4.3.5.3 操作步骤

A 岗位操作要点

进行本岗位的生产准备工作，组织指挥生产，正确执行各项标准规范及制度，监控张力、电流、轧制压力、速度、轧制厚度、弯辊、窜辊等工艺参数及板形情况。

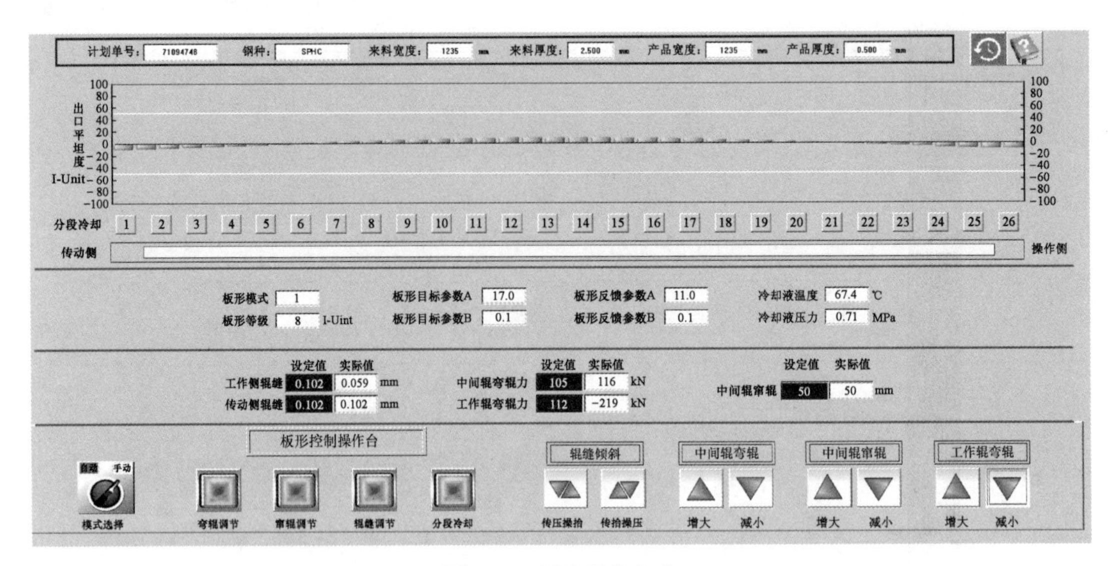

图 4-38 板形调整完成

B 生产准备

同 4.2.5.3 节的生产准备。

C 具体操作步骤

（1）启车完毕，确认具备升速条件后，以平稳速度升至计算机设定速度，点击保持。此时，根据来料情况和屏幕显示及诊断信息，对轧制参数做相应调整，保证板形、厚度达到设定值，启动运行完成。

（2）板形调整：

1）轧制正常规格时，依据板形仪进行板形调整。

2）板形控制（见图 4-39）：

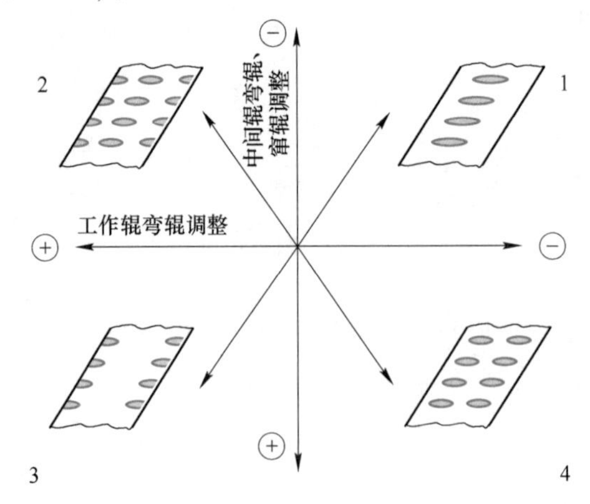

图 4-39 板形控制

1—带钢中浪；2—带钢复合浪；3—带钢边浪；4—带钢肋浪

①中浪时，工作辊弯辊、中间辊窜辊负向调整；

②复合浪时，工作辊弯辊正向调整，中间辊窜辊负向调整；

③边浪时，工作辊弯辊、中间辊窜辊正向调整；

④肋浪时，工作辊弯辊负向调整，中间辊窜辊正向调整。

生产较宽规格带钢时，除上述控制外，还应根据具体情况调整 1 号~3 号架弯辊（边浪正弯，中浪负弯）及 4 号机架轧制力。

3）轧制过程中应注意各机架间带钢两侧张力差值变化，张力偏差过大时应及时调整机架倾斜，纠正带钢。

4）轧制带钢厚度按计算机设定进行控制，避免主观停车或带钢轧制中途停车而产生厚度变化。

5）根据原料厚度、长度，选择合理的轧制速度与头部、中部速度匹配，避免因轧制速度快受活套限制而停车。

6）轧制过程中及时与各岗位联系，如有设备、原料等发生问题时，根据实际情况尽可能在焊缝前后停车。

7）若发生断带等事故停车，穿带结束后启车进行轧制时，在轧后带钢厚度满足标准后进行剪切，厚度不合格部分应切除，保证成品卷厚度一致。

8）根据轧辊轧制吨数及周期、规格发生变化或轧辊缺陷等情况，提前通知磨辊间备辊，并核对辊号、直径、粗糙度、曲线等轧辊信息。

9）轧机主操工负责卡罗塞尔卷取机的自动卸卷工作，卸卷时要确认带头位置（是否在时钟的 5 点位置）；生产薄规格产品卸卷时要注意观察卸卷时芯轴是否存在卡钢现象，若有卡钢，及时停止自动卸卷操作，采取措施确保钢卷内圈不会抽芯时方可继续手动卸卷。

4.3.6 相关理论知识

4.3.6.1 板形的定义

所谓板形，直观上是指板带的翘曲程度，其实质是指带钢内部残余应力的分布。衡量带钢板形通常包括纵向和横向两个方面的指标。在板的纵向上，用平直度表示，是指板带长度方向上的平坦程度；在板的横向上，衡量板形的指标是指带材的断面形状，即板宽方向上的断面分布，包括板凸度、边部减薄及局部高点等一系列概念，其中板凸度是最为常用的横向板形代表性指标。

4.3.6.2 板形缺陷的表示方法

为了对带钢的板形实现检测和控制，需要对带钢的板形缺陷进行量化。根据不同角度的研究及不同的板形控制思想，产生了下面几种描述板形的方式。

A 波形表示法

设想带钢是由若干纵条组成的整体，如果任一窄条上的压下量发生了变化，都会引起该窄条的纵向延伸发生变化，同时又会影响到相邻窄条的变形。由于带钢实际上是一个整体，因此各个窄条之间必定相互牵制、相互影响。若带钢沿横向厚度的压下量不一致，则各条就会相应地发生延伸量不均，从而在各窄条之间产生相互作用的内应力。当该内应力足够大时，就会引起带钢的翘曲，此翘曲程度即被定义为平直度。

平直度 λ 可以用板翘曲波形的波高与波长之比来表示，如图4-40所示。

$$\lambda = R_W / L_W \tag{4-1}$$

式中 R_W——波高；

L_W——波长。

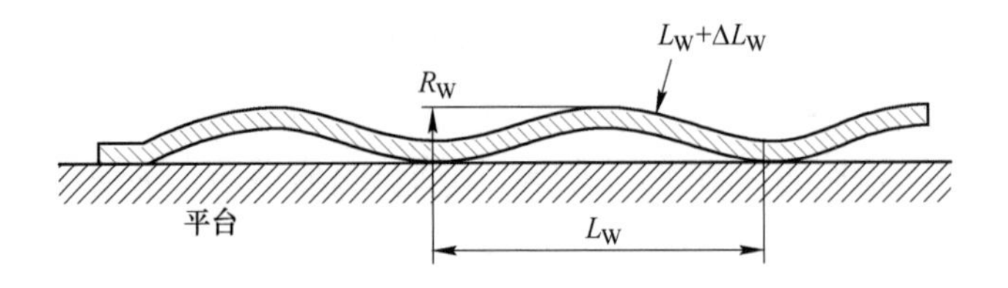

图4-40 板形缺陷的波形表示法

这种表示方法比较直观，也便于测量，常作为成品带钢静态平直度检查使用。

B 相对长度差表示法

相对长度差表示是指波浪部分的曲线长度对于平直部分标准长度的相对增长量。一般用带材宽度上最长和最短纵条上的相对长度差 ε 表示，因为该数值很小，国际通用的表示带钢板形的单位为I，一个I单位表示的相对长度差为 10^{-5}。

$$\varepsilon = \Delta L / L \tag{4-2}$$

式中 L——基准点的轧后长度；

ΔL——各相应点相对于基准点的轧后长度差。

假设带钢波形可以用正弦曲线表示，则通过理论推导，可以得到用波形表示法的带钢平直度 λ 和用相对长度差表示法的相对长度差 ε 之间存在如下关系：

$$\varepsilon = \frac{\pi^2}{4}\lambda^2 \tag{4-3}$$

式（4-3）表明，带钢波形可以作为相对长度差的代替量，只要测出带钢平直度，就可以求出相对长度差。冷轧板的平直度一般应小于2%。

4.3.6.3 板形缺陷的分类

根据浪形发生的部位不同，表观的板形又可分为以下几种：

（1）边浪。带钢边部的厚度减薄量大于中部，从而引起边部的延伸量大于中部而出现边浪。边浪又有单边浪、双边浪和不对称双边浪三种。产生边浪的主要原因是总轧制力过高，投入错误的工作辊弯辊，负弯辊量过大，而且没有切换到正弯辊，工作辊凸度过平或工作辊温度边部高于中部。边浪可以由弯辊和轧辊横移来消除，单边浪由调整单侧压下量解决。

（2）中浪。带钢中部的厚度减薄量大于边部，从而引起中部的延伸量大于边部而出现中浪。产生中浪的主要原因是总轧制力太小，工作辊的正弯辊力过大，没有切换到负弯辊，工作辊凸度过大或轧辊中部热膨胀过大。中浪可以由弯辊和轧辊轴移来消除。

(3) 1/4 浪。波浪出现在中部和边部之间、板宽的 1/4 处。这主要是连续较长时间轧制后，轧辊的中部与边部产生较大的温差，同时中部又受到大水量冷却，因而在与板宽 1/4处相对应的地方辊温偏高，这种局部的热膨胀是产生 1/4 浪的主要来源。此外，采用小辊径工作辊的六辊轧机，由于轧辊的刚性较小，工作辊的弯辊效果不能深入到板宽的中心，不当的弯辊力设置可能会导致 1/4 浪。1/4 浪可以加强该处的局部冷却进行消除，也可以通过对六辊轧机的合理弯辊力设置予以解决。

(4) 双重板形。双重板形是指带钢的一部分具有潜在的板形，而另一部分具有表观的板形的情况。带钢单侧的边浪和单侧的 1/4 浪就是这种板形的典型例子。

4.3.6.4 影响板形的因素及改善办法

A 带钢板形的影响因素

作为板形横向典型指标的板凸度和纵向典型指标的板平直度之间的关系并不是相互独立的，它们是彼此相互制约、相互影响、不可分割的。通过分析归类，众多复杂的因素可以归结为以下四个方面的内容：

(1) 轧制载荷引起的轧辊弯曲变形；

(2) 轧制载荷引起的轧辊表面压扁变形；

(3) 轧制过程的轧辊热变形；

(4) 轧制过程的轧辊磨损。

通过对上述各部分影响因素的分析及综合考虑，最终可以得出轧辊辊系的弹性板形，进而求出相应的板凸度大小。

B 带钢板形的改善办法

为消除板形缺陷、获得良好板形，可以针对板形影响因素引起的辊缝形状变化进行相应的补偿。因此，凡是能够改变轧辊弹性变形状态和改变轧辊凸度的方法，均可以用来作为改善板形缺陷的手段。其具体做法为：

(1) 液压弯辊。为控制板凸度，最直接的方法是改变轧辊在垂直方向上的间隙，因而引进了液压弯辊技术。

(2) 轧辊横移。为彻底消除有害接触弯矩对工作辊的影响，除上述双阶梯支撑辊、大凸度支撑辊及变接触长度支撑辊技术外，又引进了轧辊横移技术，最具代表性的是六辊 HC 轧机。

(3) 轧辊交叉。作为四辊轧机的轧辊交叉方式，主要有支撑辊单独交叉、工作辊单独交叉和上下轧辊成对交叉三种。通过轧辊的交叉，形成一个中凹的空载辊缝，其等效凸度与交叉角度和板宽均成二次方的关系。

根据 PC 轧机的原理，PC 轧机的板形控制效果对交叉角极其敏感，而且对板宽的控制效果更为敏感。通常的 PC 轧机，只需 1°的交叉角就可以达到与同规格 HC 轧机相当的板形控制能力。

4.3.7 安全注意事项

（1）轧机启动前必须给出转车信号，在焊缝或缺陷位置进入轧机之前，检查轧机是否降到设定速度，并发出信号，以防止断带伤人或损坏设备。

（2）轧机运行过程中必须严格监视运行状态，注意检查各参数的异常变化，根据实际情况随时减速或停机。

（3）处理事故时，主操作工必须按下快停，事故处理完毕，由班长通知转车后方可解除快停。

（4）主操作工持操作证上岗，禁止无证人员操作设备，严禁无关人员进入主控台。

（5）进入机架间，必须插好上下导板安全销并把测厚仪关闭，停机作业。

（6）更换工作辊、中间辊时，换辊小车的走停及横移时必须鸣笛，确认无障碍物和人后，同时监护电缆盘正常后方可操作。

4.3.8 检查评价

检查评价见表2-1。

4.3.9 练习题

[理论知识试题精选]

一、选择题

（1）板形调整的主要功能有工作辊正负弯辊，中间辊正弯辊，中间辊窜辊，5号机架分段冷却，5号机架自动水平控制，5号机架出口（　　）。

A. 板形仪　　B. 坝辊　　C. 测张辊　　D. 张力辊

（2）冷轧钢板生产中，中间退火的目的是（　　）。

A. 改善板形　　B. 消除加工硬化　　C. 获得良好的组织性能　　D. 改善表面质量

（3）影响轧件宽展的因素很多，而（　　）是诸多因素中的主要因素。

A. 轧辊直径　　B. 轧制速度　　C. 压下量　　D. 板形

（4）（　　）不属于板形缺陷。

A. 镰刀弯　　B. 浪形　　C. 辊印　　D. 楔形

（5）为保证板形，降低（　　）和确保卷取质量，带钢卷取机均应在张力下卷取。

A. 加工硬化　　B. 轧制节奏　　C. 轧制力矩　　D. 成材率

（6）轧制生产过程中，调整压下量就会影响轧件的（　　）。

A. 速度　　B. 厚度　　C. 温度　　D. 板形

（7）在钢板生产中，镰刀弯、浪形和瓢曲等是常见的（　　）缺陷。

A. 板形　　B. 尺寸　　C. 厚度　　D. 宽度

(8) 通过工作辊弯辊，中间辊弯辊和（ ）来保证带钢的良好板形和高质量的产品。

A. 中间辊窜动　　B. 防皱辊　　C. 防横裂辊　　D. 板形

二、判断题

（ ）(1) 在轧制生产过程中，为了获得良好的板形，必须使带材沿宽展方向上各点的伸长率和压下率基本相等。

（ ）(2) 为保证轧辊表面光洁及控制轧辊辊型，得到表面质量、板形良好的产品，轧制中需有良好的轧辊冷却。

（ ）(3) 轧机刚度越大，对板形越不利。

（ ）(4) 轧件的压下量与轧件原始高度之比叫作压下率。

（ ）(5) 轧件的变形抗力越大，辊缝的弹跳值越大。

（ ）(6) 板带钢轧制出现浪形，是在同一截面上产生不均匀变形造成的。

[操作技能试题精选]

完成轧制计划单中产品的板形调整仿真操作，生产计划单见表 4-3。

表 4-3 生产计划单

位置	钢卷号	钢种	来料厚度/mm	来料宽度/mm	产品厚度/mm	产品宽度/mm	屈服强度/MPa
入口	A220100941E	DC01	2. 75	1250	0. 40	1220	270
出口	221W033820000	DC01	2. 75	1250	0. 40	1220	270

考核要求：

(1) 正确打开冷连轧仿真实训教学软件；

(2) 调用并下达工艺参数；

(3) 检查并确认辅助液压站运行状态；

(4) 检查并确认伺服液压站运行状态；

(5) 检查并确认稀油润滑站运行状态；

(6) 检查并确认轧制区油气润滑系统；

(7) 检查并确认轧制区 5 号张力辊组稀油润滑站运行状态；

(8) 检查并确认轧制设备运行状态；

(9) 检查并确认工艺润滑系统运行状态；

(10) 能根据板形曲线和板形反馈参数，判断当前板形缺陷类型；

(11) 能正确调整中浪；

(12) 能正确调整双边浪；

(13) 能正确调整单边浪和楔形；

(14) 安全文明操作；

(15) 操作时间为 15 min。

冷连轧板形调整仿真操作测试评分，见表 4-4。

表 4-4 板形调整仿真操作测试评分

项目要求	配分	评分标准	扣分	得分
操作准备	45分	(1) 未正确打开冷连轧仿真实训教学软件，扣5分； (2) 未调用并下达工艺参数，扣5分； (3) 未检查并确认辅助液压站运行状态，扣5分； (4) 未检查并确认伺服液压站运行状态，扣5分； (5) 未检查并确认稀油润滑站运行状态，扣5分； (6) 未检查并确认轧制区油气润滑系统，扣5分； (7) 未检查并确认轧制区5号张力辊组稀油润滑站运行状态，扣5分； (8) 未检查并确认轧制设备运行状态，扣5分； (9) 未检查并确认工艺润滑系统运行状态，扣5分		
操作过程与结果	45分	(1) 未能根据板形曲线和板形反馈参数，判断当前板形缺陷类型，扣5分； (2) 未能正确调整中浪，扣15分； (3) 未能正确调整双边浪，扣15分； (4) 未能正确调整单边浪和楔形，扣10分		
安全文明操作	10分	违反安全操作规程，每次扣5分		

任务 4.4 工艺润滑与冷却智能控制

知识目标

- 工艺润滑与冷却的基本知识；
- 工艺润滑与冷却的操作规程；
- 常见工艺润滑与冷却生产异常工况的原因及处理方法。

技能目标

- 能读懂并确认工艺润滑与冷却工艺参数；
- 能检查并确认轧辊的冷却润滑状态；
- 正确判断并处理常见的工艺润滑与冷却生产简单故障。

4.4.1 任务描述

本任务主要学习工艺润滑与冷却的基本知识、工艺润滑与冷却的操作规程、常见工艺润滑与冷却生产异常工况的原因及处理方法；能读懂并确认工艺润滑与冷却工艺参数，能检查并确认轧辊的冷却润滑状态，正确判断并处理常见的工艺润滑与冷却生产简单故障。工艺润滑仿真操作和监控画面如图 4-41 所示，工艺润滑生产操作界面如图 4-42 所示。

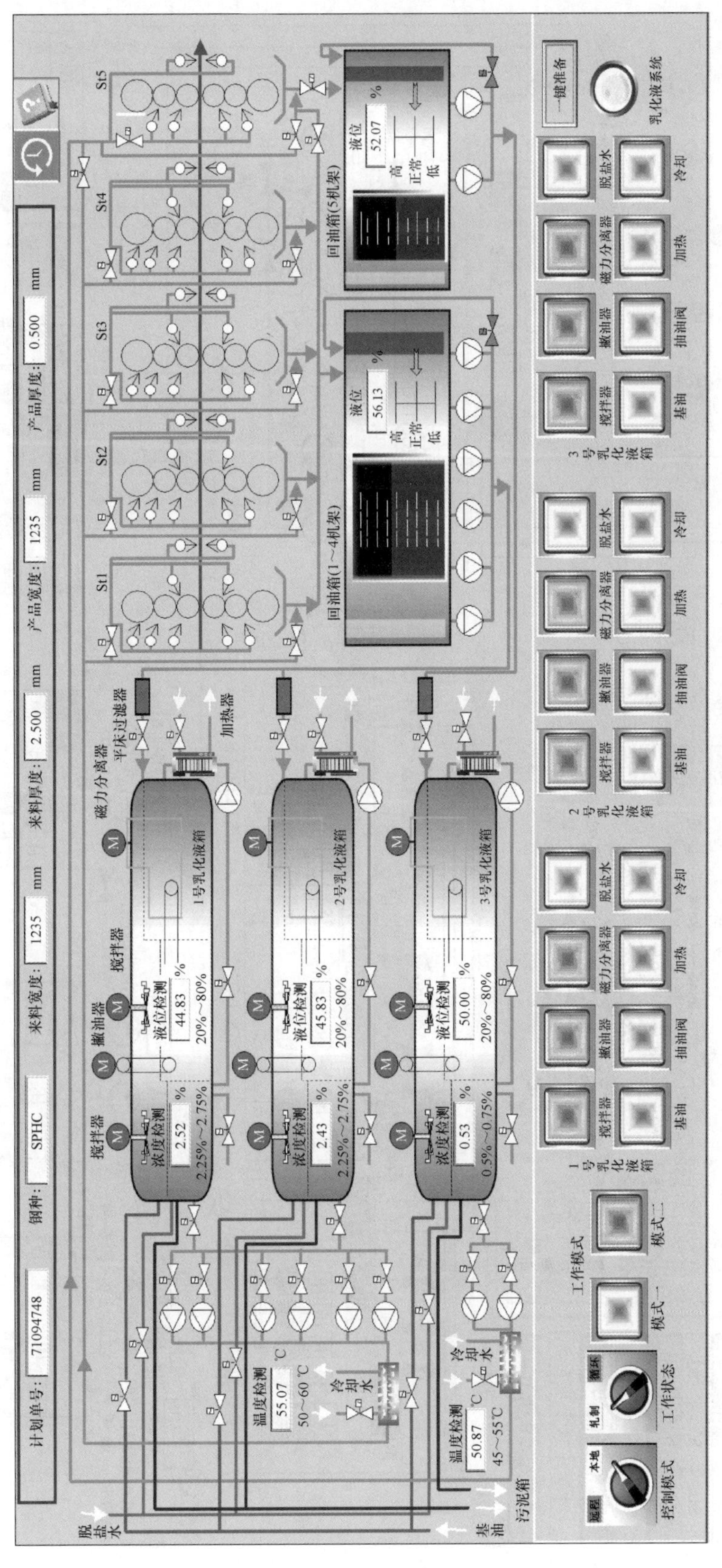

图4-41　工艺润滑仿真操作和监控画面

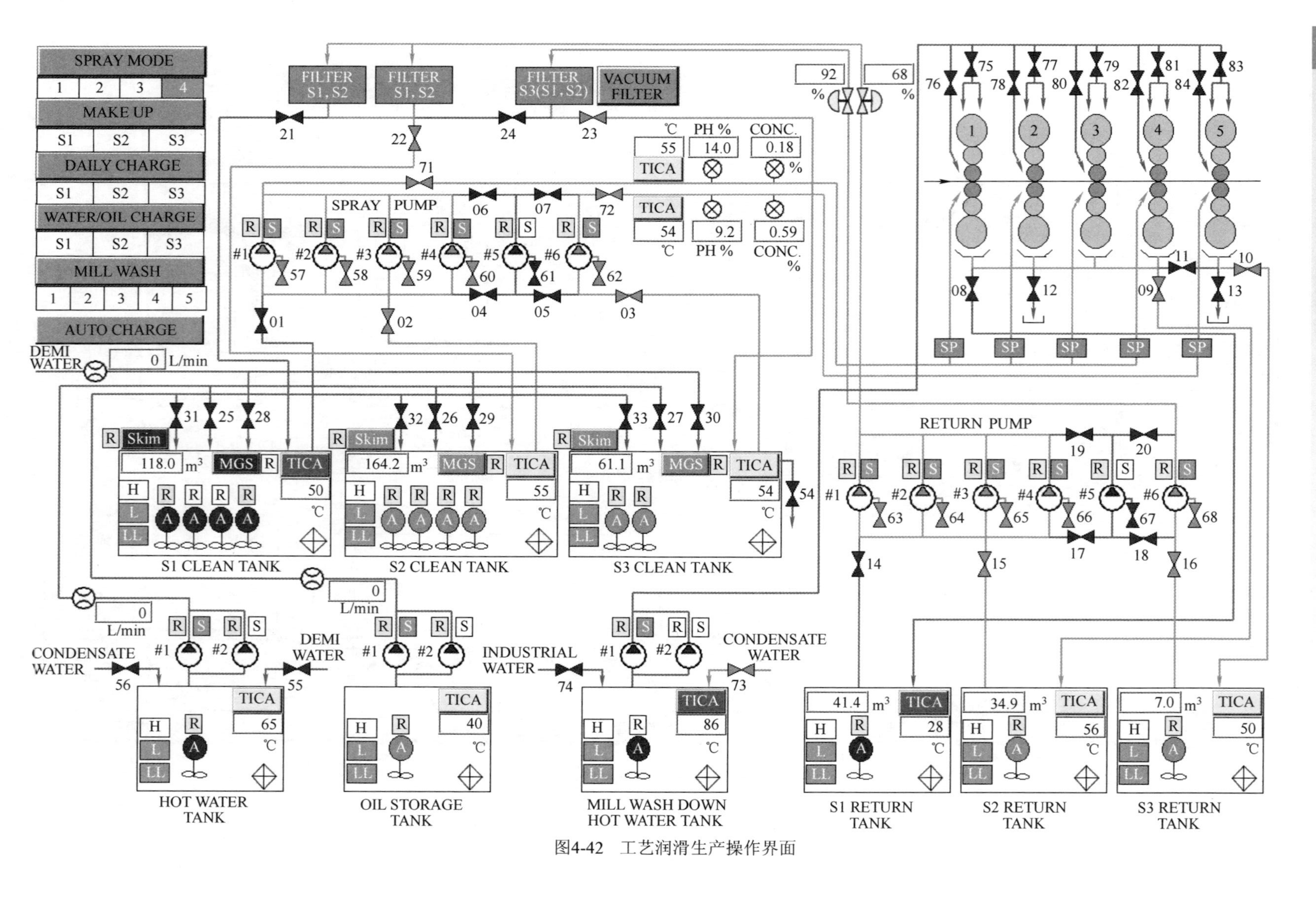

图4-42 工艺润滑生产操作界面

4.4.2 任务分析

工艺润滑通过乳化液系统进行，乳化液的功能包括三个方面：(1) 润滑功能。在轧钢过程中，分散于乳化液中的轧制油吸附于钢板和轧辊表面形成油膜，为轧制提供必要的润滑。(2) 冷却功能。轧制过程中产生大量的热，由乳化液冷却降温。(3) 清洗功能。在轧制过程中，除产生铁粉外，还会有在高温高压下产生的各种聚合物，由乳化液对板面、轧辊和机架进行清洗。机架间乳化液喷射控制画面，如图 4-43 所示。

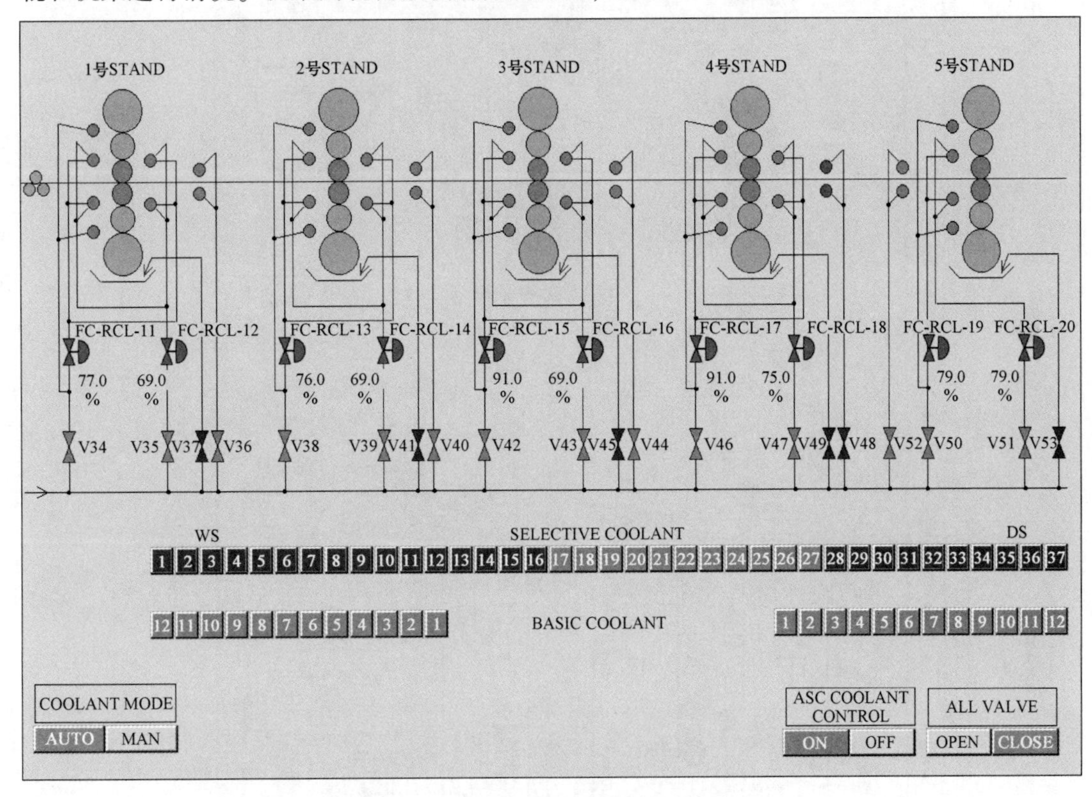

图 4-43　机架间乳化液喷射控制画面

4.4.3 任务准备

(1) 接收生产计划单。

(2) 工艺润滑操作台。

(3) 工艺润滑准备：

1) 工艺润滑与冷却仿真实训液体准备和设备准备，见 4.2.3 节中轧制准备；

2) 控制模式 切换到 远程 才可对操作板的按钮进行操作，否则无法操作；

3) 每个乳化液箱的温度、液位、浓度调整完毕后，需要打开每个乳化液箱的搅拌器、撇油器、磁力分离器才能使乳化液系统准备就绪；

4) 乳化液系统未就绪时，工作状态 只能工作在 循环 状态如图 4-44 所示，乳化液系统就绪后才可选择 轧制状态 ，乳化液系统灯亮表示准备就绪如图 4-45 所示。

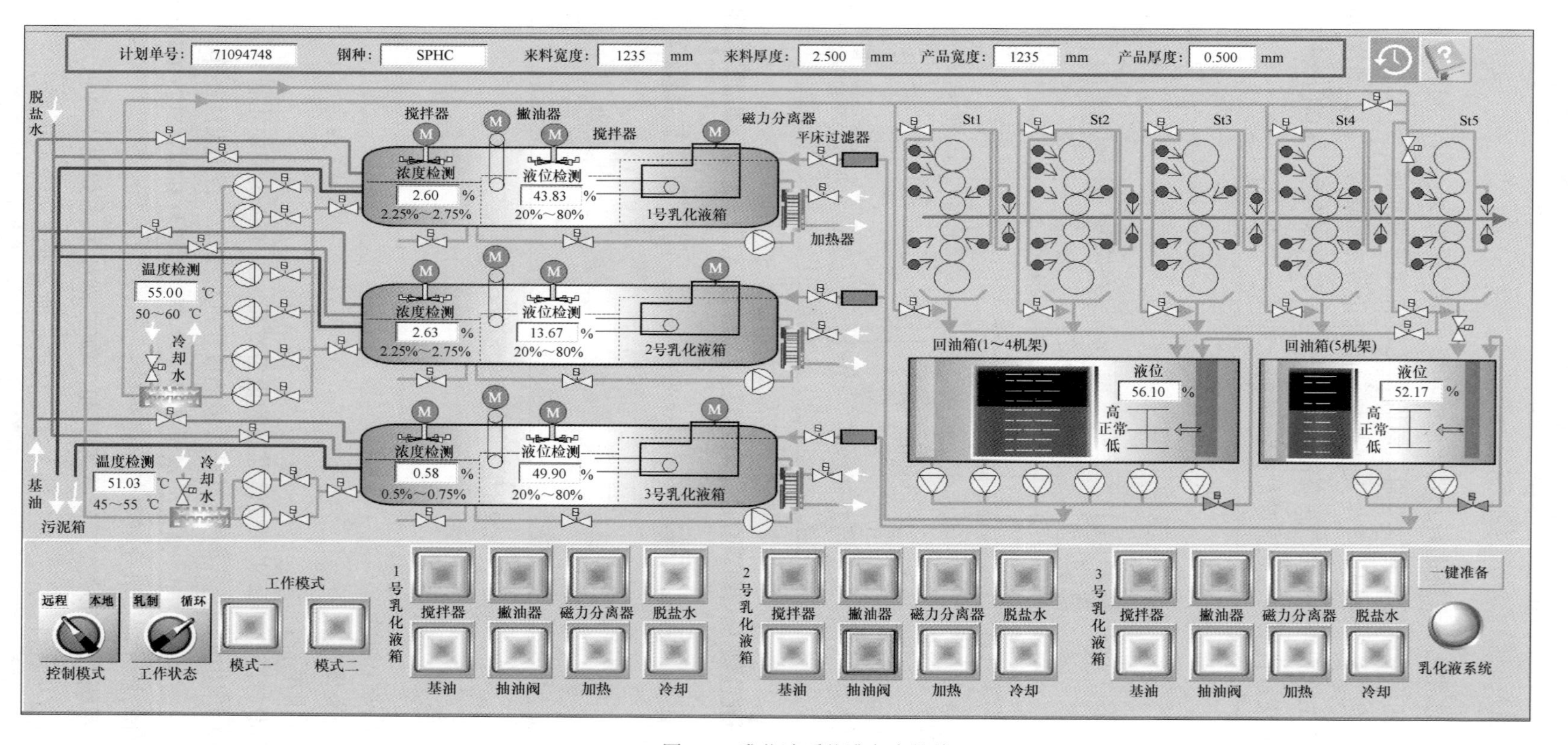

图4-44 乳化液系统准备未就绪

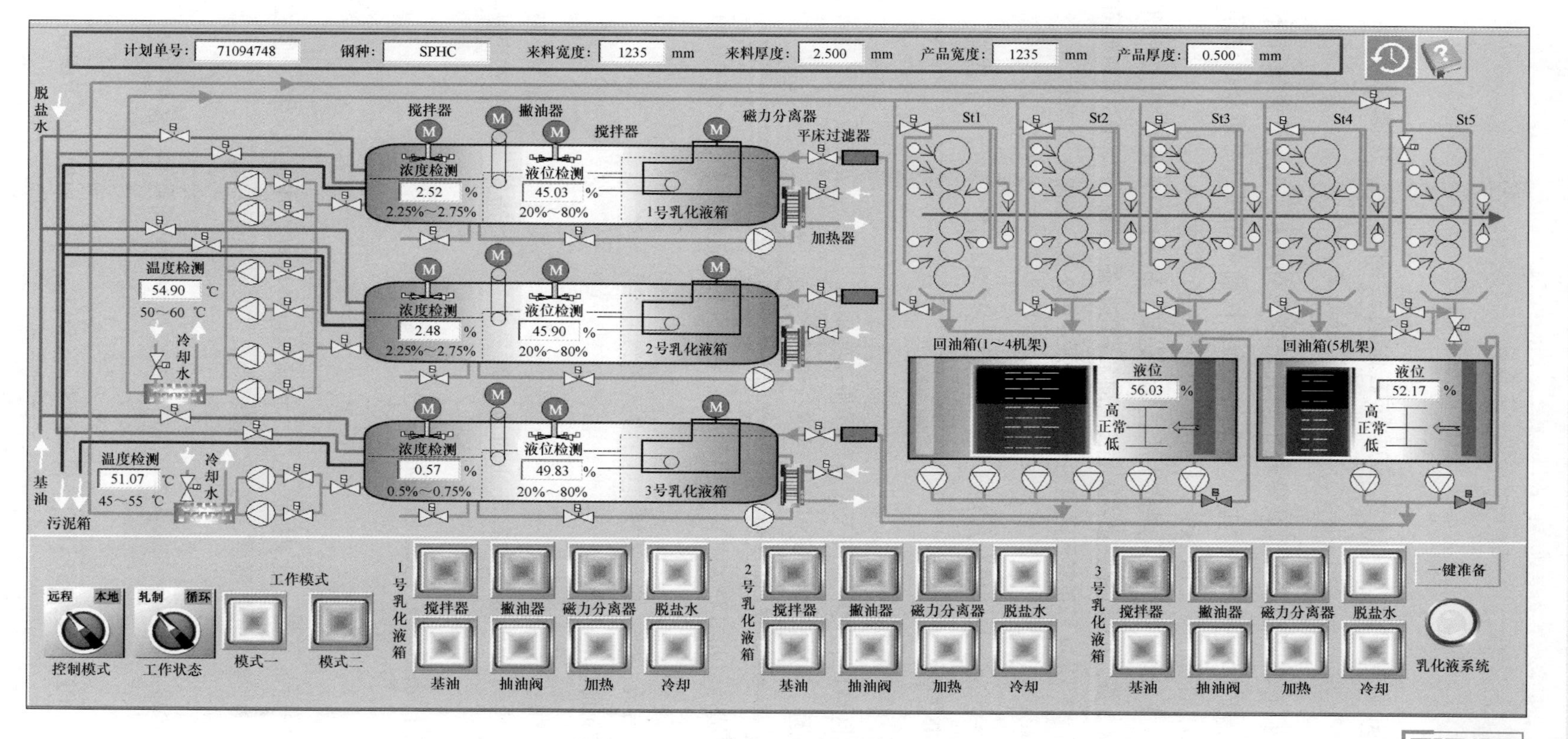

图4-45　乳化液系统准备就绪

微课　工艺润滑与冷却仿真操作

4.4.4 任务实施

4.4.4.1 冷轧带钢开卷智能控制仿真实训操作

(1) 当[工作状态]切换到[轧制]时才可进行工作模式的选择，选择[模式一]或者[模式二]。

(2) 工作模式一：上油泵用于将乳化液箱中的乳化液送到轧机。3号乳化液箱不工作，1号乳化液箱、2号乳化液箱的6个上油泵5用1备；回油泵用于5号机架回油箱不工作，1号~4号机架回油箱的6个回油泵5用1备，如图4-46所示。

(3) 工作模式二：上油泵用于将乳化液箱中的乳化液送到轧机，1号乳化液箱、2号乳化液箱的6个上油泵4用2备，3号乳化液箱的2个，上油泵1用1备；回油泵用于5号机架回油箱2个回油泵1用1备，1号~4号机架回油箱的6个回油泵4用2备，如图4-47所示。

4.4.4.2 冷轧带钢工艺润滑与冷却生产岗位操作

以某企业冷轧生产线的工艺润滑与冷却为例，介绍工艺润滑与冷却岗位操作技能。乳化液管理画面如图4-48所示。

A 工艺润滑与冷却操作岗位职责

(1) 负责本岗位区域内乳化液系统及设备的操作和使用。

(2) 设备出现问题，及时停机并找相关人员进行维修。

(3) 执行操作牌、停送电制度，对于没有执行相关制度的检修人员，必须坚决制止其检修。

(4) 保证生产连续性，与轧机工艺段相协调，确保轧机稳定连续生产。

(5) 与轧机主操工及时沟通。

(6) 控制乳化液参数，保证钢卷质量良好、生产连续稳定。

(7) 保证带钢表面清洁。

B 特别注意事项

(1) 乳化液间的地面以及各设备有废油的地方都易燃，因此需特别关注各电源和火源。

(2) 乳化液间属于高温场所，注意通风防暑。

C 操作步骤

a 岗位要点

进行本岗位的生产准备工作，组织指挥生产，正确执行各项标准规范及制度，监控张力、电流、轧制压力、速度、轧制厚度、弯辊、窜辊等工艺参数及板形情况。

b 生产准备

(1) 乳化液系统的循环启动前，需要将主泵及回流泵的冷却水阀打开，备用泵的冷却水阀不必打开。

(2) 在[SPARY MODE]内选择[START]，检查管道的运转模式与使用模式是否相符、各

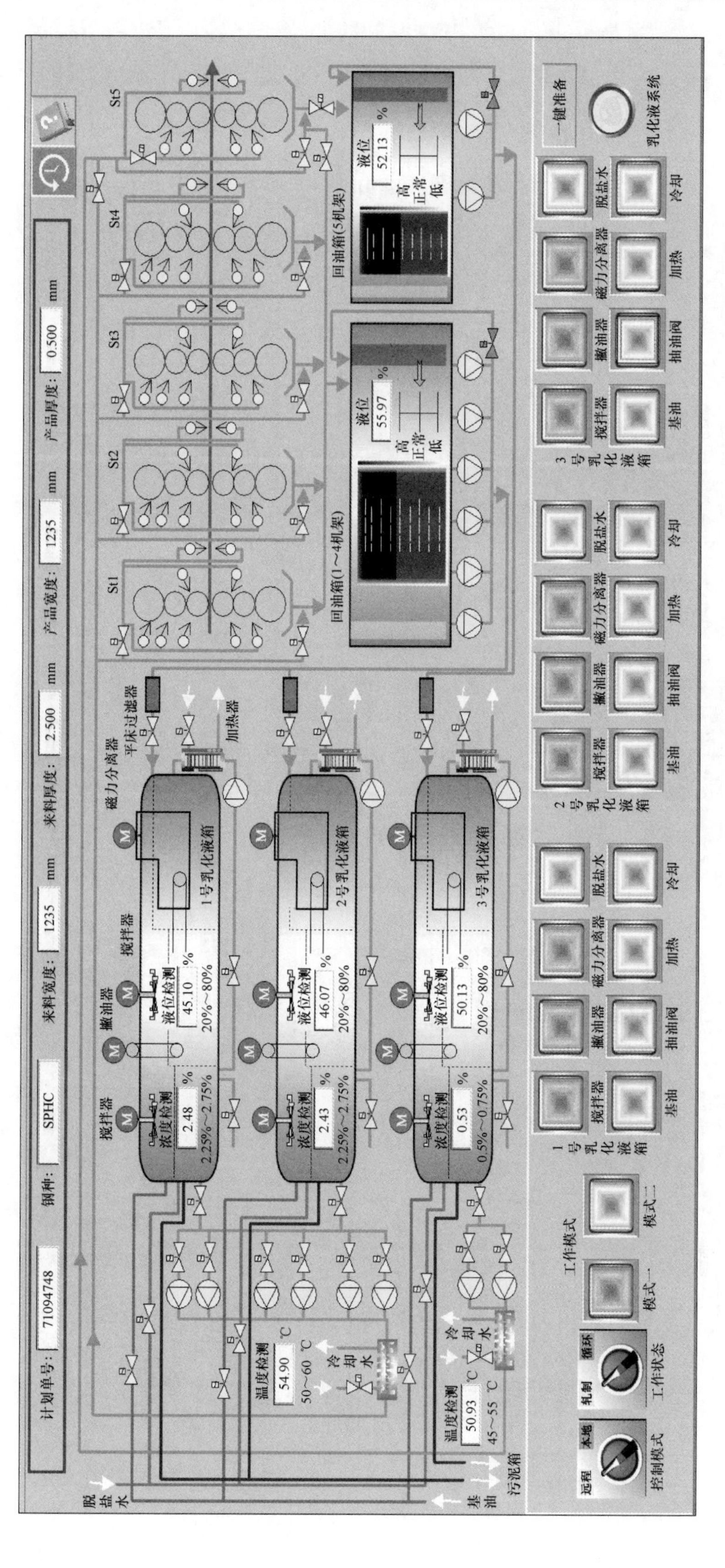
计划单号：
71094748
钢种：
SPHC
来料宽度：
1235
mm
来料厚度：
2.500
mm
产品宽度：
1235
mm
产品厚度：
0.500
mm
St1
St2
St3
St4
St5
回油箱(1～4机架)
回油箱(5机架)
液位
55.97
52.13
%
高
正常
低
磁力分离器
平床过滤器
加热器
搅拌器
撇油器
液度检测
液位检测
1号乳化液箱
2号乳化液箱
3号乳化液箱
2.48
2.43
0.53
45.10
46.07
50.13
2.25%～2.75%
0.5%～0.75%
20%～80%
温度检测
54.90
50～60
50.93
45～55
℃
冷却水
脱盐水
基油
污泥箱
远程
本地
控制模式
轧制
循环
工作状态
工作模式
模式一
模式二
1号乳化液箱
2号乳化液箱
3号乳化液箱
搅拌器
撇油器
磁力分离器
脱盐水
基油
抽油阀
加热
冷却
一键准备
乳化液系统

图4-46　工作模式一

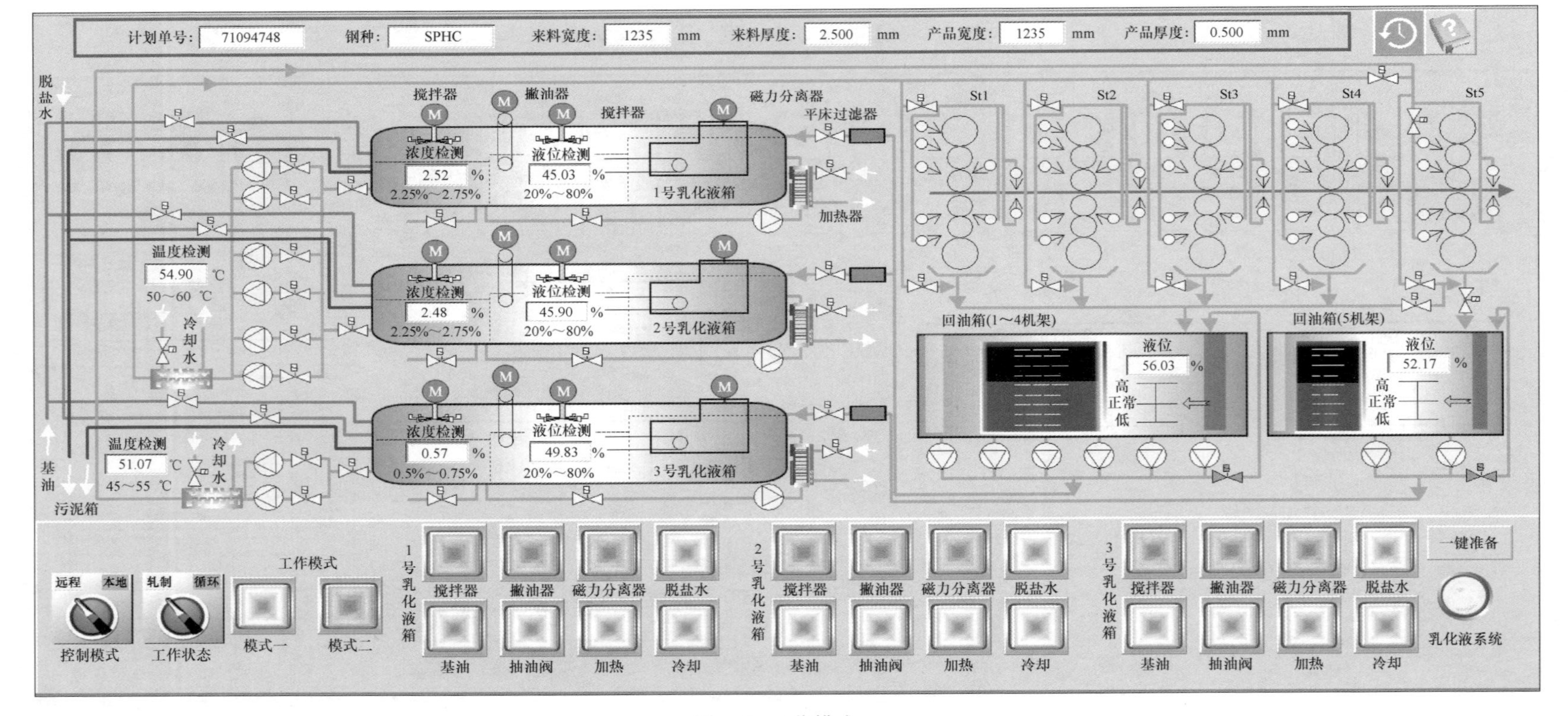
计划单号：71094748
钢种：SPHC
来料宽度：1235 mm
来料厚度：2.500 mm
产品宽度：1235 mm
产品厚度：0.500 mm
脱盐水
搅拌器
撇油器
搅拌器
磁力分离器
平床过滤器
加热器
浓度检测
2.52 %
2.25%～2.75%
液位检测
45.03 %
20%～80%
1号乳化液箱
浓度检测
2.48 %
2.25%～2.75%
液位检测
45.90 %
20%～80%
2号乳化液箱
浓度检测
0.57 %
0.5%～0.75%
液位检测
49.83 %
20%～80%
3号乳化液箱
温度检测
54.90 ℃
50～60 ℃
冷却水
温度检测
51.07 ℃
45～55 ℃
冷却水
基油
污泥箱
St1
St2
St3
St4
St5
回油箱(1～4机架)
液位
56.03 %
高
正常
低
回油箱(5机架)
液位
52.17 %
高
正常
低
远程
本地
控制模式
轧制
循环
工作状态
工作模式
模式一
模式二
1号乳化液箱
搅拌器
撇油器
磁力分离器
脱盐水
基油
抽油阀
加热
冷却
2号乳化液箱
搅拌器
撇油器
磁力分离器
脱盐水
基油
抽油阀
加热
冷却
3号乳化液箱
搅拌器
撇油器
磁力分离器
脱盐水
基油
抽油阀
加热
冷却
一键准备
乳化液系统

图4-47 工作模式二

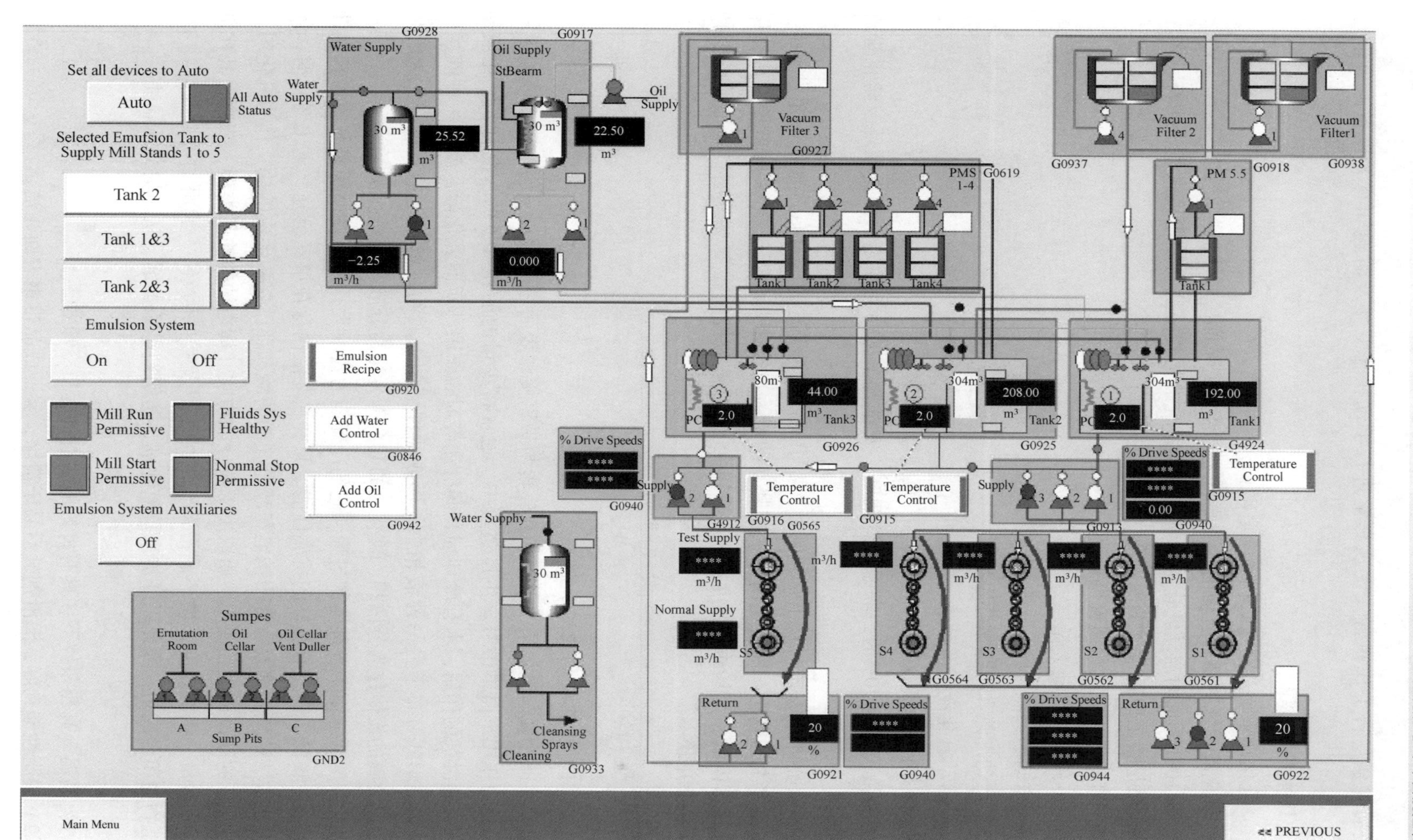

图4-48 乳化液管理画面

主泵及回流泵是否工作正常，发现异常进行手动操作，并及时通知有关设备人员进行调查。

c 具体操作步骤

(1) 乳化液系统及空气吹扫系统启动：

1) 乳化液系统的循环启动前，需要将主泵及回流泵的冷却水阀打开；

2) 在HMI画面内启动乳化液系统，检查系统的运转模式与使用模式是否相符、各主泵及回流泵是否工作正常，发现异常进行手动操作。

(2) 启动乳化液供给回流循环。

(3) 不轧钢时启动大循环。

(4) 启动磁过滤系统。

(5) 启动加热和冷却循环系统。

(6) 启动乳化液污泥系统：

1) 确认手动阀门必须是常开状态，泵是自动状态；

2) 当液位达到70%时，联系当班调度，安排罐车把污泥拉走；做自循环，防止管道堵塞。

(7) 加油加水系统。在正常轧制时，要求每次加油不超过100 kg、加水不超过5 m^3。采取少量多次的方法，根据现场要求控制基油量。当箱体液位低于70%时就要补水，保证乳化液箱体液位。基油箱温度控制在35~45 ℃，液位控制在70%左右，基油箱的搅拌器必须是常开状态。

4.4.5 相关理论知识

4.4.5.1 乳化液的组成和性能

为了保证冷轧润滑效果，就必须在轧辊与带钢接触表面之间形成一层油膜，该油膜能在很大压力作用下而不破裂。生产过程中，通常将少量的油和大量的水混合成乳化液使用，油有润滑剂的作用，水有冷却剂和润滑油溶剂的作用。所谓乳化液，就是一种液相以细小液滴的形式分布于另一种液相中，形成两种液相组成的足够稳定的系统，称为乳化液。形成液滴的液体称为分散相，乳化液的其余部分称为分散（连续）介质。

乳化液广泛应用于各种轧制过程。它的冷却能力比油大得多，在循环系统中可长期使用，耗油量较低，而且有良好的抗磨性能。只有在溶液内存在第三组分（乳化剂）时，才能获得油水稳定型乳化液。常用钠皂和钾皂（脂肪酸和环己烷酸形成的盐）作为乳化剂。

乳化液的润滑能力和使用性质取决于被分散物质（润滑油的油品类型、浓度，乳化剂的类型和数量，水的硬度，循环润滑系统的结构以及其他因素）。润滑油可以是矿物油，动、植物油和合成脂，除此以外加入抗氧化剂、防腐剂等添加剂、从而构成轧制油。

4.4.5.2 冷轧用乳化液应满足的要求

(1) 高温、高压条件下，具有良好的润滑特性和冷却效果。

(2) 脱脂性能良好，润滑剂轧后易于清除，保证成品带钢表面光洁。

（3）具有良好的化学稳定性，带钢不易生锈、不易腐蚀。

（4）具有良好的乳化性能，使用方便。

（5）成本低，废液易处理，无环境污染。

4.4.5.3　对乳化液的评价指标

（1）浓度：表示乳化液中油的总浓度。经验表明，乳化液浓度的高低与轧机运行速度有一定的关系，运行转速度越低要求乳化液浓度越高。从传热的角度分析，乳化液浓度越低，传热性能越好；但与此同时，油膜的厚度越小，润滑效果越差。

（2）皂化值：皂化是指用碱使油脂水解成脂肪酸和甘油的反应，皂化值是指皂化 1 g 试样油所需氢氧化钾的毫克数。皂化值是乳化液分析的一个关键指标，不同的基油其皂化值也不同。根据皂化值可判断轧制油中的油脂或合成脂等油剂的含量。皂化值高，同样工作条件下乳化液的润滑效果好；反之，润滑效果差。

（3）酸值：酸值是指中和 1 g 油中酸性物质所需的氢氧化钾的毫克数。轧制油在轧制过程中逐渐氧化，生成过氧化物后转化成有机酸，酸值过大是轧制油老化的标志。游离脂肪酸是指油性剂中含有游离的脂肪酸成分，也可用酸值来表示，即游离脂肪酸%×2＝酸值，测定游离脂肪酸可以判断乳化液中油的分解量。游离脂肪酸有利于乳化液的润滑作用，其含量不宜太低，含量太高则可能在轧镀锡板时给脱脂带来困难。

（4）pH 值：pH 值影响乳化液的稳定性。pH 值小于 5，乳化液颗粒度增大，乳化液不稳定；pH 值大于 8 或在 9.5 时颗粒度变小，引起冷轧时润滑困难。pH 值与电导率突然发生变化，表明有酸、盐类或碱侵入乳化液。如果电导率一定而 pH 值下降可能表现为细菌的繁殖而腐败，此时，乳化液会有一种特殊的气味。

（5）铁含量：乳化液中铁含量主要来源于它所接触的金属铁粉，铁在乳化液中的存在形式是 Fe、Fe_3O_4、FeO、Fe_2O_3 和铁皂。如果乳化液中铁含量过高，表明乳化液润滑作用不够；氯含量过高时，对带材产生锈蚀而使乳化液中铁含量增高。

（6）氯化物含量：乳化液中氯含量太高，可使带钢退火后产生锈点，在储存时间长、环境太湿的情况下更易生锈。

（7）灰分含量：乳化液中的灰分主要来自无机盐类或铁粉，随着轧制时间的延长，灰分含量逐渐增加。一般乳化液的灰分含量不要超过 1000 mg/L，轧制时乳化液的灰分含量越低越好。这是因为灰分较多，增加了机械磨损，降低了乳化液的润滑性，同时也影响了退火后板面的清洁度。

（8）电导率：通过电导率能反映乳化液质量的变化。电导率正常时 pH 值保持不变，电导率随轧制周期延长而缓慢上升。一般 pH 值为 5.5～8.0，电导率上升速度为 10～20 μs/cm，这是因为不断补充水和油，使乳化液中的盐含量不断增加造成的。

（9）黏度：黏度是衡量润滑剂流动阻力的参数，有动力黏度与运动黏度两种指数。

4.4.5.4　乳化液异常的原因及处理

乳化液的性能或稳定性的变化，除温度的因素外，基本是由内部各组分变化造成的。水质的变化、杂油的泄漏、各种过滤器的故障，都有可能对乳化液的性能产生影响。

乳化液常见问题的产生原因及解决方案，见表4-5。

表4-5 乳化液常见问题的产生原因及解决方案

常见问题	现象	原因	解决方法
浓度持续下降（正常加油，液位正常）	下水道及废乳化液收集槽乳化液增加	系统泄漏	堵漏
	冷却水变白或乳化液电导率升高	冷却器泄漏	堵漏
	ESI突然下降	乳化液水解	检查细菌数，添加杀菌剂或稳定剂
浓度上升	皂化值下降	杂油泄漏	加强撇油或部分排放并加油
pH值升高	电导率上升	碱性清洗剂泄漏	部分排放并加油
	电导率不变	配制水pH值上升	控制水质，部分排放并加油
pH值下降	电导率不变	细菌水解	检查细菌数，添加杀菌剂或稳定剂
	电导率上升，氯离子升高	酸洗挟带	检查酸洗线挤干辊
	电导率上升，氯离子不变	配制水pH值下降	控制水质，部分排放并加油
电导率升高	氯离子含量不变	配制水电导率高	控制水质，部分排放并加油
	pH值不变，冷却水变白	冷却器泄漏	堵漏，部分排放并加油
	pH值降低，氯离子含量升高	酸洗挟带	检查酸洗线挤干辊
氯离子含量升高	pH值降低，电导率升高	酸洗挟带	检查酸洗线挤干辊
酸值下降	皂化值下降	杂油泄漏	检修液压及润滑系统
酸值上升	皂化值上升，pH值下降	酸洗挟带	检查酸洗线挤干辊
皂化值下降	其他指标无明显变化	杂油泄漏	检修液压及润滑系统
皂化值上升	酸值上升，pH值下降	酸洗挟带	检查酸洗线挤干辊
铁含量上升	—	—	开动磁性分离器

4.4.5.5 异常工况产生的原因及处理方法

A pH值下降，电导率不变

故障现象：乳化液发出怪味，钢板表面易腐蚀。

产生原因：由于细菌活动而产生有机酸引起的。

预防及处理方法：(1) 添加杀菌剂；(2) 改善水质；(3) 改善通风状况；(4) 提高乳化液温度。

B pH值上升，电导率上升

故障现象：(1) 乳化液的稳定性上升，润滑下降；(2) 乳化液内灰分含量增加；(3) 钢板表面易腐蚀。

产生原因：(1) 酸洗线中的各种中性化合物进入乳化液；(2) 有碱性清洗剂进入乳化液中。

预防及处理方法：(1) 改善漂洗水的水质；(2) 控制酸液的电导率；(3) 严禁用碱

性清洗剂清洗机架及附属设备。

C　乳化液浓度上升，皂化值下降

故障现象：(1) 轧后板面清洁性变差；(2) 乳化液指标发生变化。

产生原因：(1) 加水量过小；(2) 机架内杂油进入乳化液系统。

预防及处理方法：(1) 加大水量；(2) 撇掉杂油；(3) 排放一定量乳化液，补充新油。

D　铁含量增加

故障现象：(1) 轧制板面不清洁；(2) 乳化液颜色变灰。

产生原因：(1) 润滑不足；(2) 酸洗效果不佳；(3) 磁过滤效果不好；(4) 漂洗不干净。

预防及处理方法：(1) 提高乳化液润滑性能；(2) 开启磁过滤器；(3) 改善酸洗效果。

E　发生火灾

故障现象：乳化液着火。

产生原因：检修时使用焊机产生明火，遇到油污废油时发生火灾。

预防及处理方法：动火时旁边备好灭火器，确保附近没有废油等易燃品。

4.4.6 安全注意事项

(1) 乳化液操作工在操作时必须严格遵守劳动纪律，坚守岗位，服从管理，正确佩戴和使用劳动防护用品。

(2) 乳化液间按生产规定要求实行 6S 管理。

(3) 对乳化液间地面，乳化液槽体上面以及各扶手栏杆进行打扫清理。

(4) 对空桶、废油桶以及轧制油吨桶按 6S 管理摆放和处理。

(5) 轧机启动前必须打开空气吹扫和乳化液系统 20 s 后，给出转车信号。

(6) 平床过滤器废滤布和磁性过滤器撇除的废油桶按要求送指定位置集中处理。

(7) 当班时查看平床过滤器滤纸是否充足，在滤纸用完之前及时更换新滤纸。

(8) 乳化液操作工当班每隔 2 h 必须对负责区域进行巡视，注意观察设备运转情况，注意寻找跑、冒、滴、漏现象，发现问题要及时处理。如果处理不了，应及时通知相关人员。

(9) 巡视期间重点观察乳化液磁性过滤器和真空过滤器以及箱体乳化液情况；过滤纸是否够用，过滤纸上乳化液是否有堆积，有堆积比较好，说明过滤的效果比较好；磁性过滤器排除的油污是否有管道堵塞，废油桶是否已满，发现堵塞及时疏通，废油桶已满要及时更换。

(10) 加轧制油作业前，进入岗位必须按规定穿戴好劳保防护品。

(11) 检查加轧制油使用的设备、工具是否存在问题，如需使用电钻或者其他电动设备，应接有漏电的保护器。

（12）在加轧制油过程中，滴漏的轧制油应及时清理，防止滑倒。

（13）轧制油加油完毕，应及时对现场进行清理，轧制油放置安全区统一管理，严禁与易燃品共同存放，必须配备消防设备。

（14）当班人员应及时将乳化液间情况向轧机专责和主任汇报。

（15）必须确认乳化液间各设备电源危险源安全后才可下班，保持操作间和工作区域内整洁。乳化液取样、辅料添加、酸洗取样时要戴好橡胶手套及护目镜，防止碱液飞溅或溢出伤人。

4.4.7 检查评价

检查评价见表2-1。

4.4.8 练习题

[理论知识试题精选]

一、选择题

（1）为了准确地测量位置，在液压缸的中心安装（　　），并且可以防止乳化液的污染。

A. 卷取机　　B. 磁尺　　C. 压力检测器　　D. 极限开关

（2）下列介质不是连退机组所消耗的是（　　）。

A. 碱液　　B. 防锈油　　C. 平整液　　D. 乳化液

（3）工作辊入口侧乳化液喷射梁共有（　　）排。

A. 1　　B. 2　　C. 3　　D. 4

（4）乳化液的作用主要是（　　）。

A. 工艺润滑和工艺冷却　　B. 工艺润滑和防止锈蚀

C. 防止锈蚀和工艺冷却　　D. 改善板形和工艺润滑

（5）在轧钢过程中，为了改善咬入条件，其措施有（　　）。

A. 增大压下量　　B. 减少摩擦系数

C. 增加轧辊直径　　D. 增加润滑

（6）乳化液的工作温度是（　　）。

A. 30~40 ℃　　B. 50~55 ℃　　C. 80~85 ℃　　D. 50~85 ℃

（7）（　　）可防止喷射到轧辊的乳化液溅到带钢宽度以外，防止乳化液喷溅到带钢上表面，防溅导板通过宽度预设定可随带钢宽度变化进行调节。

A. 防溅板　　B. 穿带导板　　C. 阶梯板　　D. 楔形板

（8）下列介质是酸轧机组所消耗的是（　　）。

A. 磷化液　　B. 防锈油　　C. 平整液　　D. 乳化液

二、判断题

（　　）（1）乳化液的作用主要是工艺润滑和工艺冷却。

（　　）（2）在轧制生产过程中，轧件越厚，需要的润滑量越多。

(　　)(3) 轧机入口工作辊乳化液冷却喷射梁有一排喷嘴并分区。

(　　)(4) 乳化液的工作温度 50~55 ℃。

(　　)(5) 防溅板防止喷射到轧辊的乳化液溅到带钢宽度以外，防止乳化液喷溅到带钢上表面，其通过宽度预设定可随带钢宽度变化进行调节。

(　　)(6) 轧机操作侧的卷帘门用于阻止乳化液从轧机机架区域流到外面，而且卷帘门也可以改善蒸气排气系统的效率。

(　　)(7) 冷轧生产中，乳化液可以循环使用。

[操作技能试题精选]

完成轧制计划单中产品的开卷操作，生产计划单见表 4-6。

表 4-6　生产计划单

位置	钢卷号	钢种	来料厚度/mm	来料宽度/mm	产品厚度/mm	产品宽度/mm	屈服强度/MPa
入口	A220100941E	DC01	2.75	1250	0.40	1220	270
出口	221W033820000	DC01	2.75	1250	0.40	1220	270

考核要求：

(1) 正确打开冷连轧仿真实训教学软件；

(2) 调用并下达工艺参数；

(3) 检查并确认辅助液压站运行状态；

(4) 检查并确认伺服液压站运行状态；

(5) 检查并确认稀油润滑站运行状态；

(6) 检查并确认轧制区油气润滑系统；

(7) 检查并确认轧制区 5 号张力辊组稀油润滑站运行状态；

(8) 检查并确认轧制设备运行状态；

(9) 检查并确认工艺润滑系统运行状态；

(10) 能正确切换[模式一]和[模式二]；

(11) 能正确操作[模式一]中的上油泵和回油泵；

(12) 能正确操作[模式二]中的上油泵和回油泵；

(13) 安全文明操作；

(14) 操作时间为 10 min。

工艺润滑与冷却仿真操作测试评分，见表 4-7。

表 4-7　工艺润滑与冷却操作测试评分

项目要求	配分	评 分 标 准	扣分	得分
操作准备	50 分	(1) 未正确打开冷连轧仿真实训教学软件，扣 5 分； (2) 未调用并下达工艺参数，扣 5 分； (3) 未检查并确认辅助液压站运行状态，扣 5 分； (4) 未检查并确认伺服液压站运行状态，扣 5 分；		

续表 4-7

项目要求	配分	评分标准	扣分	得分
操作准备	50分	(5) 未检查并确认稀油润滑站运行状态，扣5分； (6) 未检查并确认轧制区油气润滑系统，扣5分； (7) 未检查并确认轧制区5号张力辊组稀油润滑站运行状态，扣5分； (8) 未检查并确认轧制设备运行状态，扣5分； (9) 未检查并确认工艺润滑系统运行状态，扣10分		
操作过程与结果	40分	(1) 未正确切换[模式一]和[模式二]，扣10分； (2) 未正确操作[模式一]中的上油泵和回油泵，扣15分； (3) 未正确操作[模式二]中的上油泵和回油泵，扣15分		
安全文明操作	10分	违反安全操作规程，每次扣5分		

任务4.5 换辊与标定智能控制

知识目标

- 轧辊的基本知识；
- 换辊操作规程；
- 常见轧辊拆装与维护异常工况的原因及处理方法。

技能目标

- 能读懂并确认换辊操作工艺参数；
- 能进行换辊操作；
- 能正确判断并处理常见的轧辊拆装与维护简单事故。

4.5.1 任务描述

本任务主要学习轧辊的基本知识、换辊操作规程、常见轧辊拆装与维护异常工况的原因及处理方法；能读懂并确认换辊操作工艺参数，能进行换辊操作；能正确判断并处理常见的轧辊拆装与维护简单事故。换辊仿真操作和监控画面如图4-49所示，换辊操作界面如图4-50所示。

4.5.2 任务分析

轧辊在使用中不可避免地产生磨损，其几何尺寸、工作部位的形状及表面状态都将发

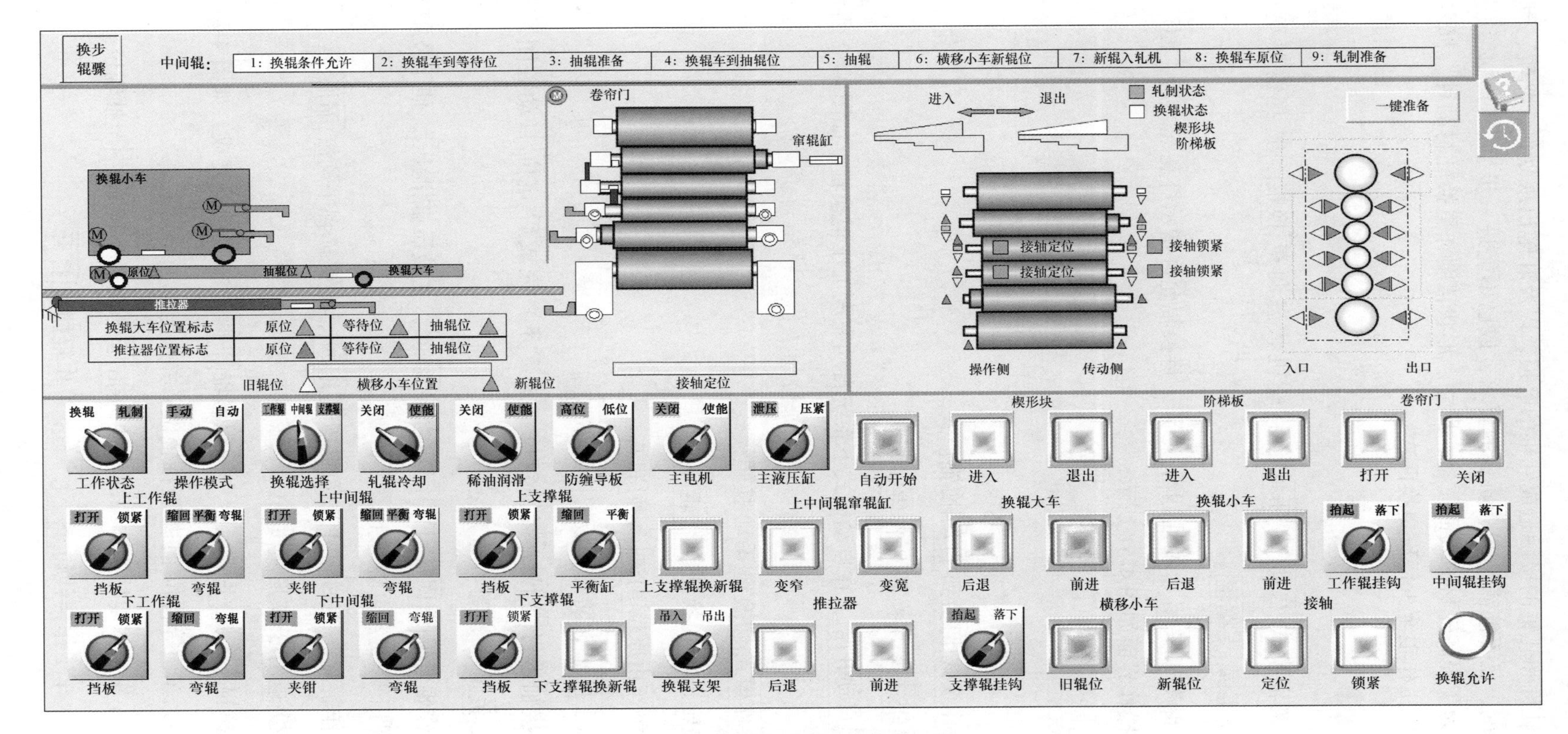

图4-49　换辊仿真操作和监控画面

生变化。由于轧件和轧辊的接触造成轧辊的磨损，以及轧辊出现划伤、粘辊、剥落，甚至轧辊断裂等情况，已不能满足产品质量的要求，或已不能进一步生产时，必须进行换辊。实际生产中，为了提高轧材的表面质量、尺寸、形状精度和更换轧材品种，都需及时更换轧辊，冷连轧机工作辊至少每班更换两次。

4.5.3 任务准备

（1）选择换辊模式[自动]或[手动]，将轧机状态调至[换辊]，选择需要更换的辊型[工作辊]、[中间辊]或[支撑辊]。

（2）将轧辊冷却[关闭]，稀油润滑[关闭]，待换辊允许指示灯亮起之后，便可以开始换辊，换辊准备操作界面如图4-51所示。

4.5.4 任务实施

4.5.4.1 智能冷轧带钢换辊仿真实训操作工作辊自动换辊

（1）将[操作模式]切换到[自动]换辊模式。

（2）将[换辊选择]切换到[工作辊]。

（3）点击[自动开始]，在自动模式下系统自动完成工作辊换辊，如图4-52所示。

4.5.4.2 智能冷轧带钢换辊仿真实训操作工作辊手动换辊

（1）将[操作模式]切换到[手动]换辊模式。

（2）将[换辊选择]切换到[工作辊]。

（3）换辊大车由原位[前进]至等待位。

（4）卷帘门[打开]，防缠导板切换到[高位]。

（5）上下接轴进行[定位]，接轴定位（进度条）完成后[定位]自动关闭，上下接轴[锁紧]，主电机[关闭]，如图4-53所示。

（6）下工作辊弯辊[缩回]，下中间辊弯辊[缩回]，主液压缸[泄压]，使下支撑辊、中间辊、工作辊分别下降到各自辊道上。

（7）上工作辊弯辊[缩回]，上中间辊弯辊[缩回]，上支撑辊平衡缸[缩回]。

（8）阶梯板[退出]，楔形块[退出]。

（9）上支撑辊平衡缸[平衡]，上中间辊弯辊[平衡]，抽辊准备完成，如图4-54所示。

（10）换辊大车由等待位[前进]至抽辊位，并锁定位置。

（11）换辊小车工作辊挂钩和中间辊挂钩[抬起]，换辊小车[前进]至抽辊位。

（12）换辊小车工作辊挂钩[落下]，上下工作辊挡板[打开]。

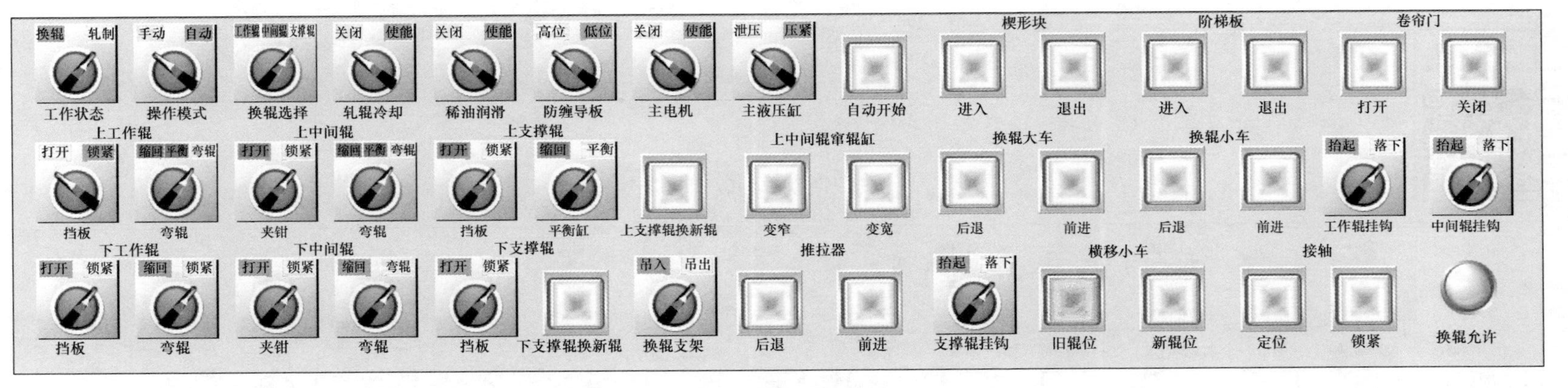

图4-50　换辊操作界面

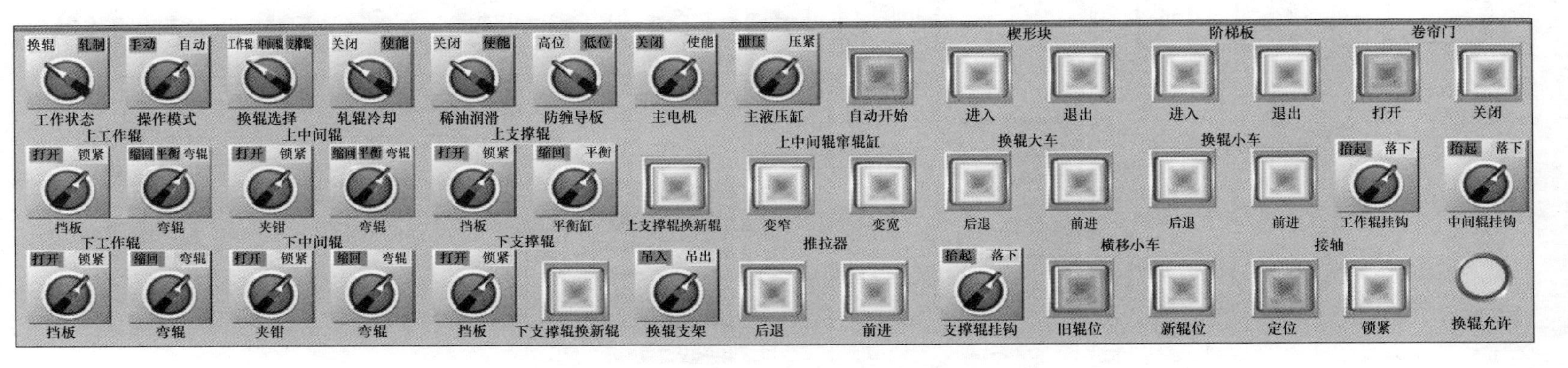

图4-51　换辊准备操作界面

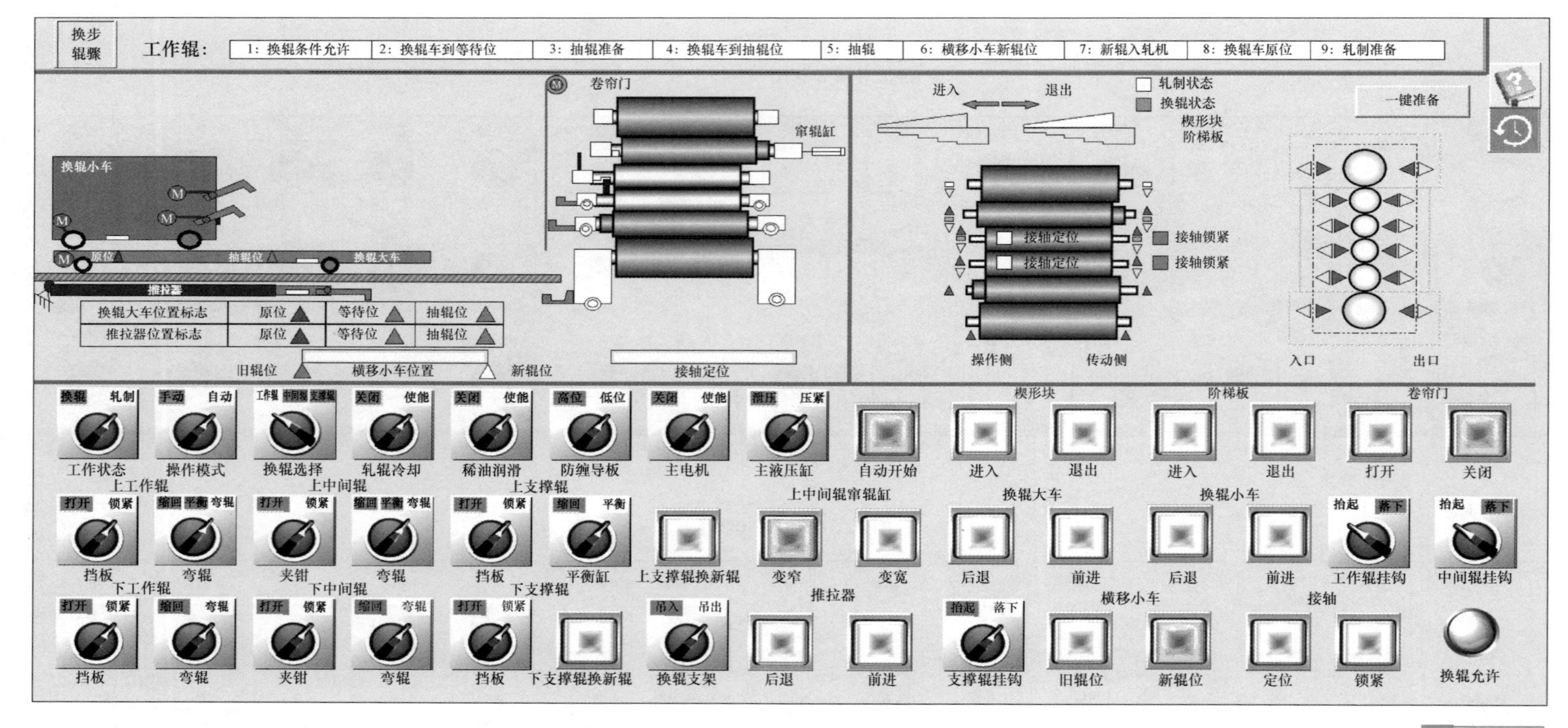

图4-52 自动模式换辊完成

微课 换辊仿真操作

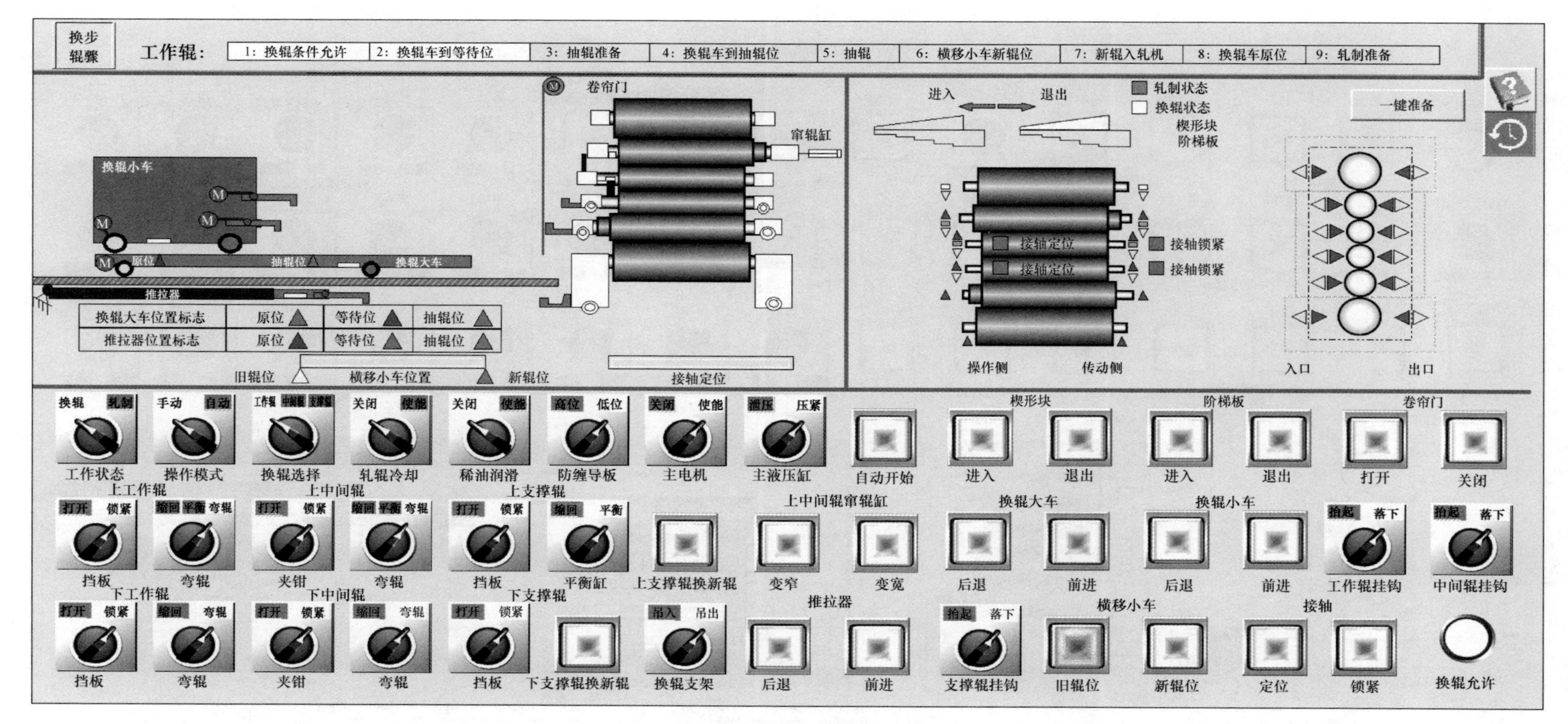
换步骤
工作辊：
1：换辊条件允许
2：换辊车到等待位
3：抽辊准备
4：换辊车到抽辊位
5：抽辊
6：横移小车新辊位
7：新辊入轧机
8：换辊车原位
9：轧制准备
卷帘门
窜辊缸
换辊小车
原位
抽辊位
换辊大车
推拉器
换辊大车位置标志
推拉器位置标志
等待位
旧辊位
横移小车位置
新辊位
接轴定位
进入
退出
轧制状态
换辊状态
楔形块
阶梯板
一键准备
接轴锁紧
操作侧
传动侧
入口
出口
工作状态
操作模式
换辊选择
轧辊冷却
稀油润滑
防缠导板
主电机
主液压缸
自动开始
打开
关闭
上工作辊
上中间辊
上支撑辊
上中间辊窜辊缸
换辊大车
换辊小车
挡板
弯辊
夹钳
平衡缸
上支撑辊换新辊
变窄
变宽
后退
前进
工作辊挂钩
中间辊挂钩
下工作辊
下中间辊
下支撑辊
推拉器
横移小车
接轴
下支撑辊换新辊
换辊支架
支撑辊挂钩
定位
锁紧
换辊允许

图4-53　换辊条件允许

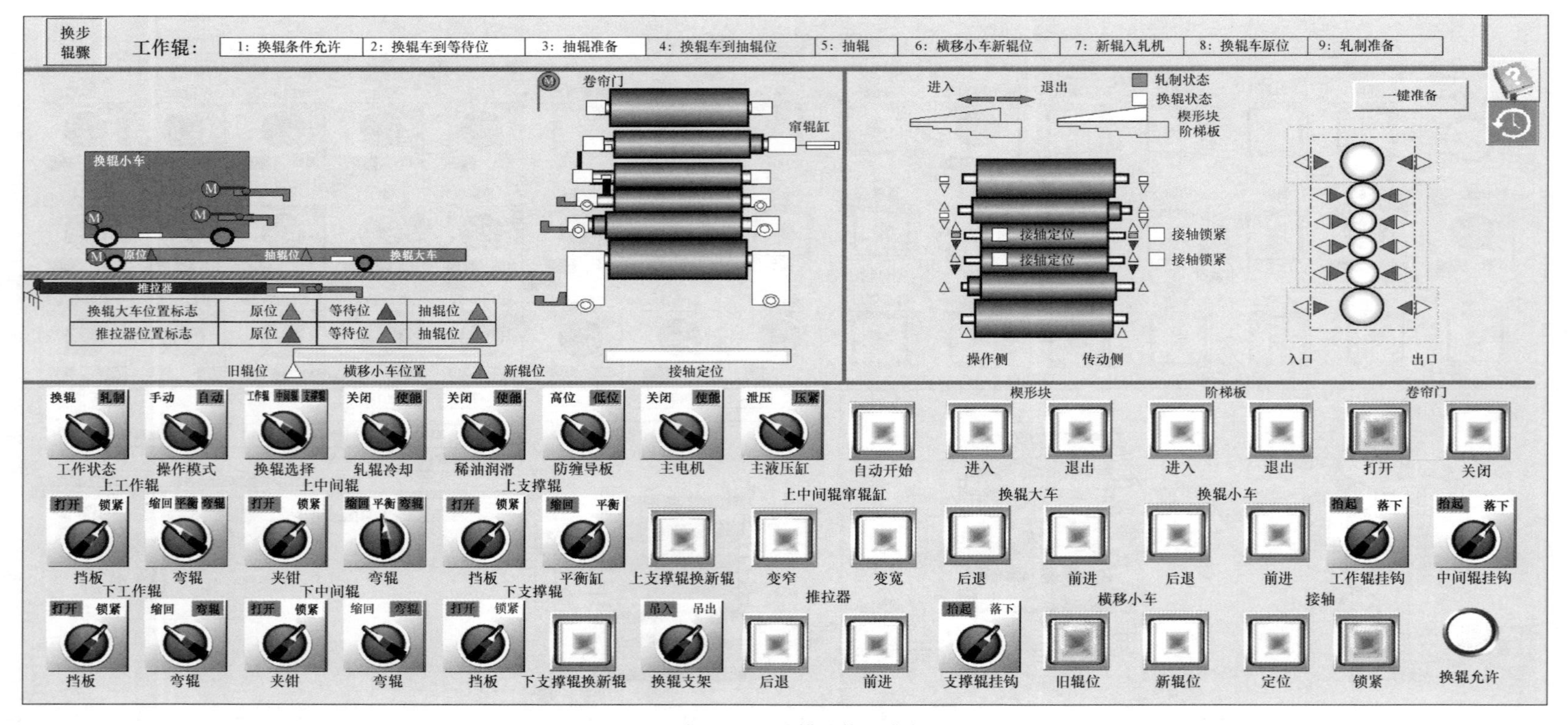

图4-54 手动模式换辊准备

（13）换辊小车[后退]，将上下工作辊抽出后，工作辊挂钩[抬起]，完成抽辊步骤。

（14）横移小车侧移至[新辊位]（进度条），等待安装新辊，如图 4-55 所示。

（15）换辊小车工作辊拉钩[落下]，换辊小车[前进]，将新工作辊装入轧机后，工作辊拉钩[抬起]，上下工作辊挡板[锁紧]。

（16）上中间辊弯辊[缩回]，上支撑辊弯辊[缩回]。

（17）阶梯板[进入]，楔形块[进入]。

（18）上支撑辊平衡缸[平衡]，上中间辊弯辊[平衡]，主液压缸[压紧]。

（19）换辊大车和换辊小车[后退]至原位，如图 4-56 所示。

（20）防缠导板切换到[低位]，接轴[锁紧]关闭，卷帘门[关闭]。

（21）上下工作辊和中间辊弯辊切换到[弯辊]状态，工作辊换辊完成。

（22）工作状态切换到[轧制]，轧辊冷却切换到[使能]，稀油润滑切换到[使能]，完成轧制准备，如图 4-57 所示。

4.5.4.3 轧机标定仿真实训操作

在轧制过程中必须对轧机的辊缝进行精确控制，这与辊缝零位（又称零辊缝）的确定关系密切，辊缝零位的确定一般是通过施加一定大小的轧制力压靠轧辊来获得，这一过程称为轧机零调。轧机标定的监控画面如图 4-58 所示，轧机标定的操作画面如图 4-59 所示。

轧机标定操作流程如下：

（1）将[标定速度]切换到[开始]，可看到标定运行条件中的轧机速度指示灯变为绿色；

（2）检查标定运行条件中的所有条件是否满足标定要求，若不满足需进行相应设置，直到所有条件均满足标定要求位置；

（3）参数设置：自零和压力（8000～10000 kN），自零差压力（0～300 kN），自零预压力（500～1000 kN），在标定参数输入框中输入相应参数；

（4）单击[标定参数应用]，将参数下达到相应控制模型；

（5）单击[标定开始]；

（6）单击[压头标零]，清除总轧制力与轧制力偏差；

（7）压下速度选择[高速]或[低速]，点击[同步压下]，使轧制力达到自零预压力，可看到步骤指示中同步压下至预压力指示灯变为绿色，继续点击[同步压下]，使轧制力达到自零和压力，可看到步骤指示中同步压下至自零和压力指示灯变为绿色；

（8）根据轧制力偏差数值大小，选择[操压传抬]或[操抬传压]，使传动侧和操作侧的轧制力偏差数值绝对值小于自零差压力，[和压力保持]指示灯亮；

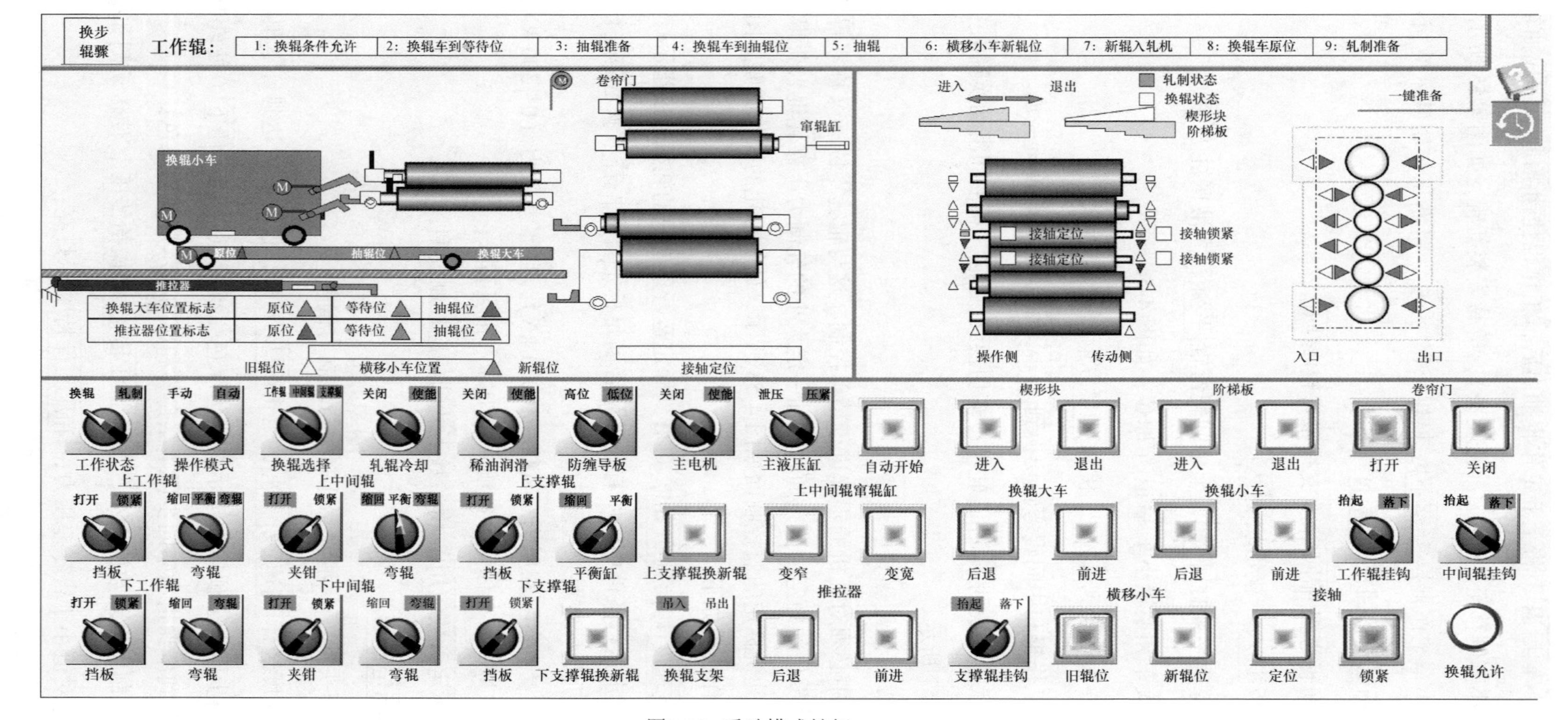

换辊步骤
工作辊：
1：换辊条件允许
2：换辊车到等待位
3：抽辊准备
4：换辊车到抽辊位
5：抽辊
6：横移小车新辊位
7：新辊入轧机
8：换辊车原位
9：轧制准备
卷帘门
窜辊缸
换辊小车
原位
抽辊位
换辊大车
推拉器
换辊大车位置标志
推拉器位置标志
等待位
旧辊位
横移小车位置
新辊位
接轴定位
进入
退出
轧制状态
换辊状态
楔形块
阶梯板
一键准备
接轴锁紧
操作侧
传动侧
入口
出口
换辊 轧制
手动 自动
关闭 使能
高位 低位
泄压 压紧
工作状态
操作模式
换辊选择
轧辊冷却
稀油润滑
防缠导板
主电机
主液压缸
自动开始
打开
关闭
上工作辊
上中间辊
上支撑辊
上中间辊窜辊缸
换辊大车
换辊小车
打开 锁紧
缩回 平衡 弯辊
缩回 平衡
抬起 落下
挡板
弯辊
夹钳
平衡缸
上支撑辊换新辊
变窄
变宽
后退
前进
工作辊挂钩
中间辊挂钩
下工作辊
下中间辊
下支撑辊
推拉器
横移小车
接轴
吊入 吊出
下支撑辊换新辊
换辊支架
支撑辊挂钩
旧辊位
新辊位
定位
锁紧
换辊允许

图4-55 手动模式抽辊

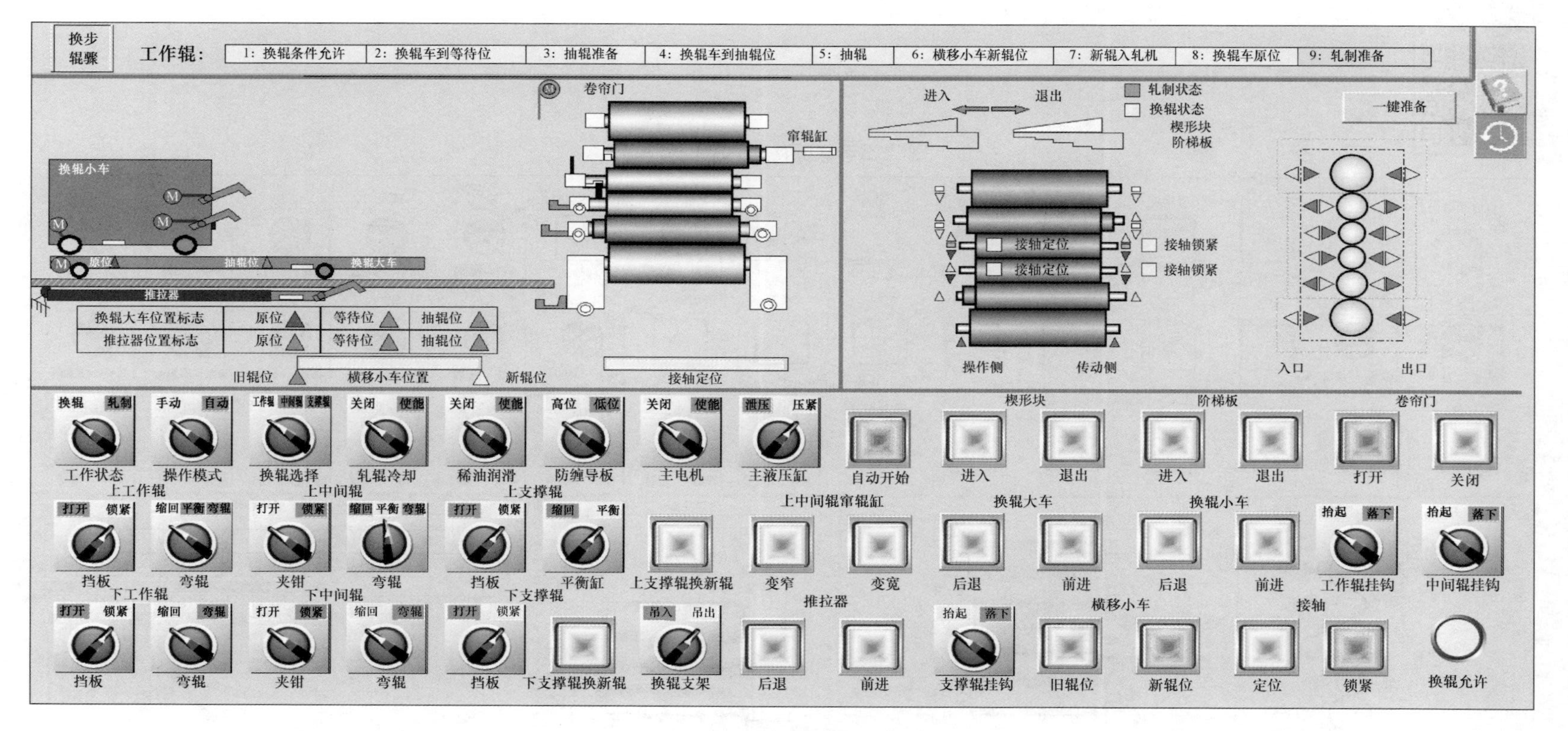

图4-56　手动模式换辊小车回原位

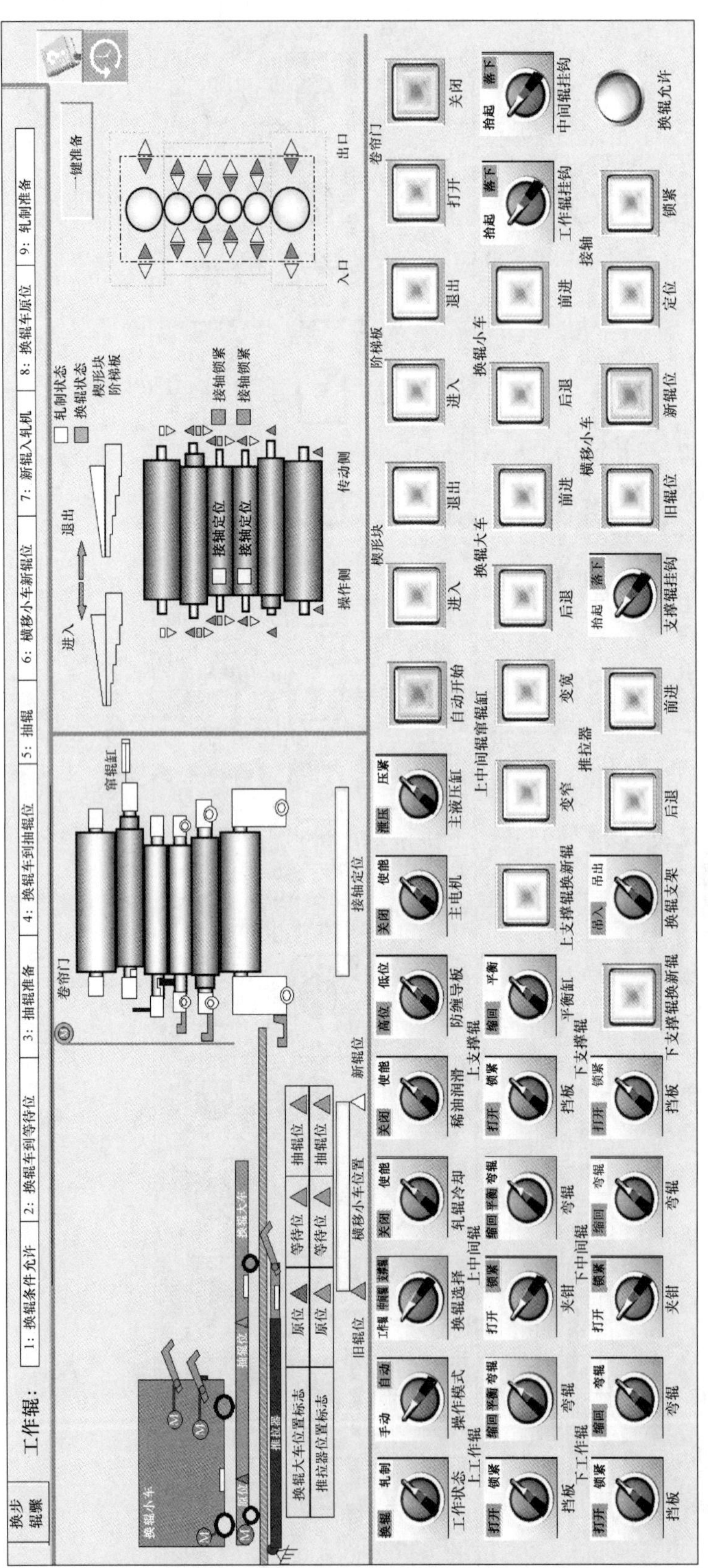

图4-57 手动模式换辊完成

微课 轧机标定仿真操作

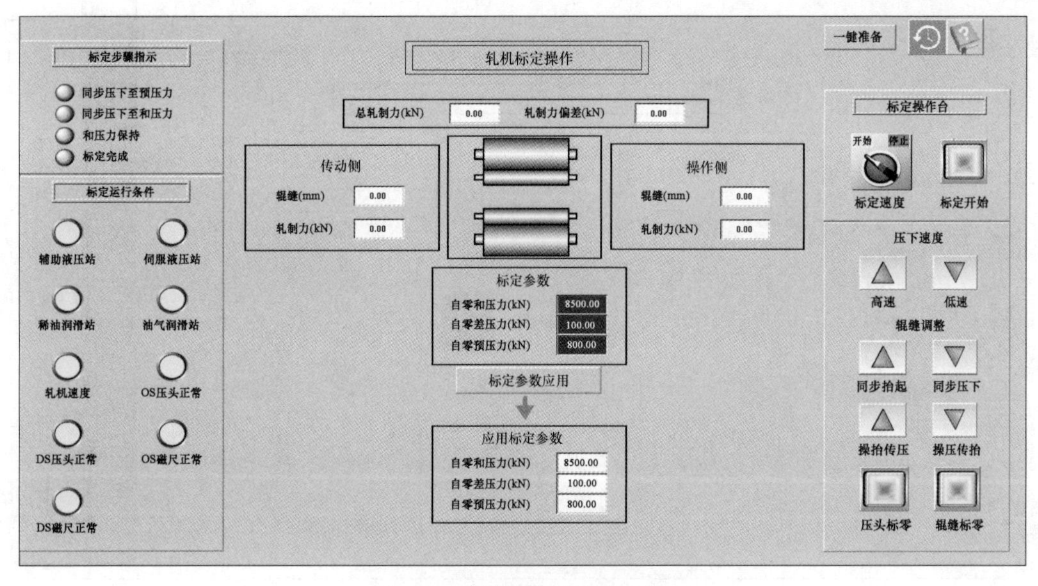

图 4-58　轧机标定的监控画面

图 4-59　轧机标定的操作画面

（9）单击辊缝标零，完成辊缝零调，如图 4-60 所示。

4.5.5　现代企业冷轧板带钢生产换辊智能控制

以某企业冷轧生产线的换辊操作为例，介绍冷轧板带钢换辊岗位操作技能，换辊操作界面如图 4-61 所示。

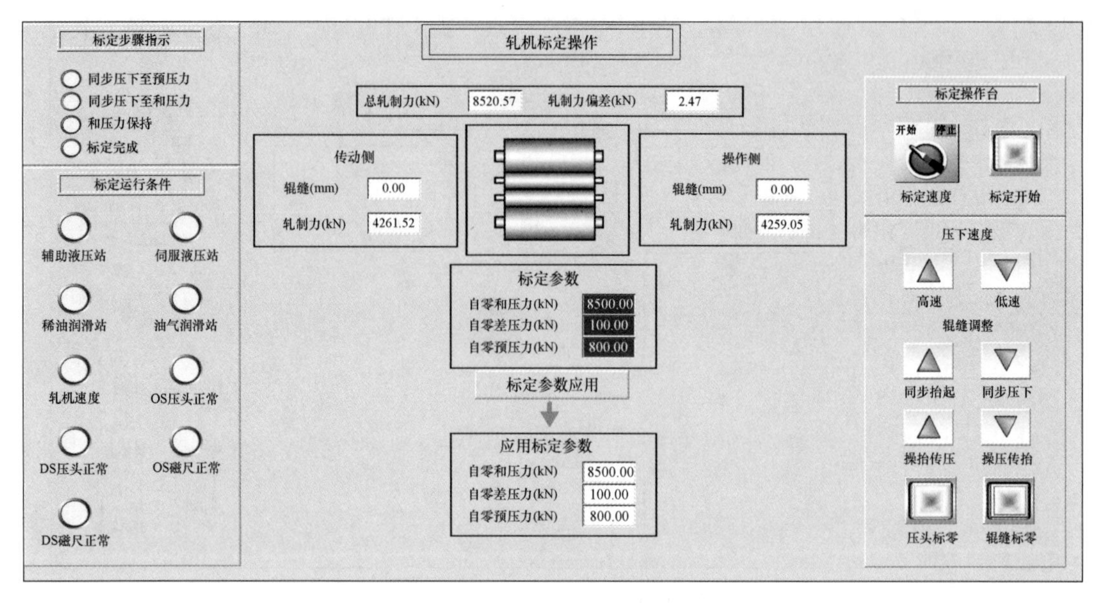

图 4-60 完成辊缝零调

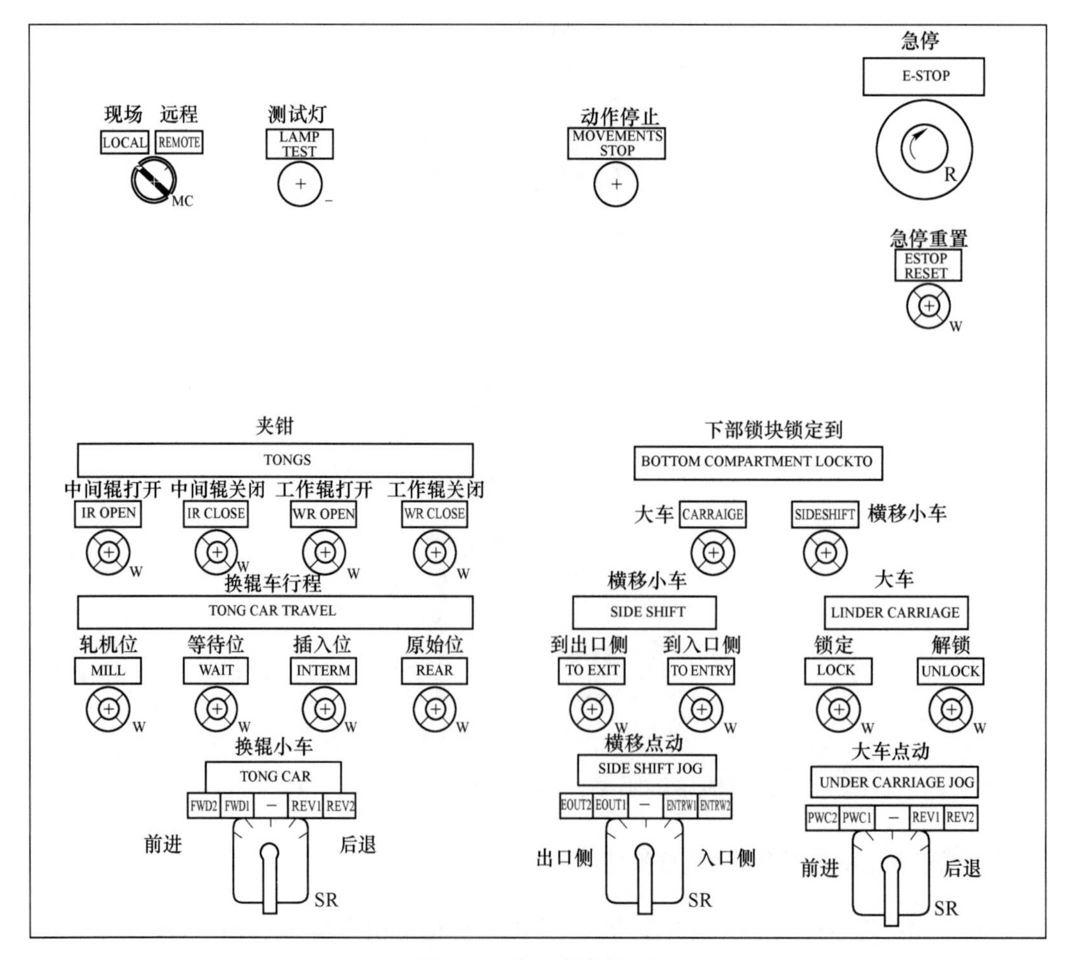

图 4-61 换辊操作界面

4.5.5.1　换辊操作岗位职责

（1）严格执行岗位职业健康管理制度，正确佩戴和使用职业健康防护用品，检查岗位职业健康设备设施并保持完好。

（2）工作前检查手动或起动葫芦、吊绳、换辊小车是否安全可靠。

（3）换辊时必须穿戴劳动保护鞋，防止滑跌。

（4）熟悉本岗位火灾危险性，做好岗位动火作业安全检查确认。

（5）本岗位发生事故时，立即采取措施关停事故相关联的设备设施，会报警、疏散、使用应急救援设备。

4.5.5.2　特别注意事项

（1）进行本岗位的生产准备工作，组织指挥生产，正确执行各项标准规范及制度。

（2）监控张力、电流、轧制压力、速度、轧制厚度、弯辊、窜辊等工艺参数及板形情况。

（3）确认辊单输入正确。

（4）手动更换辊时轧机处于停机状态。

（5）降落地板盖之前，确认地板盖上无人站立、无其他工具。

（6）开动换辊车前，确认换辊车附近无工作人员、换辊车运动轨迹内无工作人员。

（7）换辊期间现场监控工作人员要对周围通行人员及时进行警告。

（8）手动换辊后，要确认各夹钳是否锁定。

（9）将操作模式改为现场，更换过程中，要确认各动作的机械位置是否到位，不能只依照指示灯的信号作为判断依据，如果发生紧急情况要立即按下E-STOP。

4.5.5.3　换辊操作

A　换辊前准备

（1）等待轧机处于允许换辊的状态且换辊区域无其他人员时，方可进行操作换辊。

（2）升降平台下降到换辊位置（PLATFORM 选择 LOWER），如图 4-62 所示。

（3）将换辊车开到机架前等待位置。

（4）将 TONG CAR 也开到等待位置（TONG CAR TRAVEL 选择 WAIT），如图 4-63 所示。

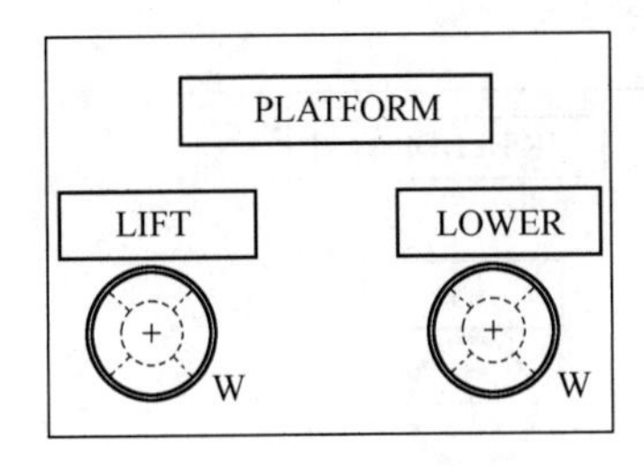

图 4-62　换辊前准备

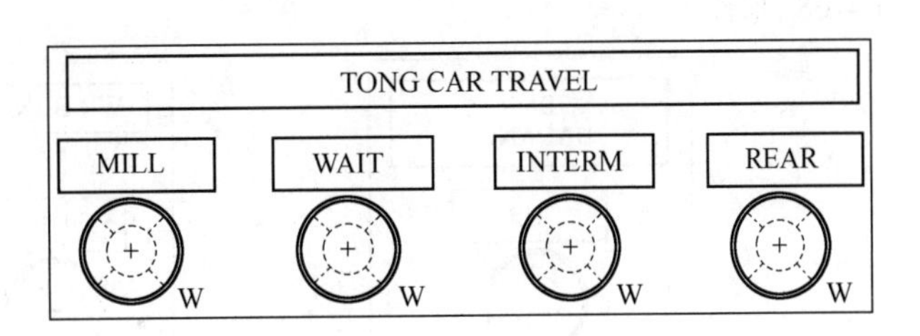

图 4-63　机架前等待位置

B 手动换辊步骤

（1）选择好机架换辊模式。

（2）如果只是检查轧辊的表面，则要选择INSPECT。

（3）打开卷帘门。

（4）打开换辊小车 TONG CAR 夹钳，如图 4-64 所示。根据换辊需要选择对应的 TONGS 选择 IR OPEN 或 WR OPEN。

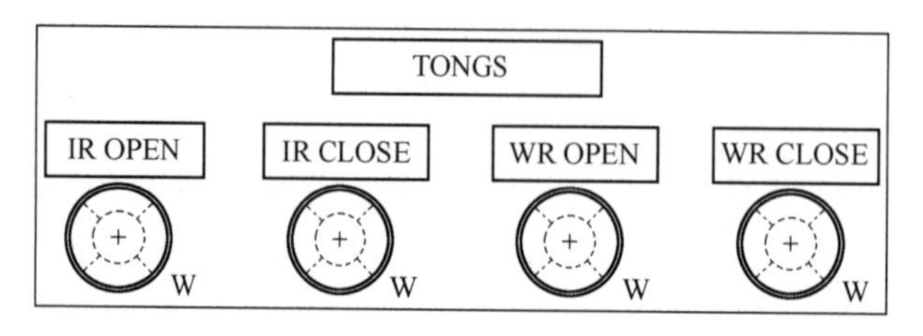

图 4-64 小车夹钳

（5）机架间带钢夹紧装置夹紧（CLAMP 选择 CLAMP），如图 4-65 所示。

（6）防缠导板缩回（TOP ANTI-STICKER 选择 OUT，BOTTOM ANTI-STICKER 选择 OUT），如图 4-66 所示。

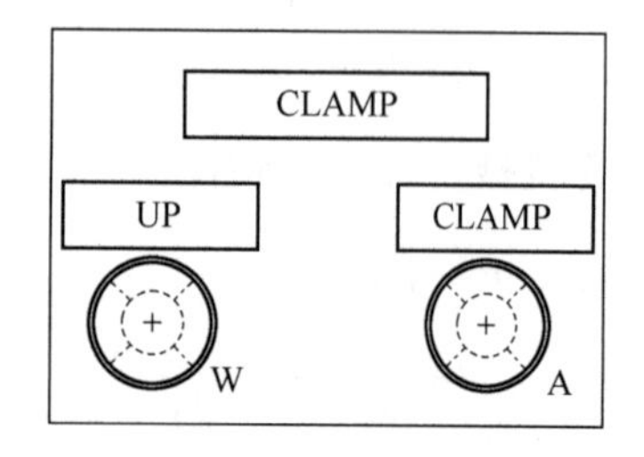

图 4-65 带钢夹紧装置

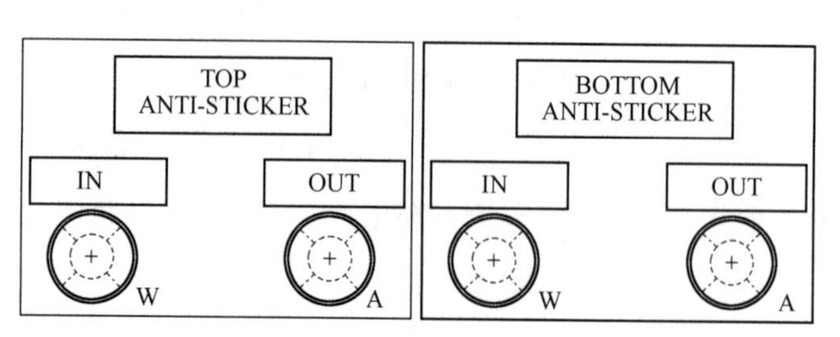

图 4-66 防缠导板缩回

（7）打开主压下液压缸。

（8）收回衬块伸缩装置。如果衬块没有使用，则跳到第（11）。

（9）支撑辊平衡提升（BUR BALANCE 选择 UP），如图 4-67 所示。

（10）中间辊、工作辊平衡提升（WR BENDING 选择 UP，IR BENDING 选择 UP），如图 4-68 所示。

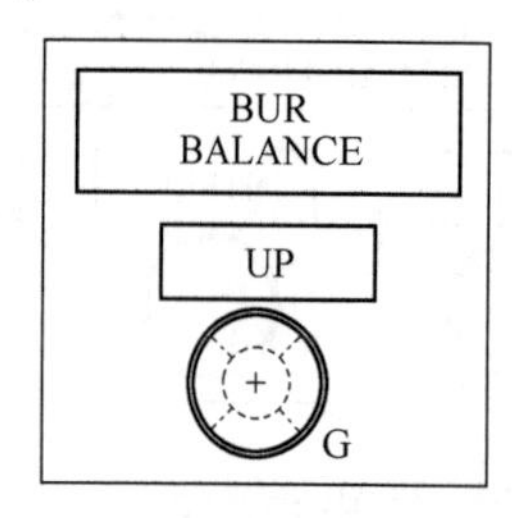

图 4-67 支撑辊平衡提升

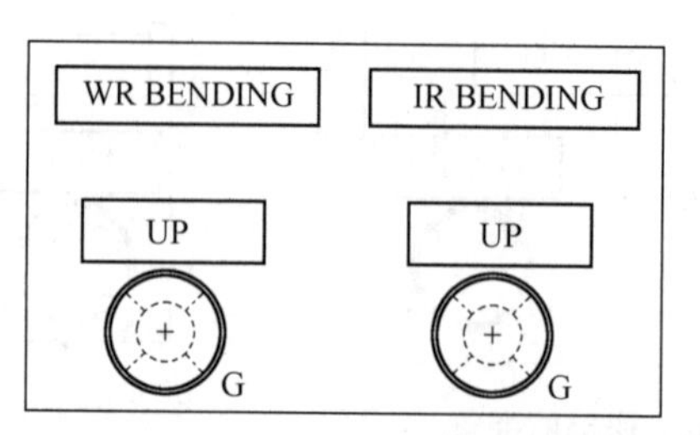

图 4-68 中间辊、工作辊平衡提升

（11）楔形块降到换辊的位置。

（12）工作辊轴头定位。

（13）轴头支撑接合，托住万向接轴。

（14）CVC 中间辊移动到换辊位置，即操作（OS）侧（CVC ROLL SHIFTING 选择 Roll Chg Pos）。

（15）换辊小车移动到换辊位置。

（16）上锁换辊车（UNDER CARRIAGE 选择 LOCK），如图 4-69 所示。

（17）换辊车（TONG CAR）移动到机架换辊位置。

（18）关闭 TONG CAR 小车的夹钳，夹住中间辊（IR）和工作辊（WR）（选择 IR CLOSE、WR CLOSE）。

（19）保持 CVC SHIFTING 在换辊位置，释放中间辊窜辊的夹紧装置。

（20）打开中间辊锁紧装置，然后打开工作辊锁紧装置。

（21）TONG CAR 退回，打开 TONG CAR 夹钳（WR OPEN、IR OPEN）。

（22）TONG CAR 退回到等待位（REAR）（TONG CAR TRAVEL-REAR），手动抽辊步骤完成。

（23）移动侧移小车到出口侧（SIDE SHIFT 选择 TO EXIT），如图 4-70 所示（侧移小车在入口侧，如果侧移小车在出口侧，则相反），检查横移小车和下中间辊箱在锁住位置（BOTTOM COMPARTMENT LOCK TO-SIDE SHIFT）。

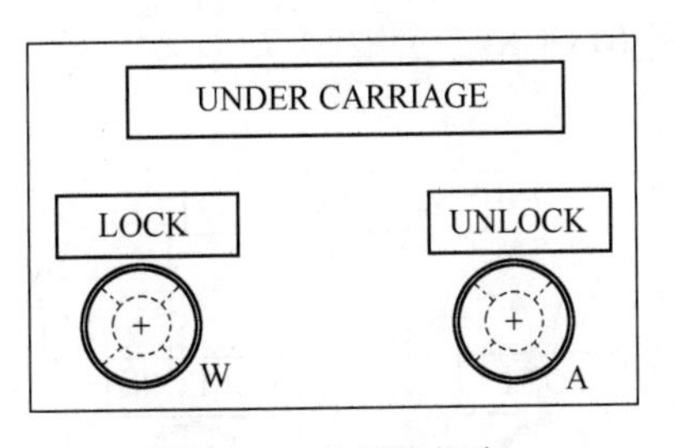

图 4-69 上锁换辊车

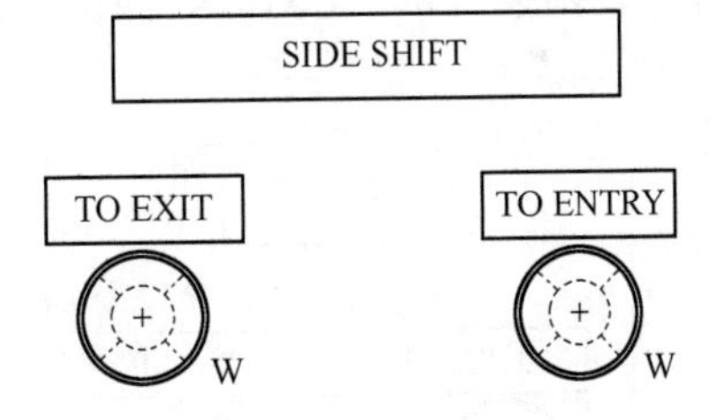

图 4-70 侧移小车

（24）TONG CAR 到适当位置。

（25）关闭 TONG CAR 小车夹钳（TONGS 选择 IR CLOSE、WR COLSE）。

注意：在关闭 TONG CAR 小车夹钳之前，要再往前移动一些，确保小车夹钳可以夹住 WR 和 IR，能够抓紧轧辊且不能接触到轧辊的位置。

（26）TONG CAR 小车开到机架位置（TONG CAR TRAVEL 选择 MILL）。

（27）轧辊夹紧装置闭合，并打开 TONG CAR 小车夹钳（TONGS 选择 IR OPEN、WR OPEN）。

（28）新辊数据导入换辊系统，如遇到数据错误的情况可手动由二级系统导入。

（29）收回轴头支撑装置。

（30）中间辊窜动到轧制位置。

（31）提升斜楔到轧制线位置（提升楔形块后需确认数值是否符合规定，否则降下楔形块重新提起）。

（32）如果新辊系直径与最大的辊径差大于 120 mm，则需要进行如下三步：

1）降低支撑辊平衡；

2）降低工作辊、中间辊平衡；

3）插入衬块。

（33）抬起支撑辊平衡。

（34）抬起工作辊、中间辊平衡。

（35）防缠导板缩回（TOP ANTI-STICKER 选择 IN，BOTTOM ANTI-STICKER 选择 IN），如图4-71 所示。

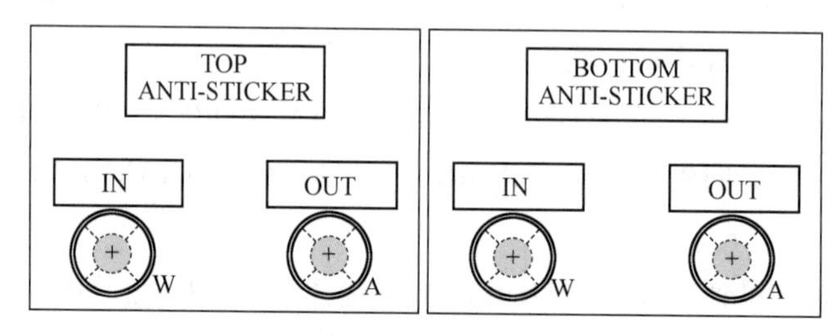

图 4-71 防缠导板

（36）带钢夹紧装置到轧制位置（CLAMP 选择 UP），如图4-72 所示。

（37）解锁换辊车（UNDER CARRIAGE 选择 UNLOCK），如图 4-73 所示。

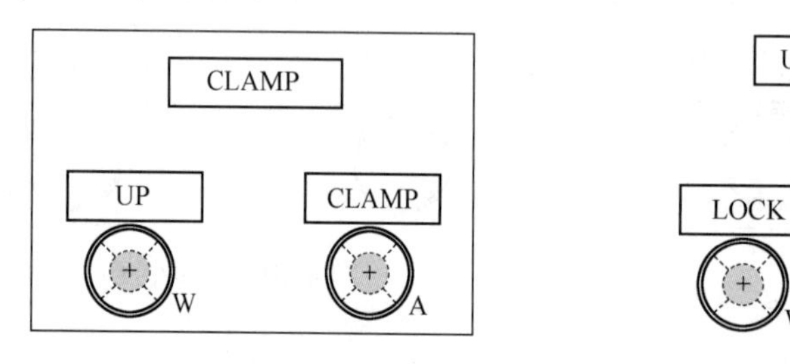

图 4-72 带钢夹紧装置

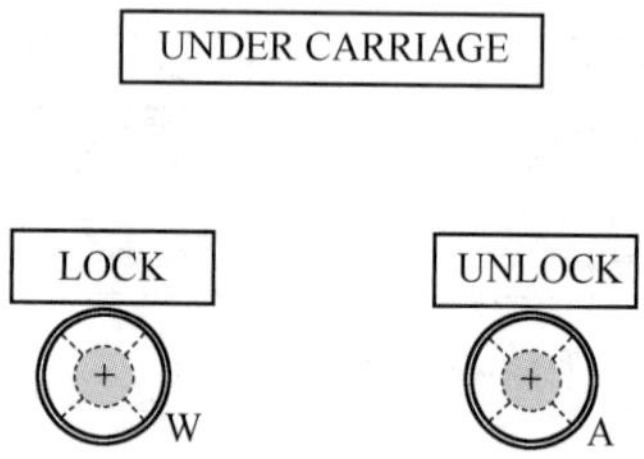

UNDER CARRIAGE

LOCK UNLOCK

W A

图 4-73 解锁换辊车

（38）换辊车回到 PARK 位置（TONG CAR TRAVEL 选择 REAR）。

（39）关闭卷帘门。

（40）升起换辊平台（PLATFORM 选择 LIFT），如图4-74 所示。

（41）切换到轧制模式。

（42）等待标定，手动换辊结束。

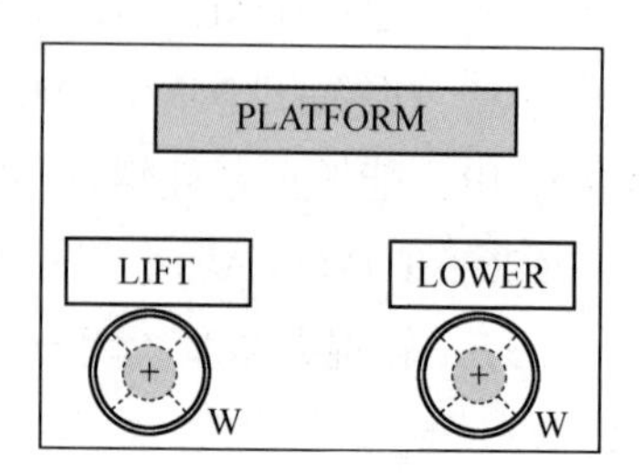

图 4-74 升起换辊平台

4.5.5.4　轧机轧制线标定

A　特别注意事项

进行标定操作时，根据机架内是否有带钢存在，无带钢时进行无带钢标定操作，有带钢时进行有带钢标定操作。

B　操作步骤

（1）无带钢标定操作。机架内无带钢的状态下将轧机辊缝闭合，当轧机闭合后产生一定轧制力时，对轧辊喷射乳化液进行冷却润滑，同时轧辊开始旋转再次达到目标轧制力时标定完成。

（2）有带钢标定操作。机架内有带钢的状态下将轧机辊缝闭合，当轧机闭合后产生一定轧制力时标定完成。

4.5.6　相关理论知识

4.5.6.1　换辊装置

换辊时要根据产品质量的要求，可以分别更换工作辊、中间辊和支撑辊，建立合理的换辊制度是保证产品质量的最基本要求之一。实际生产中，轧钢操作人员要经常性地进行换辊操作，换辊装置的可靠性有时成为影响生产率的重要因素，因此掌握换辊装置的性能，并进行熟练操作，就显得比较重要。该装置中工作辊和中间辊换辊为一套机构，支撑辊换辊采用另一套机构。

A　工作辊和中间辊的换辊装置

（1）功能：先从轧机中抽出需要磨削的轧辊，再侧向移动，然后插入新轧辊。工作辊和中间辊可以单独更换也可以一起更换，在轧机内有带钢的情况下也可进行换辊。

（2）位置：在轧机操作侧。

（3）装置构成：

1）小车：焊钢结构，有 4 个装有耐磨轴承的车轮，通过两个齿轮电机驱动轮轴运动。通过一个安装在轧机上的液压锁定装置，将小车锁定在轧机操作侧的特定位置。

2）侧移小车：焊钢结构，车轮安装在耐磨轴承上，横向移动由液压缸驱动。

3）抽插辊装置：焊接在钳式小车，在耐磨轴承上装有车轮，由液压马达驱动。通过作用在辊颈上的液压钳锁住或松开轧辊，工作辊和中间辊夹钳可以单独松开或锁紧。

4）装卸抽屉：位于侧移小车上，能够把下中间辊从侧移小车上推进与拉出，从而方便吊装下中间辊。通过两个液压缸驱动，并用极限开关进行位置控制。

（4）技术数据：

小车移动速度：约 250 mm/s　　移动距离：约 14000 mm

侧移平台移动速度：约 150 mm/s　　抽插辊装置移动速度：约 200 mm/s

B　支撑辊换辊装置

（1）功能：通过支撑辊换辊车，退出或移入支撑辊；在支撑辊换辊过程中，降低下支撑辊轴承座，将其放至由两个滑架组成的支撑辊换辊车内。下支撑辊通过支撑辊换辊液压缸从轧机内移出。下支撑辊抽出后，将换辊凳放到下支撑辊上，再将其一起移入轧机。随后，通过液压缸块内的平衡液压缸，降低上支撑辊，将其放到换辊凳上，然后整套支撑辊从轧机内移出，由吊车将上支撑辊吊起，将其放到支撑辊平板车上。将换辊凳移走，吊起下支撑辊，放置在支撑辊平板车上，与上支撑辊一起运至磨辊间。对于新辊的移入，步骤与上述相反。

(2) 位置：在轧机操作侧，位于地面以下。

(3) 设计特点：支撑辊换辊车由带有车轮的两个托架组成，车轮上装有耐磨轴承，还包括对中螺栓、焊钢结构的连接框架以及紧固元件、一个带有支架和安装附件的液压缸。

(4) 数量：5套。

(5) 技术数据：

1) 每个换辊车的能力：支撑一套支撑辊（上下支撑辊）和换辊凳；

2) 换辊车驱动：通过一个液压缸驱动。

C 换辊凳

(1) 功能：用于上下支撑辊同时换辊。

(2) 位置：换上支撑辊时，将换辊凳放在下支撑辊轴承座上。

(3) 设计特点：换辊凳是焊钢结构，适用于六辊轧机的机型。

(4) 数量：2套。

(5) 其他：通过吊车，将换辊凳放在下支撑辊轴承座上。

D 轧辊吊具

(1) 数量：1套。

(2) 形式：提升梁和钢丝绳。

(3) 功能：通过车间吊车把单个装配轧辊吊装到平板车上，包括用于中间辊和工作辊的提升梁和用于支撑辊的提升梁共1套。

(4) 结构：

1) 提升梁。焊接钢结构，配有4根钢丝绳销轴和用于天车钩头的连接销，1套用于工作辊和中间辊，1套用于支持辊。

2) 钢丝绳。用于工作辊和中间辊吊运的4根钢丝绳和用于支持辊吊运的4根钢丝绳。

4.5.6.2 轧辊磨削的有关规定

(1) 不允许对刚从轧机换下来的未经完全冷却的轧绳进行直接磨削。

(2) 对于粘有带钢的轧辊，应将带钢处理干净后，才能进行磨削。

(3) 要根据轧辊的技术要求和规格型号正确选用轧辊磨削程序。

(4) 轧辊的磨削应按粗磨→半精磨→精磨的步骤磨削。

(5) 磨削时不能选用过大的磨削进给量，防止出现轧辊烧伤现象。如果轧辊出现烧伤，应立即停止进给或减少进给量。

(6) 在精磨时，磨光时间不宜过长，以免因砂轮钝化引起的自激振动在轧辊表面产生振纹。

(7) 要保证冷却液供给充分。

(8) 砂轮要保持锋利。

(9) 轧辊辊身锥度允许误差为 0.02 mm。

4.5.6.3 异常工况产生的原因及处理方法

A 平移盖板无法移动

故障现象：

(1) 换辊的平移盖板没有动作或者只是移动了一小段距离；

(2) 平移盖板平移到位，从现场看已经对齐，但是操作画面显示不到位。

产生原因：平移盖板出现卡阻，或者自动通阀控制失灵。

预防及处理方法：详细检查平移盖板是否出现卡阻情况，采用手动通阀的方式解决。平移盖板横移系统采用的是比例控制，通阀之前需要跟操作人员协调沟通，确认现场人员都处于安全位置，采用轻度通阀的形式就可以了。如果现场已经到位，则由电气人员进行检查，观察接近开关位置与信号的正常情况，对于不正常的应当及时更换。

B CVC 提不到位

故障现象：

(1) 换辊模式自动时 CVC 窜辊不到位；

(2) 长时间轧机内没有轧辊，某个 CVC 液压缸位置不正确。

产生原因：工作辊处于不平衡状态。

预防及处理方法：

(1) 确认工作辊是否处于平衡状态，否则加以调整，再切换工作模式，重新执行自动时序；

(2) 需要在 CVC 窜辊处采用手动或自动模式时，强制位置设定零动作液压缸。

C 工作紧缩挡板无法打开

故障现象：工作紧缩挡板无法打开。

产生原因：

(1) 换辊小车没有到位；

(2) 阀台的电磁阀信号出现错误。

预防及处理方法：首先，检查现场是否存在卡阻现象，观察换辊小车是否到位；其次，检查机上阀台的电磁阀信号是否正确，如果电磁阀有电，则手动强制信号，如果不能，则更换电磁阀；最后，检查液压缸的连接部位是否脱开，否则要及时调整。

D 阶梯垫不能到位

故障现象：阶梯垫不能到位。

产生原因：

(1) 轧辊数据输入错误；

（2）支撑辊平衡压力未达标。

预防及处理方法：自动时序阶梯垫无法调整到位，则应当在自动时序停止之后，首先确认轧辊数据是否正确，其次确认支撑辊平衡压力是否达到130 bar（1 bar = 10^5 Pa）。如果没有处于平衡位置则及时做出调整，将控制模式切换为轧制模式，将支撑平衡切换到Off模式，切回Auto模式；如果确认发现状态全部正常，则通知操作人员切回到换辊模式，进行阶梯垫的手动调整。

E 多角纹和振纹

故障现象：轧辊表面出现多角纹和振纹。

产生原因：磨削时砂轮相对工件有振动。

预防及处理方法：

（1）砂轮做静平衡；

（2）调整或更换皮带，减少皮带的振动；

（3）选择合适的磨削量，或者减少磨削量，降低砂轮和工件的线速度；

（4）选用合适砂轮，降低砂轮硬度；

（5）砂轮磨钝后要及时修正。

F 螺旋纹

故障现象：轧辊表面出现螺旋纹。

产生原因：

（1）砂轮修整情况不良；

（2）精磨时滑架运行速度快；

（3）滑架导轨油压过高有浮动；

（4）头尾架刚性不一致；

（5）砂轮在宽度方向上硬度不均。

预防及处理方法：

（1）重新修整砂轮，调整修整时的切深，保证修整时的切削液量；

（2）降低滑架的运行速度；

（3）调整滑架导轨润滑油压力和流量；

（4）减小磨削量；

（5）更换砂轮。

G 橘皮状轧辊表面

故障现象：轧辊表面出现橘皮状。

产生原因：产生结晶，轧辊锻造比过高，磨削量低。

预防及处理方法：在轧制过程中有效润滑可以延迟轧辊表面橘皮状的发展，也可以在轧辊加工过程中适当地减少锻造比和增加磨削量，从而预防该缺陷。

H 辊印

故障现象：轧辊表面出现针头状、小坑、小孔的辊印。

产生原因：轧制过程中碎片或碎屑进入轧辊，并且咬入工作辊、中间辊和支撑辊接触区。

预防及处理方法：

（1）发现和消除轧辊碎屑源；

（2）增加工作辊硬度；

（3）增加工作辊、中间辊和支撑辊间的硬度差。

4.5.7 换辊安全规程

（1）上岗前必须穿戴好劳动保护用品。

（2）进入机架间，必须插好上下导板安全销并把测厚仪关闭、退出，停机作业。

（3）更换工作辊、中间辊时，换辊小车在走停及横移时，确认附近无障碍物和人后方可操作。

（4）更换支撑辊由专人指挥，更换前必须确认天车钢丝绳、抱闸、吊具完好，做好安全确认后方可作业。

（5）换辊时，严禁猛力撞击。

（6）换辊小车严禁一次装载两个轧辊进行运输。

（7）起吊轧辊时，轧辊下方禁止站人。

（8）换辊由多人作业时，应由专人指挥，吊运、移放、起落应在指挥人员确认后进行。

（9）机组运行时，严禁在线拆换运转中的轧辊。

4.5.8 检查评价

检查评价见表 2-1。

4.5.9 练习题

[理论知识试题精选]

一、选择题

（1）工作辊 5 个机架换辊时间约为（　　）min。

A. 5　　B. 3　　C. 4　　D. 6

（2）在换辊期间，轧机入口张力辊的抱闸动作固定带钢以防窜动，起动卷取机电机卷住钢卷以保持（　　），实现在线换辊。

A. 轧制力恒定　　B. 张力恒定　　C. 轧制线恒定　　D. BISRA 补偿恒定

（3）闭式机架的主要特点是（　　）。

A. 换辊简单、方便　　B. 刚度高　　C. 便于调整　　D. 轧制精度低

（4）在换辊过程中，液压定位装置降低后，（　　）装置迅速地按新辊直径的需求自动移到新的位置。

A. 轧制线调整　　B. 轧制力调整　　C. 张力调整　　D. 辊缝调整

（5）换辊时，各机架中轧辊的中心线力求与齿轮箱人字齿的中心线在同一（　　）。

A. 中心线　　B. 水平线　　C. 轧制线　　D. 垂直线

（6）换辊时，抱瓦及抱瓦螺丝不好使，必须（　　）。

A. 不用换　　B. 更换新的　　C. 换旧的　　D. 换有问题的

(7) 换辊方便，但刚度较差的机架形式是（　　）。

A. 闭口机架　　B. 半闭口机架　　C. 开口机架　　D. 其他

(8) 换辊时，天车要有（　　），并负责检查换辊工具及吊具是否安全可靠。

A. 专人指挥　　B. 两人指挥　　C. 多人指挥　　D. 三人指挥

(9) 上辊调整装置又称为（　　）。

A. 压下装置　　B. 导卫装置　　C. 传动装置　　D. 压紧装置

(10)（　　）不能提高轧机的作业率。

A. 减少换辊时间　　B. 减少切头长度　　C. 减少待温待料　　D. 减少停机时间

二、判断题

（　　）(1) 自动换辊之后，需要调整新辊的接头角度，以保证顺利将轧辊装入。

（　　）(2) 中间辊是由在传动侧的液压缸实现轴向窜动。中间辊设置在工作辊和支撑辊之间，偏向轧制方向以实现稳定轧制。在换辊过程中，液压定位装置降低后，轧制线调整装置迅速地按新辊直径的需求自动移到新的位置，还可防止错误压上动作的控制。

（　　）(3) 工作辊单机架换辊时间约为 4 min，工作辊双机架换辊时间约为 4 min。

[操作技能试题精选]

请完成轧制计划单中产品的更换工作辊和轧机标定仿真操作，生产计划单见表 4-8。

表 4-8　生产计划单

位置	钢卷号	钢种	来料厚度/mm	来料宽度/mm	产品厚度/mm	产品宽度/mm	屈服强度/MPa
入口	A220100941E	DC01	2.75	1250	0.40	1220	270
出口	221W033820000	DC01	2.75	1250	0.40	1220	270

考核要求：

(1) 正确打开冷连轧仿真实训教学软件；

(2) 换辊允许指示灯是否亮起；

(3) 是否将[操作模式]切换到[手动]换辊模式；

(4) 是否将[换辊选择]切换到[工作辊]；

(5) 抽辊准备是否完成；

(6) 抽辊步骤是否完成；

(7) 工作辊换辊是否完成；

(8) 检查标定运行条件中的所有条件是否满足标定要求；

(9) 参数设置是否正确；

(10) 是否清除总轧制力与轧制力偏差；

(11) 预压力指示灯是否变为绿色，自零和压力指示灯是否变为绿色，和压力保持指示灯是否亮；

(12) 是否完成辊缝零调；

(13) 安全文明操作；

(14) 操作时间为 25 min。

更换工作辊和轧机标定仿真操作测试评分见表 4-9。

表 4-9 更换工作辊和轧机标定仿真操作测试评分

项目要求	配 分	评 分 标 准	扣分	得 分
操作准备	25 分	（1）未正确打开冷连轧仿真实训教学软件，扣 5 分； （2）换辊允许指示灯未亮起，扣 5 分； （3）未将[操作模式]切换到[手动]换辊模式，扣 5 分； （4）未将[换辊选择]切换到[工作辊]，扣 5 分； （5）检查标定运行条件中的所有条件未满足标定要求，扣 5 分		
操作过程与结果	65 分	（1）抽辊准备未完成，扣 15 分； （2）抽辊步骤未完成，扣 15 分； （3）工作辊换辊未完成，扣 15 分； （4）未清除总轧制力与轧制力偏差，扣 5 分； （5）预压力指示灯未变为绿色，自零和压力指示灯未变为绿色；和压力保持指示灯未亮，扣 10 分； （6）未完成辊缝零调，扣 5 分		
安全文明操　作	10 分	违反安全操作规程，每次扣 5 分		

模块5 冷轧板带钢生产卷取智能控制

课件

任务5.1 课程思政

思政目标

- 把材料的“成材”与人的“成才”密切联系，培养学生刻苦学习、努力工作、自我锻炼和不断发展进步的精神；
- 培养学生树立远大的理想和抱负，树立正确的世界观、人生观、价值观。

钢铁人物

坚守初心铸匠心——任亚强

党的二十大相关新闻报道展示的航空航天、地标建筑、国防港口等诸多领域的“大国重器”中，有相当一部分背后都有“舞钢板”的身影。作为我国陆上最大单机风电机组国家优质工程——新疆华电木垒40个井子80万千瓦风电建设项目所需的1.19万吨高端风电用钢全部由舞钢公司生产，这其中凝结着新老两代“舞钢人”的心血和汗水。

伴着烈焰滚滚、机声隆隆，在轧钢车间一干就是28年的任亚强，从一名普通学徒成长为舞钢首批轧钢高级作业师。在平顶山市第二届“鹰城大工匠”评选中，任亚强脱颖而出。

1991年，20岁的任亚强从舞钢技校毕业，分配到舞钢公司一轧钢厂轧钢车间当学徒。“轧钢工的岗位很重要，全公司都知道。作为一名轧钢工，谁都想把钢轧好，力求轧一块成一块，但有时由于种种因素，往往让人产生一些遗憾。每到这时，我们的心里都有一种被‘揪’的难受，不是因为挨了考核，而是觉得像个‘罪人’。”任亚强深情地说。

多年来，任亚强在自己的岗位上，利用丰富的理论和实践经验，连续攻克SA387Cr11CL2等几十种品种钢的轧制工艺瓶颈，先后发明控制中厚板钢板硬弯轧制、大厚度钢板和高强度钢板控制轧制速度及压下量等先进操作法，这些方法一经推广使用，便在轧钢工艺中发挥出良好的效果。2008—2018年，任亚强累计轧出120.7万多吨钢板，创造了个人锭材成材率73.57%、坯材成材率91.03%、一次性能合格率97.33%的舞钢公司历史最好指标，每年创效600多万元。

从事轧钢工作30年来，任亚强始终“坚守初心铸匠心”，培养了一批又一批新的轧钢工，为舞钢公司转型升级高质量发展做出了巨大贡献。

任务 5.2 冷卷取智能控制

知识目标

- 卷取机的结构及其工作原理；
- 卷取机的操作规程；
- 常见卷取生产异常工况与产品缺陷的原因及处理方法。

技能目标

- 能读懂冷轧带钢卷取生产工艺参数；
- 能检查并确认卷取机及辅助设备的运行状态；
- 能处理冷轧带钢卷取生产常见简单故障。

5.2.1 任务描述

本任务主要学习卷取机的结构及工作原理，卷取机操作规程和卷取生产质量检测及处理方法；能读懂冷轧带钢卷取生产工艺参数，检查卷取机的运行状态，处理冷轧带钢卷取生产常见简单故障。卡罗赛尔卷取机仿真操作监控画面，如图 5-1 所示。

5.2.2 任务分析

冷轧带钢的卷取生产是用来将轧制完成的带钢收集成卷，卷取的主要设备包括飞剪、卡罗赛尔卷取机和卸卷运输设备等。目前冷轧带钢生产线常用卡罗赛尔卷取机，安装在冷轧轧制生产线的出口段。卡罗赛尔卷取机，如图 5-2 所示。

5.2.3 任务准备

（1）接收冷轧带钢生产计划单。

（2）卷取辅助操作台和卷取操作台控制。

（3）卷取准备：

1）调用并下达工艺参数。

2）检查并确认卷取辅助操作台运行状态，包括：[卷筒电机]→[使能]，[飞剪]→[使能]，[夹送辊]→[使能]，[穿带台电机]→[使能]，[转盘电机]→[抬起]，[助卷器]→[使能]，[外支撑臂]→[使能]，[压辊]→[使能]。

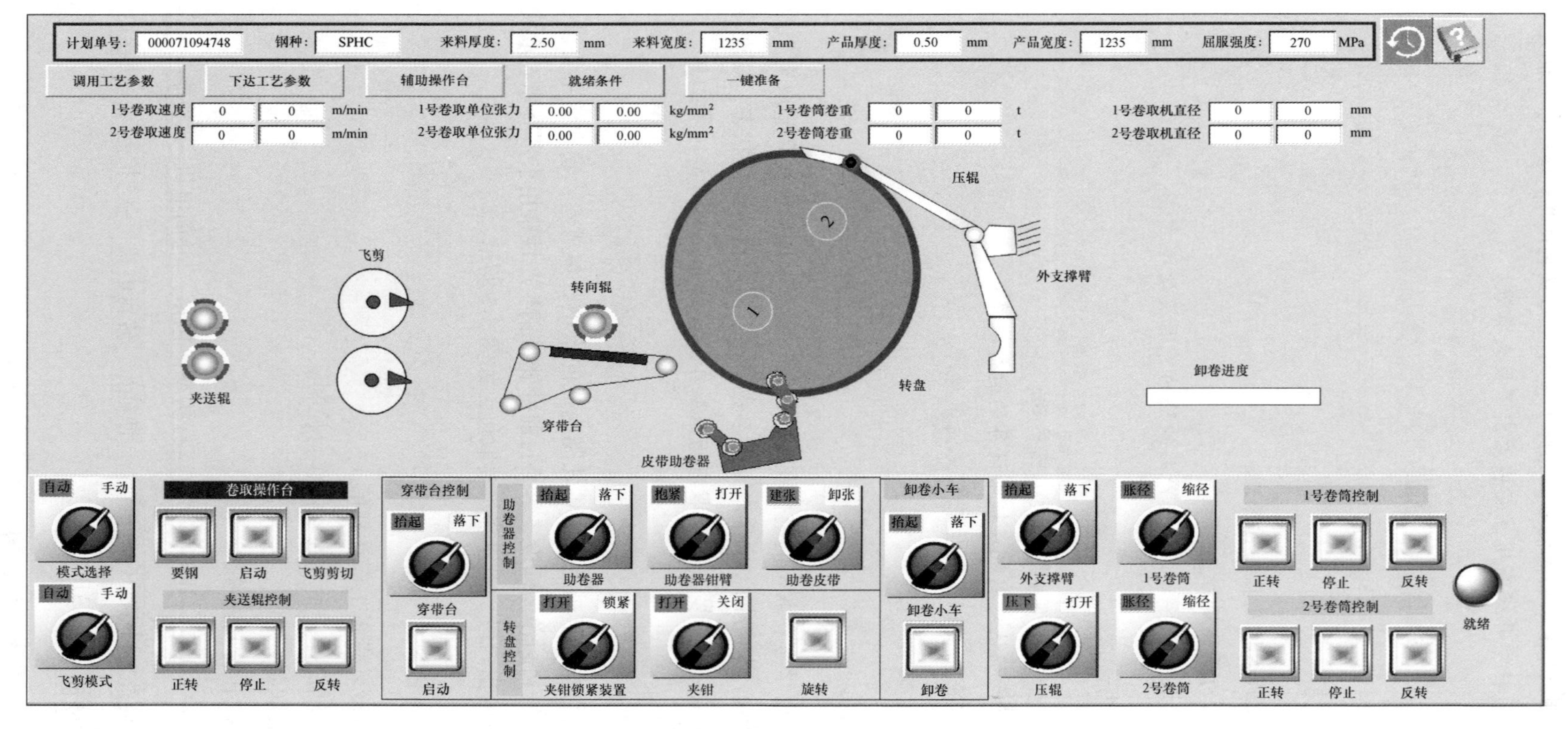

图5-1 卡罗赛尔卷取机仿真操作监控画面

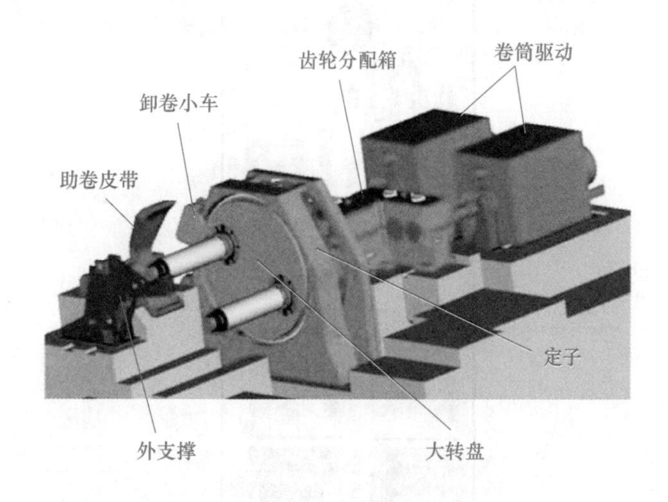

图 5-2　卡罗赛尔卷取机

3）检查并确认卷取机液压站运行状态。

4）检查并确认润滑站运行状态。

5）检查并确认卷取操作台运行状态，包括：1 号卷筒→胀径，穿带台→升起，助卷器→升起，助卷器钳臂→抱紧，助卷皮带→建张。

6）上述卷取准备条件全部满足后，就绪指示灯点亮，表示卷取准备工作完成，如图 5-3 所示。

5.2.4　任务实施

5.2.4.1　冷轧带钢卷取生产仿真实训操作自动模式

（1）将卷取机和飞剪模式选择切换到自动。

（2）点击要钢，画面左侧显示带钢头部。

（3）点击启动，系统会自动控制完成卷取机卷取、剪切、卸卷过程，如图 5-4～图 5-6 所示。

5.2.4.2　冷轧带钢卷取生产仿真实训操作手动模式

微课 卷取仿真操作

（1）将控制模式切换到手动。

（2）点击要钢，带钢头部显示后，要钢自动关闭。

（3）点击启动，带钢前进，到达夹送辊前自动停止。

（4）点击夹送辊正转，带钢继续前进，到达穿带台前。

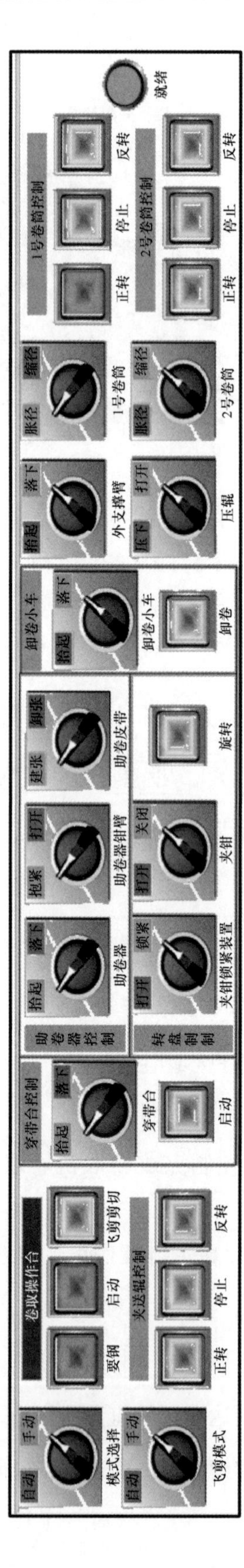
就绪
1号卷筒控制
正转
停止
反转
2号卷筒控制
正转
停止
反转
胀径
缩径
1号卷筒
胀径
缩径
2号卷筒
抬起
落下
外支撑臂
压下
打开
压辊
卸卷小车
抬起
落下
卸卷小车
卸卷
助卷器控制
抬起
落下
助卷器
抱紧
打开
助卷器钳臂
建张
卸张
助卷皮带
转盘控制
打开
锁紧
夹钳锁紧装置
打开
关闭
夹钳
旋转
穿带台控制
抬起
落下
穿带台
启动
卷取操作台
要钢
启动
飞剪剪切
夹送辊控制
正转
停止
反转
自动
手动
模式选择
自动
手动
飞剪模式

图 5-3 卷取准备就绪

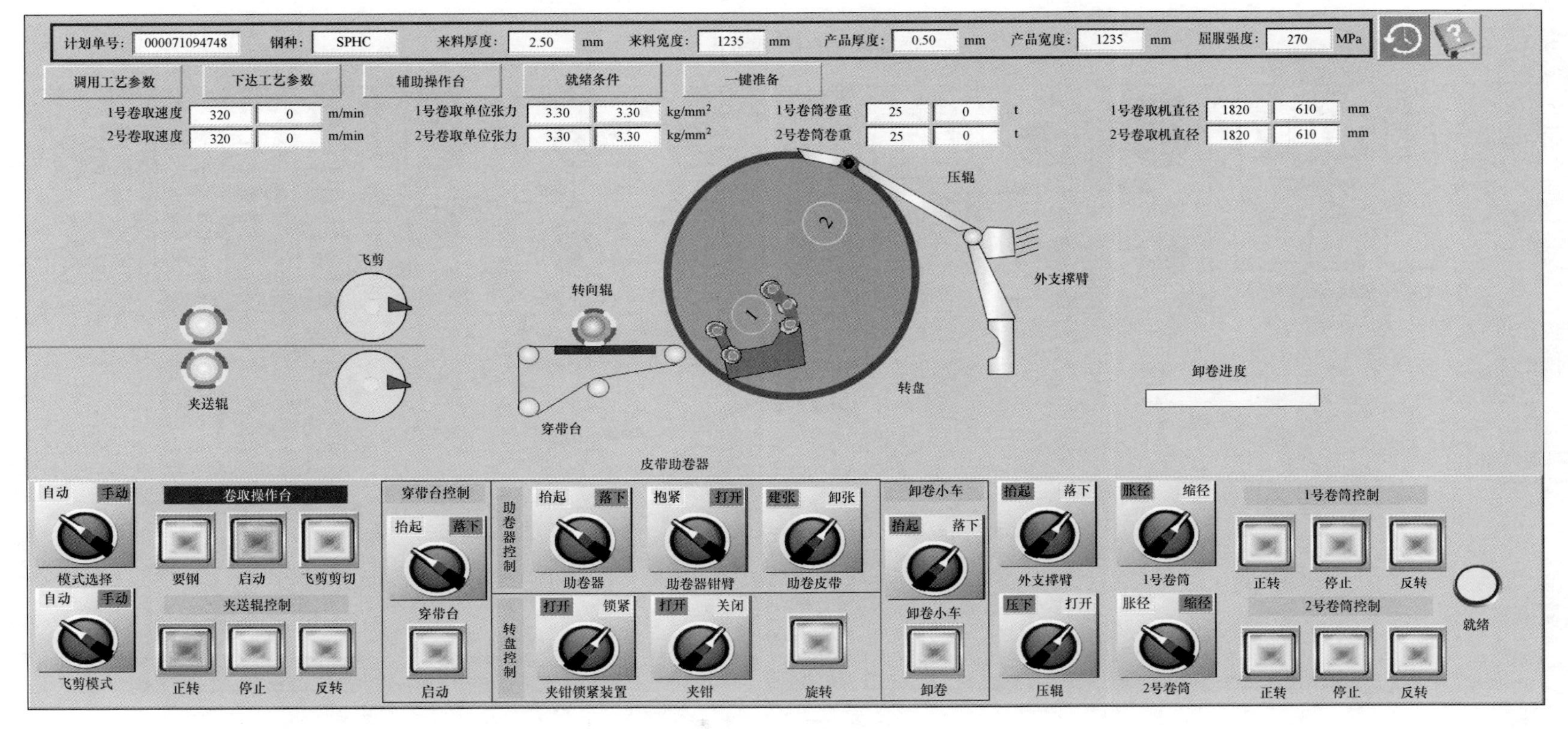

计划单号：000071094748
钢种：SPHC
来料厚度：2.50 mm
来料宽度：1235 mm
产品厚度：0.50 mm
产品宽度：1235 mm
屈服强度：270 MPa
调用工艺参数
下达工艺参数
辅助操作台
就绪条件
一键准备
1号卷取速度 320 0 m/min
2号卷取速度 320 0 m/min
1号卷取单位张力 3.30 3.30 kg/mm2
2号卷取单位张力 3.30 3.30 kg/mm2
1号卷筒卷重 25 0 t
2号卷筒卷重 25 0 t
1号卷取机直径 1820 610 mm
2号卷取机直径 1820 610 mm
压辊
外支撑臂
飞剪
转向辊
夹送辊
穿带台
转盘
卸卷进度
皮带助卷器
自动 手动
模式选择
自动 手动
飞剪模式
卷取操作台
要钢
启动
飞剪剪切
夹送辊控制
正转
停止
反转
穿带台控制
抬起 落下
穿带台
启动
助卷器控制
抬起 落下
助卷器
抱紧 打开
助卷器钳臂
建张 卸张
助卷皮带
转盘控制
打开 锁紧
夹钳锁紧装置
打开 关闭
夹钳
旋转
卸卷小车
抬起 落下
卸卷小车
卸卷
抬起 落下
外支撑臂
压下 打开
压辊
胀径 缩径
1号卷筒
胀径 缩径
2号卷筒
1号卷筒控制
正转
停止
反转
2号卷筒控制
正转
停止
反转
就绪

图 5-4 自动模式卷取

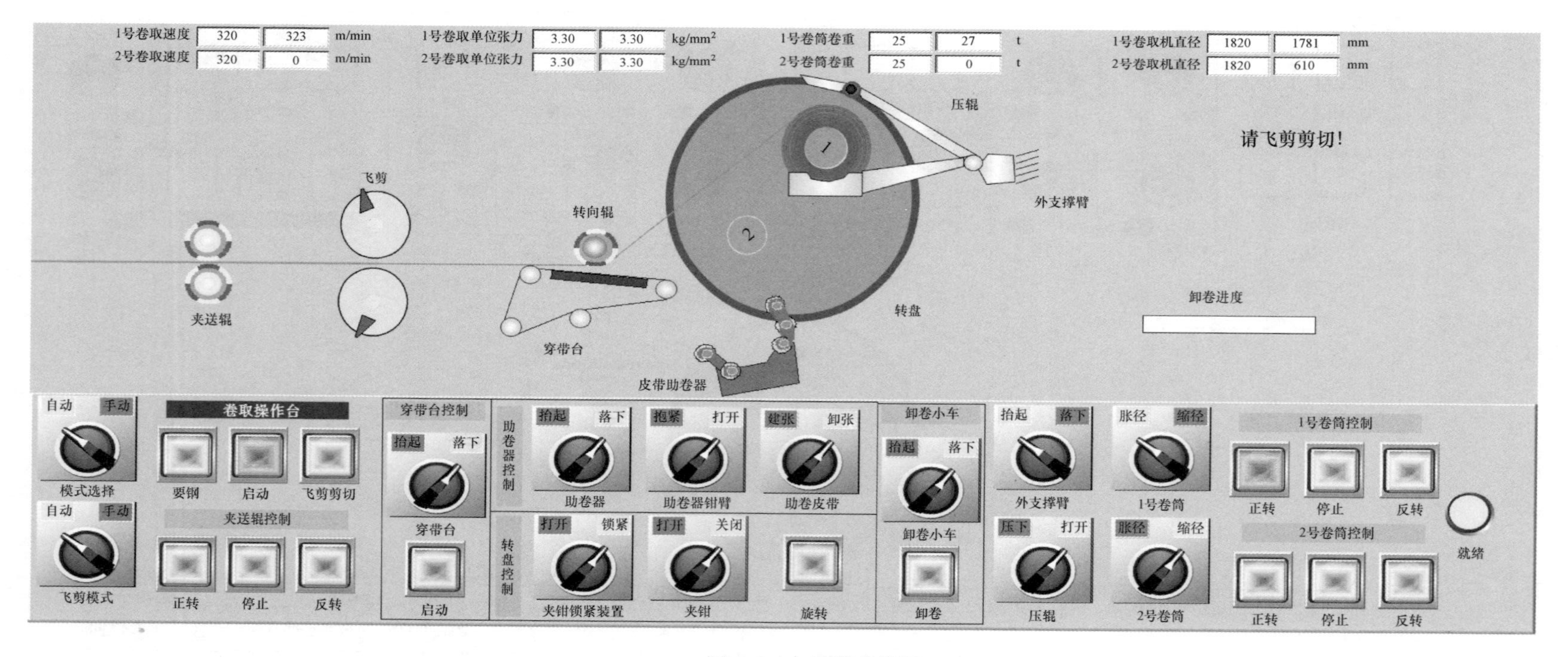
1号卷取速度 320 323 m/min
2号卷取速度 320 0 m/min
1号卷取单位张力 3.30 3.30 kg/mm²
2号卷取单位张力 3.30 3.30 kg/mm²
1号卷筒卷重 25 27 t
2号卷筒卷重 25 0 t
1号卷取机直径 1820 1781 mm
2号卷取机直径 1820 610 mm
压辊
请飞剪剪切!
飞剪
转向辊
外支撑臂
夹送辊
穿带台
转盘
卸卷进度
皮带助卷器
自动 手动
模式选择
卷取操作台
要钢
启动
飞剪剪切
自动 手动
飞剪模式
夹送辊控制
正转
停止
反转
穿带台控制
抬起 落下
穿带台
启动
助卷器控制
抬起 落下
助卷器
抱紧 打开
助卷器钳臂
建张 卸张
助卷皮带
转盘控制
打开 锁紧
夹钳锁紧装置
打开 关闭
夹钳
旋转
卸卷小车
抬起 落下
卸卷小车
卸卷
抬起 落下
外支撑臂
压下 打开
压辊
胀径 缩径
1号卷筒
胀径 缩径
2号卷筒
1号卷筒控制
正转
停止
反转
2号卷筒控制
正转
停止
反转
就绪

图 5-5 自动模式剪切

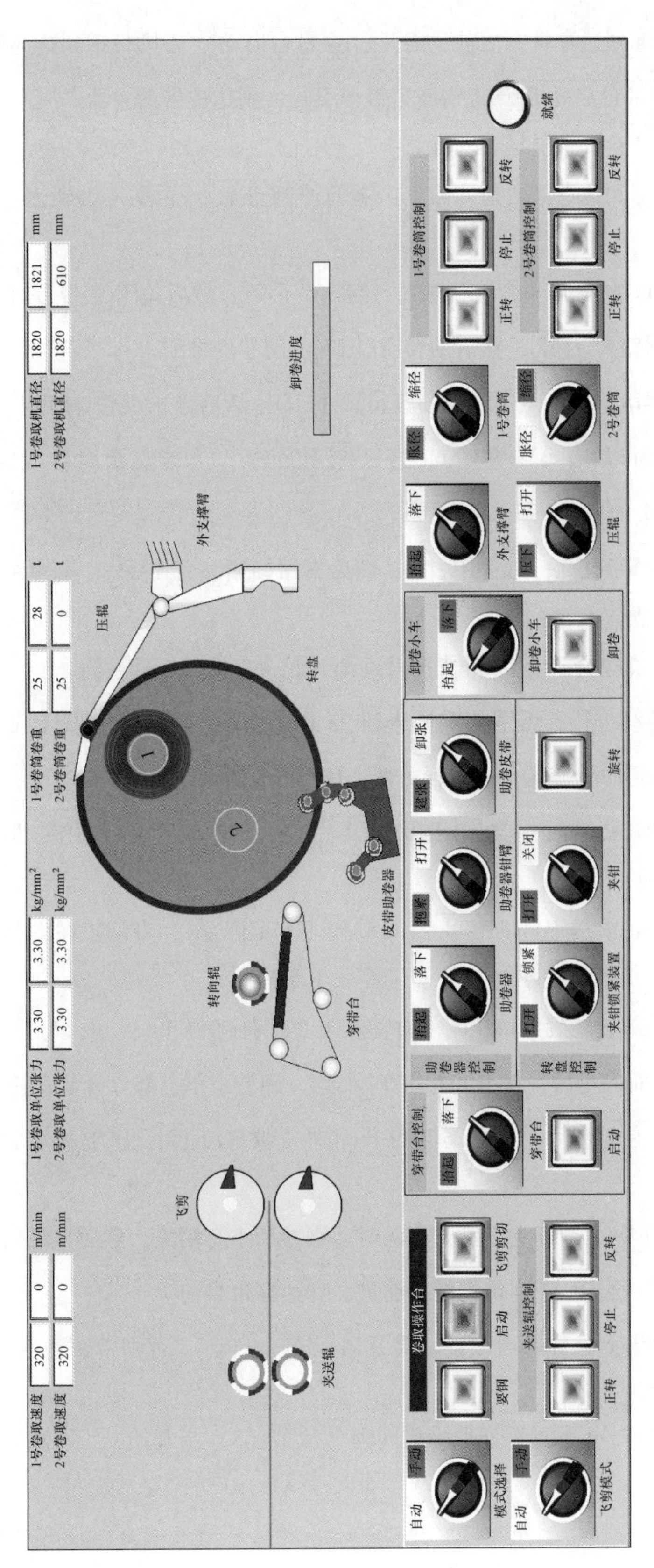

图 5-6 自动模式卸卷

微课 卷取仿真操作

（5）带钢头部到达穿带台之前，需开启穿带台启动，否则带钢到达穿带台时停止。

（6）开启穿带台启动后，带钢经穿带台引导，到达皮带助卷器。

（7）带钢经助卷皮带引导卷入卷筒。

（8）带钢头部到达卷筒之前，需点击卷筒控制正转，否则带钢到达卷筒时停止，如图5-7所示。

（9）带钢卷取5圈后（继续卷取），穿带台下降，然后关闭穿带台启动。

（10）助卷器钳臂打开，然后助卷器下降、助卷皮带卸张。

（11）助卷器落下后，点击夹钳锁紧装置打开，然后点击夹钳打开（夹钳锁紧装置锁紧状态下，提示无法操作夹钳）、打开转盘旋转，大转盘顺时针旋转180°后停止（转盘旋转自动关闭）。

（12）转盘旋转到位后，夹钳关闭，然后夹钳锁紧装置锁紧（夹钳锁紧装置锁紧状态 下，提示无法操作夹钳）。

（13）点击外支撑臂升起，外支撑臂逐渐升起，支撑住2号卷筒。

（14）卷取持续进行，当钢卷质量达到25 t时，文字闪烁提示进行飞剪剪切，点击飞剪剪切，飞剪逆时针旋转一周进行剪切，如图5-8所示。

（15）文字闪烁提示时，需点击压辊压下，与飞剪剪切无先后顺序，但要在带钢尾部完全卷入卷筒之前。

（16）剪切后，夹送辊自动停止（自动模式下不停止），带钢正在卷曲的部分逐渐减速并卷入卷取机，后面的部分停止（自动模式下不停止）。

（17）带钢尾部旋转到出口压辊前时，点击2号卷筒停止。

（18）2号卷筒停止后，点击卸卷小车升起，卸卷小车上部分升起，托住钢卷。

（19）小车托住钢卷后，点击压辊打开和外支撑臂下降，压辊和外支撑臂逐渐回到原位。

（20）点击卸卷，当卸卷进度条充满时，钢卷和小车消失，然后出现新的卸卷小车。

（21）点击夹送辊正转，带钢继续前进，到达穿带台前。

（22）带钢头部到达穿带台之前，需开启穿带台启动，否则带钢到达穿带台时停止，如图5-9所示。

（23）后续操作，1号卷筒卷取操作同理（从第（3）步开始），可实现1号和2号卷筒连续交替卷取。

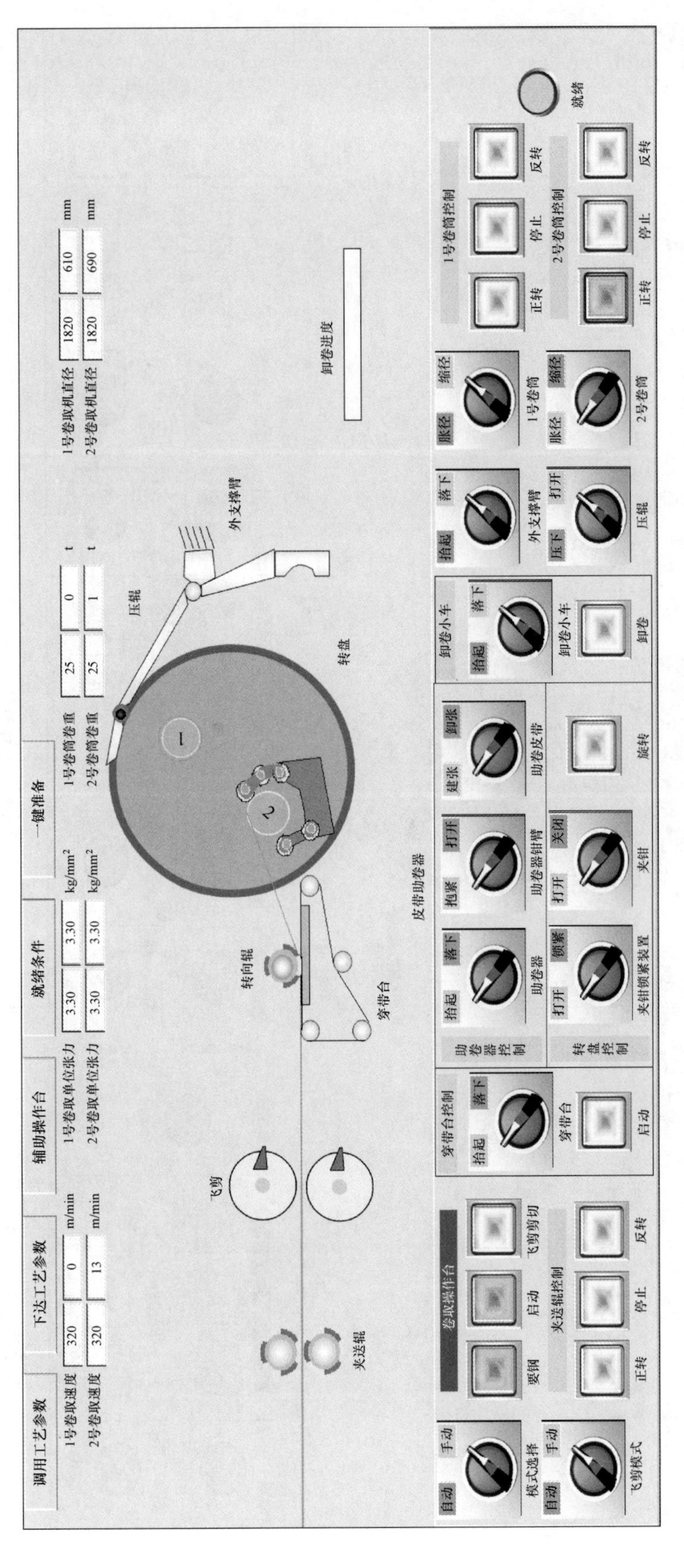
调用工艺参数
下达工艺参数
辅助操作台
就绪条件
一键准备
1号卷取速度 320 0 m/min
2号卷取速度 320 13 m/min
1号卷取单位张力 3.30 3.30 kg/mm²
2号卷取单位张力 3.30 3.30 kg/mm²
1号卷筒卷重 25 0 t
2号卷筒卷重 25 1 t
1号卷取机直径 1820 610 mm
2号卷取机直径 1820 690 mm
卸卷进度
夹送辊
飞剪
转向辊
穿带台
皮带助卷器
1
2
转盘
压辊
外支撑臂
自动 手动 模式选择
自动 手动 飞剪模式
卷取操作台
要钢 启动 飞剪剪切
夹送辊控制
正转 停止 反转
穿带台控制
抬起 落下 穿带台
启动
助卷器控制
抬起 落下 助卷器
抱紧 打开 助卷器钳臂
建张 卸张 助卷皮带
转盘控制
打开 锁紧 夹钳锁紧装置
打开 关闭 夹钳
旋转
卸卷小车
抬起 落下 卸卷小车
卸卷
抬起 落下 外支撑臂
压下 打开 压辊
胀径 缩径 1号卷筒
胀径 缩径 2号卷筒
1号卷筒控制
正转 停止 反转
2号卷筒控制
正转 停止 反转
就绪

图 5-7 卷筒正转

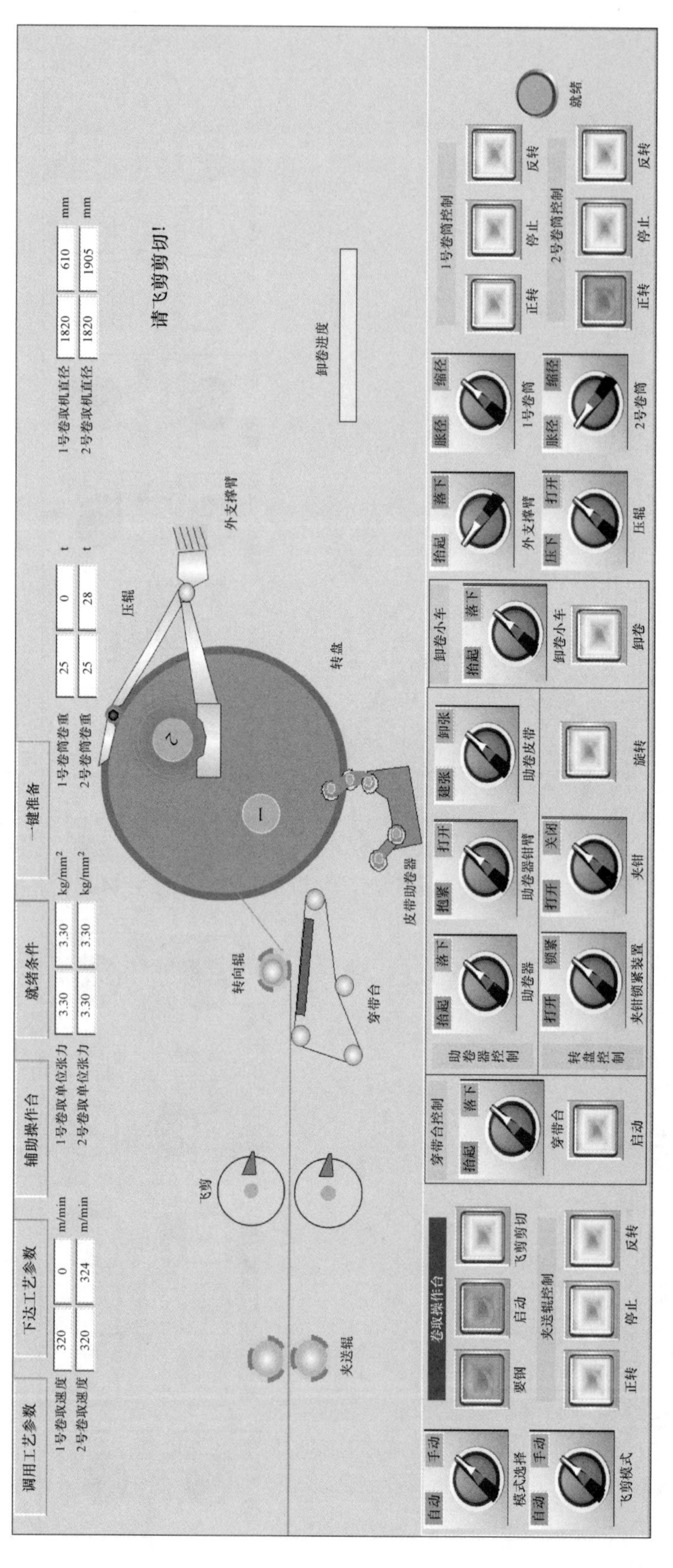
调用工艺参数
下达工艺参数
辅助操作台
就绪条件
一键准备
1号卷取速度 320 0 m/min
2号卷取速度 320 324 m/min
1号卷取单位张力 3.30 3.30 kg/mm²
2号卷取单位张力 3.30 3.30 kg/mm²
1号卷筒卷重 25 0 t
2号卷筒卷重 25 28 t
1号卷取机直径 1820 610 mm
2号卷取机直径 1820 1905 mm
请飞剪剪切!
卸卷进度
夹送辊
飞剪
转向辊
穿带台
皮带助卷器
转盘
压辊
外支撑臂
自动 手动
模式选择
自动 手动
飞剪模式
卷取操作台
要钢 启动 飞剪剪切
夹送辊控制
正转 停止 反转
穿带台控制
抬起 落下
穿带台
启动
助卷器控制
抬起 落下
助卷器
抱紧 打开
助卷器钳臂
建张 卸张
助卷皮带
转盘控制
打开 锁紧
夹钳锁紧装置
打开 关闭
夹钳
旋转
卸卷小车
抬起 落下
卸卷小车
卸卷
抬起 落下
外支撑臂
压下 打开
压辊
胀径 缩径
1号卷筒
胀径 缩径
2号卷筒
1号卷筒控制
正转 停止 反转
2号卷筒控制
正转 停止 反转
就绪

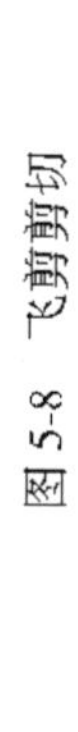
图 5-8 飞剪剪切

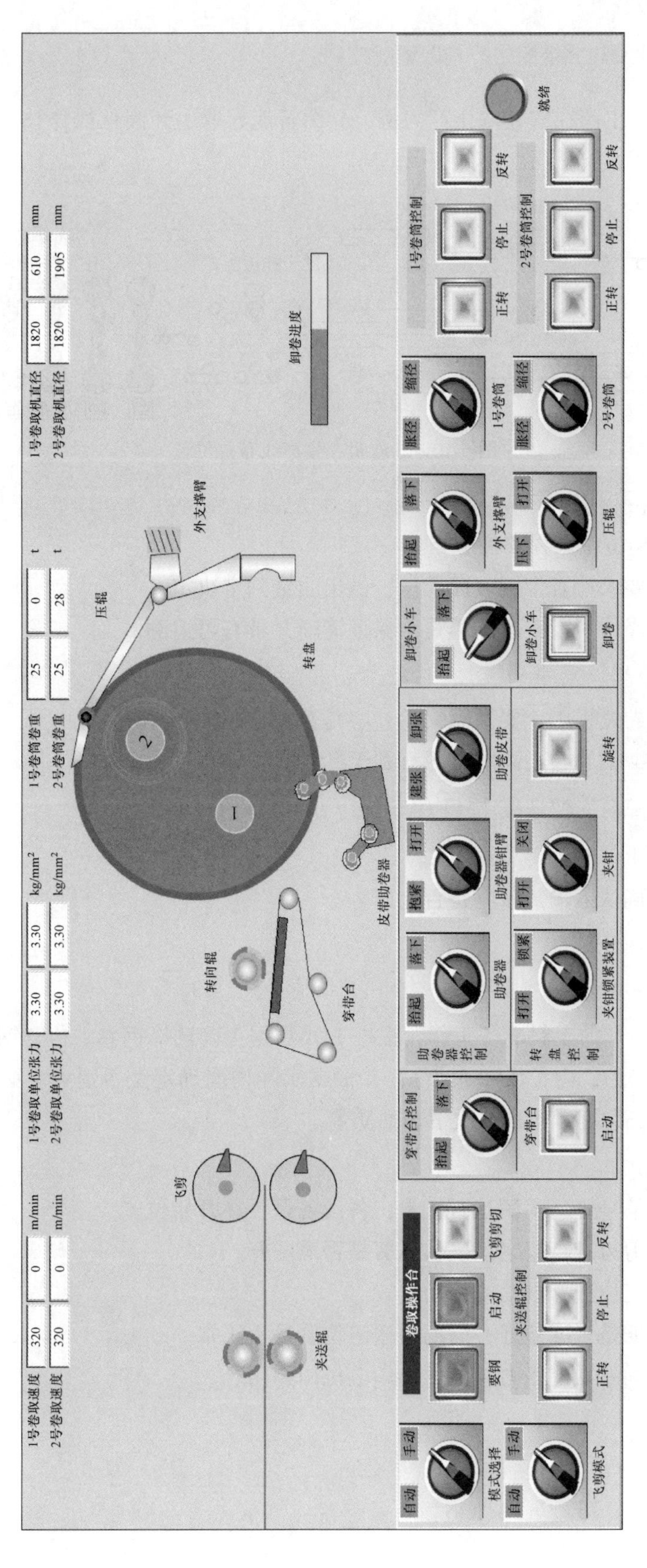

1号卷取速度 320 0 m/min
2号卷取速度 320 0 m/min
1号卷取单位张力 3.30 3.30 kg/mm²
2号卷取单位张力 3.30 3.30 kg/mm²
1号卷筒卷重 25 0 t
2号卷筒卷重 25 28 t
1号卷取机直径 1820 610 mm
2号卷取机直径 1820 1905 mm
夹送辊
飞剪
转向辊
穿带台
皮带助卷器
转盘
压辊
外支撑臂
卸卷进度
自动 手动
模式选择
飞剪模式
卷取操作台
要钢 启动 飞剪剪切
夹送辊控制
正转 停止 反转
穿带台控制
抬起 落下
穿带台
启动
助卷器控制
抬起 落下 助卷器
抱紧 打开 助卷器钳臂
建张 卸张 助卷皮带
转盘控制
打开 锁紧 夹钳锁紧装置
打开 关闭 夹钳
旋转
卸卷小车
抬起 落下
卸卷小车
卸卷
抬起 落下 外支撑臂
压下 打开 压辊
胀径 缩径 1号卷筒
胀径 缩径 2号卷筒
1号卷筒控制
正转 停止 反转
2号卷筒控制
正转 停止 反转
就绪

图 5-9 穿带台启动

5.2.5 现代企业冷轧板带钢生产卷取智能控制

以某企业冷轧生产线的卷取生产为例，介绍智能卷取生产岗位操作技能，卷取机在生产线布置位置如图5-10所示。

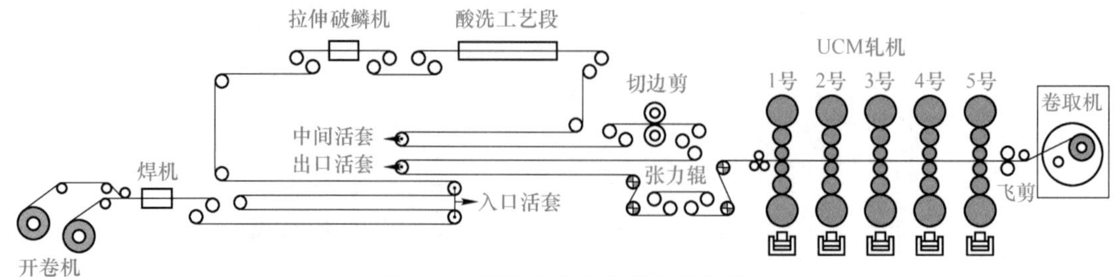

图5-10 卷取机在生产线布置位置

5.2.5.1 卷取机操作岗位职责

（1）完成本岗位生产操作任务。

（2）按规程要求检查带钢表面质量，做出质量判定决定。

（3）负责本岗位质量记录的填写，保证清晰并具有可追溯。

5.2.5.2 特别注意事项

（1）钢卷卸卷过程中，要注意钢卷卷心是否夹在芯轴内。

（2）卸卷时，钢卷卷心高度是否有利于卸卷。

（3）出现故障时，快速按 快停 停车 。

（4）测厚仪工作时不得靠近。

（5）落卷前确认运输链鞍座是否完好。

5.2.5.3 操作步骤

A 岗位操作要点

做好入口段生产前上料准备工作，根据PDI数据正确选择钢卷。检查钢卷质量（有无溢出边、窄尺、塔形、内径尺寸大小），并根据实际情况确定是否退卷。必须检查每卷的上表面质量，每三卷翻看检查一次下表面质量。

B 生产准备

（1）检查各信号灯、手柄是否正常，各设备是否在开始位置。

（2）对飞剪剪刃进行标定，确认飞剪是否准备好。

（3）将带钢定位选择自动或手动方式。

（4）确认周期是否准备好，周期运输链位置是否正常。

（5）将皮带助卷器建张力，卸卷小车电机回路闭合。

C 具体操作步骤

a 飞剪作业

飞剪操作界面，如图5-11所示。

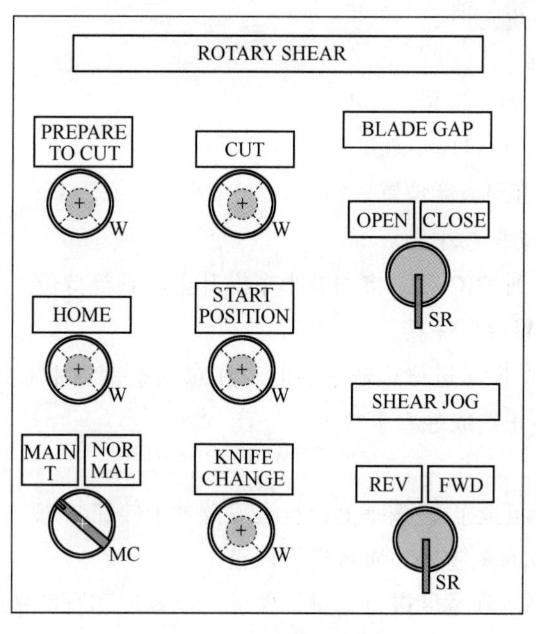

图 5-11　飞剪操作界面

（1）正常工作选择自动剪切。

（2）强制剪切：

1）未到正常剪切的位置时，强行进行剪切；

2）将轧制速度降到 100~300 m/min；

3）使用强制剪切功能。

（3）停机剪切：

1）在停机时剪断带钢，一般在事故处理时使用；

2）使用前，确认剪刃间隙是否正确；

3）使用 SHEAR CUT 功能。

b　卷取机操作

（1）打开防护门（GATE OPEN），操作界面如图 5-12 所示。

（2）提升 1 号钢卷小车至接触带钢，小车不再提升为止。

（3）操作芯轴旋转，转动钢卷使带尾停在时钟的 5 位置。

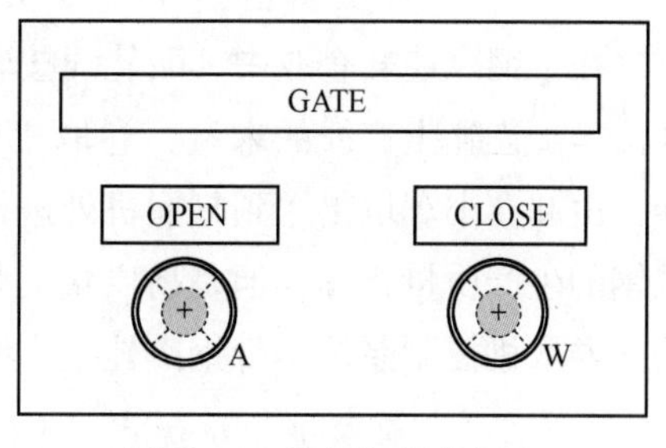

图 5-12　防护门操作界面

（4）打开外支撑。

（5）打开上下压辊。

（6）芯轴缩回。

（7）反方向旋转芯轴，钢卷小车向 WB 方向移动，移出钢卷小车到等待位。当钢卷离开芯轴后，可以停止反转芯轴。

(8) 钢卷小车DN。

(9) 移动钢卷小车到步进梁。

(10) 关闭防护门（GATE CLOSE）。

(11) 将钢卷小车落到最低位置。

(12) 向卷取机移动钢卷小车。

(13) 等待TRT转到TRC后，将钢卷小车提升至卸卷等待位。

(14) 卸卷完毕，等待下一卷。

(15) 出口钢卷小车向步进梁运输钢卷时，注意观察钢卷中心线与步进梁中心线是否一致，避免发生钢卷不正造成翻卷事故。

c 钢卷质量检查

(1) 钢卷稳定地落至运输链鞍座上，且运输链处于停滞状态。

(2) 按照生产制度对钢卷表面质量进行检查。

(3) 对轧后钢卷厚度和宽度进行测量，保证产品厚度和宽度精度。

(4) 检查切边钢卷的两侧边部质量。

(5) 粘贴标签，并再确认卷号、钢种、宽度、厚度、质量等。

d 步进梁操作

(1) 特别注意事项：步进梁运行过程中，禁止人员自上方跨越。

(2) 操作步骤：

1) 1号和2号步进梁在初始位置时启动；

2) 确认检查台钢卷小车和运卷小车在后位极限处，打捆机或打号机在初始位置后启动；

3) 确认最后卷位上无钢卷，启动2号步进梁。

5.2.6 相关理论知识

5.2.6.1 卷取机系统功能

在带钢冷连轧企业中，酸轧线按轧制工序一般分为酸洗、冷轧、卷取三个区域。卷取区位于冷连轧生产线的末端，卷取机的作用是将冷连轧机组轧制出来的成品带钢卷成钢卷，由卸卷小车取出送到打捆机处进行打捆，以便于计量和运输。带钢卷取虽然不能提高带钢的生产质量指标，但是高质量的带钢产品如果在出口处理不当将会成为废品或次品，因此卷取机控制系统是带钢冷轧生产线的一个重要环节。

5.2.6.2 卷取机系统组成

带钢从酸轧生产线最后一组轧机机架出来后，依次经过张力辊、夹送辊、飞剪、导向辊等设备，然后进入卷取机。在酸轧生产线出口处的卷取机系统中，目前大多应用的是卡罗塞尔卷取机。卷取机系统组成，如图5-13所示。

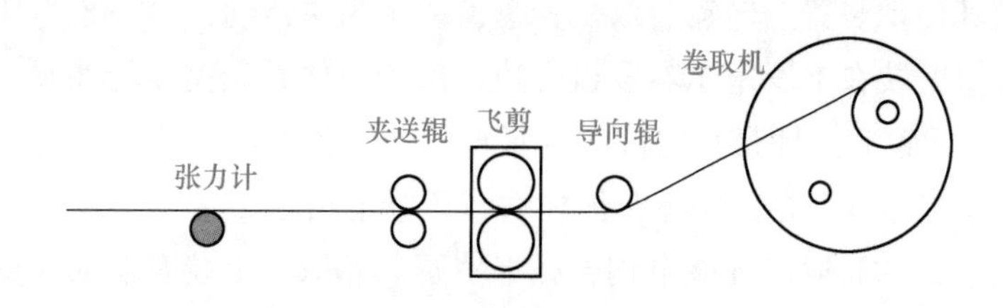

图 5-13　卷取机系统组成

5.2.6.3　卡罗塞尔卷取机

卡罗塞尔卷取机是一种双卷筒卷取机，属于大型高速回转类机器，用于全连续的冷轧生产线，以高效、连续的方式卷取带钢。卡罗塞尔卷取机可分为基本设备和外围设备两部分。

A　卡罗塞尔卷取机的基本设备

（1）基本设备组成。卡罗塞尔卷取机由转盘、两个芯轴及其传动装置和抱闸制动装置组成，其结构图如图 5-14 所示。

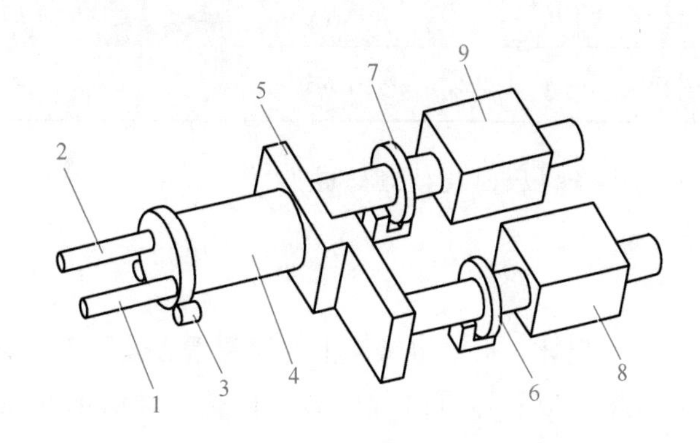

图 5-14　卡罗赛尔卷取机结构示意图

1—1 号芯轴；2—2 号芯轴 ；3—空心输出轴；4—转子齿轮装置；
5—分配齿轮装置；6—1 号抱闸；7—2 号抱闸；8—1 号电机；9—2 号电机

（2）基本设备工作原理。当转盘需要旋转时，1 号抱闸打开，转盘旋转至 10°，释放 2 号抱闸，转盘再旋转 30°，关闭 1 号抱闸，转盘再旋转 180°，关闭 2 号抱闸。根据两个接近开关的情况，可以判断出 1 号、2 号芯轴在卷取机上的位置，并显示在操作台和画面上。芯轴安装在转子齿轮装置的空心输出轴上，在转子齿轮装置前装有一个分配齿轮装置。两个转子齿轮装置设计相同，由同心安装的两个驱动轴连接，驱动轴为空心设计。

B　卡罗塞尔卷取机的外围设备

卡罗赛尔卷取机外围设备包括两个转轮及其传动装置、压紧辊、皮带助卷器、外伸支撑辊及剥离器等。

(1) 转轮及其传动装置。转动卷取机转盘，一个为主传动，另一个为从传动。

(2) 压紧辊。安装在卡罗塞尔卷取机旁边，用于压住卷完钢卷的外圈。压紧辊在最后减速阶段压住卷完的钢卷，即带头定位在压紧辊的上辊和下辊之间，确保将带头牢固地压住。在卷取芯轴收缩并且钢卷由钢卷车拖住后，压紧辊抬起。

(3) 皮带助卷器。卷取前几圈带钢，在卡罗赛尔卷取机上装有摆动式皮带助卷器，皮带助卷器配有液压驱动的皮带张紧装置。当卷取机卷到2~3圈、带钢张力建立起来后，皮带助卷器返回到它的初始位置，而串列式轧机加速到要求的轧制速度。

(4) 外伸支撑辊。安装在卡罗赛尔卷取机的操作侧，轧制时支撑卷取机芯轴的自由端，以减小芯轴的下垂。外伸支撑辊由液压缸驱动。

(5) 剥离器。当钢卷小车卸卷有困难时，剥离器起协助作用。

C 设备参数

卷取机传动参数见表5-1 。

表5-1 卷取机传动参数

主电机功率 /kW	电机转速 /r·min^{-1}	减速比	电机最大输出转矩/kN·m	工作辊直径 /mm	最小工作辊直径时速度 /m·min^{-1}
AC-2×650	200/970	1∶1.262	126.6	610	1650（1680）

5.2.6.4 常见产品缺陷的原因及处理方法

A 倒卷

故障现象：倒卷。

产生原因：运输链鞍座损坏、运输链鞍座上的钢卷重心偏移等。

预防及处理方法：运输链成卷运行过程中做好监护，确认钢卷在运输链上的重心位置，保证运输链鞍座完好，发现异常按下快停。

B 溢出边

故障现象：钢卷边部局部不齐。

产生原因：酸洗来料溢出边，热轧板形较差，卷取张力过小及波动，轧制压力不稳定，入口无跑偏控制装置。

预防及处理方法：发现原料溢出边严重时，人工首先降速，及时采取手动对中调节；严格控制板形，对带头板形不好的部分应及时切除；严格控制卷取张力，确保压下稳定正常，尽快使人工跑偏控制装置投入使用，一旦出现严重溢边，在最后机架分卷。

C 塔形

故障现象：钢卷边部呈弧形状。

产生原因：酸洗卷塔形，带钢头部板形不良或卷心有废带头，卷取张力过小，卷心与卷取机卷筒之间有窜动，各机架侧倒板间隙过大等。

预防及处理方法：轧制酸洗塔形卷时速度不能高，人工随时进行对中调节。当实在无法纠偏时，最后机架轧钢工根据情况进行分卷，严格控制穿带头部倒板。当带头板形不好时，应及时切除，严禁废带头卷入卷心，确保卷取张力正常，满足工艺制度的要求。无论在何种情况下，发现塔形应立即分卷。

D 心形卷

故障现象：钢卷内径局部下凹。

产生原因：带卷头部卷取张力过小，轧制规格薄。

预防及处理方法：提高头部卷取张力，一般应大于设定张力的20%~30%，适当增大带头厚度，必要时更换小直径卷筒。

E 抽心

故障现象：钢卷内径局部溢出。卸卷时，卷取机卷筒将卷心部分带出，或者热处理吊车在掉卷时，将卷心部分吊起，无法将钢卷吊走。

产生原因：带钢头部板形不好，卷心卷取张力过小，卷取机卷筒位移或钢卷小车上塑料垫磨损不均，造成钢卷中心线与卷筒中心线不一致。

预防及处理方法：确保带钢头部板形良好，特别是废带头不要卷入内径。手动方式加大头部卷取张力，将偏移的卷取机复位，同时更换已磨损的钢卷小车塑料垫块，经常检查吊具的表面状况及磨损程度。

5.2.7 安全注意事项

（1）上岗前要穿戴好劳动保护用品，检修或检查主辅设备的工艺条件时，应首先与主电室或操作台取得联系，切断相应的电源，待通知确认后方可再启动。

（2）检测、检修设备时，应确认“卷取选择”开关置于零位，并挂好工作牌。

（3）检查设备前，应将要检查的设备相关操作开关置于手动。

（4）操作人员要绝对听从指挥，以免误操作。

（5）检查助卷辊时，应将安全销插好再进入助卷辊空间作业。

（6）生产时，卷取机步进梁周围不许有人员停留，严防掉卷、脱落等造成伤害。步进梁故障处理后，操作人员应确认周围无人后方可操作。

（7）处理卷取机卡钢时，应有专人指挥操作。需强行卷取时，除指挥人员外其余人员应远离卷取机，指挥人员要站于安全地段。

（8）带卷捆包作业时，打捆和标识人员必须确认带卷稳定后方可进行操作。

（9）废品卷取应捆扎处理后，吊运到指定地点，严禁带“大尾巴”吊运。

5.2.8 检查评价

检查评价见表2-1。

5.2.9 练习题

[理论知识试题精选]

一、选择题

(1) 为保证板形，降低（　　）和确保卷取质量，带钢卷取机均应在张力下卷取。

A. 加工硬化　　B. 轧制节奏　　C. 轧制力矩　　D. 成材率

(2) 带钢生产中，卷取张力的作用是（　　）。

A. 改善板形　　B. 提高带钢的力学性能　　C. 减少划伤　　D. 减少隆起

(3) 下列关于带钢卷取机夹送辊的叙述中（　　）是正确的。

A. 上辊角速度高于下辊速度　　B. 上辊直径大于下辊直径

C. 上辊线速度小于下辊线速度　　D. 上辊角速度小于下辊速度

(4) 卡罗塞尔卷取机箱体旋转转速是（　　）r/min。

A. 5　　B. 3　　C. 4　　D. 6

(5) 张力辊的主要作用有：在轧制时提供前张力；在线换辊时制动抱闸与（　　）同时施加张力，保持轧制线标高稳定。

A. 卷取机　　B. 开卷机　　C. 飞剪　　D. 张力辊

(6) 在换辊期间，轧机入口张力辊的抱闸动作固定带钢以防窜动，起动卡罗赛尔卷取机电机卷住钢卷以保持（　　），实现在线换辊。

A. 轧制力恒定　　B. 张力恒定　　C. 轧制线恒定　　D. BISRA 补偿恒定

(7) 轧制生产中要控制温度，而板带热轧后若卷取温度过高就会导致（　　），从而影响了带钢的力学性能。

A. 奥氏体增多　　B. 晶粒过于细小　　C. 晶粒变得粗大　　D. 马氏体增加

(8) 在轧制速度最大为 1650 m/min 时，卡罗塞尔卷取机最大张力为（　　）。

A. 91.5 kN　　B. 137.4 kN　　C. 250 kN　　D. 200 KN

二、判断题

（　　）(1) 为保证板形，降低轧制力矩和确保卷取质量，带钢卷取机均应在无张力的条件下进行卷取。

（　　）(2) 卡罗塞尔卷取机箱体不可在最大轧制速度时旋转。

（　　）(3) 轧制成品的力学性能与原料的化学成分有直接的关系，因此带钢卷取时的温度高低不会影响其力学性能好坏。

（　　）(4) 带钢的卷取温度越高，带钢的晶粒越细，从而其力学性能越好。

（　　）(5) 卷取机夹送辊采用凸辊型有利于带钢对中。

（　　）(6) 带钢卷出现松卷，主要原因是卷取时温度过低。

[操作技能试题精选]

完成表 5-2 轧制计划单中带钢的卷取操作。

表 5-2 轧制计划单

位置	钢卷号	钢种	来料厚度/mm	来料宽度/mm	产品厚度/mm	产品宽度/mm	屈服强度/MPa
入口	A220100941E	DC01	2.75	1250	0.40	1220	270
出口	221W033820000	DC01	2.75	1250	0.40	1220	270

考核要求：

(1) 卷取操作准备指示灯是否亮起；

(2) 带钢是否经助卷皮带引导卷入卷筒；

(3) 助卷皮带是否卸张；

(4) 大转盘能否顺时针旋转 180°；

(5) 外支撑臂是否逐渐升起支撑住 1 号卷筒；

(6) 卷取持续进行，当钢卷质量达到目标吨位时，是否进行飞剪剪切；

(7) 带钢尾部完全卷入卷筒之前是否将压辊压下；

(8) 能否正确卸卷；

(9) 能否使夹送辊正转，带钢继续前进，到达穿带台前；

(10) 对使用的设备进行简单的维护与保养；

(11) 安全文明操作；

(12) 操作时间为 10 min。

卷取仿真操作测试评分，见表 5-3。

表 5-3 卷取仿真操作测试评分

项目要求	配 分	评 分 标 准	扣分	得分
操作准备	30 分	(1) 未正确打开冷连轧仿真实训教学软件，扣 5 分； (2) 未调用并下达工艺参数，扣 5 分； (3) 未检查并确认卷取辅助操作台运行状态，扣 5 分； (4) 未检查并确认卷取机液压站运行状态，扣 5 分； (5) 未检查并确认润滑站运行状态，扣 5 分； (6) 未检查并确认卷取操作台运行状态，扣 5 分		
操作过程与操作结果	60 分	(1) 未将[模式选择]切换到[手动]焊接模式，扣 5 分； (2) 带钢未经助卷皮带引导卷入卷筒，扣 10 分； (3) 助卷皮带未卸张，扣 5 分； (4) 大转盘未顺时针旋转 180°，扣 5 分； (5) 外支撑臂未逐渐升起支撑住 1 号卷筒，扣 10 分； (6) 卷取持续进行，当钢卷质量达到目标吨位时，未进行飞剪剪切，扣 5 分； (7) 带钢尾部完全卷入卷筒之前未将压辊压下，扣 5 分； (8) 未正确卸卷，扣 10 分； (9) 未使夹送辊正转，带钢继续前进，到达穿带台前，扣 5 分		
安全文明操 作	10 分	违反安全操作规程，每次扣 5 分		

模块6 冷轧板带钢生产退火智能控制

课件

任务6.1 课程思政

思政目标

▻ 培养学生精益求精、创新创造、协作共进的工匠精神；

▻ 培养学生正确的社会主义核心价值观，使学生对自己从事的行业存在一种敬畏感、使命感，以严谨、认真、专注的态度面对未来的工作。

钢铁材料

钢铁行业皇冠上的明珠——手撕钢

2020年5月12日，习近平总书记来到太钢不锈钢精密带钢有限公司考察调研。在生产车间，习近平总书记拿起一片“手撕钢”——厚度仅为0.02 mm的不锈钢箔材，用手指轻轻扭折了一下，称赞说：“百炼钢做成了绕指柔。”习近平总书记指出，产品和技术是企业安身立命之本。希望企业在科技创新上再接再厉、勇攀高峰，在支撑先进制造业发展方面迈出新的更大步伐。

你见过比A4纸的四分之一厚度还要薄的不锈钢吗？这种不锈钢产品看上去像锡箔纸一样，用手即可轻轻撕开，被称为“手撕钢”，如图6-1所示。“手撕钢”用途非常广泛，

图6-1 手撕钢

国防科技、医疗器械、精密仪器、石油化工、航空航天、储能电池、传感器、太阳能、折叠显示屏等领域中都能看到“手撕钢”的身影，被誉为“钢铁行业皇冠上的明珠”。

“手撕钢”热销的背后是十几年来中国宝武太钢集团精密带钢公司高级工程师王天翔团队锲而不舍地坚持，经历了711次试验，硬是将600 mm不锈钢精密箔材的厚度降到了极限的0.015 mm，由此打破了其他国家设置的层层技术壁垒。如今，中国宝武太钢集团是全球唯一可批量生产宽幅超薄不锈钢精密带钢的企业。

任务6.2 罩式炉退火智能控制

知识目标

- 罩式退火炉的结构及其工作原理；
- 罩式退火的操作规程；
- 常见产品缺陷的原因及处理方法。

技能目标

- 能读懂冷轧带钢退火生产工艺参数；
- 能检查并确认退火炉及辅助设备的运行状态；
- 能处理冷轧带钢退火生产常见简单故障。

6.2.1 任务描述

本任务主要学习罩式退火炉的结构及其工作原理，罩式退火的操作规程，常见产品缺陷的原因及处理方法；能读懂并确认退火工艺参数，能检查并确认退火炉及辅助设备的运行状态，正确判断处理退火生产常见简单故障。

6.2.2 任务分析

退火是冷轧带钢生产中最主要的热处理工序之一。冷轧带钢的退火因钢种的不同分为原料退火、中间退火和成品退火，多数碳钢采用的是成品退火，其目的是消除冷轧造成的内应力和加工硬化，使钢板具有产品标准要求的力学性能、工艺性能及显微结构，这种热处理一般为再结晶退火。罩式退火炉示意图，如图6-2所示。

6.2.3 现代企业冷轧板带钢生产罩式炉退火智能控制

以某企业冷轧生产线的罩式炉退火生产为例，介绍退火生产岗位操作技能。

6.2.3.1 罩式炉退火操作岗位职责

(1) 严格按照安全技术操作规程进行生产作业，工作时要相互关照安全。

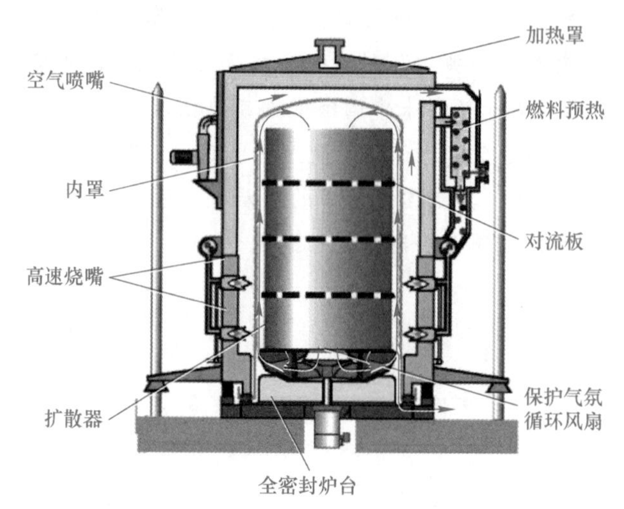

图 6-2 罩式退火炉示意图

（2）看交接班记录上班设备是否正常，认真检查每个炉台循环水是否畅通、每个炉台温度是否正常、地面卫生是否干净、流量是否正常。

（3）按照生产计划装炉，认真核对跟踪卡、实物及生产任务单。把选定的炉台打扫干净，检查循环风机叶片中是否有异物、裂纹，若有及时处理。超过 10 mm 溢出边和严重塔形及松卷的钢卷，不允许装入炉内，在无条件重卷的情况下，只允许放在堆垛的最上面。

（4）具有相同退火工艺制度的钢卷应尽可能装在一炉退火，尽可能把相同规格、钢质、内径的钢卷放在一起；不同钢质的钢卷，混装时则按最高质量的要求进行退火；装炉顺序原则上先来先装，后来后装。

（5）装完炉后，开启真空泵打开冷却水，打开真空管道上的手球阀和电磁阀，启动真空泵，抽取内罩里的空气，所有进出口阀门处于关闭状态。

（6）注意观察循环风机电流、空烧比例调节阀、指示仪表、炉温、保护气、冷却水温度、流量是否正常，做到勤看、勤听、勤检查，发现问题及时处理。

6.2.3.2 运输链岗位操作

A 特别注意事项

（1）在交接班时和运行中检查减速机齿轮是否有异常声响，润滑油是否充足，润滑是否正常，轨道上是否有杂物。

（2）运行中注意观察各操作台上的信号灯是否有异常，定时观察信号灯有无故障报警。

（3）鞍形链运转时，观察运行是否平稳和同步。

（4）运输链运行中不准离人，工作结束将操作状态打到零位，液压泵停止运行。

B 操作步骤

a 岗位要点

（1）天车上料时需要认真记录原料的卷号、规格、质量等信息。

（2）天车吊放钢卷时，运输链操作工禁止在天车行走轨迹下方行走。

b 生产准备

(1) 运行前或交接班时必须检查机械设备，确保各部分完好。

(2) 按照要求启动或者关闭厂房照明。

(3) 检查液压油位、油温、电机温度是否正常。

(4) 核对轧后库上料钢卷信息，确认与实物相符。

c 运输链操作

(1) 根据上料计划监护天车为罩式炉机组上料；无计划情况下，在 ERP 系统中进行排程作业。

(2) 监护钢卷落到鞍形链上，落卷时运输链禁止动作，确认钢卷落到正中间。

(3) 核对钢卷参数、卷号等是否和计划单一致，检查钢卷外观等是否符合装炉要求，发现问题，联系轧后库人员及时处理，并通知班长或主操工有关情况。

(4) 自动或手动方式利用翻钢机将钢卷从轧后库运至罩式炉炉区跨，翻卷时确保钢卷捆带必须打紧，避免捆带脱落造成散卷。

6.2.3.3 装出炉岗位操作

A 特别注意事项

(1) 指挥天车时必须站在安全位置，一次只准指挥一台天车。

(2) 装炉前要检查炉台循环风机中是否有异物，炉台循环风机格栅是否有开焊损坏情况，发现异常及时排除。

B 操作步骤

a 岗位要点

(1) 与天车操作工联系确认后方可开始相关作业。

(2) 天车吊运钢卷时，装出炉操作工禁止在天车行走轨迹下方行走。

b 生产准备

(1) 接班检查天车夹具、作业炉台、内外罩等设备功能否正常使用。

(2) 接班检查手持对讲及口哨是否正常使用，同时将手套、清理炉台所用工具放到定置摆放处。

c 装炉操作

(1) 装出炉工按生产计划单把选定的炉台打扫干净，检查炉台循环风机中是否有异物，炉台循环风机格栅是否有开焊损坏情况，发现异常及时排除，并将炉台法兰的油污擦净。

(2) 指挥天车将钢卷吊运到炉台上堆好垛，吊放钢卷时，指挥吊车轻吊轻放，精心操作，不允许夹具伤卷和钢卷下落过快冲击炉台，要做到钢卷中心、对流板中心和炉台中心在一条直线上，误差小于 20 mm，卷与卷之间必须放置中间对流板；吊放对流板时要利用导向柱缓慢下落，保证位置对中。

d 扣内罩操作

(1) 扣内罩前，检查内罩钢结构，如有变形和泄漏停止使用，并检查炉台夹紧装置压头位置是否正确。

（2）指挥天车使用专用吊具扣好内罩，落罩时必须利用导向柱缓慢放下；下落过程中内罩必须垂直地面，在距炉台法兰200 mm处停车，点动下落，以免冲击炉台、撞坏内罩接近开关。

（3）接通内罩水接头，连接水接头时，先接入口水接头，后接出口水接头，再打开给水手动球阀。

（4）启动现场内罩夹紧按钮，夹紧后，检查各压头位置是否正确，发现问题及时通知维护人员处理。

e 扣加热罩操作

加热罩的作用：对钢卷进行加热、保温，加热罩上的换热器通过吸收烟道废气的余热预热助燃空气。

（1）扣加热罩前，指吊工检查加热罩各部分是否正常，加热罩烧嘴球阀是否全部关闭。

（2）指挥天车将指定的加热罩扣上退火炉台，落罩时必须沿导向柱缓慢落下，在上下导向环对中时必须停车对中，确认后方可下落，加热罩必须与地面保持垂直；在距炉台500 mm处必须再停车，找准相应位置，加热罩上的烟道插针必须正确插到烟道翻板上，保证烟道翻板打开，废气排放畅通，再指挥天车缓慢落下加热罩。

（3）扣好加热罩后，指吊工立即接上电源插头、信号插头和快速接头，并确认连接牢固。30 s后，加热罩助燃风机自动启动，吹扫加热罩空间。

f 换加热罩、冷却罩操作

冷却罩的作用：冷却罩用于在加热结束去掉加热罩后，加快冷却速度，提高退火产品质量；同时，也降低车间环境温度，保护周围设备，改善操作环境。

（1）待出现提示换加热罩信息后，主操工通知装出炉工换加热罩。指吊工指挥天车提升加热罩前，关闭煤气阀，卸H_2接头、电源及信号接头，并挂好在加热罩上。

（2）指挥天车轻轻吊起加热罩，放在指定位置。

（3）指挥天车扣上冷却罩，扣冷却罩时缓慢沿导向柱落下，在与上、下导向环对中时停车确认，冷却罩必须与地面垂直方可下落；在距炉台500 mm处停车，确认后方可缓慢落在炉台上，立即接上电源接头，30 s后冷却风机自动启动，确认风机启动后，装炉工方可离开。

g 出炉、装终冷台操作

（1）待出现提示出炉信息后，主操工通知装出炉工进行出炉。

（2）装出炉工卸下电源及信号接头，挂好后，指挥天车吊出冷却罩。

（3）关闭炉台冷却水手动球阀，卸出水接头。在卸入水接头后，启动松开夹紧按钮，确认8个液压夹头均松开到位。

（4）吊出内罩，出炉时将钢卷吊到终冷台上二次冷却。吊放钢卷时指挥吊车轻吊轻放，绝不允许撞坏卷心。

6.2.3.4 退火主控岗位操作

A 特别注意事项

在主控室内，注意各种电气设备，避免触电。

B 操作步骤

（1）岗位要点：

1）通过上位机监控所有炉台运行状态；

2）检查所有介质状态是否满足最小压力要求，如果公共介质存在异常，要及时通知调度室；

3）在生产时，根据不同钢种，由主控人员选择退火工艺曲线，输入退火工艺参数。

（2）生产准备：

1）接班检查 ERP、MES 计算机和二级计算机等设备功能正常；

2）接班检查各公共介质仪表功能正常；

3）接班检查交接大账记录及各炉台状态。

（3）监控炉台状态操作。通过上位机监控炉台运行状态，检查炉台氢气流量、炉内压力、循环风机转数、温度曲线是否正常，各阀门是否在正确位置，每 20 min 确认一次，发现故障报警及时通知设备人员和调度室。

（4）监控公共介质仪表操作。检查所有介质状态是否满足最小压力要求，如果公共介质存在异常，要及时通知调度室，并按照公共介质应急预案要求煤气热值为（1800±100）kcal/m^3（1 kcal=4.1868 kJ），压力为 7~14 kPa，氮气压力为 500~800 kPa，氢气压力为 1.5 MPa（最高），冷却水的入口压力 0.4 MPa、出口压力 0.3 MPa，每 20 min 确认一次，发现故障报警及时通知设备人员和调度室。

（5）确认炉台故障操作。对炉台、公共阀台、公共介质的故障进行确认，发现计算机故障提示，及时通知相关人员处理。将当班发生的设备问题名称、发生时间、通知人员记录在生产运行大账上，每 20 min 确认一次，发现故障报警及时通知设备人员和调度室。

（6）启动炉台退火程序作业操作。核对装炉钢卷数据，选择退火工艺曲线，输入退火工艺参数，装炉后启动炉台密封测试，确保钢卷数据与装炉实物一致，退火曲线执行正确，退火参数输入准确。

（7）过料作业操作。检查终冷台钢卷冷却及钢卷堆垛情况，对温度降到 35 ℃以下的钢卷指挥天车吊运到过跨车上。操作过跨车过往平整，对有入储和出储的终冷台及时进行开关，过料的终冷台及时关闭，有出炉钢卷的终冷台及时启动。

（8）ERP、MES 数据抛账作业操作。对当班装炉、出炉、过料钢卷的 ERP 和 MES 数据进行操作，确保实物与数据状态一致，主控人员在交班前要对当班 ERP 和 MES 数据与当班装出炉及过料报表进行核对，确保数据准确。

（9）产量分数记录操作。将当班装炉、出炉、换罩、过料分数记录在生产大账上，将交班时需要接班了解和注意的事项记录在生产大账上，字迹清楚，记录翔实。

（10）产量与故障停机时间统计操作。交班前将当班的产量、故障停机时间、炉台状态、终冷台钢卷数量等上报厂调度室，确保统计准确、汇报及时。

6.2.4 相关理论知识

6.2.4.1 罩式退火炉工艺与设备

A 罩式退火炉工艺操作流程

罩式退火炉操作工艺流程，如图6-3所示。

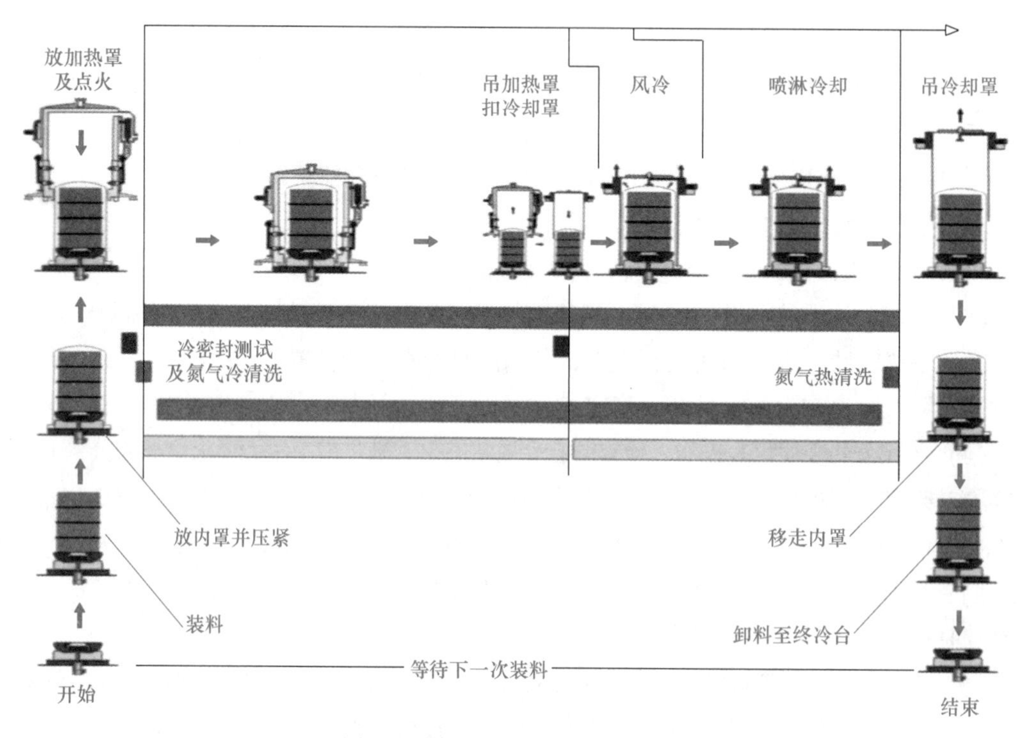

图6-3 罩式退火炉操作工艺流程

B 冷轧带钢罩式炉退火工艺制度

（1）加热速度。钢的加热速度主要决定于钢的导热系数的大小，材质不同，导热系数也不同，所以确定加热速度时，材质是考虑的主要依据。钢中碳含量和合金含量对热传导影响较大，它们的含量高则钢的导热系数小，加热速度就要适当慢一些，避免带钢的内外温度差过大而造成组织和性能的不均匀。

（2）保温温度和保温时间。钢的再结晶温度不是固定的某一温度，再结晶温度与带钢内部组织状态有关，加工变形量越大，晶格歪扭和晶粒被拉长轧碎的现象越严重，带钢的内能也就越大，越易形成再结晶，即在较低的温度就能进行再结晶。实际生产中，再结晶温度是在570~720 ℃范围内根据产品材质选择的。

（3）冷却速度和出炉温度。根据多年生产实践和国内外关于冷轧带钢退火的论述，特别是近年来随着快速冷却的出现，人们普遍认为罩式炉内钢卷冷却速度应该是越快越好，因为罩式炉的冷却速度本身是较慢的，不影响钢的性能，快冷还可以提高炉台效率、改变台罩比。对性能有特殊要求的钢种，如超深冲汽车板，在500 ℃以上冷却速度太快会使钢材的冲压性能变坏，因此需要缓冷，即带大罩冷却。单垛罩式炉钢卷垛是套在内罩里的，在冷却过程中不与外界空气接触，而且钢卷垛本身冷却就很慢，不会因冷却速度快而影响产品质量。在生产使用的热处理制度中，吊大罩以后的冷却速度是不加限制的，目前罩式炉广泛采用分流快速冷却和快冷罩。出炉温度的确定，是以带钢出炉后与空气接触不发生氧化为依据的，考虑到炉台利用率和确保带钢的表面质量，出炉温度应当以120~150 ℃为宜。

（4）光亮退火。要使带钢无脱碳、无氧化必须进行光亮退火，退火钢卷防止氧化的关键性问题之一是必须使保护罩内的压力满足工艺要求。压胶密封结构的新式罩式炉，循环风机能力较大，并有分流冷却系统，相应炉内压力要高。另一个关键问题是保护气体，保护气体必须要保证高纯度、含氧量要小于$2\times10^{-3}\%$（20 ppm），露点在−50 ℃以下，这样才能保证炉内气氛的可靠性，实现光亮退火。

C 冷轧带钢罩式炉退火工艺参数

根据钢卷的钢种、宽度、厚度和堆垛质量不同，冷轧带钢罩式炉退火按工艺曲线表执行，下面是DC03钢的退火工艺制度。

a 厚度$s\geqslant0.7$ mm

加热段：350 ℃以前全速加热，350~550 ℃加热时间4 h，550~680 ℃加热时间6 h。

保温温度680 ℃，保温时间等于DC04（DDQ级别）保温时间。

带加热罩冷却段：厚度$s\geqslant1.0$ mm：550 ℃、8 h；

厚度s为0.7~1.0 mm，550 ℃、12 h。

b 厚度$s<0.7$ mm

加热段：350 ℃以前全速加热，350~550 ℃加热时间4 h，550~680 ℃加热时间7 h。

保温温度680 ℃，保温时间等于DC04保温时间乘以系数0.8。

带加热罩冷却段：550 ℃、12 h。

D 冷轧带钢罩式炉退火制度执行原则

（1）钢卷不同厚度混装炉情况下，按最小厚度执行退火制度。

（2）钢卷不同宽度混装炉情况下，按最大宽度执行退火制度。

（3）钢卷不同钢种混装炉情况下，按退火时间最长工艺曲线执行退火制度。

（4）钢卷宽度$d\leqslant1100$ mm装3卷时，按钢卷宽度d为1100~1300 mm退火制度执行。

6.2.4.2 罩式炉退火机组主要设备

罩式炉退火机组主要设备，包括全封闭炉台、炉台循环风机、加热罩、冷却罩、保护罩、对流板等。

A 封闭炉台

（1）炉台的结构。全封闭炉台由炉台钢结构本体、扩散器以及底部对流板组成，带分流冷却的炉台如图 6-4 所示。

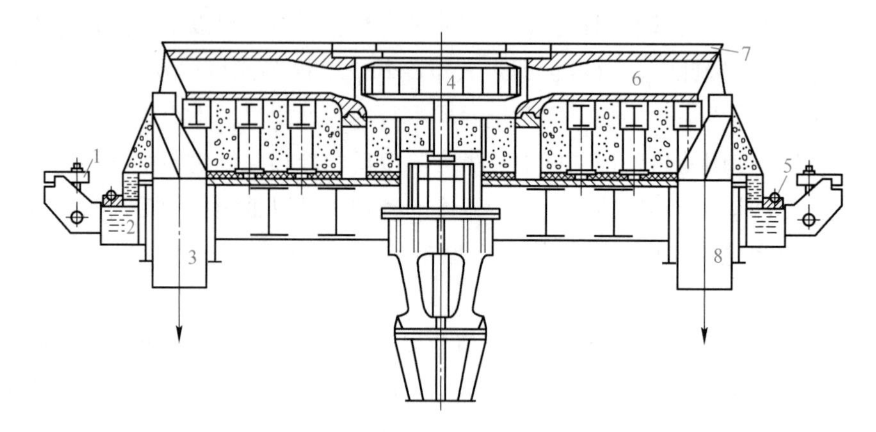

图 6-4 带分流冷却的炉台

1—保护罩压紧装置；2—冷却水箱；3—分流气体出口；4—炉台循环风机；
5—保护罩密封用胶圈；6—分流盘；7—底部对流板；8—冷却气体进口

（2）炉台的作用。全封闭炉台是罩式炉的主体设备，也是罩式炉的永久性设备。炉台要承受钢卷和保护罩的全部质量，炉台应该具备承载能力、抵抗反复加热和冷却变形能力，并具有不漏气、绝热性能好、蓄热量小以及结构简单等特点。在炉台底部连接氢气进气管和出气管，通入绝热纤维层内部，使炉台金属壳体受炉内压力和温度影响相适应，也可以说和炉内压力相平衡，以保证金属壳体不变形或开裂，延长使用寿命。

B 炉台循环风机

炉台循环风机是强对流全氢罩式炉的重要设备，既是核心设备，又是强对流技术的出发点。

炉台循环风机立式安装在炉台中心，使炉内保护气体进行强制循环。全氢型炉台循环风机结构示意图，如图 6-5 所示。

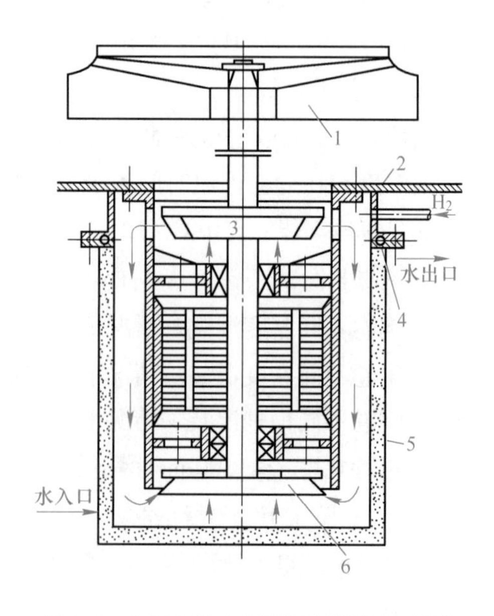

图 6-5 全氢型炉台循环风机结构示意图

1—叶轮；2—炉台；3—离心式导叶片；4—密封胶圈；
5—冷却水套；6—轴流式叶轮

工作原理：从钢卷内腔吸入保护气体，经分流盘沿保护罩内壁上升，然后保护气体经过对流板进入钢卷垛内腔，以高速度冲刷钢卷端部；对钢卷进行加热或冷却，经过对流板回到钢卷内腔的保护气体流回炉台，循环风机入口处形成连续不间断的循环气流。

全氢型炉台循环风机是目前比较先进的结构形式，主要有以下突出优点：

（1）风机与炉台连接轴承不需要进行密封处理，用封闭水套包围着电动机，与炉台用螺栓密封连接，将容易造成炉内氢气漏出或外界空气吸入的动密封改为静密封结构。这项新技术从根本上解决了炉台循环风机轴泄漏的关键难题，对于采用全氢作为保护气体更具有重要意义。

（2）整体风机处于高温环境下工作，封闭冷却水套结构合理，效果好。

（3）风机采用变频电动机，可以无级变速。

（4）风机结构简单，减少维修工作量，使用寿命长。

C 加热罩

加热罩由钢结构的金属壳体、燃烧系统、排烟系统、空气预热器以及炉内耐火纤维等组成，它也是罩式炉退火的关键设备之一。当加热罩放在炉台上时，密封件压在保护罩法兰槽内，使加热罩与外界隔绝。加热罩配置两个导向管，入口为圆锥形，当扣上加热罩时，导向管套在两个导向杆上。

加热罩炉衬由两部分组成，烧嘴和烟道用轻型耐火纤维砌成，可以承受燃气冲刷。炉衬和炉顶铺设耐火纤维毡，使用这些轻型耐火材料可以进一步减轻加热罩质量，降低加热罩蓄热损失。为了节能和降低废气温度，烟道出口处安装一台集中空气预热器，利用燃烧废气将空气预热到350 ℃，作为助燃空气通入各烧嘴。加热罩上分两层环形布置8个切向高速烧嘴，并通过一个控制系统调节。大负荷高速烧嘴配置点火电极和火焰监测器。大负荷是指一个加热罩最大煤气量，比氮氢型加热罩最大煤气量增加了50%左右，从而提高了加热能力（但必须有强对流大功率炉台循环风机以及全氢保护气体相匹配）。高速烧嘴可以实现强化对流传热，促进炉气循环，均匀炉温，避免对保护罩加热时出现过热点。为了控制燃烧空气过剩系数，实现合理燃烧，采用空气和煤气自动比例调节系统，实现完全燃烧，加热罩最高温度限定为850 ℃。加热罩外形，如图6-6所示。

图6-6 加热罩外形

D 冷却罩

冷却罩用于在加热结束揭掉加热罩后，加快冷却速度、提高退火产量，同时也降低车间环境温度、保护周围设备、改善操作环境。冷却罩为气-水组合式，它的冷却效果一方面与常规的空气冷却罩基本相同；另一方面这种冷却罩采用喷水方式直接冷却保护罩，起到替代分流快速冷却的作用。冷却罩采用耐热钢板焊接而成。两台离心式风机置于冷却罩上部两侧，空气由保护罩和冷却罩下部缝隙吸入，沿着保护罩热表面向上抽出热空气。冷却罩风机的特点是克服了过去常规采用的轴流式风机，缺点是使电动机处于长期高温状态工作。该风机设计成离心式风机，由风机轴向吸入热空气，沿叶轮离心方向排出，这种结构只需要风机叶轮及机壳用耐热钢板，而电动机选用耐温性能一般的标准电动机即可，大大降低了造价，减少了维护量，提高了使用寿命。冷却罩上装有供水压力调节阀和流量控制阀，以保持水压、水量恒定，这对冷却效果和冷却罩使用寿命都十分重要。两种不同结构的冷却罩示意图，如图 6-7 和图 6-8 所示。

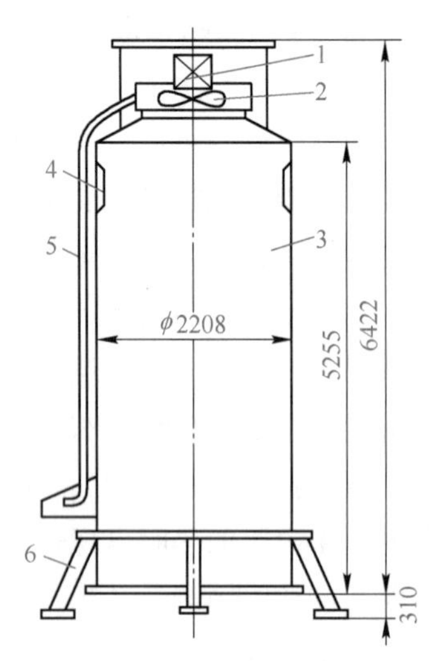

图 6-7 冷却罩结构之一

1—电机；2—叶轮；3—罩体；4—导向板；5—电缆管；6—支脚

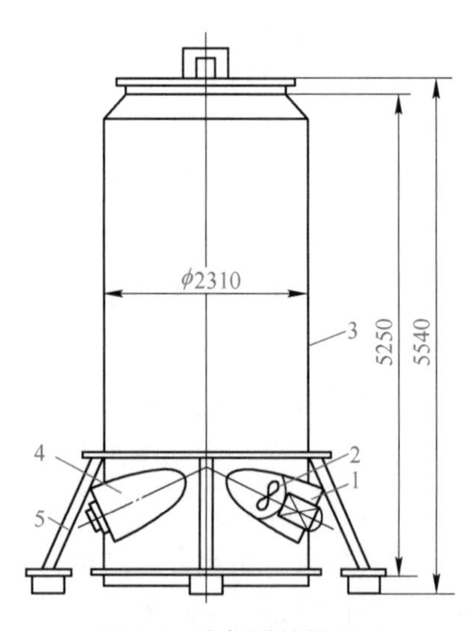

图 6-8 冷却罩结构之二

1—电机；2—叶轮；3—罩体；4—风机罩；5—支脚

E 保护罩

保护罩使用耐热钢板焊接成型，它的横波形结构可以加强径向抗变形能力、延长使用寿命、增加传热面积、提高加热和冷却能力。保护罩与炉台采用精密的液压压紧装置，8个液压缸对保护罩法兰均匀压紧。保护罩法兰采取通水冷却，以降低法兰温度，防止热变形，降低橡胶圈使用温度，延长橡胶圈使用寿命。横波形及网状形保护罩示意图，如图 6-9 和图 6-10 所示。

F 对流板

对流板的结构形式为径向双面交叉成斜形，具有较高的使用寿命。对流板分为底部对流板、中间对流板以及顶部对流板。底部对流板安装在炉台的分流盘上，承受钢卷全部质量，因此较厚。中间对流板位于钢卷之间，主要作用首先是使保护气体流过钢卷端部进行加热或冷却，是热交换的主要手段；其次对两个钢卷进行隔离，防止钢卷在退火过程中端部粘连。顶部对流板位于钢卷顶部，主要作用是提高对顶部钢卷的加热能力。中间对流板结构示意图，如图 6-11 所示。

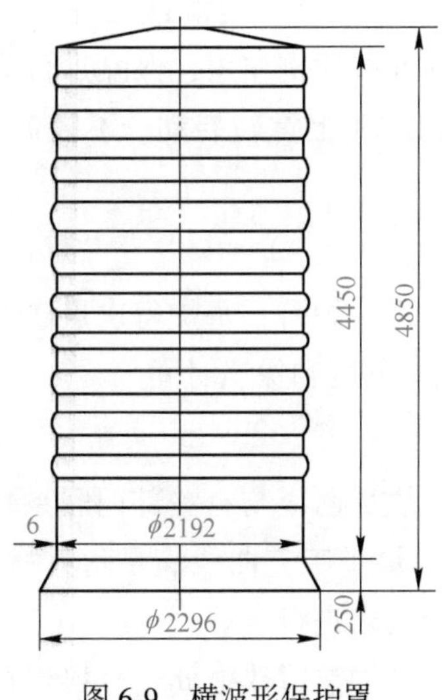

图 6-9　横波形保护罩

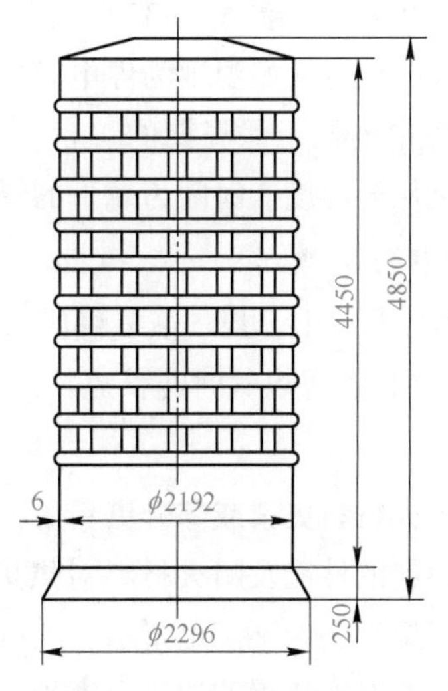

图 6-10　网状形保护罩

6.2.4.3　生产异常时的操作处理要求和有关注意事项

A　紧急吹扫时的处理

（1）对所有退火炉台，当在加热或保温（保温结束 1 h 以前）期间发生紧急吹扫，应在 HMI 上打开 BP0，等待 0 段出现启动条件正常后启动 AUTO START，自预吹扫启动：

1）在控制电偶温度小于 350 ℃时紧急吹扫，设定点不变；

2）在控制电偶温度大于 350 ℃且小于 450 ℃时紧急吹扫，初始设定温度改为紧急吹扫时的温度，升温时间按比例缩短，保温时间不变；

图 6-11　中间对流板结构示意图

3）在保温期紧急吹扫，不控制加热速度，直接加热到保温温度，时间为剩下的保温时间；

4）如果只能在氮气下退火，紧急吹扫后的保温时间加倍。

（2）对所有退火炉台，在热试漏或冷却期间发生紧急吹扫，等待紧急吹扫结束后重新启动，在氮气状态下冷却。

B　停电后的恢复方法

电源恢复供电后，首先启动排烟风机，废气排放风机，油雾润滑系统，并确认；然后逐个恢复各炉台：

（1）停电前控制温度小于350 ℃或处于冷却状态的炉台，电源恢复后在HMI上重新启动即可；

（2）停电前控制温度为350~450 ℃（升温阶段）的炉台，电源恢复后，在HMI上重新启动，并改设定初始温度为停电时的温度，升温时间按比例缩短，保温时间不变；

（3）停电前处于保温期的炉台，电源恢复后在HMI上重新启动，不控制加热速度，直接加热到保温温度，时间为剩下的保温时间。

C 停煤气处理

停煤气1 h以上，煤气恢复供应后，重新点炉（逐个炉台，每炉每次点3个烧嘴，逐次点着），并根据停煤气时间长短及各炉状况补偿吹氢制度和保温时间。

D 烘炉

炉内耐火材料更新或部分更新后，要进行烘炉。烘炉前应与有关部门联系，确认砌炉所用耐火材料的性能及耐火材料对烘炉的要求。如果烘炉工艺曲线满足耐火材料的要求，按曲线进行烘炉；若不满足要求，应按耐火材料性能要求进行烘炉。

烘炉时要对加热罩的加热温度和速度进行控制，把加热罩热电偶信号接到控制热电偶上，通过热电偶信号监控加热罩空间温升情况，在此阶段不控制热电偶温度。

烘炉时，炉内一般装4卷、每卷10 t左右的废卷，冷却工艺同正常退火工艺。烘炉工艺曲线，如图6-12所示。

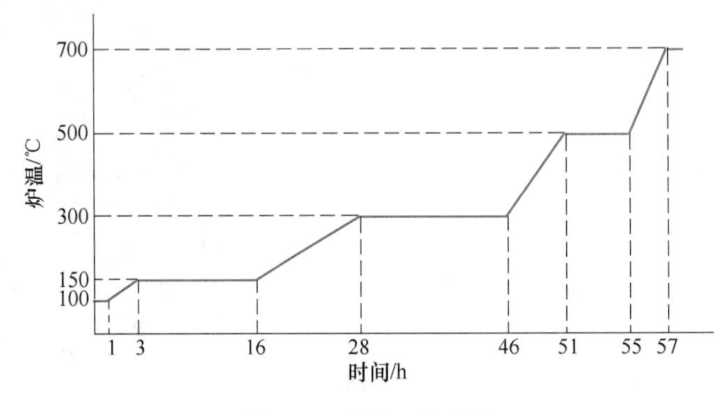

图6-12 烘炉工艺曲线

6.2.4.4 常见产品缺陷的原因及处理方法

A 氧化

故障现象：退火后的钢卷边部发蓝，严重的钢卷局部变黑。钢卷边部的氧化色如图6-13所示。

产生原因：

（1）保护气氛中的氧含量过高；

（2）钢卷中的乳化液过多，在氮气状态下退火。

预防及处理方法：轻微氧化可通过氧化色退火修复制度消除。

B　黏结

图6-13　钢卷边部的氧化色

故障现象：退火后的钢卷局部黏结在一起，开卷困难。

产生原因：

(1) 钢卷卷取张力过高；

(2) 钢卷薄厚不均，张力不均；

(3) 钢卷越薄，粘钢倾向越大；

(4) 钢卷外径越大，粘钢倾向越大；

(5) 钢卷板形不好，黏结倾向大；

(6) 退火加热温度过高，黏结倾向大；

(7) 退火、冷却速度太快。

预防及处理方法：

(1) 当钢卷越薄、薄厚不均、板形不好、钢卷外径较大时，选择合适的卷取张力；

(2) 选择合适的退火加热温度，减少黏结倾向；

(3) 选择合适的退火和冷却速度。

C　力学性能不合格

故障现象：退火后钢卷力学性能不能满足规定要求。

产生原因：

(1) 钢卷的化学成分不符合标准要求；

(2) 前部工序对钢卷的影响；

(3) 退火工艺不合理；

(4) 设备故障对钢卷力学性能的影响。

预防及处理方法：可根据情况，对钢卷重新退火。

D　捆带伤人

故障现象：捆带伤人。

产生原因：天车吊运钢卷时，夹具与捆带之间挤压，捆带挤断崩出伤到装出炉操作工。

预防及处理方法：天车吊运钢卷时，装出炉操作工必须在安全距离以外进行指挥，避免捆带伤人。

6.2.5　安全注意事项

(1) 工作人员在上岗前要充分休息，严禁酒后上岗。班组长做好员工“五态”检查，上岗前要按规定穿戴好劳动防护用品，女工应将发辫放在安全帽内。

(2) 严禁未经允许擅自进煤气区域。进入煤气区域必须佩戴好一氧化碳报警器，发现煤气含量超标要立即撤离，严禁在煤气区域逗留、休息。

（3）严禁擅自将机器设备和工具转交他人使用，设备运行时禁止脱离岗位。接近旋转部位或传动部位时，当心衣角被卷入。

（4）严禁未经允许擅自开动设备开关、触摸屏、键盘和鼠标等控制按钮。

（5）设备运转时，严禁在转动部位上作业或检修，禁止在转动的设备上传递工具，严禁用手摸、脚蹬或进行调试。

6.2.6 检查评价

检查评价见表2-1。

6.2.7 练习题

[理论知识试题精选]

一、选择题

（1）如果只能在 N_2 下退火，紧急吹扫后的退火时间将（　　）。

A. 不变　　B. 减少　　C. 加倍　　D. 取消

（2）（　　）不会造成炉台自动停止运行。

A. 断电　　B. 加热延时　　C. 循环风机故障　　D. 炉台水信号没有

（3）（　　）不是吹扫结束的条件。

A. 氧含量<1%　　B. 最少吹 24 min　　C. 总流量 71 m^3 以上　　D. 扣加热罩

（4）罩式炉退火的目的不包括（　　）。

A. 改善带钢光洁度　　B. 改善板形

C. 提高塑性和韧性　　D. 降低强度和硬度

（5）全氢罩式炉属于（　　）。

A. 空气炉　　B. 盐浴炉　　C. 保护气体炉　　D. 真空炉

（6）下列选项中属于罩式炉退火产生的表面缺陷为（　　）。

A. 氧化、黏结　　B. 瓢曲、浪形

C. 辊印、划伤　　D. 乳化斑、锈蚀

（7）金属在冷加工后（　　）。

A. 塑性升高　　B. 强度降低　　C. 硬度降低　　D. 硬度升高

（8）轧制产品要进行检验，其中表示钢材塑性好坏的指标是（　　）。

A. 屈服强度　　B. 弯曲度　　C. 伸长率　　D. 抗拉强度

（9）在保护性气体中，不属于氧化性气体的是（　　）。

A. H_2O　　B. CO_2　　C. CO　　D. O_2

（10）热处理工艺的三个阶段是（　　）。

A. 装炉、看火、出炉　　B. 加热、保温、冷却

C. 加热、出炉、二次冷却　　D. 装炉、出炉、二次冷却

（11）加热罩上换热器的作用是（　　）。

A. 预热压缩空气　　B. 预热混合煤气

C. 预热焦炉煤气　　D. 预热高炉煤气

(12) 不同规格钢卷混搭装炉要按（　　）进行退火。

A. 最长退火时间　　B. 最短退火时间

C. 随便按一个规格的退火时间　　D. 按规格居中的退火时间

(13) EBNER 炉台后吹扫时氮气流量低于（　　）提示报警“安全吹扫流量低”。

A. 70　　B. 80　　C. 90　　D. 100

(14) 罩式炉退火钢卷产生氧化的原因是（　　）。

(1) 保护气氛中氧含量大于 $5\times10^{-4}\%$；(2) 保护气氛的露点高于-50 ℃；

(3) 在符合要求的氮气状态下退火；　(4) 钢卷乳化液过多；

(5) 炉台系统中轧制油残液积累过多。

A. (1) (2) (4) (5)　　B. (2) (4) (5) (6)

C. (3) (4) (5) (6)　　D. (1) (4) (5) (6)

(15) 采用氢气作为退火介质较氮气的优势是（　　）。

A. 导热系数是氮气的 7 倍

B. 黏度系数是氮气的 1/2

C. 扩散系数是氮气的 4 倍

D. 密度是氮气的 1/14（风机旋转阻力小，电能单耗低）

二、判断题

(　　) (1) 罩式炉主要用于钢板的退火。

(　　) (2) 冷轧带钢的退火方式可分为罩式退火和连续退火。

(　　) (3) 炉子的密封测试一般在冷态和热态两种状态下检查。

(　　) (4) 在退火过程中，炉内压力要保持负压。

(　　) (5) 加工硬化提高了金属变形抗力，给金属的继续加工带来困难。

(　　) (6) 金属获得粗大再结晶晶粒的变形称为临界变形度。

(　　) (7) 冷轧带钢再结晶退火的目的是提高钢的强度。

(　　) (8) 冷轧后的带钢，金属导热性降低。

(　　) (9) 钢带在炉内氧化，其表面一般呈灰或蓝色。

(　　) (10) 通过轧制可以提高钢的力学性能。

[实操知识试题精选]

(1) 罩式炉氢气吹扫的目的是什么?

(2) 再结晶的过程包括哪些?

(3) 罩式炉紧急吹扫的触发条件?

(4) 罩式炉在氢气中的露点和氧含量有什么要求?

(5) 罩式炉炉台电机在退火过程中停转在工艺上怎么处理?

(6) 钢卷性能取样在什么位置?

(7) 简述罩式炉配炉的基本原则?

(8) 简述罩式炉的主要设备?

(9) 罩式炉退火后带钢的组织是什么?

(10) 热处理工艺黏结缺陷在罩式退火工序的成因有哪些?

任务6.3 连续式退火智能控制

知识目标

- 连续式退火炉的结构及其工作原理；
- 连续式退火的操作规程；
- 常见产品缺陷的原因及处理方法。

技能目标

- 能读懂冷轧带钢退火生产工艺参数；
- 能检查并确认退火炉及辅助设备的运行状态；
- 能处理冷轧带钢退火生产常见简单故障。

6.3.1 任务描述

本任务主要学习连续式退火炉的结构及其工作原理，连续式退火的操作规程，常见产品缺陷的原因及处理方法；能读懂并确认退火工艺参数，能检查并确认退火炉及辅助设备的运行状态，正确判断并处理常见退火生产简单故障。

6.3.2 任务分析

退火是冷轧带钢生产中最主要的热处理工序之一。冷轧带钢的退火因钢种的不同分原料退火、中间退火和成品退火，多数碳钢采用的是成品退火，其目的是消除冷轧造成的内应力和加工硬化，使钢板具有标准要求的力学性能、工艺性能及显微结构，这种热处理一般为再结晶退火。连续式退火炉示意图，如图6-14所示。

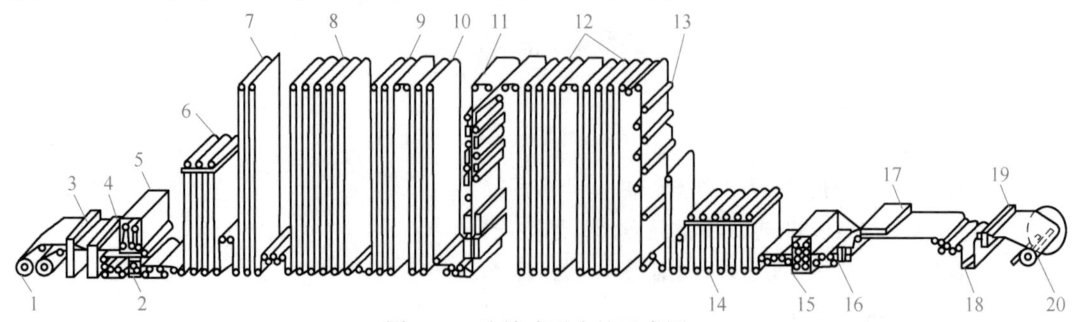

图6-14 连续式退火炉示意图

1—开卷机；2—张力平整机；3—剪切；4—焊接机；5—电解清洗；6—入口活套；7—预热段；8—加热段；9—均热段；10—缓冷段；11—急冷段；12—冷却段；13—最终冷却段；14—出口活套；15—平整机；16—剪边机；17—检查装置；18—涂油机；19—剪切机；20—卷取机

6.3.3 现代企业冷轧板带钢生产连续式退火智能控制

以某企业冷轧生产线的连续式退火生产为例，介绍退火生产岗位操作技能。

6.3.3.1 连续式退火操作岗位职责

（1）对本职工作认真负责，不折不扣地完成班长交给的各项任务。

（2）严格按照安全技术操作规程进行生产作业，工作时要相互关照安全。

（3）负责退火炉的密封检查、处理，生产时对炉体的密封和设备的安全使用负责。

（4）负责退火炉的开炉和停炉及生产各阶段的洗炉、送氮气、送氢气的操作。

（5）负责调节生产时的加热段带钢温度，冷却段后带钢温度。

（6）负责工艺段生产速度和张力的控制与调节，保证工序质量。

6.3.3.2 退火炉岗位操作规程

A 特别注意事项

（1）正确选择控制方式和输入工艺参数，保证带钢稳定运行。

（2）正确跟踪钢卷，监控并调节设备运行。

（3）协调全线生产，保证生产计划过渡平稳。

（4）正确判断和处理各类故障，保证设备运行平稳，避免炉内断带的发生。

（5）严密监控能源介质状态，及时正确采取措施，预防事故的发生。

（6）对炉内产生缺陷，采取正确控制手段，确保产品质量达到要求。

B 操作步骤

a 主要工作内容

（1）生产过程中，通过 HMI 和操作盘对退火炉状态及退火工艺参数进行监控，通过工业电视对退火炉内带钢的运行及板形情况进行监控并协调全线稳定生产。

（2）在能源介质和相关设备出现问题要及时确认并采取相应措施或预案，同时向调度及相关领导汇报情况，通知点检或维护人员到场处理。

b 生产准备

（1）在退火炉主控画面中检查退火炉的运行状态。在 HMI 画面检查气体介质及水介质在管道内的压力流量。检查各循环风机、助燃风机、废气风机等辅助系统的运行情况，确认其各项目的点检结果。

（2）通过 HMI 画面对生产计划进行检查核对，检查生产计划是否符合退火工艺曲线、焊接条件、再次退火等工艺上的要求，确认正常后方可上料。

（3）通过 HMI 对退火炉的控制模式进行检查确认。

（4）通过 HMI 监视炉内气氛的分析情况；确认炉压、炉温、带温，并对炉内气氛的分析结果进行监视，以及氮氢气体流量、压力等监护；在现场操作盘和远程控制对退火炉的燃烧情况进行监护，对退火炉设备状态进行检查确认、挡板开/关位置，空气冷却喷射压力控制数据等。

（5）检查能源介质是否正常，各段泵运行是否正常；对排废气风机、助燃空气风机、混合煤气情况等运行条件和启动条件进行检查确认。

c 操作步骤

（1）板温控制：

1）在HMI画面中，对带钢的热循环工艺曲线进行检查确认；

2）在HMI画面中，选择相应的烧嘴燃烧控制模式；

3）在HMI画面中，对喷射冷却进行控制调节；

4）在HMI画面中，对水淬槽脱盐水进行控制调节；

5）在退火炉主操作盘上，对工艺段速度进行调节。

（2）退火炉中带钢发生跑偏的控制：

1）生产过程中通过HMI画面及ITV监视器对带钢的运行状况进行监视，及时发现跑偏现象；

2）发现跑偏后要及时调整工艺速度和张力，减轻跑偏的趋势；

3）根据调整后的工艺速度和张力来调整带钢的温度和炉温，防止大幅降速造成热瓢曲。

（3）热瓢曲的控制：

1）生产过程中，通过ITV监视器及出口段的板形仪监测带钢的板形，并采取相应控制方法，防止带钢发生瓢曲现象；

2）当带钢发生轻微热瓢曲时，提高工艺段速度，对于再退火料在最小炉速上再增加20 m/min；

3）生产薄、宽规格带钢时，可按目标温度下限控制，降低烧嘴的供热量操作，并适当降低张力；

4）生产薄、宽规格带钢时，燃气的供应不能急剧变化；

5）带钢进行快速冷却后，在冷却段发生冷瓢曲时，可通过退火炉主操作盘进行手动操作，调整退火炉的炉速；

6）生产过程中，要通过HMI画面监控带钢的横向温度差，主要是测量带钢横向温度、宽度范围内5个测量点均匀分布。

（4）监控退火炉热循环仪表画面，通过此画面可以对带钢的热循环工艺曲线，各段的炉温、带温、炉内气氛以及主要设备如加热器、风机的负载进行监测。根据对这些工艺参数的监控，结合生产实际情况，对一些工艺参数进行调整和完善，达到生产的最优化。

（5）监控各炉段流程画面，通过对退火炉各段流程的监控，可以掌握生产过程中退火炉各段工艺参数实时控制情况。

（6）通过监控烧嘴燃烧检测画面，可以掌握各烧嘴的燃烧情况，发现问题及时联系相关人员进行处理。生产过程中，若发现退火炉某段或某区热能力不足时，要打开此画面，查看烧嘴的燃烧情况。

（7）与入口主控和出口主控时刻保持联系，实现对机组的整体控制。当入口活套套量不足或带钢在活套内发生跑偏时，入口主控要及时将情况通知退火炉主控和出口主控，以便对全线的生产速度进行调整。

（8）快冷段高氢控制：

1）机组运行速度较快情况下，合理调整风机功率和板温控制模型；

2）在冷却能力不够的情况下，调节氢气浓度；

3）调节快冷段氢气浓度后，注意观察其他各段氢气含量，防止快冷段高氢扩散造成危险；

4）快冷段投入高氢前，关闭快冷段入、出口密封挡板；停用高氢，待快冷段氢气含量降至7%以下后，打开快冷段入、出口密封挡板。

6.3.3.3　退火炉穿带操作规程

A　特别注意事项

（1）现场监视人员站在安全位置，不要用手接触转动的设备和带钢。

（2）拉拽绳子站在绳子外面，不要被绳子缠绕绊倒。

（3）穿带前一定要确认辊系是否正确，并将点动区域所有压辊挤干辊等打开。

（4）点动停止后立即将相关辊子关闭，防止带头与主绳连接断开或带钢被辊子碾压发生变形跑偏断带，导致带钢突然抽落，造成事故。

B　操作步骤

a　穿带准备条件

（1）检查并关闭混合煤气、氢气、氮气等必要的手阀、电磁阀、气动阀，根据情况可插入盲板。

（2）炉内温度接近室温，炉内氧含量在18%以上。

（3）关闭炉顶盖，开启炉底盖、炉顶穿带引孔，根据需要打开退火炉侧壁人孔。

（4）打开预热段密封辊至最大辊距。

（5）打开快冷段循环冷却风机至最大距离。

（6）打开快冷段密封辊、导辊。

（7）打开终冷段密封辊、导辊。

（8）水淬槽排水至最低液位，并打开水淬槽槽盖。

（9）关闭热风烘干机，检查关闭蒸汽手阀。

（10）打开挤干辊。

（11）关闭炉内所有电加热器电源。

b　炉内穿带步骤

（1）入口活套至4号张力辊正向穿带，出口活套至4号张力辊反向穿带。

（2）利用穿带引绳两端配重，将穿带引绳从预热段至快冷段炉顶引孔引到炉内各辊，完成后卸下配重。

（3）检查穿带引绳位置是否正确，发现错误道次需重新穿引绳。

(4) 穿带引绳就绪后，利用手钩纠正每个道次引绳位置在辊中心。

(5) 在炉底将相邻道次引绳系在一起，并消除引绳多余套量。

入口活套至4号张力辊正向穿带：

(1) 在预热段入口准备主绳，与引绳连接，正向点动预热段至快冷段炉辊，将主绳替换引绳；

(2) 在3号张力辊后将主绳与带头连接牢固；

(3) 联动条件就绪后，在入口活套操作面板对入口活套建张，联动穿带；

(4) 联动范围为入口活套至4号张力辊，可进行点动。

出口活套至4号张力辊反向穿带：

(1) 在终冷段出口准备主绳，与引绳连接，反向点动终冷段至快冷段炉辊，将主绳替换引绳；

(2) 在5号张力辊前将主绳与带头连接牢固；

(3) 联动条件就绪后，在出口活套操作面板对出口活套建张，联动穿带；

(4) 联动范围为出口活套至4号张力辊，可进行点动；

(5) 从入口活套穿过来的带钢和从出口活套穿过来的带钢在快冷段的4号张力辊下方进行焊接，焊接时先行板在下、后行板在上，焊接时搭接量应为500~800 mm，焊接搭接量示意图如图6-15所示。

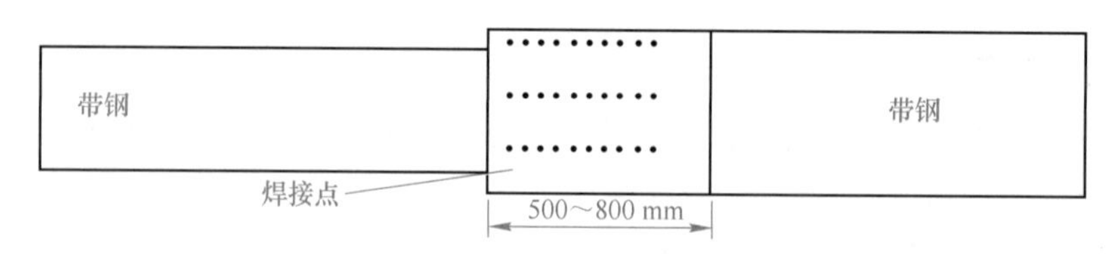

图6-15 焊接搭接量示意图

6.3.3.4 退火炉抽带操作规程

A 特别注意事项

(1) 现场监视人员站在安全位置，不要用手接触转动的设备和带钢。

(2) 拉拽绳子站在绳子外面，不要被绳子缠绕绊倒。

(3) 穿带前一定要确认辊系是否正确，并将点动区域所有压辊挤干辊等打开。

(4) 点动停止后立即将相关辊子关闭，防止带头与主绳连接断开或带钢被辊子碾压发生变形跑偏断带，导致带钢突然抽落，造成事故。

B 操作步骤

a 穿带准备条件

(1) 选择 (0.8~1.0 mm)× (1000~1250 mm)规格停炉料。

(2) 在3号张力辊入口处将带钢断开并做好带头，与穿带主绳连接。

b 炉内抽带步骤

(1) 对出口活套建张。

（2）正向点动预热段到出口活套联动。

（3）带头到达4号张力辊后，换另一根穿带主绳。

（4）正向点动4号张力辊到出口活套联动。

（5）带头到达5号张力辊前，抽带结束。

6.3.3.5 退火炉断带操作规程

A 特别注意事项

（1）现场监视人员站在安全位置，不要用手接触转动的设备和带钢。

（2）拉拽绳子站在绳子外面，不要被绳子缠绕绊倒。

（3）穿带前一定要确认辊系是否正确，并将点动区域所有压辊挤干辊等打开。

（4）点动停止后立即将相关辊子关闭，防止带头与主绳连接断开或带钢被辊子碾压发生变形跑偏断带，导致带钢突然抽落，造成事故。

B 操作步骤

（1）发现断带报警信号后，机组自动停机。操作人员应立即关闭炉内烧嘴，观察炉内断带处张力，如果张力值低于正常张力值很多，可以初步判断炉内断带，或者通过ITV观察炉内带钢情况。

（2）到现场炉体窥视孔观察炉内带钢情况，若发现带钢大量堆积或某道次没有带钢连接，则确认发生断带。

（3）确认炉内断带后，操作人员应通知管制中心，并在HMI画面启动烧嘴吹扫系统、关闭炉内电加热器。

（4）停止向炉内通入氢气，只通入氮气吹扫。同时打开炉顶手动放散阀，并加大炉内氮气通入量，加快炉内气体置换，快速降温。

（5）处理断带前，提前准备处理断带所需工具及劳动保护。

（6）炉温降低至200 ℃时，可以停止炉内氮气吹扫，开启炉盖处理断带。

（7）局部炉温降到70 ℃以下后，操作人员可进入相应区域查看带钢或处理断带。进炉前必须确认炉内氧气含量大于18%，并做好互保联保及携带好气氛报警仪。

（8）根据现场断带情况，安全快速地做好断带处理。

6.3.4 相关理论知识

6.3.4.1 连续退火概述

带钢的再结晶退火是为了消除前一道工序冷加工产生的加工硬化，为后道工序生产或加工提供保证。连续立式全辐射管退火炉使用混合煤气作为燃料，用于CQ、DQ、DDQ、EDDQ、S-EDDQ、HSS、DP和TRIP等钢种的退火。连续退火工艺生产率高，产品性能和表面质量好，生产连续化程度高，生产周期短，劳动定员少，连续退火加热周期的特点是快速加热、短时保温、急速冷却，定时时效。

退火炉炉长约为171225 mm，由预热段、加热段、均热段、缓冷段、快冷段、过时效段、终冷段和水淬槽组成，各个炉室之间有通道连接。为防止带钢表面氧化，炉内以含氢5%（HN_x）的氮氢作为保护气体。

6.3.4.2 连续退火生产工艺流程

连续退火生产工艺流程，如图6-16所示。

图6-16 连续退火生产工艺流程

6.3.4.3 连续式退火炉的主要设备

A 预热段

a 功能

（1）回收退火炉排出废气中的余热，以预热带钢。

（2）在退火段之前，将热的退火炉保护气体喷吹到钢板表面以达到清洁和加热的目的。

b 描述

（1）带钢通过一个双密封辊装置，垂直进入预热段。

(2) 在保护气氛之下，此段共有 4 道次，每道次设有 13.75 m 高的喷箱，喷箱上配置有横向的狭缝，目的是使得热的保护气体均匀地冲击在钢板上。2 台循环风机从侧面的出口将保护气体吸出炉体，使之循环经过 4 台废气/HN_x（氮氢混合气）热交换器后，进入喷箱。

预热段具有以下优点：

(1) 钢带上的直接热回收；

(2) 带钢加热到 150 ℃，没有任何被腐蚀的危险，包括机组停机；

(3) 在入口密封与加热段之间起到缓冲作用；

(4) 减少了 H_2的需要，由于钢带表面氧化作用的减少，降低了加热段炉子气氛中 H_2 的含量；

(5) 减少了冷的带钢在加热段起始辊子处的热冲击。

c 结构

4 道次预热段由 6 mm 厚的低碳钢板制成的炉壳组合而成，并且由型钢和角钢加固。炉壳组装为现场连续焊接，以达到完全气密性的目的。在内部的墙体、顶盖和底盖，壳体内部衬有陶瓷纤维，陶瓷纤维由不锈钢板进行防护。喷箱由不锈钢板制成并被支撑在侧壁上，喷箱和外部风道之间由耐热膨胀节连接。在喷箱的入口处装有手动调节挡板，在调试时用来平衡流量。在两个逆流立式热交换器内，保护气体对辐射管段的排放废气进行再加热。

d 控制系统

一个控制系统（CS，Control System）实现所有退火炉控制功能，包括退火的控制和外围设备的控制。这个系统并不干扰带钢传输系统，它仅与带钢传输系统通信。该控制系统的功能有：

(1) 基于各段传感器的信号，对各种执行器进行闭环控制，以尽可能达到设定值；

(2) 所有风机、泵等设备，以及所有安全检查的逻辑控制；

(3) 工艺参数和能源消耗的显示以及趋势分析的数据收集；

(4) 操作人员界面，包括交互式的图解显示画面；

(5) 通过一个交互式显示画面进行报警管理；

(6) 工艺参数的设定；

(7) 设定调节器，操作人员设定帮助和动态控制过程；

(8) 与机组二级和控制系统之间的通信及信息交换；

(9) 与现场仪表模拟数字信号的交换 。

B 加热段与均热段

a 功能

将带钢加热到再结晶退火温度，并在该温度下保持必要的保温时间以完成带钢的再结晶过程。提供加热模型的控制，在处理薄钢带时，使之适合所需的温度条件而不产生任何的热瓢曲。

b 描述

带钢通过一个安装在预热段出口的水平通道进入加热段，加热段及保温段包括 3 个独立的炉室，它们之间通过底部和顶部的水平通道相连接。第一个炉室有 20 个道次，第二个炉室有 15 个道次，其中 4 个作为加热或者保温；第三个炉室有 6 个道次，仅仅作为保温。带钢通过以交错形式布置在带钢两侧的燃气 W 形辐射管来加热，这些辐射管带有蓄热式烧嘴，适于将助燃空气用辐射管的排出废气预热到 450 ℃。烧嘴为鼓-抽式，助燃空气用助燃风机供给，废气由废气风机从烧嘴中抽出。

烧嘴为改进设计有以下优点：

(1) 由于增加了空气的预热，从而减少了燃料的消耗；

(2) 减少了氮氧化物（NO_x）的排放。

烧嘴被分为 14 个控制区，通过每个区中单独的助燃风机和燃气控制阀使其相互独立，在主废气集气管中将维持负压。

每个炉室的废气被两台离心式风机（安装在顶部主平台上、加热段前）排放到一个厂房外的自立式烟囱中。当预热回收系统被旁路时，废气由稀释空气冷却到 300 ℃左右时，两台风机同时使用。

c 结构

加热段和保温段由 6 mm 厚的低碳钢板制成的炉壳组合而成，并且由型钢和角钢加固。炉壳的组装为现场连续焊接，以达到完全气密性的目的。在内部的墙体、顶盖和底盖，壳体内部衬有陶瓷纤维，由不锈钢板进行防护。辐射管由离心铸造的耐热钢（直段）和静态铸造的耐热钢（弯头）制成，辐射管由焊接在炉壳板上的耐热钢铸件支撑件来支撑。烧嘴的本体为铸铁件，蓄热体为耐热钢铸件。热空气通过一个带有膨胀节的不锈钢管路从蓄热体进入烧嘴，从烧嘴到主废气集气管的烟道由 AISI 309 和 AISI 304 制成、从集气管到排气管的烟道由 AISI 304 制成。所有烟道都接有膨胀节，使得各部分都可以自由的膨胀。从每层分别收集废气，并被收集到一个位于加热段之前的立式收集室，在每层的烟道上装有一个防爆板。从这个立式收集室的风道给预热段的换热器供风，并继续供到热回收系统的换热器，然后到达废气风机。废气风机安装在顶层平台上，通过一个水平排气管，它将废气送到外部烟囱。烟囱为自支撑结构，支撑部分由低碳钢板制成，废气管道的顶部由不锈钢板制成。烟囱有 78 m 高，通过一个水平高度为 27 m 的绝热烟道连接到废气风机系统。

d 控制和操作

(1) 点火。每个烧嘴都带有电极和一个用于火焰监测的 UV 单元，通过一个单独 HT 转换器和电子控制系统来自动控制。每个烧嘴同时带有自动关断功能，以便在烧嘴熄火时可以单独地进行关断而不对其他烧嘴产生任何干扰。

每个烧嘴都由单独的电子控制箱监控，它可以执行所有的点火程序、火焰监测和操作状态的反馈。烧嘴的点火可通过退火炉的控制系统由操作室自动执行或者通过设置在退火炉周围钢结构上的机旁电子点火控制箱进行手动控制。

(2) 温度控制。带钢通过加热段和保温段的退火过程由加热炉室的温度来控制，温度由设在每个区中间的热电偶测量，有两种主要的操作模式：

1) 手动模式。操作人员选择加热炉室各区的温度。

2) 自动模式。根据带钢尺寸、机组速度、带钢目标温度、加热炉室的温度和燃气流量由数学模型计算和设置。

(3) 燃烧控制。烧嘴为鼓-抽式形式，助燃空气由助燃风机供给，废气由废气风机从烧嘴中抽出。

烧嘴分为 14 个控制区，通过每个控制区中单独的助燃风机和燃气控制阀使其相互独立。在主废气集气管中将维持负压，需要的气体流量由一个控制阀调节，以提供一个优化的空燃比，此控制阀与助燃风机相连接。

烧嘴控制区的监控与安装在炉室的两个热电偶给出的温度设定点相关，此温度设定点在自动模式下由数学模型确定，在手动模式下由操作人员确定。如果发生事故仅有一个热电偶使用，需要的空气与燃气比值通常在燃气组成的基础上进行计算。

在每个控制区域，需要的燃气流量通过操作一个连接在助燃风机上的控制阀，以便提供最佳的燃烧率。

在升降温阶段，为了保证空气与混合煤气的充分燃烧，如果所需功率减小，燃气供给先行减少；如果所需功率增加，空气供给先行增加。空燃比（O_2含量）在每个烧嘴层上由一个安装在分析仪柜中的 O_2分析仪进行连续的监控，此柜装有采样阀就可以在 O_2含量低于设定值时，对空气/燃气比值进行有限的调节；同时也检测 CO 量，当检测到 CO 含量高于限制水平时将发出警报。如果烧嘴火焰中断，从独立控制箱发出的信号将受影响烧嘴的燃气关闭。操作人员根据警报信息，考虑到对其他烧嘴带来的影响，将调整燃烧控制系统、修正空气流量。

C 缓冷段

a 功能

缓慢冷却带钢，进一步优化其织构与金相结构，典型的功能包括：

(1) 生产 CQ 和 DQ 时，冷却带钢到 650 ℃；

(2) 生产特殊钢种时，出口带钢的温度可保持在 800~850 ℃。

b 描述

在加热和保温的出口，带钢缓慢冷却到快速冷却入口的温度。缓冷段是独立的，其中包含 1 个炉室、5 个道次，提供合适的电加热能力用于保温操作。带钢的冷却是冷保护气体，通过风箱在带钢的上下表面进行喷吹。风箱的布置应最大限度地避免接触带钢，并且保证带钢宽度的冷却均匀性。风箱的气体由操作侧和电机侧的 2 个循环风机提供。退火炉室提供电加热设备，必要时启动进行加热或者保温操作。

c 结构

缓冷段由 6 mm 厚的低碳钢面板制成炉壳，炉壳由型钢和角钢加固，在现场进行气密性焊接组装。缓冷段内部衬有陶瓷纤维，以保护壳体防止炉内保护气体循环带来的侵蚀。冷却风箱为耐热钢结构，离心铸造，并带有横向缝隙（喷孔）。循环风道为低碳钢结构，并由焊接的法兰进行连接以确保管道的气密性。循环风机为气密性结构，并在穿过风机外壳处的风机轴装有机械密封。换热器包括一个不锈钢板制成的气密性壳体，内装带有铝翅片的铜镍管或钢管，并通过焊接的法兰连接到循环风道上。材质为80Ni20Cr的加热元件在带有绝缘垫的陶瓷环上呈蛇形固定，沿着炉墙安装的耐热管以保护加热元件不被损坏。

d 控制

带钢的冷却由操作人员设定压力设定点或者从数学模型基于炉室出口段的高温计，缓冷的工艺过程通过对离心风机产生的循环气体流量的调节来控制，循环风机由变速电机驱动。能量的供给通过电加热设备，调整和控制通过自动控制系统和每个区域中间的热电偶。

D 快冷段

a 功能

在保护气体作用下冷却带钢到过时效温度，高速率冷却，固定带钢的金属结构。

b 描述

冷却系统为特殊设计，以达到高的冷却速率，具有以下特点：

(1) 特殊轮廓的喷嘴设计可以得到均匀的横向气体速度分布，压力稳定作用在垂直运行的带钢表面；

(2) 对称于带钢的气体循环分布回路；

(3) 入口张力辊可增加冷却段内带钢的张力，以保证良好的带钢稳定性，出口张力辊可增加带钢的张力；

(4) 出、入口处安装的密封辊可以减小冷气进入两侧通道；

(5) 喷箱中间安装的导向辊可以避免带钢的擦划。

c 高氢气含量的运行

为了避免氢气从里面向外面泄漏或者空气从外面进入里面，可移动式喷箱的膨胀节为双层形式并且冷却室本身被一个外部壳体包裹在内，并用低压氮气在外部壳体中进行连续地吹扫。氢气含量通过外面的管道进行冲淡或者释放。

设备设置为：一个氢气分析仪、两个氧气分析仪连续测量氢气和氧气的含量，进行气氛分析的闭环控制，增设控制仪表。

当氧气含量过高时，将产生报警信息，停止氢气的进入，并且带氮气的吹扫装置将自动启动，直接进行快速冷却段吹扫作业。快冷段外部区域考虑通风设计，保证空气流通顺畅。

d 结构

快冷段由6 mm厚的低碳钢板制成，炉壳由型钢和角钢加固，在现场进行气密性焊接组装。内部衬有外带AISI 304不锈钢板的陶瓷纤维，以保护壳体防止炉内气体循环带来的侵蚀。冷却风箱为耐热钢结构，并带有横向缝隙（喷孔）。循环风道为低碳钢结构，由焊接的法兰进行连接以确保管道的气密性。循环风机为气密性结构，风机轴装有机械密封。换热器包括一个钢板制成的气密性壳体，内装带有铝翅片的铜镍管或钢管并通过焊接法兰连接到循环风道上，入口、顶辊和出口通道内设置有电加热器。

e 控制与操作

快冷段的工艺过程通过离心风机进行调节控制，循环风机由变速电机驱动。

在手动模式下，由操作人员设定压力设定点；在自动模式下，由退火炉控制系统的数学模型基于所需参数的分析来产生。

边部挡板既可由操作人员通过退火炉控制系统进行操作，也可根据带宽进行自动控制，开口度从0%~100%。风箱移动可由操作人员通过退火炉控制系统键盘进行操作，也可由退火炉数学模型自动控制。

E 过时效段

a 功能

过时效段保证带钢在一定温度范围及一定的时间内，进行过时效处理。

b 描述

过时效段由3个炉室组成，各炉室垂直道次分别为12、14和14，满足带钢运行所需要的时间。每个炉室设有电加热器，用于补充热损失和保持温度。对于更换生产钢种在350 ℃以下的，炉室将提供冷却系统，进行冷却控制。

c 结构

过时效段由6 mm厚的低碳钢板制成，并且由型钢和角钢加固，炉壳组装为现场连续焊接，以达到完全气密性的目的。在炉室的墙体、顶板和底板衬有耐火陶瓷纤维；底部是不锈钢板和耐火砖，底盖是绝热陶瓷纤维。

d 控制

电加热器的热量输入由控制系统进行调节，主要根据安装在每个区内的热电偶以及由数学模型（自动模式）或操作人员（手动模式）给出的设定值。

F 终冷段

a 功能

终冷段将带钢从过时效温度冷却到允许进入水淬槽的温度。

b 描述

终冷段包括10道次，每道次带有14 m的高速喷射冷却器，带钢通过冷的保护气体对带钢两侧表面的冲击进行冷却。喷射冷却器被分为5个区，每个区有两个道次、一台风机、两台换热器。炉内保护气体通过两个出口从炉室壳体中吸出。一个气密风机使它们通过换热器进行冷却，同样由此风机再次从距离带钢表面150 mm处的喷箱喷射到带钢上。喷箱分为3个带气动挡板的纵向区域，中间1个、两边各1个，以便调整气体喷射以适应带钢的宽度。在每道次的中间装有导向辊，以防止带钢的振动和带钢通过喷箱的喷嘴时被擦划。在出口处，带钢运行出退火炉，通过一个立式槽进入水淬槽，立式槽的末端由一个双密封系统封闭，以防止水淬槽的水蒸气渗透到退火炉壳体内部。

c 结构

终冷段炉壳由 6 mm 厚的低碳钢板制成，外部由角钢和型钢进行加固，壳体的组装为外部气密性焊接。喷射冷却器的风箱由低碳钢板制成，并带有加强筋。喷箱、冷却器和风机之间的外部管道由低碳钢制成，由焊接法兰连接以达到整个系统的气密性。出口密封系统为双密封辊系统，以防止炉壳被水淬槽产生的蒸汽渗入。

d 控制和操作

终冷段冷却通过调整冷却器中喷箱的喷气压力来进行控制。风机由变速电机驱动，控制其速度来调整喷箱的压力达到设定值；出口设有辐射高温计，与喷箱压力形成闭环控制。

6.3.4.4 生产异常的产生和有关注意事项

A 事故停电

故障名称：事故停电。

产生原因：生产线停电。

预防及处理方法：当生产线停电时，为了保证退火炉设备安全和防止断带的发生，退火炉主控室人员要确认事故电源是否供电，确认事故水的供应，必要情况下可在入口活套出口处切断带钢。

B H_2供应故障

故障名称：H_2供应故障。

产生原因：H_2供应出现问题。

预防及处理方法：

(1) 当 H_2供应出现问题时，关闭 H_2 管路上控制阀；

(2) 及时将情况反馈给相关人员，以便尽快解决，关闭 H_2主阀门；

(3) 加大 N_2的通入量，保证退火炉的炉压，防止外界空气进入退火炉；

(4) 熄灭烧嘴；

(5) 如果保护气体中的 H_2含量低于要求值，应插入过渡卷或停机；

(6) 检查故障原因，进行处理。

C 燃气供应故障

故障名称：燃气供应故障。

产生原因：燃气供应出现问题。

预防及处理方法：在此种情况下，烧嘴和氢气的控制阀将自动关闭。当燃气出现问题时，关闭煤气管路上的控制阀和主阀，利用 N_2吹扫燃气管网，并与相关部门取得联系，确认切断的时间。

(1) 如果短时间停气，入口段插入过渡卷，机组低速运行。当燃气供应恢复正常时，打开燃气管路上的控制阀，恢复煤气供应。机组升速，入口准备成品卷，待退火炉满足生产条件时，恢复生产。

(2) 如果长时间停气，入口段插入过渡卷，降低机组速度并停机。入口准备过渡卷，当过渡卷进入退火炉加热段时，生产线停车；之后，执行退火炉的停炉操作。

D N_2供应故障

故障名称：N_2供应故障。

产生原因：N_2供应出现问题。

预防及处理方法：在 N_2出现压力下降时，要及时采取措施，防止造成二次事故。在此种情况下，烧嘴和氢气将自动停止工作。处理过程如下：

(1) 机组插入过渡卷或停机；

(2) 检查并关闭烧嘴和氢气阀门；

(3) 监视退火炉的密封辊间隙和运转状态，检查冷却水流量。

E 冷却水供应故障

故障名称：冷却水供应故障。

产生原因：冷却水供应出现问题。

预防及处理方法：在此种情况下，烧嘴和氢气将自动停止工作。处理过程如下：

(1) 机组插入过渡卷或停机；

(2) 检查并关闭烧嘴和氢气阀门；

(3) 监视退火炉的密封辊间隙和运转状态，检查冷却水流量。

F 压缩空气供应故障

故障名称：压缩空气供应故障。

产生原因：压缩空气供应出现问题。

预防及处理方法：在此种情况下，烧嘴和氢气将自动停止工作。处理过程如下：

(1) 机组插入过渡卷或停机；

(2) 检查并关闭烧嘴和氢气阀门；

(3) 监视退火炉的密封辊间隙和运转状态，检查冷却水流量。

6.3.5 安全注意事项

(1) 在煤气区域作业必须两人以上，应带好对讲机、煤气报警器、氧气报警仪。

(2) 作业时报警器报警或身体感到不适，禁止作业，并通知煤气专业人员检查处理。

(3) 退火炉点火烧嘴必须在现场点火，使用防爆板子，并确认燃烧状态。

(4) 炉内通入 N_2 前，必须确认炉盖、人孔封闭情况，密封好后通入 N_2。

(5) 进入炉内作业时，必须将操作盘打到“锁定”状态。

(6) 开炉作业时，必须停 N_2，先开炉顶盖、后开炉底盖。

(7) 开炉时，禁止站在悬空的炉底盖上及周围进行作业。

(8) 进入炉内作业时，炉辊温度要低于 50 ℃，炉内至少两人作业，并带好氧气报警仪。高空作业时必须系好安全带，炉外必须有人监护。

（9）当炉内氧气含量在18%以下时，必须撤离炉内。

6.3.6 检查评价

检查评价见表2-1。

6.3.7 练习题

[理论知识试题精选]

一、选择题

（1）光亮退火时，炉内必须充入（　　）保护性气体。

A. O_2　B. O_2+CO_2　C. H_2+H_2O　D. H_2+N_2

（2）再结晶退火时，加热温度应达到（　　）。

A. 再结晶温度以上　B. *Ms* 温度以上　C. 1100 ℃以上　D. 再结晶温度以下

（3）均热段下部的反向烧嘴可以减少板坯（　　）。

A. 温降和氧化烧损　B. 脱碳和氧化烧损　C. 黑印和氧化烧损　D. 都不对

（4）均热段与加热段之间炉顶压下的作用是（　　）。

A. 便于控制均热段温度和压力　B. 便于识别分段

C. 便于炉顶检修　D. 都对

（5）连续加热炉炉压控制的基本要求是固定梁平面保持（　　）。

A. 正压　B. 零压或微负压　C. 零压或微正压　D. 负压

（6）连续式加热炉中，温度最高的一段是（　　）。

A. 烟筒　B. 预热段　C. 加热段　D. 均热段

（7）退火炉内保护气体的成分为（　　）。

A. 5%H_2和95%N_2　B. 10%H_2和90%N_2　C. 2%H_2和98%N_2　D. 3%H_2和97%N_2

（8）连续退火机组的退火方式为（　　）。

A. 高温退火　B. 低温退火　C. 中温退火　D. 再结晶退火

（9）再结晶退火工艺的完成取决于（　　）。

A. 退火温度　B. 保温时间　C. 快冷速度　D. 退火温度和保温时间

（10）带钢过时效过程的完成取决于（　　）。

A. 过时效温度　B. 过时效时间　C. 过时效温度与时间

（11）带钢进入水淬槽的温度要低于（　　）。

A. 80 ℃　B. 110 ℃　C. 180 ℃　D. 210 ℃

（12）退火后的带钢可通过不超过1%变形量的平整消除（　　）。

A. 带钢的屈服平台　B. 钢带弯曲　C. 钢带的厚度不均匀　D. 钢带上的水印

（13）用氧气作助燃剂时，煤气的着火温度为（　　）。

A. 500~600 ℃　B. 600~700 ℃　C. 450~500 ℃　D. 700~800 ℃

（14）用空气作助燃剂时，煤气的着火温度为（　　）。

A. 500~600 ℃　B. 600~700 ℃　C. 450~500 ℃　D. 700~800 ℃

（15）CO的密度为（　　）。

A. 1.52 kg/m^3　B. 1.25 kg/m^3　C. 2.25 kg/m^3　D. 3.25 kg/m^3

（16）违反操作规程引起的工序质量变化属于（　　）。

A. 操作原因　　B. 偶然原因　　C. 异常原因　　D. 原料原因

（17）电解清洗槽清洗液的浓度为（　　）。

A. 1%~2%　　B. 10%~20%　　C. 2%~3%　　D. 2%~5%

（18）快冷段出口平均带温的保证值：最大为规定值的（　　）℃。

A. ±10　　B. ±5　　C. ±15　　D. ±20

（19）清洗段后，带钢清洁度残碳含量：每面最大（　　）。

A. 2 mg/m^2　　B. 5 mg/m^2　　C. 10 mg/m^2　　D. 3 mg/m^2

（20）连退入口带钢塔形要保证小于（　　）mm。

A. 30　　B. 45　　C. 50　　D. 25

二、判断题

（　　）（1）炉气中的 CO 是还原性气体，对带钢不会发生氧化。

（　　）（2）炉气中的 H_2O 是还原性气体，对带钢不会发生氧化。

（　　）（3）钢中的碳含量增加，烧损率上升。

（　　）（4）预热段钢坯获得的热量主要是来自辐射。

（　　）（5）在加热炉内，加热钢坯的有效热与燃料燃烧的化学热之比称为热效率。

（　　）（6）在炉膛内，炉墙的温度最高。

（　　）（7）在气体燃料中焦炉煤气的密度最小。

（　　）（8）热辐射是一种由电磁波传播热能的过程。

（　　）（9）热应力或温度应力是由于温差造成的。

（　　）（10）通过调节炉膛压力来控制炉温的方法是正确的。

（　　）（11）金属换热器的优点是导热系数高，体积小。

（　　）（12）均热段的设定温度高于加热段。

（　　）（13）空气消耗系数是指实际供给的空气量与理论空气量之比。

（　　）（14）炉底冷却水管的出水温度越低越好。

（　　）（15）炉底水管的出水管上安设阀门是不安全的。

（　　）（16）带钢的连续退火可保证带钢全长上退火条件一致，力学性能均匀。

（　　）（17）在连续式退火炉中无法进行强制冷却。

（　　）（18）带钢进入连续退火炉后，如带钢跑偏将无法控制。

（　　）（19）连续式热处理炉中必须充入保护气体，一般为低露点的 H_2-N_2 混合气体。

（　　）（20）连续退火炉时效区炉底辊辊径对带钢的性能无影响。

[实操知识试题精选]

（1）什么叫作退火？

（2）退火的主要目的是什么，常用的退火有哪几种？

（3）简述退火工艺的制定与哪些因素有关。

（4）冷轧钢带的再结晶包括哪几个过程？

（5）分析冷轧厂钢卷性能不合格的各种影响因素。

（6）连续退火过程中，影响成品力学性能的过程参数有哪些？

（7）连续退火炉中水套冷却段以什么方式冷却带钢，一般带钢在此处的温度可以下降多少？

（8）简述连续退火炉加热段和均热段的工作原理。

模块 7 冷轧板带钢生产精整智能控制

课件

任务 7.1 课程思政

思政目标

- 通过介绍先进的钢铁材料，提升学生的科技自信和民族自豪感；
- 培养学生的爱国情怀和主人翁精神；
- 培养学生勇于探索、追求真理的科学家精神和创新意识，坚定“四个自信”，树立民族复兴坚强信念。

钢铁材料

厉害了，中国超级钢

钢铁冶炼是工业的根基，我国钢铁产量世界第一，但因特殊钢的限制，多种武器装备还无法达到世界顶级。多年以前，很多特殊钢材还要从国外进口，代价昂贵。如今，我国已经成功研制出超级钢，这种强度达到 2000 MPa 的超级钢，可以说是世界上最硬最好的钢材，更值得一提的是，2000 MPa 超级钢只有中国能制造，相较于美国和日本生产制造 1100 MPa 的超级钢，中国超级钢的硬度和韧性都领先于前者。

“超级钢”是在轧制时把轧制压力增加到通常的 5 倍，并且提高冷却速度和严格控制温度的条件下开发成功的。其晶粒直径仅有 1 μm，为一般钢铁材料的 1/20～1/10，因此组织细密，强度高，韧性也大，而且即使不添加镍、铜等元素也能够保持很高的强度。

中国工程院院士王国栋，长期从事钢铁材料轧制理论、工艺、自动化等领域的应用基础和工程技术的研究，先后主持和完成多项国家重大基础研究规划项目、高技术项目、攻关项目、自然科学基金重大项目等。中国超级钢开始量产后，还在国际钢材竞争中拿下了 4 个世界第一，王国栋院士因其在该项目研发中取得的成就，又被人们称为“中国超级钢之父”。要实现我国钢铁工业以结构优化和质量升级为标志的再次腾飞，必须以科技创新为抓手，全力推进中高端钢铁材料的研发，打造我国自己的“超级钢”。

任务 7.2 平整智能控制

知识目标

- 平整机的结构及平整工艺流程；
- 平整的操作规程；
- 常见平整生产产品缺陷的原因及处理方法。

技能目标

- 能读懂冷轧带钢平整生产工艺参数；
- 能更换、标定平整机轧辊；
- 能处理冷轧带钢平整生产常见简单故障。

7.2.1 任务描述

本任务主要学习平整机的结构及平整工艺流程，平整的操作规程，常见平整生产产品缺陷的原因及处理方法；能读懂冷轧带钢平整生产工艺参数，能更换、标定平整机轧辊，能处理冷轧带钢平整生产常见简单故障。

7.2.2 任务分析

精整生产是使冷轧带钢成为交货状态产品的生产过程，它由带钢平整、横剪或纵剪或重卷、分选和包装等工序组成，平整工序的主要作用是调整冷轧带钢的力学性能。平整工序改善了带钢的厚度精度，并能消除轻微的表面缺陷。因此，平整生产对产品质量的保证有着十分重要的作用。平整机示意图，如图 7-1 所示。

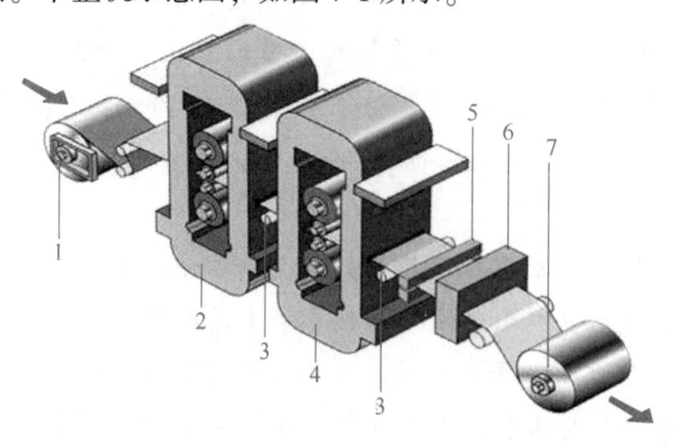

图 7-1 平整机示意图

1—开卷机；2—1 号机架；3—测张辊；4—2 号机架；
5—测厚仪；6—对中装置；7—卷取机

7.2.3 现代企业冷轧板带钢生产平整智能控制

以某企业冷轧生产线的平整生产为例，介绍智能平整生产岗位操作技能。

7.2.3.1 冷轧带钢平整生产操作岗位职责

(1) 根据钢材质量管理规定，执行工艺规程、控制产品质量。

(2) 根据实际生产情况，对作业区质量问题进行分析并及时采取措施、解决质量问题。

(3) 依据技术质量部的要求，协助技术质量部对本区域的质量缺陷进行原因分析、制定措施、组织贯彻落实及效果反馈工作。

(4) 负责平整机组日常生产工艺技术指导工作，平整区域新工艺、新技术、新材料试验及推广。

(5) 负责平整机械设备的日常点巡检及故障处理。

7.2.3.2 平整工上料岗位操作规程

A 特别注意事项

天车吊运钢卷时，上料操作工禁止在天车行走轨迹下方行走。

B 操作步骤

a 岗位要点

(1) 上料时需要认真记录原料的卷号、规格、质量等信息。

(2) 收料时，要指挥天车将热料集中摆放在临时冷台上，并启动临时冷台，冷台无钢卷时关闭临时冷台。

(3) 指挥天车将钢卷摆放到指定位置，漏雨点及天车主控室下方走行位置禁止放钢卷。

(4) 上料温度不超过 40 ℃。

b 生产准备

(1) 接班检查测温枪能否正常使用。

(2) 按照要求启动或者关闭厂房照明。

c 平整原料入库操作

(1) 核对罩式炉过料钢卷信息，确认与实物相符。

(2) 指挥天车将钢卷摆放到指定位置，原料温度超过上机温度时，要将钢卷集中摆放在临时冷台上，并启动临时冷台。

d 上料操作

(1) 根据上料计划指挥天车为平整机组上料，无计划情况下在 ERP 系统中进行排程作业。

(2) 严格控制上料温度，上料温度不超过 40 ℃。

e 库区摆库操作

(1) 指挥天车进行摆库，对于新入库钢卷，沿轧机侧摆齐。

（2）漏雨点及天车主控室下方走行位置禁止放钢卷。

（3）原料温度超过上机温度时，要将钢卷集中摆放在临时冷台上，并启动临时冷台。

7.2.3.3 平整准备站岗位操作规程

A 特别注意事项

（1）天车吊运钢卷时，准备站操作工禁止在天车行走轨迹下方行走。

（2）翻钢机要等钢卷小车把钢卷运走后才能翻回，避免掉卷。

（3）拆捆带时注意钢卷带头的位置，防止捆带剪断后带头翻动伤人；同时剪捆带时应站在捆带的侧向，避免捆带剪断后崩起伤人。

（4）钢卷从准备站向入口运输链行进途中，禁止操作小车下降。当小车到达运输链准备下降前，需要确认入口运输链鞍座到达指定位置后方可操作小车下降，避免出现倒卷的情况。

B 操作步骤

a 岗位要点

（1）确认钢卷在翻钢机中心处才能翻卷。

（2）钢卷落到翻钢机上，钢卷翻卷前要确认卷头朝向，钢卷带头应朝向平整机架方向；若朝向平整前库方向则为反卷，需要通知值班长进行处理。

b 生产准备

（1）接班检查翻钢机、上卷小车、准备站设备功能是否正常使用。

（2）接班检查捆带剪是否正常使用，同时将手套、捆带剪、路路通等工具放到定置摆放处。

c 翻钢操作

（1）启动翻钢机的水平液压缸，带着钢卷向平台运行；当钢卷外圈顶到接近感应开关时，水平台自动停止运行。

（2）操作工再启动垂直液压缸上升，目视使钢卷宽度定于中心处。操作工启动翻钢机翻转90°，接触到极限开关后运行停止，这时的钢卷由立式变成卧式。

d 钢卷运输（拆捆带处—地辊处）操作

（1）钢卷小车带着卧式钢卷运行到拆捆带处时，点动钢卷小车升降台下降，钢卷落放到鞍座上。

（2）拆捆带后再点动升降台上升，升降台又接收了钢卷。点动小车向准备站方向运行，到达地辊位置后点动升降台下降，钢卷自动落放在地辊上。

e 卷头矫平及剪切操作

（1）点动地辊正转，启动喂料压板台装置下降，到达极限开关后，压板下降自动停止，喂料压板台压住带钢头部。

（2）继续转动地辊使带头沿喂料压板台向前运行，带头超过规定长度后地辊停止转动，剪切机剪去带头；操作工剪切带头时要控制剪切长度，每次剪切带头长度在1 m左右，剪切两刀。

（3）剪切完毕后，点动地辊反转，以卷紧带头并人工定位，喂料压板台回到原位。此时若带钢厚度超过 1.8 mm，为便于入口操作工穿带，需要在带头位置喷路路通。

f　钢卷运输（至入口运输链）操作

（1）点动钢卷小车升降台上升接收钢卷，操作工手动操作钢卷小车，使钢卷小车带着钢卷向入口运输链方向运行，钢卷小车行走一段控制距离后自动停止。

（2）手动操作钢卷小车升降台下降，使钢卷落放在入口运输链的鞍座上，然后运行钢卷小车［自动］程序按钮，钢卷小车将快速向翻钢机方向返回，自动停止在翻钢机处。

7.2.3.4　平整入口岗位操作规程

A　特别注意事项

（1）运输过程中如发现带头卡阻要及时停入口链处理，避免出现设备损失的情况。机架工在上卷过程中，钢卷提升高度要合适，避免出现卷心挤伤。

（2）清扫器使用中随时观察使用情况，发现异常如冒火花、有异响和偷停等要立即通知设备人员处理。

（3）焊缝前后多有黏结、折皱等出现，生产时弯辊力、轧制力需做出适当调整。为避免伤辊，过焊缝时开卷机要适当窜动。若过焊缝时焊缝处撕裂，使用入口剪将带钢切断，将开卷机上的带钢吊下，使用水焊处置后方可二次上机。

（4）尾卷质量不能超过 1.5 t，落卷时要注意观察尾卷区、轻放，避免伤人。

（5）卸卷时外支撑落下后方可进卸卷小车，使用推卸板必须确定小车的位置。

（6）装辊时在轧辊进入机架时要减速，防止由于机架铜滑板螺丝窜出或小车轨道偏移，撞掉铜滑板。

（7）换辊时，防皱辊、防瓢辊、清扫器要确认是否缩回到位。装辊时，斜楔要退回到后限位，下支撑辊支撑落到下限位。托架要确认好，落板凳时要落正。注意各油管要拧紧，保证无渗漏。

B　操作步骤

a　岗位要点

（1）穿带前要确认钢卷信息是否与生产数据相符，若发现数据不相符立即联系主控进行二次确认。

（2）钢卷带头质量不好的，要用入口剪切几刀。

（3）加速轧制前需对表面质量做出判定，判定表面正常后方可加速轧制。

（4）换辊前要做好备辊检查，包括辊面质量、防缠板间隙。

（5）每次换工作辊时都要对清扫器头、防皱辊、防瓢辊辊面进行检查。

（6）更换支撑辊时锁紧打开，装辊后锁紧锁上，锁紧后要与磨辊间及电气人员进行三方签字确认。

b 生产准备

确认入口提升、开卷机、尾卷吊等设备能否正常使用。

c 上卷操作

(1) 钢卷运输。钢卷的运输有两种运行方式：一种是每次只运行一个卷位间距，另一种是机架工根据实际工作情况要求每次运行若干个卷位间距。通过这两种运行方式，把钢卷从1号卷位运送到5号卷位。

(2) 上卷。

d 穿带操作

(1) 转动开卷机S辊（也可选择联动按钮，此时开卷机、S辊、轧机同时转动），使带头沿S辊到达防皱辊处，此时防皱辊抬起一定高度；带钢进入辊缝后，防皱辊下降，带头沿工作辊、防皱辊进入出口S辊后，入口穿带停止，此时出口自动穿带程序灯亮。

(2) 带头到达出口S辊后，按下[自动]程序按钮，将自动发生如下动作：

1) 开卷机、入口S辊、工作辊自动转动；

2) 出口S辊转动，同时其压辊下降压住带钢，使带头在出口S辊与压辊的咬入下沿出口S辊、穿带导板进入皮带助卷器；

3) 与此同时卷取机转动，带头在皮带助卷器的帮助下在卷取机上缠2~3圈后，出口穿带导板下降，皮带助卷器退出；

4) 轧机闭缝；

5) 建立入口、出口张力；

6) 防皱辊上升顶住带钢；

7) 入口、出口S辊上压辊抬起以上动作都是自动完成的，也可手动一步步完成。

(3) 在自动程序进行的过程中需要人工执行的动作：

1) 入口导板缩回、下降；

2) 出口S辊防瓢辊上升顶住带钢（上升高度根据实际情况确定）；

3) 入口防颤辊抬起；

4) 开卷机上压辊抬起并撤回；

5) 轧机进入低速爬行状态后，EPC投入工作；

6) 正负弯辊系统可调；

7) 操作工根据实际情况，对带钢质量进行检查；

8) 升速轧制后，伸长率闭环控制回路接通。

(4) 带头过辊缝有两种操作方式，即闭口辊缝穿带方式和开口辊缝穿带方式。

所谓闭口辊缝穿带方式是指带钢过辊缝之前，根据不同带厚轧辊压下到预设定的穿带辊缝位置或预设定的穿带轧制力（当带厚大于1.5 mm时采用设定辊缝位置方式），对于带厚小于1.5 mm时，采用预设定轧制方式，预设定的辊缝大小和预设定轧制力的大小都是不同的，从开卷到卷取实现全自动穿带。

所谓开口辊缝穿带方式是指带头过辊缝之前轧辊开口度较大（大约9.99 mm），带头过辊缝之后运行暂时停止，轧辊压下到预定的穿带轧制压力，带头再继续以穿带速度运行直到卷取机。

（5）选择闭口、开口辊缝穿带的一些规定：

1）闭口辊缝穿带方式可以选择自动方式穿带。

2）开口辊缝穿带选择手动方式穿带较好。

3）对于产品表面质量要求较高的带钢，生产时选择开口辊缝穿带方式较好，而不选择闭缝穿带。对于产品表面质量要求一般的带钢，可随操作工经验而定。

（6）在穿带过程中，操作工根据来料情况和经验先给出一定大小的正、负弯辊力。

（7）穿带状态完毕后，带钢边缘控制 EPC 的光接收器根据带钢宽度自动定位，也可采用手动定位。

e 加速轧制操作

（1）带钢穿带形成信号灯亮后，操作工按升速键（OS3、OS4 都设有升速按键，但 OS4 具有优先权），使机组升速到预定轧制速度 150 m/min，升速快慢根据张力的大小由计算机自动决定。在升速过程中，如果操作工认为没有必要升速到预定轧制速度运行，当机组升速到操作工认为可行的轧制速度时，通过按[保持恒定速度运行]按钮可以使机组停止加速。

（2）机组开始升速时，按下自动控制自动切换到压力闭环控制回路，也可以手动操作切换按钮使压力自动控制切换到伸长率闭环控制回路。根据产品规格要求，操作工可选择[恒压力]、[恒张力]、[张力+压力]三种操作方式之一。

f 减速运行及停车操作

（1）操作过程：

1）自动方式。在进行平整计算机软件系统设计时，人为设定尾卷圈数为 8 圈以下（10～15 m），并作为每个尾卷的长度的缺损值存放在计算机软件中，如果操作工认为某个钢卷的尾卷长度不应是这个缺损值，可以通过设定值编辑画面人—机对话，用键盘输入长度值将取代原定的缺损值，只是对这一个钢卷有效，轧机运行到尾甩阶段时，计算机会根据尾卷长度的缺损值或操作工输入的尾差长度值自动减速运行至停车，开卷机就会刚好剩下预设定的尾卷长度。

2）手动方式。轧机入口操作工通过肉眼观察 OS3 操作盘上的开卷机上剩余带钢长度数字显示，当发现剩余带钢长度约 20 m 时启动轧机正常停车按钮，使轧机开始甩尾，减速运行至停车，开卷机上剩下 8 圈（10～15 m），即尾卷。

3）轧机减速运行到一定速度时，液压压下系统控制从伸长率闭环控制自动切换到压下位置控制。

（2）轧机停机后，开卷张力释放，防皱辊下降，启动轧机入口切尾剪剪去带尾，然后操作工可以同步进行轧机入口和出口操作，即入口尾卷收集处理和出口带尾卷取、卸卷、打捆运输等。

g 卷尾收集操作

(1) 钢卷轧制完毕后停机断开张力，切尾剪剪断带钢，开卷机反转尾卷缠到开卷机上。

(2) OS2 操作工点动电磁吊具下降，压住尾卷给磁，开卷机缩径。

(3) 启动电磁吊具上升一定高度后停止，开卷机撤回后限位。

(4) 点动电磁吊具上升到一定高度后停止，启动悬转臂吊旋转，使尾卷离开开卷作业区，吊到尾卷堆放地。

(5) 点动电磁吊下降，使尾卷落放在地面上，启动电磁吊具断电并上升到一定高度后，悬臂吊旋转到开卷作业区上方等待下一个尾卷的收集。

(6) 尾卷堆放一定量后，用汽车集中运输到厂外。

7.2.3.5 主控岗位操作规程

A 特别注意事项

在主控室内，注意各种电气设备，避免触电。

B 操作步骤

a 岗位要点

(1) 在生产前需要核对钢卷信息。

(2) 在生产时，根据不同钢种，由主控选择或提醒出口操作工选择不同的轧制方式。

b 生产准备

(1) 接班检查 ERP、MES 计算机和二级计算机等设备功能正常。

(2) 班中按当班情况填写岗位点检卡和主控台账。

c 二级计算机系统操作

(1) 在钢卷吊到翻钢机前，必须先将钢卷 PDI 数据输入到计算机内。

(2) 当钢卷跟踪到开卷机位置时，由操作工以一级半计算机的 L2 信息中确认。

7.2.3.6 卷取岗位操作规程

A 特别注意事项

(1) 在溢出边过大、无法卸卷时，需要用水焊在卷取机内进行割卷，一定注意小车必须顶紧钢卷，防止切割后带钢松卷，造成伤人。

(2) 外支撑落下后方可进卸卷小车，使用推卸板必须确定小车的位置。

(3) 在下小卷时，出口小车应顶住钢卷，小卷的推卸板要与小车同时进行，防止掉卷。

B 操作步骤

a 岗位要点

(1) 外支撑落下后方可进卸卷小车。

(2) 当钢卷中心落在出口提升上时，方可将卸卷小车退出。

b 生产准备

接班检查卸卷小车、出口提升、出口运输链等设备功能是否正常。

c 库带尾卷取和卸卷操作

(1) 操作过程:

1) 轧制完毕后, OS4 操作工用入口 S 辊到卷取机联动按钮, 把带尾卷出出口 S 辊;

2) OS5 操作工把外支撑辊打开, 卸卷小车进入卸卷处, 上升到一定高度;

3) OS5 操作工把带尾压辊升起后, 压住带钢的外圈转到卷取机, 把带头转到卸卷小车下, 卸卷小车上升拖住带钢;

4) 缩径、启动卸卷小车, 拖着钢卷向外运行 (必要时使用推卸板);

5) 卸卷小车驶出卷取机 (卸卷中位), 小车上升到上限位, 启动卸卷小车继续向外出;

6) 升起称重装置, 托住钢卷;

7) 启动卸卷小车向卷取机方向移动, 移动到中位落下, 到达下极限位置;

8) 外支撑升起;

9) OS4 操作工升起出口穿带导板并伸出, OS5 操作工胀径并开进皮带助卷器, 小臂抱紧, 等待下卷生产。

(2) 注意事项:

1) OS5 确定出口导板是否下落缩回;

2) 使用推卸板必须确定小车的位置;

3) 卷取机卷取时必须退皮带助卷器;

4) 外支撑落下后方可进卸卷小车。

d 运输操作

(1) 出口运输链上称重, 提升装置接收钢卷并称重后, 称重提升装置下降, 使钢卷落放在运输链上。

(2) 启动运输链[运行]按钮, 把钢卷运到平整后跨, 用吊车吊走、存放。

7.2.4 相关理论知识

7.2.4.1 冷轧平整机工作原理简述

通过冷轧变成纤维状组织的带钢, 在退火工序中由于再结晶成为具有新的结晶组织的带钢。退火后的带钢几乎完全成为软质状态, 因此不适用于加工, 只要稍稍给予轻度冲压加工, 带钢表面就会产生拉伸应变和不规则的滑移线, 明显有碍外观。这种退火带钢一般不能直接供给用户使用, 必须进行平整轧制, 即通过轻度的冷轧加工改善其材质、平整钢板形状。

7.2.4.2 平整轧制的目的

消除材料的屈服平台, 防止加工时的拉伸应变; 提高材料的屈服极限、降低屈服极限, 扩大塑性加工范围, 使带钢表面获得需要的粗糙度和光泽, 矫正板材形状。

7.2.4.3 平整机种类

经过冷轧和退火后的带钢表面会粘有一些脏物，其主要成分是铁、铁离子和碳，在干平整时这些脏物会污染环境。随着黏附程度的不同，在干平整时这些脏物会玷污工作辊，通常它们黏附在工作辊的端部，且以点状或凸斑状黏附在打毛的轧辊表面上，在平整时黏附了脏物的工作辊会在带钢边部留下周期性的压痕，最终导致带钢质量的降低。带钢在平整时采用干平整及湿平整两种工艺，下面介绍它们各自的特点。

A 干法平整特点

干法平整是在带钢与平整辊之间不添加任何润滑剂的平整。干法平整的特点是摩擦系数大、钢板延伸难，所需平整压力也大。其优点是容易调整板形，且带钢表面不易产生皱褶；所轧带材的表面可保持不受玷污，为下一步加工作准备；在轧辊与轧件间产生大的摩擦，保证只给轧件以有限延伸量和压下量，压下率一般为0.5%~6%。干法平整的缺点是：当辊子表面不干净时，容易在带钢表面产生异物压入缺陷，而且平整后带钢也容易生锈。干法平整设备，如图7-2所示。

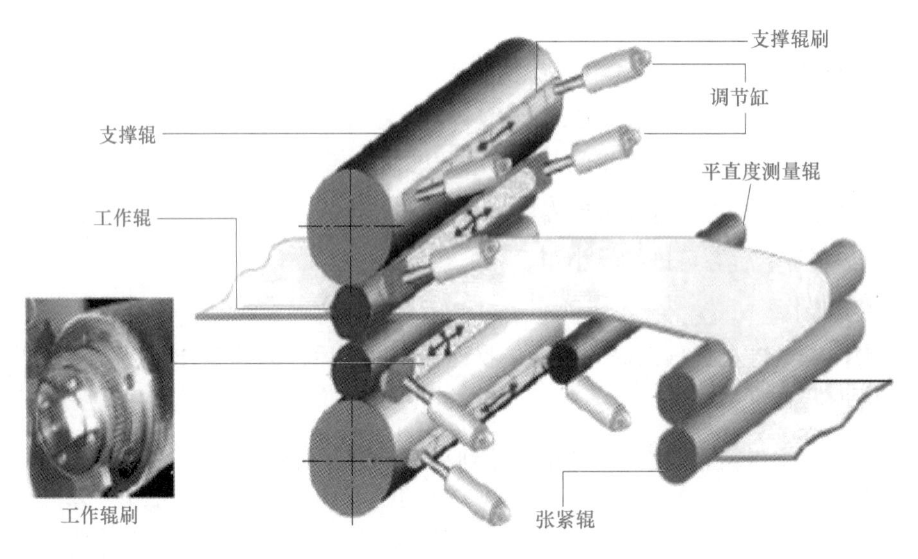

图7-2 干法平整设备

B 湿法平整特点

湿法平整的特点是平整时有润滑剂冲洗轧辊表面的异物，带钢异物压入缺陷可能性大大减小；润滑剂还有冷却作用，这样可以冷却平整辊，确保辊子不因发热造成凸度改变；此外，润滑剂还有防锈作用。湿法平整的带钢不易压入杂质，或黏着杂质而产生辊痕缺陷，可以获得较大的压下量，确保带钢的伸长率；在平整后的带钢表面留下一层润滑的抗腐蚀或其他形式的薄膜，压下率可达10%。湿法平整设备，如图7-3所示。

7.2.4.4 平整生产工艺流程

平整生产工艺流程，如图7-4所示。

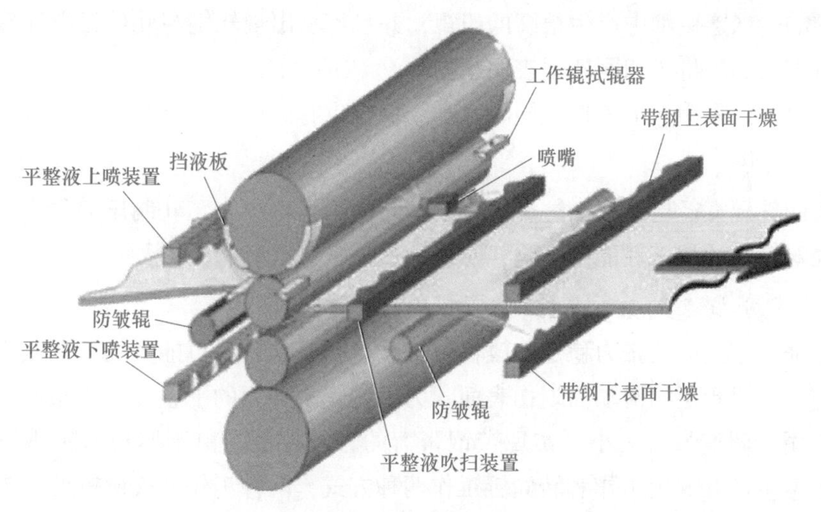

图 7-3　湿法平整设备

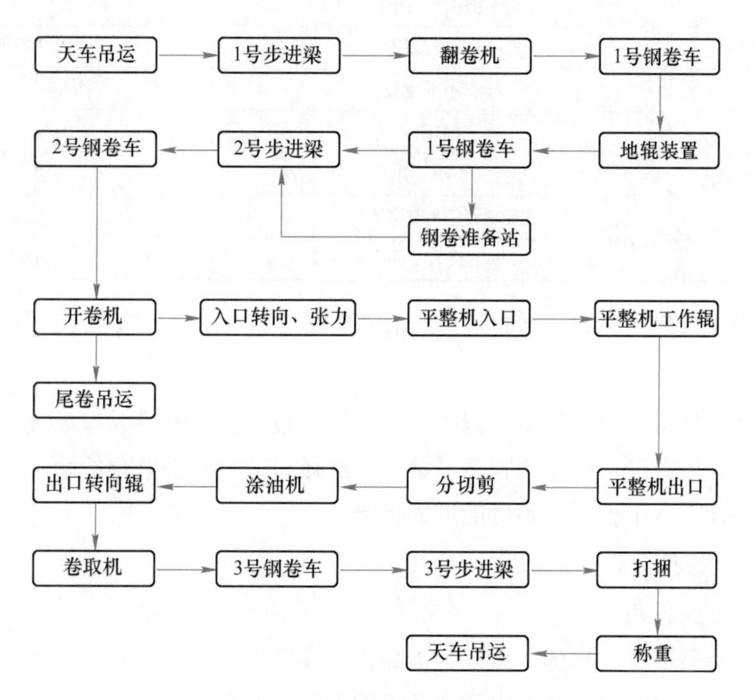

图 7-4　平整生产工艺流程

7.2.4.5　平整设备组成与特点

平整机的设备组成与冷轧机基本相同，但是平整机又有自身的一些特点。

A　驱动方式

平整机一般采用单辊驱动，而且主要是采用下工作辊单独驱动，上工作辊的速度可随带钢运动速度变化，轧制过程平稳，带钢表面质量好。由于平整轧制的压下量小，力矩在上下轧辊上分配不均的问题很敏感，使用普通齿轮机座，如果一对工作辊直径稍微失配，必将在其中的一根连接轴中产生很高的扭矩，并且容易出现轧辊与轧件打滑和轧制振动现象，影响带钢表面质量，加剧轧辊表面磨损。

平整机也可以采用上下工作辊同时驱动，甚至也有采用上下支撑辊驱动的。

B 轧辊直径

平整机的轧辊直径比较大，这是由于平整时的平整率很小，轧制压力很小，几乎看不出轧辊直径对带钢的加工性能有影响，对提高带钢平直度有利。

C 平整机前后设S形张力辊

为了保证平整生产的张力稳定和改善带钢质量，要求有尽可能大的带钢张力。但较大的开卷张力会使钢卷层间滑动而划伤表面。为了适应薄带钢的平整度，平整机前后一般设置张力辊，用于调整张力大小，实现带钢张力的分段控制。由于厚规格带钢不易弯曲穿带，因此平整生产有S辊工作和转向辊工作两种方式，两种工作方式比较见表7-1。

表7-1 S辊工作方式与转向辊工作方式的比较

传动方式	S辊工作方式	转向辊工作方式
张力控制	分三段控制	单段控制
带钢表面	开卷不易划伤	易划伤出现
平整过程	稳定	不稳定
浪形	小	大
变形控制	易实现张力和速度调整	难控制
穿带难易程度	厚2.5 mm以下（1.5 mm以下最好）	厚2.5 mm以下（0.7 mm以上可用）

为了使S辊穿带操作顺利，在辊周围装有弧形导卫板、导板、穿带辊和带头弯曲辊。

D 防皱辊

对于宽而薄的带钢，为了防止带钢平整时产生折皱，在平整机入口处设置防皱辊，防皱辊依带钢厚度可以升降。防皱辊紧靠平整辊，这样防皱辊到平整辊的距离很小，带钢经过防皱辊后很快便进入平整辊，不可能形成折皱。

7.2.4.6 平整对带钢性能的影响

A 平整的主要作用

对冷轧带钢进行平整的目的，主要是消除再结晶退火后带钢存在的屈服平台，可进一步改善带钢的板形及平直度，并获得需要的带钢力学性能和表面光洁度。在带钢屈服平台消除以后，由此产生的滑移线倾向也就不存在了，从而扩大了带钢的塑性变形范围，在提高带钢加工性能的同时给予一定的强度。图7-5中带钢平整后的应力-应变曲线说明了这一点，这种现象可以用金属晶粒的位错理论加以解释。

B 平整量对带钢性能的影响

a 平整对带钢力学性能的影响

通常在小变形量范围内进行带钢平整，屈服极限降低到最小值，同时屈服平台消失。随着平整伸长率的增大，屈服极限得到了提高。在屈服平台消失的同时，形成滑移线倾向

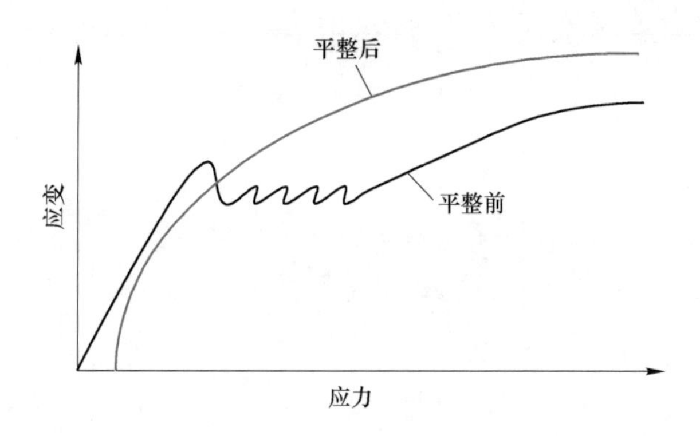

图 7-5　退火后带钢的应力-应变曲线

也就消失了。图 7-6 为再结晶退火后低碳深冲带钢在不同平整伸长率时，带钢在纵向和横向上的应力-伸长率曲线。

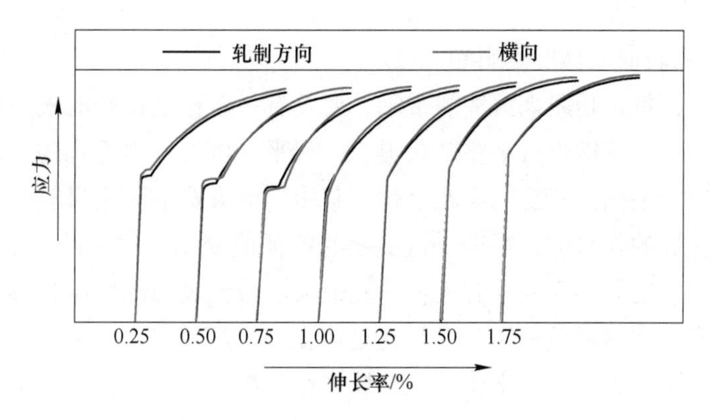

图 7-6　退火后带钢的应力-伸长率曲线

随着平整量的进一步加大，带钢的屈服极限提高，而且从弹性范围过渡到塑性范围的连续转变保持不变。强度极限总是随着平整量的增大而提高，而断裂伸长率则下降。随着平整量的增大，由于加工硬化不断增大，带钢的变形性能也随之降低。

采用适宜的平整量，使带钢的屈服极限能达到最小值，这个最适宜的平整量与钢的化学成分、冶炼方法、冷轧条件和冷轧变形量有关。生产中，平整工序要求对不同用途的带钢采用不同的平整伸长率，大多根据经验来选择平整量。通常在小变形量范围内进行的平整，可以消除带钢退火后存在的屈服平台，改善带钢的组织结构，达到所要求的加工性能，同时也可以改善带钢的平直度，提高表面质量。

另外，抗拉强度总是随着平整伸长率的增大而提高，而带钢的延伸性则不断下降，也就是说带钢的成形性能降低，如图 7-7 所示。

一般来讲，汽车板的平整伸长率控制在 0.8%～1.2%，此时带钢的屈服极限最低，成形性能最好。如果需要生产包装或建筑用板，则伸长率应控制在 1.0%～3.0%，其目的不仅是抑制滑移线倾向，而且要达到一定的洛氏硬度。

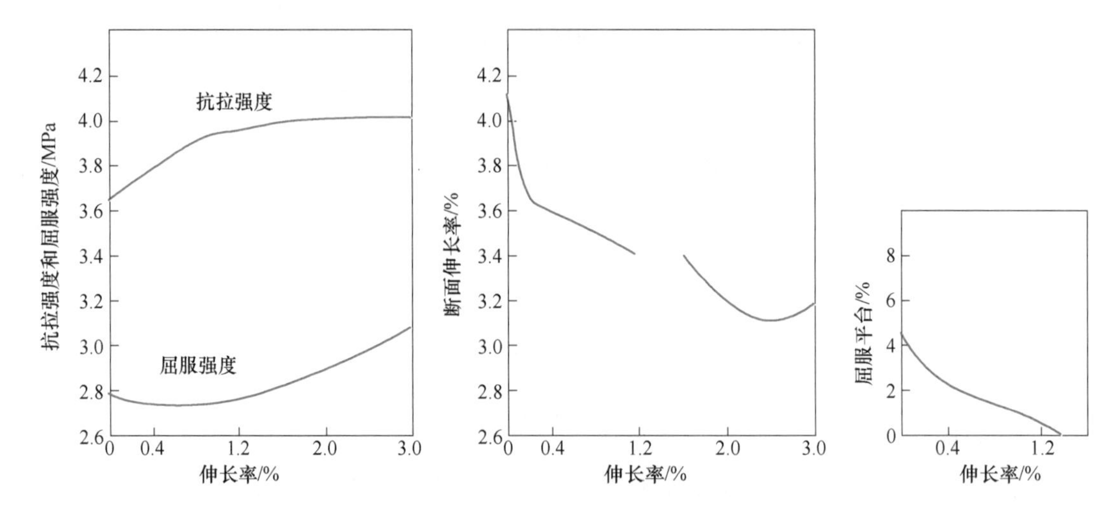

图7-7 退火后带钢的伸长率-力学性能曲线

b 平整对带钢表面粗糙度的影响

在很多情况下，特别是用来深冲的带钢，要具有一定程度良好的表面粗糙度。这种粗糙度只有通过毛面辊对带钢进行平整来获得，一般平整机工作辊毛化的方法有三种：一是喷丸处理，二是激光毛化，三是电火花毛化。其中，电火花毛化是目前最常用、最理想的毛化方法。用毛化后的轧辊进行平整，粗糙度的特征值变化是很大的。最终能够“复制”到带钢表面上的粗糙度与下列因素有关：冷轧退火后带钢表面的原始粗糙度、轧辊表面粗糙度、带钢平整率、带钢材质和厚度以及轧制速度等。这些因素的影响是综合的，其中轧辊表面粗糙度的影响最大，起决定作用。由轧辊粗糙度传递到带钢表面上的粗糙度，随着平整率的提高而增大，可以接近极限值。

c 平整对带钢力学性能时效的影响

平整后的带钢还不是最终状态，带钢的最终状态决定了其在冷弯及冲压加工时的成形性能。带钢在平整后的存放期内会出现时效变化，时效是指平整后的带钢在存放期内屈服平台重新出现的现象。

平整后的沸腾钢（铝镇钢除外）屈服极限随着存放时间延长急剧增大，抗拉强度也有所提高，而断裂伸长率、艾氏杯凸值和加工硬化却显著下降，在应力-应变曲线中再次出现了明显的屈服平台。

一般用小直径的工作辊平整比用大直径工作辊平整的带钢变形更加不均匀，因此，抑制屈服平台重新出现的时间更长。

7.2.4.7 生产异常时的操作处理要求和有关注意事项

A 卡钢

故障名称：带钢撕裂造成的卡钢。

产生原因：平整机组生产过程中，带钢在焊缝位置撕裂，在入口处试图继续手动卷取造成卡钢。

预防及处理方法：平整入口操作工在发现带钢撕裂达到两层时，应立即通知出口停止手动卷取，并点动开卷机反转将撕裂部分向开卷机方向卷取，待撕裂部分全部退出入口剪之后，使用入口剪将带钢切断，并配合班长将开卷机上的撕裂卷用钢丝绳吊到割卷区。

B 翘曲

故障现象：翘曲是指带钢的中间呈凸形向上或向下鼓起，切成钢板时，四角向上翘曲。

产生原因：板形不良，中间延伸量大于两边。

预防及处理方法：翘曲大的带钢可以通过合理配置辊型，正确的弯辊操作或再次平整来消除。

C 平整擦伤

故障现象：钢卷层与层之间相互错动，而使带钢表面出现擦痕的缺陷。

产生原因：(1) 来料松动，轧后卷取张力过小；(2) 平整张力过大。

预防及处理方法：降低平整张力或平整速度。

D 斜浪

故障现象：带钢表面出现不垂直也不平行分布在带钢边缘的斜浪。

产生原因：当工作辊曲线过大时，轧制力（平整力）过大或者因来料温度较高会产生不垂直也不平行分布在带钢边缘的斜浪。

预防及处理方法：控制好平整来料温度，选用合理适用的辊型。

E 辊印和压痕

故障现象：钢板表面产生有周期性的表面痕迹。

产生原因：工作辊表面局部剥落或粘有铁屑，平整后在钢板表面产生有周期性的表面痕迹（凸或凹）。另外，由于带钢跑偏、勒辊、断带也会造成辊印。

预防及处理方法：勤检查带钢表面，发现问题及时换辊。

F 平整花纹

故障现象：带钢表面印有像树叶或席花一样的条纹。

产生原因：带钢厚度不均或有浪形，在平整薄规格时压下量调整不当，带钢跑偏等。

预防及处理方法：控制好平整机前后张紧辊的张力和辊型。

7.2.5 安全注意事项

(1) 上岗前检查设备是否处于安全完好状态，确认后方可操作。

(2) 设备转动时，不许在卷取机里面、后面或侧面停留。

(3) 卸卷打捆时必须停机进行，以防散卷伤人。

(4) 取样时与主控保持联系，确认可取样时方可执行，必须戴好劳保手套，以免划伤。一次拿取试样禁止多于两张，投入料斗时注意安全。

(5) 清理静电涂油机时，必须先放电后再进行作业，严禁用手触摸带钢。

(6) 确认打捆机头气管接头是否接好、插实，防止脱落伤人；捆带的收紧操作时，手不要放在带钢与捆带之间，以免被挤伤；天车在吊钢卷时，不准打捆。

(7) 卷取机在正常操作时，不得站在皮带助卷器的前面，以防设备误操作造成伤害。

(8) 更换卷取机套筒或在卷取机区域处理故障时，必须站在安全位置，本地操作面板取消远程控制；更换套筒或处理故障人员要与操作设备人员联系确认好方可操作。

7.2.6 检查评价

检查评价见表2-1。

7.2.7 练习题

[理论知识试题精选]

一、选择题

(1) 消除钢板的瓢曲现象，在钢板精整加工时需要使用（　　）。

A. 平整机　　B. 涂油机　　C. 矫直机　　D. 剪切机

(2) 带钢平整轧制过程中使用平整液的平整工艺称为（　　）。

A. 冷却平整　　B. 平整润滑　　C. 湿平整　　D. 干平整

(3) 平整的压下率增加，原板的（　　）将下降。

A. 杯突值　　B. 屈服点　　C. 变形抗力　　D. 硬度

(4) 冷轧板的锈蚀与（　　）无关。

A. 下雨天气潮湿　　B. 乳化液中氯离子含量高　　C. 欠酸洗　　D. 平整液吹扫不净

(5) 在旋转的轧辊间对钢件进行轧制的机械称为（　　）。

A. 轧钢机　　B. 主机　　C. 矫直机　　D. 平整机

(6) 退火后的带钢，用专门的冷轧机对其进行一次微小压下率的轧制过程称为（　　）。

A. 光整　　B. 平整　　C. 精整　　D. 涂油

(7) 平整是指以（　　）压下量进行的轻微冷轧。

A. 0.3%~3%　　B. 2%~5%　　C. 3%~5%　　D. 4%~5%

(8) 冷轧钢板高温平整会造成（　　）。

A. 板形优良　　B. 板形不良　　C. 无变化　　D. 瓢曲

二、判断题

（　　）(1) 平整的主要目的是消除屈服平台。

（　　）(2) 带钢退火后，使用专门的冷轧机对带钢进行一次较大压下量的轧制过程称为平整。

（　　）(3) 平整加工的伸长率与屈服极限之间存在一个最低值，平整伸长率的取值应在这个最低值范围内。

（　　）(4) 干平整的表面记忆效果好于湿平整。

（　　）(5) 平整可以改善钢板的板形和消除局部的厚度超差。

（　　）(6) 平整不同于正常的冷轧，它基本上不改变板厚，更侧重于改善带钢的性能，追求得到良好的板形和带钢表面质量。

(　　)(7) 冷轧钢板高温平整会造成板形不良。

(　　)(8) 在平整过程中，轧辊形状对带钢形状影响最大。

(　　)(9) 平整就是在几乎不改变板厚并给予板材某种性能的冷轧轧制。

(　　)(10) 平整机组的作用只是平整钢卷。

(　　)(11) 平整矫直时，施加于带钢的张力不会影响带钢的形状。

(　　)(12) 平整开卷张力大于轧钢卷取张力会造成划伤。

[实操知识试题精选]

(1) 精整的目的是什么?

(2) 什么是精整?

(3) 简述湿式平整的优点。

(4) 涂油机的基本原理是什么?

(5) 用户提出冷轧带钢表面有带条状、无规律、浅黄色的色差，钢板电镀后不能完全覆盖，向公司提出异议。请分析这是什么缺陷，主要原因是什么?

任务7.3 横剪智能控制

知识目标

- 剪切机的结构及横剪的工艺流程;
- 横剪的操作规程;
- 常见横剪生产产品缺陷的原因及处理方法。

技能目标

- 能调整剪刃间隙及重合量;
- 能正确判断并处理剪切简单生产故障。

7.3.1 任务描述

本任务主要学习剪切机的结构及横剪的工艺流程，横剪的操作规程，常见横剪生产产品缺陷的原因及处理方法；能调整剪刃间隙及重合量，能正确判断并处理剪切简单生产故障。

7.3.2 任务分析

横剪机组是精整工序的一个重要组成部分。横剪机组的主要任务是把平整后的带钢剪切成规定尺寸的钢板，再经过矫直，并根据需要涂层或覆膜，堆垛成一定质量的板垛，然后包装出厂。现代横剪机组均有自动垛板装置，在垛板装置前设有质量分卷装置用来检验产品质量，在板垛装置后接包装线，从而生产出符合交货状态的板包装产品。横剪生产机组，如图7-8所示。

图7-8 横剪生产机组

7.3.3 现代企业冷轧板带钢生产横剪智能控制

以某企业冷轧生产线的横剪生产为例，介绍智能横剪生产岗位操作技能。

7.3.3.1 横剪生产操作岗位职责

（1）根据实际生产情况，对作业区质量问题进行分析并及时采取措施、解决质量问题。

（2）依据技术质量部的要求，协助技术质量部对本区域的质量缺陷进行原因分析、制定措施、组织贯彻落实及效果反馈工作。

（3）负责横剪机组日常生产工艺技术指导工作，横剪新工艺、新技术、新材料试验及推广。

（4）负责横剪机械设备的日常点巡检及故障处理。

7.3.3.2 剪切岗位操作规程

A 特别注意事项

（1）钢卷插入卷筒作业前，检查钢卷高度对中是否准确，发现异常及时处理。

（2）上卷小车上卷前，必须确认上卷小车位于钢卷正下方。

B 操作步骤

a 岗位要点

（1）上卷前应认真核对钢卷信息。

（2）钢卷提升平稳后才能进行移动操作。

（3）带钢进入圆盘剪前要仔细核对订单宽度，并根据订单宽度调节圆盘剪开口进行切边。

b 生产准备

（1）核对原料信息。

（2）确认设备运行正常。

c 上料、开卷操作

（1）将钢卷吊放在置卷台上，误差不超出中心线±50 mm；机组生产时，禁止将钢卷吊放在靠近开卷机卷筒侧第一置卷台上。

（2）宽度小于 900 mm 的钢卷禁止吊放在置卷台上。

（3）开卷方式为上开卷。

（4）钢卷小车横移至置卷台中心位，并在下降位。

（5）将钢卷托起，运至开卷机中心处，找准内径中心和卷筒中心，确保钢卷在中心位。

（6）卷筒穿入钢卷内径，注意观察卷筒上的标尺，将钢卷操作侧端面与卷筒上相应宽度刻度对齐。

（7）微降钢卷小车，保证卷筒中心线在钢卷中心线上方且卷筒不触及钢卷内径，胀开卷筒。

（8）压紧辊下降。

（9）钢卷小车下降。

（10）稍微横移卷筒，使开卷机对中标尺指针在“0”位。

（11）当生产镀锌板切料或尾卷时人工将捆带剪断，不准用引料板将捆带铲断。

（12）点动开卷机转动，将钢卷头部转到适合穿带位置。

（13）引料板升起，其头部不得顶住或碰到钢卷。

（14）点动开卷机，将带钢头部喂入夹送辊。

（15）上夹送辊下降，将带钢头部夹住。

（16）打开开卷机张力开关，形成张力。

（17）抬起压紧辊。

（18）引料板缩回并下降。

（19）点动“开卷机夹送辊”联动开关，将带钢引向活套台。

（20）将线路运行选择开关打到联动位，开卷作业完毕。

d 板卷尾部作业

（1）当带钢尾部剩 10 圈左右时，按下线路运行减速开关，使作业线减速便于尾部通过各设备。

（2）上升活套台。

（3）抬起夹送辊。

（4）卷筒收缩。

（5）卷筒横移出作业线到极限位。

（6）线路运行开关打到冲动位。

e 切边作业

（1）宽度调整。

（2）间隙和重合量调整。

（3）穿带作业。

f 废边卷取操作

（1）卷取废边。

（2）取出废边。

g 废品堆垛

（1）废品台准备。

（2）废品堆垛机横移开出作业线。

（3）用扳手调整宽度、长度。

（4）调整后一定要锁紧螺母。

（5）放台托架。

（6）将废品堆垛机开入作业线。

h 涂油

（1）接通电源、油路，检查油箱油位，如果油位低应加油，检查油温（供油箱 40~60 ℃，循环油箱 40~60 ℃）。

（2）高压设定：上高压 0~80 kV、下高压 0~80 kV，手动喷油调整高压，保证刀梁不打火、不漏涂、涂油雾化均匀。

（3）油量设定：上涂油为 500~3000 mg/m^2，下涂油为 500~3000 mg/m^2。

（4）根据涂油要求，人工设定好单、双面涂油，以及涂油量。

（5）根据钢板宽度，检查喷油宽度是否满足涂油需要。

（6）按下涂油机喷涂开关。

（7）每次生产结束，断开涂油开关。

i 成品堆垛

（1）设定作业包括：

1）1 号垛板机张数设定；

2）2 号垛板机张数设定；

3）输出辊道活门计时器设定时间；

4）减速比设定 1/2，可根据实际需要调整。

（2）1 号垛板机作业：

1）根据生产规格，准备好相应垫木；

2）垛板台对中，选择放到宽度调整位；

3）联动选择开关放到手动位；

4）调整垛板机宽度，注意调整表指针；

5）调整垛板机长度挡板，注意调整表指针；

6）将垛板机开到机组中心；
7）垛板机升到合适高度；
8）垛板台自动选择开关放到联动位；
9）输出辊道活门抬起；
10）启动空气压缩机；
11）垛板机自动记录注入；
12）剪切线操作选择开关放到联动位；
13）根据板厚、长度、宽度、调整风量开关；
14）当板垛张数堆满后，下降垛板机，将板垛移出作业线。
（3）换垛作业：
1）确认 2 号垛板台已准备好；
2）确认 2 号风机启动；
3）输出辊道活门下降。

7.3.3.3 主控岗位操作规程

A 特别注意事项

注意主控室内用电安全。

B 操作步骤

a 岗位要点

（1）每卷生产前应认真核对钢卷信息，确认无误后方可生产。

（2）每卷生产前，需要仔细阅读订单信息，并根据订单要求的吨重进行分卷。

（3）每卷生产前，需要仔细阅读订单信息，并根据订单要求的涂油要求设定涂油量进行分卷。

（4）每卷生产前，根据钢卷信息设定测厚仪数据，还要仔细阅读订单信息，并根据订单厚度要求监控测厚仪曲线。

b 生产准备

（1）核对原料信息是否正确。
（2）根据订单要求预设剪切长度。
（3）根据原料信息设定测厚仪数据。

c 主控操作

（1）生产前的准备：
1）剪切线操作开关，选择在冲动位；
2）检查紧急停车开关是否处于打开位置，各操作手把是否在“0”位；
3）检查飞剪甘油润滑情况（运行 3 h 加一次甘油）；
4）联系送电，并告知全作业线；
5）检查信号灯、仪表是否完好；

6）接通剪切线锁定开关；
7）按下复位开关；
8）启动液压泵站，根据情况确定启动个数；
9）启动开卷机、飞剪、矫直机润滑泵站；
10）确认供电正常；
11）抬起测量辊上辊；
12）抬起飞剪前送料辊；
13）抬起矫直机夹送辊；
14）飞剪手动剪切开关正向，反向点动几次；
15）根据生产要求选择是否使用活套；
16）检查台活门上升；
17）根据生产要求选择是否使用切边机；
18）根据生产要求选择是否使用涂油机。

（2）飞剪间隙调整：
1）松开下刀片刀架的固定螺栓；
2）按板厚的6%~10%调整侧间隙；
3）用塞尺测量两侧间隙是否一样，是否符合所需间隙；
4）调整好之后，重新拧紧，紧固螺栓。

（3）穿带作业：
1）矫直机联动开关“向前”输送带钢；
2）矫直机上夹送辊下降；
3）输送带钢通过辊式矫直机；
4）用点动法转动回转式飞剪直到上刀片到达上部死点为止；
5）用点动法将带钢端头向前移动到回转剪的中心位置；
6）测量辊上辊下降；
7）按下DDS自动接通开关；
8）矫直前夹送辊抬起；
9）把剪切运行开关打到运行位。

（4）全线运行：
1）确认；
2）输出端、输入端速比开关打到最大值；
3）按下剪切线运行开关；
4）剪切线速度开关打到升速；
5）检查台活门下降。

（5）板尾作业：
1）当带钢尾部剩10圈左右时，把剪切线速度设定开关打到减速；

2）送料辊下降，将带钢尾部送出测量辊；

3）检查台活门上升；

4）按下剪切线停车开关；

5）剪切线操作开关打到冲动位；

6）DDS 自动接通开关断开；

7）测量辊上辊抬起；

8）送料辊抬起。

7.3.3.4　生产异常时的操作处理要求和有关注意事项

A　长短尺

故障现象：剪切后的带钢出现长短尺现象。

产生原因：主控定尺分切长度设定错误，测量辊故障。

预防及处理方法：接班检查测量辊状态，主控在定尺分切时必须根据订单要求设定长度。

B　剪切质量不良

故障现象：剪切质量不良。

产生原因：间隙量、重合量调节不当，圆盘剪剪刃出现崩口。

预防及处理方法：生产前需要确认剪刃是否存在崩口，合理调节间隙量、重合量。

7.3.4　相关理论知识

7.3.4.1　横剪机组生产工艺

横剪机组是把平整后的带钢剪切成定尺长度的钢板，经矫直和涂油，堆垛成一定质量的板垛。近代新建的横剪机组都设有质量分选装置并后接包装生产线，可直接生产出交货状态的钢板包装产品。横剪机组应保证剪切钢板的剪切精度和表面质量，对机组速度和剪切带钢的规格范围有一定的要求，一般横剪机组的速度限制为200～250 m/min，不宜太高，主要是满足质量检查分选和堆垛质量的需要。由于机组速度有限制，机组生产能力就有限制，为平衡车间生产能力，一般都需要配置几条横剪机组来满足生产要求。为了保证剪切精度和矫直质量，一条机组的剪切厚度、宽度、长度的变化范围不能过宽，横剪机组应以剪切不同规格产品进行分工配置。

A　横剪机组

横剪机组示意图，如图7-9所示。

B　横剪机组生产工艺流程

横剪机组生产工艺流程，如图7-10所示。

C　横剪生产工艺过程简介

钢卷由吊车吊至钢卷存放台上（带钢卷宽度为900 mm或小于900 mm的可直接放置在运卷车上），存放台上的钢卷由钢卷小车送到开卷机卷筒上；对中后，钢卷小车下降，

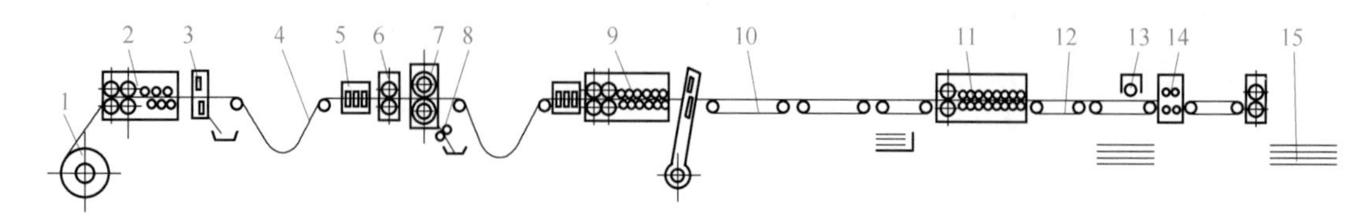

图 7-9 横剪机组示意图

1—开卷机；2—直头机；3—切头剪；4—活套；5—侧导辊；6—夹送辊；7—圆盘剪；8—碎边剪；9—带矫直机的摆式飞剪；10—剪后运输带及试样收集；11—成品矫直机；12—检查运输带及次品垛板台；13—滚印机；14—涂油机；15—成品垛板台

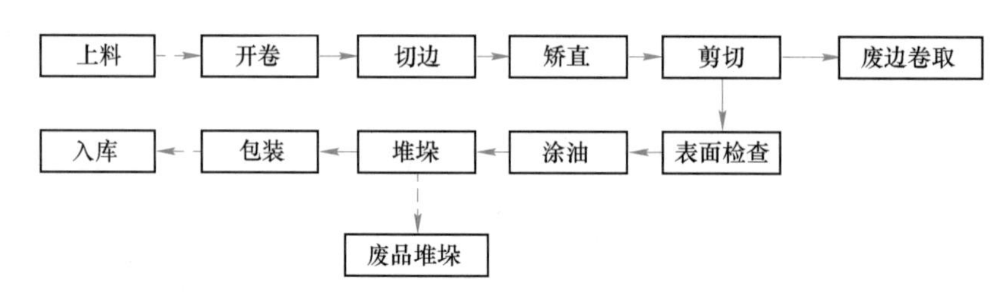

图 7-10 横剪机组生产工艺流程

返回到钢卷存放台下面。

卷筒液压张开，使钢卷紧固在卷筒上，位于卷筒上方的压紧辊下降压到钢卷上。然后人工剪断钢卷上的捆带。回转开卷机，使带钢端头到达压紧辊，将引头机的楔形头抬起，并刚好伸到带钢头部的下面，使带钢头部顺楔形件喂入夹送辊。之后，压紧辊抬起，楔形件摆下，并在开卷机和喂料机之间建立带钢张力。然后，带钢沿抬起的活套台，送往后面的圆盘剪。带钢端头被切边机的入口夹送辊夹住，活套台即可下降到最低位置，立式喂料辊向前运转，直到带钢在活套坑中形成一个适当的活套为止。

检查切边机的剪边宽度和切边质量，并把带钢喂入辊式矫直机。用辊式矫直机的进口夹送辊，牢固地夹住带钢，并将切边机的进口夹送辊的上辊提起。调整切边机力矩定位装置，通过与辊式矫直机的联合动作进行剪切。圆盘剪后的废边卷取机可以将剪下的废边均匀地卷在卷筒上。带钢经矫直机后，进入曲柄飞剪进行设定长度剪切。当带钢喂入飞剪时，用测量辊测量带钢的速度、数量和长度。先从带钢上自动切下约 400 mm 长的一段钢板，然后从第二块钢板开始以计数器上设定的长度剪切。

剪切定尺的钢板被送到后面的检查皮带运输机上进行检查，不合格的钢板进入废板堆垛机垛板；合格产品通过旁通辊道送到涂油机，将防锈油膜涂到每块钢板的表面。涂油后的钢板由辊道送到 1 号和 2 号垛板机进行堆垛。

横剪工艺并不复杂，它主要是以提高剪切精度和保证带钢板形为目的。剪切精度主要是要求带钢边部无毛刺，长度和宽度以及对角线长度符合规定尺寸误差。经剪切完成后的成品板，板形平直，无剪切边浪。此外，在剪切线上还有质量分选平台、涂层或覆膜设施、自动垛板装置，便于对板带进行分类、涂层、覆膜等。横剪机组的这些工艺特点，要求机组速度不能过高，一般为 200～250 m/min，剪切带钢的厚度、宽度、长度变化范围不能过大。

7.3.4.2 横剪机组生产设备

横剪机组直接影响钢板质量的主要设备有圆盘剪、飞剪和辊式矫直机。

A 圆盘剪

圆盘剪是纵向连续剪切带钢的剪断机，按用途圆盘剪分为切边剪和分条剪两类。切边剪主要是剪切带钢侧边，使带钢具有相同的宽度，并且去除带钢边部的裂口。分条剪是将带钢在纵向分割成一定宽度的窄带。按刀盘的驱动方式圆盘剪又可分为动力剪和拉力剪两类。拉力剪切不直接驱动刀盘，它是由剪后拉力辊或卷取机施以一定张力将带钢拉过圆盘剪进行剪切；而动力剪切是刀具具有驱动装置，带钢剪切靠圆盘剪本身动力驱动来完成。这两种剪切方式各有特点，因而在圆盘剪的传动系统中装有离合器，可以根据不同需要选择动力剪切或拉力剪切。

a 圆盘剪结构与传动

圆盘剪由侧导辊、送料辊与剪机本体构成。

剪机本体由直流电机经涡轮减速机，联轴节、传动轴、机架内的分配齿轮传动上下刀盘，刀盘的侧间隙通过调节刀轴的轴间位移实现。刀盘的重叠量，通过上刀轴的压下实现，上刀轴的压下由电机、齿轮、丝杆、丝母传动。

机架的移动，由摆线针轮减速机、联轴节、丝杆传动，在机架上装有锁紧油缸，以消除因丝杆间隙造成机架的窜动。送料辊由刀盘主传动通过链轮、链条传动，上送料辊由气缸驱动进行升降。侧导辊则由交流电动机、减速机、丝杠、丝母传动，进行宽度调整，保证带钢的对中性。

b 圆盘剪剪切宽度的调节

圆盘剪剪切宽度是通过调节交流电动机和传动丝杆来改变机架的开口度来完成的。剪切宽度一旦确定，必须用机架上装有的锁紧油缸锁死，防止机架窜动影响剪切宽度（成为窄尺）。

c 圆盘剪间隙与重叠量选择

为确保剪切质量，保证剪切断面无毛刺，刀片的侧向间隙和刀盘的重合量是两个重要参数，这两个参数都是根据被剪带钢的材质和厚度决定的。冷轧带钢切边时，重合量一般为厚度的 1/3～1/2，间隙量为厚度的 10%左右。表 7-2 列出了圆盘剪间隙量与重叠量的选择参数值。

当厚度大于一定值时，剪刃重叠量可能为负值。实际上剪刃不再重叠，而是离开一定距离。剪刃间隙过小，剪切后带钢边部容易产生毛刺；而间隙过大，带钢容易被撕裂。因此，剪刃间隙必须合理选择，防止过大或过小而导致剪切不良。

B 飞剪

飞剪是把运行的带钢连续剪切成定尺的重要设备。定尺飞剪形式很多，冷轧厂一般使用的飞剪有滚筒式飞剪和曲柄转式飞剪，这两种飞剪各有其特点。滚筒式飞剪剪切速度较高，具有良好的平衡性，但由于剪切位置的不平行性，剪切断面较差，且剪刃磨损也较快。曲柄转式飞剪剪切端口良好，定尺范围广，剪切精度高，一般应用较为广泛。

表 7-2 圆盘剪间隙量与重叠量的选择参数值

带钢厚度/mm	剪刃间隙量 A/mm	剪刃重叠量 B/mm
0.3~0.9	0.09	+0.45
0.9~1.4	0.14	+0.65
1.4~2.0	0.20	+0.40
2.0~2.8	0.28	+0.23
2.8~3.5	0.35	+0.08

a 曲柄转式飞剪的结构和性能

曲柄转式飞剪是由剪机本体、夹送辊以及相应的机械液压控制系统组成的。飞剪本体由剪切机构、变速机构、空切机构或剪刃间隙调节机构组成，是由一台直流电机通过分配齿轮、变速齿轮和差动齿轮进行传动的，如图 7-11 所示。

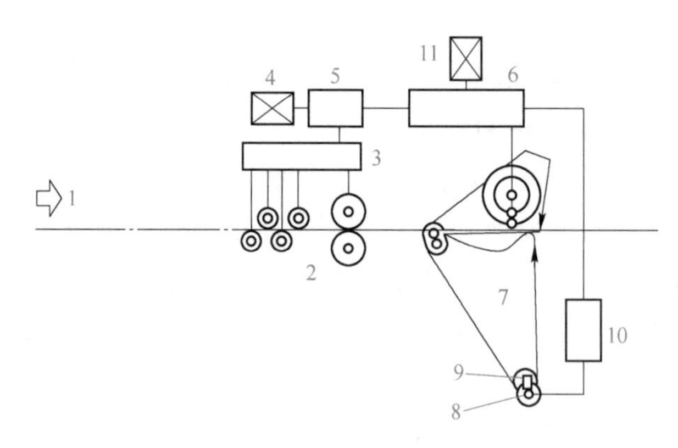

图 7-11 曲柄转式飞剪传动示意图

1—带钢；2—夹送辊矫直机；3—分配齿轮装置；4—控制电机；5—差动齿轮；6—变速换挡齿轮；7—剪机；8—机械偏心轮；9—液压偏心轮；10—空切偏心变速换挡齿轮；11—主电机

b 基本剪切长度的确定

基本剪切长度与曲柄半径的关系：

$$L_0 = 2\pi R \tag{7-1}$$

式中 L_0——基本剪切长度；

R——曲柄半径。

为扩大剪切长度范围，曲柄转式飞剪可以通过调节刀架底部的机械偏心或液压偏心机构，使上下剪刃产生空切，实现 2 倍、4 倍，甚至 8 倍、16 倍基本定尺长度的剪切。

c 曲柄转式飞剪定尺的三种调节方法

曲柄转式飞剪可以通过调节曲柄、机械偏心轮和液压偏心轮的转速等方式实现定尺的调整，见表 7-3。

表 7-3 曲柄转式飞剪定尺的调整方法

剪切定尺长度/mm	倍尺数/倍	调节方法		
		曲柄转数/转	机械偏心转数/转	液压偏心转数/转
1000~2000	2	2	1	—
2000~4000	4	4	1	—
4000~8000	8	8	2	往返 150°

d 曲柄转式飞剪剪切长度的自动设定与误差自动调节

在曲柄转式飞剪的主操作台上输入所需的定尺数据，并确认即完成剪切长度的自动设定，而带有数字式速比控制和剪切长度误差自动调节系统，能更好地确保剪切偏差。

C 辊式矫直机

a 辊式矫直机的作用

辊式矫直机是切成定尺后的钢板通过上下两排交错布置的矫直机并经反复弹塑性变形后，使钢板的剩余曲率逐渐缩小而趋于平直的设备。

辊式矫直机的矫直辊交错布置，并且采用多段结构的支撑辊，目的是使钢板反复进行弹塑性变形，从而使钢板趋于平直。

辊式矫直机因矫直带钢的厚度不同而选择不同数量的矫直辊，一般有 13 辊、17 辊和 21 辊辊式矫直机。

b 设备结构

辊式矫直机由工作辊、中间辊、支撑辊等组成的本体部分和万向接轴齿轮机座，减速分配齿轮箱，主传动电机，稀油润滑装置，换辊装置组成。其本体部分由上下工作辊、中间辊及支撑辊组成辊列，它们相互间为交错式布置。辊列的外部是支撑辊列部件的摆动件，下横梁和装配摆动体，下横梁的机架以及工作辊的压下机构，摆动机构，上下支撑辊的调整机构。

工作辊的压下：由电机通过两个压下蜗轮减速机，使 4 个压下螺丝升降带动工作辊及摆动体的升降。

工作辊的摆动机构：上工作辊、上支撑辊及上中间辊均装在摆动体下面，摆动体两端为圆弧面，装在机架内用压下滑块压紧圆弧面，并沿此圆弧面左右摆动，由电机通过双级蜗轮蜗杆减速机带动偏心轴转动促使摆动体摆动。

支撑辊及其调整机构：上下支撑辊均由丝杆带动斜铁调整水平高度，支撑辊座底面为圆弧面接触，根据工作辊弯曲情况可以自行摆动，调整支撑辊和工作辊之间的最大接触面。上支撑辊调整的五排斜铁为集中传动，并各有独自的手动微调；下支撑辊调整的五排斜铁为单独传动调整，但也可联合调整。

c 换辊步骤

换辊时先将机架前后导板拆下，拆下边部支撑辊，拆除两侧润滑管路，然后按下列步骤进行：

（1）打开万向接轴罩，拆下配管和万向接轴；

（2）抬升上辊，拆下上下工作辊轴承座两端的压块；

（3）在上、下工作辊轴承座间放入连接角板，将上工作辊轴承座下降放在角板上；

（4）用连接角板将上下工作辊轴承座固定在一起，并拆下工作辊轴承座的拉紧杆；

（5）起动压下电机，使工作辊（带中间辊）装置上升到最大高度；

（6）穿入换辊装置中的导轨，并将导轨两端固定；

（7）穿上固定拉杆，固定两个轴承座的相对立置；

（8）将全部工作辊放在导轨上，拆除上工作辊轴承座的拉杆后，将摆动体升起到最大高度；

（9）在上工作辊轴承座表面拧入 M16 吊环螺钉；

（10）拉出工作辊装置，并吊走；

（11）装入工作辊装置的顺序与上面的顺序相反。

D 表面检查要求

在钢板用皮带运输过程中，在检查台上对钢板的形状及可能出现的缺陷进行检查，检查时运行速度 40 m/min，对需要仔细检查的要停车坚持检查。发现形状异常或带有严重缺陷的钢板，按动开关，将其打入废板垛板台。

E 涂油基准

（1）油温加热温度范围为 65~70 ℃。

（2）涂油类型选择依据跟踪卡要求，要求钢板表面油膜均匀，不得有漏涂。

（3）涂油量：单、双面轻涂油 3~4 g/m^2，单、双面重涂油 6~9 g/m^2。

F 垛板要求

（1）板垛整齐，呈正四边形，横向及纵向边缘错位不得大于 3 mm。

（2）合理控制板垛高度，使其符合合同要求及铁壳系列。

G 包装技术要求

（1）选择质量较好，没有弯曲，截面为正四边形的木料。

（2）梯形管在上、横木在下，包装纸光面在外、麻面在内，紧贴板垛表面包装，并用胶带固定，铁壳包装结束后，包装纸不得露在外面。

（3）捆带收紧后应紧贴在板包侧面。

（4）横纵捆带的锁扣必须打在板包侧面。

（5）板包表面应有一个标签，铁壳侧面也应有一个相同的标签，捆扎后的板垛必须符合 Q/BB 111—1997 的有关规定，外观整齐，捆带适度，包装纸不外露。

7.3.5 安全注意事项

（1）必须在设备停机后进入废边运行区域进行手动作业。

（2）处理废边故障必须与机组人员联系确认后停机处理。

（3）设备运行时，严禁在废边运行区域停留或穿行，以防废边伤人。

（4）废边穿带时必须戴好防护手套，采取相应的安全措施。

（5）操作时必须与主操人员做好联系确认，做到一看、二问、三点动。

（6）废边在料斗中装满后，要及时吊走更换，并检查吊斗梁及钢丝绳是否有损坏，发现问题必须及时解决，指挥吊车只允许一人按标准站在安全位置指挥作业，与吊物保持安全距离。

（7）严禁用手直接触摸运行中的带钢，如需接触带钢检查，必须与主控人员联系确认后停机检查。

（8）当需要临时处理事故时，必须通知相关操作室停机，做好确认后方可作业。

（9）严禁在运行的带钢和设备上行走，禁止跨越设备。

7.3.6 检查评价

检查评价见表 2-1。

7.3.7 练习题

[理论知识试题精选]

一、选择题

（1）横剪机组是以（　　）为核心的连续作业机组。

A. 矫直机　　B. 飞剪　　C. 垛板机　　D. 开卷机

（2）横剪机上剪刃通过（　　）固定在框架横梁上。

A. 上剪床　　B. 下剪床　　C. 上横梁　　D. 下横梁

（3）在酸洗机组上的横剪机一般选用（　　）。

A. 斜切式　　B. 上切式　　C. 横剪式　　D. 纵切式

（4）剪切机按（　　）可分为平刃剪、斜刃剪、圆盘剪和飞剪。

A. 剪切方式　　B. 动力源　　C. 结构及工艺特点　　D. 剪切轧件的形状

（5）带钢精整横剪机组使用的剪切设备有（　　）等。

A. 圆盘剪　　B. 摆式飞剪　　C. 滚筒式飞剪　　D. 曲柄式剪

二、判断题

（　　）（1）飞剪的速度越高，横剪线的产量越高。

（　　）（2）横剪生产时带钢尾部到达前，活套台再次摆动，以免带钢甩尾冲击。

（　　）（3）精整横剪线切头剪后的摆动辊道在上部位置时，剪机不能切头，以免切头受阻。

（　　）（4）横剪机组是以飞剪为核心的连续作业机组。

（　　）（5）横剪线采用碎边剪处理由切边剪剪切下来的切边。

[实操知识试题精选]

（1）热轧横剪板交货状态有几种？

（2）2018 年 6 月 23 日开包抽查，横剪机组丁班生产卷号为 A8601234，规格为 0.7 mm×1000 mm×

2000 mm 的盒板检查发现剪切边部存在剪切毛刺，请大家分析并确认剪刃间隙调整是否合适，为什么？

（3）冷轧板横剪机组的主要任务是什么？

（4）为什么要配置多条横剪机组满足生产要求？

（5）横切剪剪刃更换标准：刃口缺损超过多大时，应进行更换。刃口磨损出现多大的圆角时，应进行更换。

（6）冷轧横剪机组在生产厚料时，发现钢板表面有沿轧制方向，呈线状、点状的擦痕，通知平整工序确认，班组人员进行了原因分析及制定改进措施，具体有哪些？

（7）某钢厂横剪机组在生产时，规定第一垛下垛翻面检查表面质量及板形，垛板工在翻开钢板后发现钢板下表面有一条轧制方向的划伤，通知班长停机进行原因查找。请问操作工需要对哪些地方进行排查，排查后需如何解决才能将划伤缺陷消除。

任务 7.4 纵剪重卷智能控制

知识目标

- 剪切机的结构及重卷工艺流程；
- 纵剪重卷的操作规程；
- 常见纵剪重卷生产产品缺陷的原因及处理方法。

技能目标

- 能调整剪刃间隙及重合量；
- 能正确判断并处理纵剪重卷简单生产故障。

7.4.1 任务描述

本任务主要学习剪切机的结构及重卷工艺流程，纵剪重卷的操作规程，常见纵剪重卷生产产品缺陷的原因及处理方法；能调整剪刃间隙及重合量，能正确判断并处理纵剪重卷简单生产故障。

7.4.2 任务分析

纵剪重卷机组是精整工序的一个重要组成部分，它的主要任务是把平整后的宽带钢剪切成各种宽度规格和单重的带钢，然后打捆包装出厂。纵剪生产是在圆盘剪上完成的纵向连续剪切作业。重卷比较简单，圆盘剪只进行切边剪切，此时由卷取机通过带钢拖动剪刃进行拉力剪切。纵剪重卷机组示意图如图 7-12 所示，纵剪重卷机组生产现场照片如图 7-13 所示。

图 7-12　纵剪重卷机组示意图

图 7-13　纵剪重卷机组生产现场照片

7.4.3　现代企业冷轧板带钢生产纵剪重卷智能控制

以某企业冷轧生产线的纵剪重卷生产为例，介绍智能纵剪重卷生产岗位操作技能。

7.4.3.1　纵剪重卷生产操作岗位职责

（1）根据实际生产情况，对作业区质量问题进行分析并及时采取措施、解决质量问题。

（2）依据技术质量部的要求，协助技术质量部对本区域的质量缺陷进行原因分析、制定措施、组织贯彻落实及效果反馈工作。

（3）负责纵剪重卷机组日常生产工艺技术指导工作，纵剪重卷新工艺、新技术、新材料试验及推广。

（4）负责纵剪重卷机械设备的日常点巡检及故障处理。

（5）设备检修的组织及质量的检查、验收和确保安全施工。

（6）对生产人员反映的问题及时处理解决和反馈。

7.4.3.2 重卷主控岗位操作规程

A 特别注意事项

（1）在下小卷时，出口小车应顶住钢卷，小卷的推卸板要与小车同时进行，防止掉卷。

（2）卸卷小车卸卷前，必须确认卸卷小车位于成品钢卷正下方。

（3）卸卷小车动作时，禁止横移和升降同时进行。

B 操作步骤

a 岗位要点

（1）每卷生产前应认真核对钢卷信息，确认无误后方可生产。

（2）钢卷提升平稳后才能进行移动操作。

（3）每卷生产前，需要仔细阅读订单信息，并根据订单要求的吨重进行分卷。

（4）每卷生产前，需要仔细阅读订单信息，并根据订单要求的涂油要求设定涂油量进行分卷。

（5）每卷生产前，根据钢卷信息设定测厚仪数据，还要仔细阅读订单信息，并根据订单厚度要求监控测厚仪曲线。

b 生产准备

（1）核对原料信息是否正确。

（2）根据订单要求预设涂油量。

（3）根据原料信息设定测厚仪数据。

c 涂油机操作

（1）接通电源、油路，检查油箱油位，如果油位低应加油，检查油温（供油箱为40~60 ℃，循环油箱为40~60 ℃）。

（2）高压设定：上高压0~80 kV、下高压0~80 kV，手动喷油调整高压，保证刀梁不打火、不漏涂、涂油雾化均匀。

（3）油量设定：上涂油为500~3000 mg/m^2，下涂油为500~3000 mg/m^2。

（4）根据涂油要求，人工设定好单、双面涂油，以及涂油量。

（5）根据板宽度，检查喷油宽度是否满足涂油需要。

（6）按下涂油机喷涂开关。

（7）生产结束，断开涂油开关。

d 主控操作

（1）穿带操作：

1）引料台升起，引料板伸出；

2）点动带钢通过切分剪；

3）操作“开卷机夹送辊”联合点动，转向辊下夹送辊升起，使带钢通过转向辊，头部进入卷筒钳口；

4）将矫直机开口度打到最大位置；

5）卷筒张开夹住带头；

6）引料板退回，引料台降下；

7）上卷取方向点动卷取机，操作“开卷机夹送辊”合点动，进行卷取3圈。

（2）卷取时的操作：

1）穿带后进行卷取操作，先将传动预选择到“卷取传动”，将开卷机的带钢对中调到自动位置；

2）将夹送辊带钢对中装置调到自动位置，调节光电管，根据带钢宽度调节卷取机带钢边部，移动边缘控制装置，使之对中带钢边部；

3）将卷取机带钢边部调节选择到自动位置；

4）将矫直机打到运行状态；

5）设定运行速度给定值（范围0~300 m/min），将圆盘剪离合器断开；

6）入口夹送辊和转向辊下辊放下，测速辊降下；

7）带钢建张；

8）全线启动，以给定速度运行，卷取机卷取带钢。

（3）分卷操作：

1）当卷取直径达到一定值时，启动爬行停车；

2）卷取机压紧辊下降，转向辊下辊由人工操作抬起，压住带钢；

3）启动液压分切剪剪切分卷；

4）将钢卷小车移到作业线位置升起，托住钢卷；

5）点动卷取机，将带尾旋入卷筒和液压小车之间；

6）卷取机压紧辊升起；

7）卷筒收缩；

8）将推料板与钢卷内边缘接触，移动钢卷小车，这时推料板与小车同步运行，协助小车卸卷；

9）进行钢卷横向打捆操作；

10）打捆后的钢卷放到存放台上；

11）带钢甩尾前，将矫直机开口度打到最大位置，以免尾部受损带钢划伤矫直辊，同时为下一次穿带做好准备。

7.4.3.3 废边卷取岗位操作规程

A 特别注意事项

天车调运废边时，操作工禁止在天车走行轨迹下方停留。

B 操作步骤

a 岗位要点

废边卷取机的最大卷取质量约1.8 t，废边卷直径约600 mm。

b 生产准备

废边卷取机正常工作。

c 废边卷取操作

(1) 打开安全门，用手式铁钩将废边头穿进卷筒轴的头部槽里。

(2) 关上安全门，放下压紧辊，注意压辊的压力，以免废边卸不下来，在保证正常时点动卷取机。

(3) 起动废边卷取机，并由慢到快升速，升速不能过快、过高，以免跳闸，到合适的速度为止，使废边保持松弛状态。

(4) 待废边卷达到直径约600 mm、质量1.8 t时，应停车并抬起压辊。

(5) 移动机座，用机座将废边卷推出，并使废边落入废边坑。

7.4.3.4 质量检查岗位操作规程

A 特别注意事项

需要停机检查带钢表面质量时，需明确通知主控操作工停机。

B 操作步骤

a 岗位要点

(1) 根据标准及订单要求，对成品卷板形及尺寸精度进行判定。

(2) 根据标准及订单要求，对成品卷表面质量精度进行判定。

b 生产准备

卷尺、千分尺等测量工具的精度满足使用要求。

c 质量检查操作

检查员在线对产品表面、板形、卷形、尺寸、涂油质量进行检查判定，检查员权限设定为B级、暂留；技术专责复查检查员判定的暂留产品，根据缺陷判定标准，进行终判，构成质量事故，需请示上级部门。

7.4.3.5 重卷卷取岗位操作规程

A 特别注意事项

(1) 小车卸钢卷过程中，禁止操作人员离开岗位。

(2) 拿取样品板带好防切割手套。

(3) 在给带钢打捆带时防止手被勒伤。

(4) 无指挥吊车证件，不能指挥吊车作业。

B 操作步骤

a 自动操作

(1) 主控人员通知出口卸卷时，启动卸卷准备按钮。

(2) 启动出口剪切，切断带钢。

(3) 带尾卷取结束后再次启动卸卷准备，钢卷自动水平移动。

(4) 钢卷到达称重位后，等待主控通知质量后，启动称重位到达打捆位按钮。

（5）把钢卷落到称重位，各卷质量是否与称重仪相符（目视），质量显示后再升起钢卷挪到打捆位，进行钢卷宽度测量，粘贴生产过程标签，要与计算机进行确认（卷号、钢种、宽度、厚度、质量等）并及时粘贴（每卷粘贴一次）。

（6）打捆结束后，启动打捆位到吊离位按钮，并观察钢卷是否落在鞍座中心。

（7）主控人员通知取样（切废）时，在出口操作台选择取样（切废）后启动出口剪剪切。

（8）启动带头卷取准备自动按钮。

（9）当取样（切废）结束后，启动带头卷取自动按钮，带钢穿带完成后，通知主控可以转车。

（10）戴好防切割手套，将样板取下，放到样板架里。

b　手动操作

（1）主控剪切后，小车升到钢卷中心位置。

（2）缩径到中心位，打开卷取机压辊，落下卷取机外支撑。

（3）选中卷取机按钮向前转动，小车缓慢移出钢卷。

（4）把钢卷落到称重位，各卷质量是否与称重仪相符（目视），质量显示后再升起钢卷挪到打捆位，进行钢卷宽度测量，粘贴生产过程标签，要与计算机进行确认（卷号、钢种、宽度、厚度、质量等）并及时粘贴（每卷粘贴一次）。

（5）落到打捆位后进行打捆，打捆结束升起钢卷挪到调离位卸卷结束。戴好防切割手套，将样板取下，放到指定区域。

（6）剖分卷生产时，进行部分两卷间的间隙测量，塞尺小于规定数值正常放行。

7.4.4　相关理论知识

7.4.4.1　纵剪重卷机组生产工艺

纵剪重卷又称分卷，它的作用是把平整后的带钢分切为各种宽度和单重的带钢卷，具有分条功能的纵剪机组需要在圆盘剪后面设置活套。活套不仅使分条之后的带钢能够释放内部应力，同时也能够使卷取机与活套之后的张力垫和张力辊之间建立较为稳定的张力，以保证带钢卷紧、卷齐。

纵剪分条最复杂、难度也最大的操作是刀刃的安装与调整。在纵剪圆盘剪的刀架上，要根据分条带钢宽度相应安装多个刀头。相邻段对刀盘必须保持相同的距离，以保证分条后带钢的宽度精度。每对刀盘上下剪刃要相互咬合，并且根据带钢厚度调整好重合量与间隙量，分条剪切作业才能顺利进行。圆盘剪间隙调节方式是通过相邻刀盘之间加衬套和垫片来实现的，确保衬套和垫片的干净和尺寸准确尤为关键。

A　纵剪重卷机组

（1）纵剪重卷机组示意图如图 7-14 所示。

（2）重卷机组示意图如图 7-15 所示。

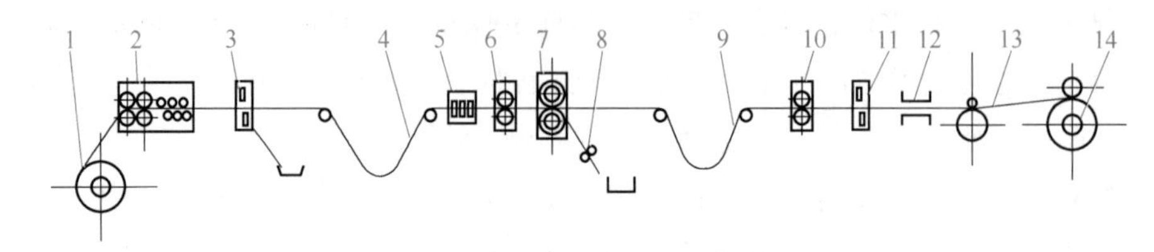

图 7-14 纵剪重卷机组示意图

1—开卷机；2—直头机；3—切头剪；4，9—活套；5—侧导辊；6，10—夹送辊；7—圆盘剪；8—碎边剪；11—分切剪；12—张紧装置；13—导辊；14—张力卷取机

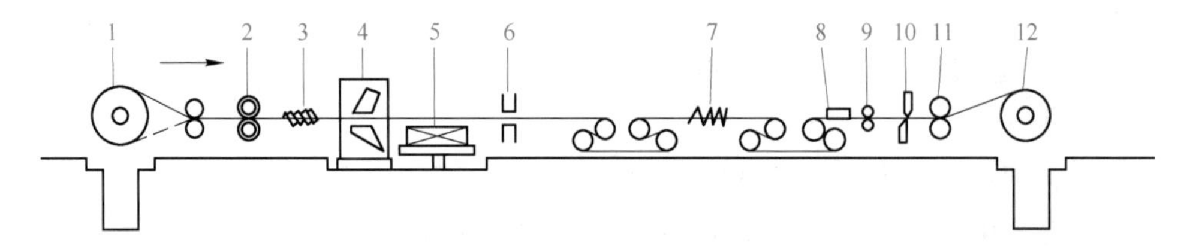

图 7-15 重卷机组示意图

1—开卷机；2—圆盘剪；3—去毛刺机；4—飞剪；5—垛板台；6—焊机；7—拉弯矫直机；8—打印机；9—涂油机；10—横切剪；11—转向夹送辊；12—卷取机

B 重卷机组工艺流程

重卷机组工艺流程如图 7-16 所示。

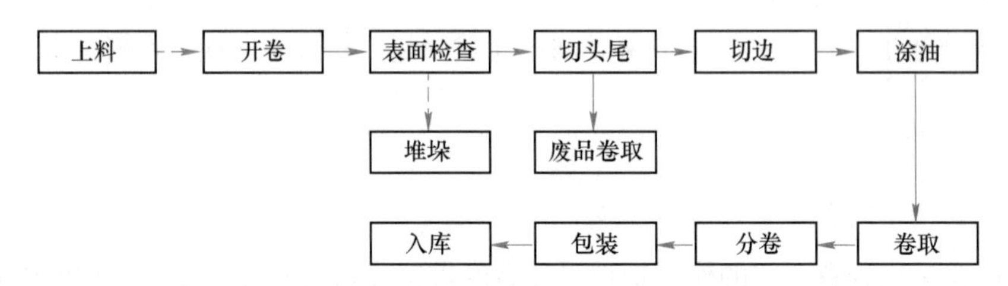

图 7-16 重卷机组工艺流程

C 重卷机组生产工艺流程简介

上料工按来料质量标准检查合格的冷轧带钢卷，由吊车吊运至机组入口的钢卷存放台上。开卷工启动上卷小车托起钢卷，水平移至开卷机卷筒上。自动对中系统保证钢卷的中心线对准开卷机卷筒中心线、钢卷宽度中心线对准机组中心线。钢卷送上卷筒后，卷筒外支撑摆下，移动开卷机卷筒外轴端支撑于支撑架托轮上，小车返回到钢卷存放台下方。

位于开卷机上方的压辊摆下，压住钢卷，入口夹送辊的穿带导板台摆到开卷位置。开卷刀伸出接近钢卷外表面，点动开卷机和压辊，反转钢卷，使带头至开卷刀上，正转使头部沿穿带导板喂入夹送辊。对于厚度 2 mm 以上的带钢需借助入口夹送辊上的压辊，压平带钢以利穿带。下夹送辊抬起夹住带钢，并与开卷机联动，以穿带速度向前运送带钢，开卷机压辊抬起，开卷刀收回，导板台、压辊复位。

在开卷机与夹送辊之间设置的光电检测装置，既开卷机 CPC 控制，实现带钢纠偏调节。

由夹送辊出来的带钢送入测厚仪，自动检测厚度超差部分，由飞剪切除。带钢经导辊送至表面质量检查台，在此对钢卷的表面进行检查，发现表面缺陷手动发令给飞剪进行剪切。

通过检查台后，带头进入侧导辊进行机械对中。而后进入飞剪，飞剪附带的矫直机、夹送辊的上辊液压压下，与开卷机同步夹住带钢穿带。头部、尾部等厚度超差的次品带钢由飞剪在速度 40 m/min 以下剪切成 2000 mm 定尺板，送至垛板车上堆垛。合格带钢经输送台进入切边剪后，带钢自动纠偏装置投入使用，同时打开侧导辊。带钢按要求的宽度在切边剪上切除两边。机组升速运行时采取拉剪，由电磁离合器使刀轴与传动系统脱开，切下来的废边进入地下卷取机上卷边。

经过切边后的带钢进入静电涂油机涂油，然后通过液压切分剪进入转向夹送辊。经摆动导板台把带钢头部喂入处于准备状态的卷取机。而后导板摆下，当卷取机卷上 2~3 圈后，建立张力。同时入口夹送辊与转向夹送辊的下辊下降，此时完成整个穿带过程，之后机组加速到设定的卷取速度。与此同时，带钢边缘控制系统投入使用。卷取机实现齐边浮动，即为 EPC 控制。

当卷取质量达到分卷质量时，集中减速、停车。卷取机上的压辊压下，转向夹送辊和卷取机联合启动，以穿带速度将带尾卷紧在卷取机上，卸卷车上升托住钢卷，卷筒收缩，压辊抬起，卷取机推板与卸卷车同步将钢卷移出卷筒，推板退回，在卸卷车上进行人工简易捆扎，而后放在钢卷存放台上。

7.4.4.2 纵剪重卷机组生产设备

A 开卷机及上压辊

（1）功能。开卷机接受入口钢卷小车运送来的钢卷，对钢卷进行上开卷或下开卷，并为带钢提供一定的开卷张力，使缠绕成钢卷的带钢展开，经开卷器顺利地进入转向夹送辊。

（2）结构。每个机组为单开卷，转动由交流变频电机带动齿轮箱。卷筒安装在齿轮箱输出轴上。卷筒由 4 个扇形块组成，通过斜楔板和安装在齿轮箱输出轴尾部的旋转液压缸完成胀缩功能。齿轮箱座安装在焊接结构的底座上，可以沿底座上的导向装置做横移以实现对中，横移动作由液压伺服系统控制的横移液压缸完成。齿轮箱上部装有压辊，由齿轮马达驱动，用于在上开卷时压紧带钢。开卷机由 1 台变频电机传动，与减速装置的输入轴连接，并配有制动器。减速箱自带润滑系统。

B 开卷器及下压辊

开卷器用于将钢卷带头运送至入口夹送辊。开卷器入口端下部装有一个压辊，用于帮助开卷机下部进行穿带操作。上部的压平辊对部分带钢压平，帮助开卷机对钢卷穿带。

C 直头机

直头机用于带钢穿带，并矫直带钢的头尾。矫直机框架由上下两部分组成，上框架部分可倾动。穿带或带头矫直后，可通过两台液压缸（快速打开）将上部框架打开。矫直过程中，液压缸将框架上部关闭，防止矫直力将其打开，直头机的入口侧和出口侧分别设有带酚醛层压布板的导板台。

D 入口夹送辊及横切剪

入口夹送辊装置将带钢穿入切头剪，切头剪用于切去带头和带尾。上刀梁通过曲杆沿着线形导槽从剪切缸下降。上剪刃剪切角度为1.5°。下刃梁为可调节式结构，用于调节剪刃间隙。剪刃间隙可以用一台交流齿轮电机进行调节，剪刀梁用液压螺母和调整斜楔夹紧在框架上，上下剪刀固定到可互换的卡盘上。卡盘通过弹簧操作夹持在框架或剪刃架内。切头剪入口侧装有一个带钢压下装置，在上剪刃下降时将夹紧带钢。

E 出口夹送辊

出口夹送辊装置将带钢穿入分切剪，分切剪用于分切带钢及取样。

F 出口转向夹送辊及穿带导板台

出口转向夹送辊用于穿带和实现上卷取和下卷取方式，夹送辊主要用于对带钢的夹送及转向作用。转向辊在穿带建张后甩尾前使用，可进行垂直升降调节，用于对表面无缺陷的带钢转向。安装于转向辊下部的张力计用于对带钢张力的检测及控制。入口上压辊用于在上卷取时对带钢的转向，保持其前侧带钢水平。出口穿带导板的升降及伸缩，用于帮助带钢的穿带。

7.4.4.3 生产异常时的操作处理要求和有关注意事项

A 钢卷坠落

故障现象：钢卷坠落。

产生原因：自动卸卷位置不正确，当钢卷横移出卷取机套筒时钢卷掉落。

预防及处理方法：在卸卷过程中，密切监控钢卷的运行状态。卸卷时钢卷要稳定在小车上，下落到称重位时要在中心位。

B 钢卷窄尺或宽尺

故障现象：钢卷窄尺或宽尺。

产生原因：钢卷测量的宽度与计划单钢卷不符，导致钢卷窄尺或宽尺。

预防及处理方法：认真执行工艺纪律，测量钢卷宽度，并及时与计划单确认。

C 成品窄尺

故障现象：成品窄尺。

产生原因：剪切工对圆盘剪开口度调节错误，质量检查工没有按要求进行尺寸检查。

预防及处理方法：定期对测量工具进行校验，要求质量检查工必须每卷进行尺寸检查。

D 废边撞击护栏

故障现象：废边撞击护栏。

产生原因：天车起钩高度不足。

预防及处理方法：要求废边吊运人员确认天车起钩高度后天车方可运行。

E　分卷重量不合格

故障现象：分卷重量不符合订单要求。

产生原因：重卷机组主控操作工未按订单要求进行分卷，导致成品卷重量不符合订单要求。

预防及处理方法：要求主控操作工在生产前必须认真核对钢卷订单信息。

7.4.5 安全注意事项

重分卷机组安全操作规程如下：

（1）上岗前，防护用品穿戴齐全，符合安全要求，生产时严禁进入设备运行区域。

（2）严禁翻越护栏进入危险区域，禁止在钢卷运行区域行走，对任何违规行为有权勒令其纠正、停止。

（3）上下卷时严格按照操作规程操作，避免钢卷滚落、翻倒发生事故。

（4）拆除捆带时操作工必须站在钢卷侧面，避免划伤。

（5）穿带时，必须用钩子挑带头，严禁用手拖拉带头；剪切带钢时，双手必须放置在安全位置，避免切伤。

（6）更换横切剪、圆盘剪剪刃必须停机挂牌，插好安全销；拆卸剪刃必须坚持“先下后上”，安装剪刃必须坚持“先上后下”原则，避免挤伤，测试剪刃间隙必须使用专门工具。

（7）检查辊系时，必须停机挂牌；设备未停稳时，严禁用手触摸辊面或伸入辊系中，以免挤伤。

（8）检查带钢表面质量时必须减速，选择安全站位，身体与带钢距离不得小于0.5 m，严禁用手接触运行中的带钢。操作人员必须与质检人员做好配合和联保，质检人员经安全确认后方可进入检查，避免发生伤害事故。

（9）处理废边时必须严格执行废边卷取机安全门使用规定，拉拽废边时必须戴好手套，必要时使用钩子，不得用力过猛，避免划伤、摔伤；重新启车时必须安全确认。废边卷取机运转时，禁止靠近、吊运废边。

（10）设备检修时，必须严格执行停机挂牌制度；检修后，必须与检修人员进行确认，并确认各设备运行区域无人后方可进行操作，严禁挂牌启动设备。

（11）涂油机工作时，涂油室和高压室门必须关闭，并严禁接触、打开涂油室门；处理故障或清理油箱时，必须将余电全部释放完毕方可进行处理，以免触电。

（12）协助装运废料时，应选择安全的站位；起落吊必须用手扶时，严禁将手放在绳索或物体之间，禁止将脚放在物体下方。装车时，车未停稳，严禁上车。

7.4.6 检查评价

检查评价见表2-1。

7.4.7 练习题

[理论知识试题精选]

一、选择题

(1)(　　)是冷轧平整机组、横剪机组及纵剪机组生产必需的辅助设备。

A. 卷取机　　B. 破鳞机　　C. 冷床　　D. 锯机

(2)纵剪线剪切机的型式有切头剪、(　　)和碎边剪切机。

A. 纵切剪　　B. 斜切剪　　C. 组合剪　　D. 圆盘剪

(3)多对刀片的圆盘剪是剪切带钢的，用于板卷的(　　)上，将板卷切成窄带钢。

A. 纵剪机组、连续退火和镀锌机组等　　B. 横切机组、连续退火和镀锌机组等

C. 纵剪机组、连续退火和厚板机组等　　D. 纵剪机组、线材和镀锌机组等

(4)对钢带进行纵剪常使用(　　)。

A. 飞剪　　B. 斜剪　　C. 平行剪　　D. 圆盘剪

(5)纵切剪主要由传动部分、机座部分、机架部分和(　　)四部分组成。

A. 转动部分　　B. 圆盘剪部分　　C. 换机架装置　　D. 电机部分

二、判断题

(　　)(1)冷轧纵剪机组通常设计为动力剪和拉力剪两种。

(　　)(2)纵剪压力机的作用是压平带钢，便于卷取。

(　　)(3)纵剪机是用来横向剪断带钢的。

(　　)(4)纵切剪机主要由传动部分、机座部分、机架部分和换机架装置四部分组成。

(　　)(5)纵剪线剪切机的型式有切头剪、纵切剪机和碎边剪切机。

(　　)(6)纵剪机能把带钢沿其长度方向裁剪为若干条窄带钢。

[实操知识试题精选]

(1)技术室对现场进行实物检查，当检查到重卷待包放置场时发现其中有一卷钢卷外形明显不圆，呈扁形，马上找来作业区人员进行现场分析及要求重新处理，主要措施有哪些?

(2)某钢厂在生产3.0 mm物料后重新调整圆盘剪间隙后生产厚度为1.0 mm的物料，剪边后在带钢边部出现毛刺，圆盘剪工停机进行调整，请叙述产生此现象的原因及圆盘剪工的解决方法。

(3)什么是定尺率，提高钢板定尺率的主要措施有哪些?

模块 8　冷轧板带钢生产典型事故

任务 8.1　课程思政

思政目标

▻ 通过介绍大国工匠，提升学生的学习兴趣和动力；

▻ 培养学生的工匠精神和对科学的探索精神；

▻ 培养学生勇于探索、追求真理的科学家精神和创新意识，坚定“四个自信”，树立民族复兴坚强信念。

钢铁人物

李仁壮诠释“钢铁是怎样炼成的”

“走在城市中，我时常打量着身旁由一根根钢筋架成的高楼大厦、铁路、桥梁、隧道……说不定其中哪一根，就是出自自己之手。”从 1997 年至今，山东钢铁股份有限公司莱芜分公司棒材厂轧钢班班长李仁壮，扎根轧钢一线已有 25 年。

1994 年，学习成绩一直名列前茅的李仁壮，为减轻父母负担，放弃了上大学的梦想，走进了莱钢技校的大门。为此，父亲总觉得心有亏欠。李仁壮宽慰父亲：“三百六十行，行行出状元，只要肯学习、钻研，当工人一样可以有所作为！”这句话不仅是安慰父亲的，更是李仁壮为自己立下的誓言。那一年，李仁壮因操作不熟练，出现失误，导致轧线接连废了 5 次钢，轧制废品 300 多吨，生产中断 3 h。“5 次、300 t、3 h”，这些数字深深刺痛了李仁壮的心。也正是这次事故，让他更加坚定了要勤学苦练的决心。

工作 20 多年来，李仁壮始终坚守在轧钢一线。每当看着火红的钢坯冲出炉门，飞速穿过一台台轧机，化身为一根根合格的螺纹钢，李仁壮内心总是充满了快乐和满足。“相比上台领奖，看到我们轧制的优质产品走向全国乃至全世界，更让我激动。”李仁壮表示。

轧钢工是轧钢工序的关键岗位，直接影响着班组产量和产品质量。“作为一名轧钢工，秉承一颗匠心，刻苦钻研、精益求精，轧制出最优质的产品，就是工匠精神。”李仁壮说。

2016 年 4 月，李仁壮所在车间接到一个“不可能完成的任务”——紧急生产一批高强度螺纹钢。除了时间紧迫，让大家更为“抓狂”的是这批产品对关键尺寸偏差的要求为

±0.1 mm，而国标为±0.5 mm，这对操作人员的专业技能是个极大的考验。生产并不顺利，数次出现线差不稳等难题，车间内愁云密布。为解开这道接近无解的难题，李仁壮翻笔记、查资料、问专家，反复试验，夜以继日地细心打磨。最终，李仁壮和工友们通过大胆尝试放大中轧料型，仅用一个多月的时间就圆满完成了这个棘手任务。后来，得知那批螺纹钢用在了“长征五号”火箭发射架底座上，李仁壮激动不已。“咱们一线工人能为国家航天事业贡献自己的一份微薄之力，那是至高无上的荣耀。”至今提起，李仁壮依然心潮澎湃。

好铁是打出来的，好钢是炼出来的。在一次次的思想斗争中，李仁壮想出了与自己和解的方式：“干就干出个样儿来！给自己个交代，也让父母放心。”

为磨炼技艺，李仁壮为自己制订了详细的“岗位练兵”计划。他把轧钢各道工序层层拆解，利用设备点检维护时间，对换辊、换槽、换导卫、压辊缝、试小样、观料型等操作步骤进行庖丁解牛式的分析，静下心来逐一摸索、研究。下班回到家，他依然不闲着，用活扳手模拟辊缝练习眼力，调整完目测间隙大小，再用塞尺测量。

成百上千次训练和生产应用，练就了他辊缝调整“一眼准”、线差调整“一支稳”等绝技绝活，同事将其戏称为眼“毒”手“牛”。李仁壮的眼睛，能“毒”到什么地步？辊缝调整的好坏直接影响成品质量，普通调整工在借助工具的情况下，仍需要反复测量、计算、调整，而李仁壮视线所及就能够将误差精确到0.1 mm之内。

降低轧废一直是困扰车间的一个难题。近年来，为最大限度提升轧材成材率，李仁壮和工友们“对症下药”制定相应措施。在他的带领下，他所在班组最高连续4个月无责任轧废，连续11次实现了“万吨无轧废”，4次打破班产纪录，钢材综合成材率提高0.2个百分点，仅此一项每年可为企业创造效益400万元以上。

如今的李仁壮工作更忙了、责任更重了，“传授技术，传承精神”成为他的又一坚定追求。作为轧钢班班长，李仁壮会毫无保留地将自己掌握的技能传授给同事和徒弟们。“一个人的力量是有限的，我有责任和义务教他们，团结大家的力量，为企业发展做贡献。”李仁壮说。多年来，在李仁壮的影响和帮助下，他身边的很多优秀职工脱颖而出，他们中有的拿下了厂技术比武状元，有的被评为了省技术能手。

2021年“五一”前夕，李仁壮荣获全国五一劳动奖章。时至今日，获得诸多荣誉的李仁壮仍坚守在轧钢生产的第一线。李仁壮说，自己之所以称得上“工匠”，其实就是在平凡的岗位上，努力把工作做到极致，精益求精，把产品做到精雕细琢，在平凡的岗位上发挥着光与热，用实际行动诠释“钢铁是怎样炼成的”。

任务8.2 典型事故

知识目标

- 培养学生的安全生产意识；
- 典型冷轧板带钢智能控制生产事故产生的原因、事故防范及整改措施。

技能目标

▻ 能够识别典型生产事故；

▻ 能正确判断并处理典型冷轧板带钢智能控制生产事故产生的原因、事故防范及整改措施。

8.2.1 违反设备运行期间禁止触摸带钢致死事故

8.2.1.1 事故发生经过

2022年12月6日下午，某冷轧有限责任公司电磁新材料作业区乙班上中班，各岗位在岗人员8人。作业人员分工为：入口操作室3人；出口操作室4人；技术专家1人。20时左右，电磁新材料作业区工艺技术专家A发现带钢表面出现质量问题（带钢表面有白斑），技术人员B开始沿着电磁新材料车间1号退火涂层机组进行巡检。21时54分左右，在1号退火涂层机组西侧检查的技术人员C听到异常响声后，沿机组查看，到4号张力辊处，发现技术人员B在防护栏杆内趴在4号张力辊支架与两辊处，技术人员C立刻按下紧急停车按钮。经专家组分析，技术人员B沿着电磁新材料车间1号退火涂层机组进行巡查期间，为抵近观察带钢白斑，擅自翻越了4号张力辊周边安全防护栏杆，在观察的过程中，由于张力辊和带钢均处于运转状态，且周边环境狭窄，技术人员B不慎碰触到对向转动的张力辊，导致机械伤害。经医院全力救治无效后死亡。

8.2.1.2 事故原因及事故性质认定

A 直接原因

该冷轧公司电磁新材料作业区员工B安全意识淡薄，忽视4号张力辊周边“设备运行期间禁止触摸带钢”的安全警示标识，违规翻越安全防护栏杆，违反车间安全操作规程进行带钢表面质量检查，是该起事故发生的直接原因。

B 间接原因

(1) 现场安全管理不到位。该冷轧公司督促员工落实安全操作规程不到位，查究员工违章作业不力。

(2) 安全教育培训不到位。该冷轧公司三级安全教育培训内容不全面，未按规定组织开展采用新工艺、新技术、新材料或者使用新设备方面的专项教育培训。

(3) 企业安全管理人员配备不合规。该冷轧公司现有在册职工400余人，企业在安全管理人员配备方面不符合有关法律法规要求，专职安全管理人员配备不足。

C 事故性质认定

经调查及综合分析认定，该冷轧公司“12·6”机械伤害事故是一起一般生产安全责任事故。

8.2.1.3 防范措施及建议

(1) 强化安全教育培训，提升人员安全意识。该冷轧公司及其他金属压延加工类企业要切实吸取事故教训，强化从业人员安全教育培训，加大对转岗及新入职从业人员安全生产教育和培训力度，保证从业人员具备必要的安全生产知识，熟悉安全生产规章制度和安全操作规程，掌握本岗位的安全操作技能，全面提升岗位操作人员安全意识，树牢“不安全不生产，隐患不处理不生产，安全措施不落实不生产”的理念。

（2）强化现场安全管理，严查违规违章操作。该冷轧公司及其他金属压延加工类企业要有效开展反违章作业专项整治，严惩违章作业行为；要全面开展安全风险辨识，严格管控责任和管控措施，提升双重预防体系建设运行效果；要加强现场安全管理，落实现场安全监控，坚决杜绝类似事故再次发生。

（3）健全安全管理机构，配齐安全管理人员。该冷轧公司要严格按照《中华人民共和国安全生产法》等文件要求，设置具备相对独立职能的安全生产管理机构，配备足额的专职安全生产管理人员，聘用注册安全工程师从事安全生产管理工作，全面加强安全管理工作。

（4）增设安全监护设备，提升本质安全水平。该冷轧公司要采取技术手段，在带钢生产线周围增设高清监控设备，同时加高带钢生产线两侧护栏高度，降低动能部位对人员机械伤害的风险，从本质上提升企业安全生产水平。

8.2.2 违规进入设备运转区域致死事故

8.2.2.1 事故经过

某冷轧厂员工涂某为检查辊印缺陷，进入设备运转区域，被带入卡在张力辊与槽钢间，头部受挤压导致死亡。

8.2.2.2 事故原因

A 直接原因

涂某进入设备运转区域检查辊印缺陷，被带入卡在张力辊与槽钢间挤压致死。

B 间接原因

涂某违反岗位规范要求“严禁身体任何部位直接接触运行中的设备及带钢”和“必须两人以上协同作业”。

8.2.2.3 防范措施

（1）严格落实停机挂牌制度，杜绝违章作业，有效落实危险源辨识、管控。

（2）强化安全意识教育，重申“严禁身体任何部位直接接触运行中的设备及带钢”及“严禁未按规定插安全销或未采取安全措施盲目作业”的禁令。

8.2.3 衣物接触传动轴后被带入致死事故

8.2.3.1 事故发生经过

2023年2月24日17时10分，某冷轧分厂C209彩涂机组丙班出口操作工A在出口操作室通过监控视频发现化学辊涂机下表面涂层头防溅挡板异常，遂向同在出口操作室的丙班班长B汇报。B查看监控视频后去现场查看。监控视频显示：17时22分，B在化学辊涂机东侧观察；22分19秒，在化学辊涂机传动轴近操作侧（西侧）位置驻停观察15 s后离开；22分46秒，回到化学辊涂机传动轴近操作侧（西侧）位置（22分52秒），在侧身用右手试图处置防溅挡板异常时，衣物接触传动轴，B被转动中的化学辊涂机背面带料辊传动轴（转速为105 r/min）卷入。

17时25分，A通过出口操作室视频监控发现异常，立即将彩涂机组降速运转，并通过对讲机联系正在初涂操作室的丙班涂敷调整岗操作工C现场停机，同时电话报告四冷轧分厂彩涂作业区作业长D。

8.2.3.2 应急处置情况

17时26分，C现场操作化学辊涂机停机。D赶到现场后立即拨打110、120，并逐级上报。17时45分，公安机关和医疗急救人员到场后，确认B已死亡。

8.2.3.3 事故发生原因

A 直接原因

作业人员违反《安全禁令》《岗位规程》《冷轧厂自力项目安全管理规定》等安全生产规章制度和安全操作规程，在未落实停电挂牌的情况下进入化学辊涂机红色隔离防护区域；违反《冷轧厂标准化作业禁令》，在化学辊涂机运行时靠近转动的传动轴处理防溅挡板异常，衣物接触传动轴后被带入，导致事故发生。

B 间接原因

冷轧分厂管理人员以及冷轧厂未能有效督促作业人员严格执行本单位的安全生产规章制度和安全操作规程。

8.2.3.4 事故防范和整改措施

（1）落实企业主体责任，提升管理实效。冷轧厂要认真落实企业安全生产主体责任，增强安全生产工作的紧迫感和责任感，处理好安全与生产的关系，确保企业安全形势稳定可控。要严格落实全员安全生产责任制，督促各级管理人员和作业人员严格执行企业安全生产规章制度和操作规程。强化安全教育培训工作，提升员工遵章守纪意识，提高安全技能，鼓励员工及时发现和制止违章行为。

（2）开展隐患排查治理，提升本质安全。冷轧厂要认真开展风险辨识管控和隐患排查治理工作，排查安全防护的有效性，提高本质安全，结合作业现场实际情况，探索通过技术手段发现、提醒、防范违规违章行为的措施方法，并确保现场安全管控措施得到贯彻落实。

（3）做好员工关心关爱，合理组织生产。事故调查过程中也发现，事发前当事人发生家庭变故，可能影响现场作业专注度。企业各级管理人员要关注从业人员的身体、心理、家庭情况等变化，对存在异常情况的，加强心理疏导、精神慰藉和关心关爱，防范从业人员心态或者行为异常影响作业安全。

8.2.4 压辊伤人事故

8.2.4.1 事故经过

某钢铁集团不锈钢冷轧厂精整工段2号纵切机组乙班上中班，21时30分，2号机开始于第一卷厚度为15 mm的窄料。曹某与曲某穿料，赵某吊卷过磅。23时，生产完两卷后在生产第三卷时，党某在尾部打包小卷，曲某在压辊下面给小卷标写卡片号，曹某操作横剪剪料钢带后来到尾部操作台进行卷筒涨缩操作，操作时误将压辊启动，压辊压下，将曲某头部挤在卷筒和压下的压辊之间。曹某立即进行抬起操作，抬起压辊，并跑过去将曲某抱起，送往急救中心抢救，终因伤势重，抢救无效死亡。

8.2.4.2 事故原因分析

A 直接原因

在压辊下有人工作的情况下，操作人员曹某在进行卷筒缩径操作时误动压辊压下开关，导致压辊压下伤人，是造成事故的直接原因。

B 间接原因

(1) 曲某在钢卷未离开卷筒的情况下，违反作业标准进入卷筒与机架之间进行标号作业，使自身处于压辊运行范围之内。

(2) 作业人员安全培训教育不到位，自我安全防护意识差。

(3) 作业人员违反作业标准，私自变更作业程序的行为未互相提醒、发现和制止。

8.2.4.3 事故教训及整改措施

(1) 吸取事故教训，扭转安全生产被动局面。立即将事故传达给每一名职工，并组织讨论吸取事故教训，开展违章整治专项安全活动。

(2) 宣传教育。在全厂组织召开事故反思会，通过案例教育，提高职工安全意识；对班长及以上的管理人员进行安全责任落实方面的培训。

(3) 完善制度。对各种作业是否有操作标准，作业程序是否明确进行一次全面检查。对查出的问题要制订整改计划，限期整改。

(4) 动态控制。加强现场动态安全管理，严格按制度执行，逐级检查违章查处情况。

8.2.5 换辊过程中出现的物体打击事故

8.2.5.1 事故经过

2013年8月2日白班，某钢铁公司棒材厂轧钢车间轧钢乙班轧钢工邱某接车间副主任黄某通知，顶替轧钢丁班一位请假职工的8月3日夜班。

3日0时49分，停产倒换规格，邱某与胡某、李某、赵某、刘某五人在800 mm轧机进行换辊作业。1时19分，4号吊车司机毛某将800 mm轧辊吊装到位后，赵某摘取两根钢绳上的三个索扣，留一个索扣在主钩上，胡某指挥用主钩吊出了一根钢绳；然后，胡某指挥用副钩吊第二根钢绳一端，副钩在抬升过程中，吊车司机毛某感觉钢绳张紧受力，马上操作吊车控制器回零，此时上轧辊（重约11 t）车头失衡向北滑落，将站在800 mm轧机牌坊西小门旁接水管的邱某左大腿根部挤伤，经医院抢救无效于3时20分失血性休克死亡。

8.2.5.2 事故分析

A 直接原因

(1) 副钩吊出钢绳过程中，钢绳挂住受力，上轧辊失衡滑落。

(2) 邱某在吊钩吊取钢绳过程中，未离开吊车作业危险范围，当上轧辊滑落时无法躲避。

B 间接原因

指挥人员胡某在指挥起吊前未提醒站在 800 mm 轧机牌坊西小门旁接水管的邱某等作业人员，违反《棒材厂吊车指挥、操作牌、检修牌使用管理制度》："在吹哨指挥起吊前，必须提醒并确认所有人员特别是挂吊人员站在吊物运行轨迹以外，以防吊物吊起后因摆动而伤人。"

8.2.5.3 事故防范

(1) 对换辊作业危害及预知预控进行补充、完善，并修订轧机换轧辊作业活动相关作业制度，特别是轧辊更换频次、时间以及抽取钢绳过程相关注意事项。

(2) 强化起重作业及配合起重检修作业的安全教育培训，提高员工安全意识和技能，提高员工自保互保意识。

(3) 科学合理地安排替班，保证充足的休息时间，尤其是暑期和中晚班易疲劳、易中暑。

8.2.6 安全意识淡薄造成的挤伤事故

8.2.6.1 事故经过

2007 年 1 月 14 日，某钢管厂矫直上料工张某正常上料，13 时 10 分翻料器突然往上翻过两根钢管，同时向矫直机方向运行；张某发现后立即用手去搬外侧的钢管，想使外侧的钢管停止运行，右手被外侧的钢管挤在钢管拖辊上，被钢管顶伤，经检查右手中指和无名指骨折。

8.2.6.2 事故分析

A 直接原因

(1) 矫直上料工张某的安全意识淡薄，严重违反了不准在辊道运行中用手拽辊道上钢管的要求。

(2) 张某发现辊道上同时运行两根钢管，没有及时采取停电措施后用专用安全工具去处理，而是用手直接接触钢管，是事故的主要原因。

B 间接原因

张某酒后上岗，严重违反岗位安全规程，是事故的间接原因。

8.2.6.3 事故防范

(1) 矫直上料的翻料器在生产时保障翻一根钢管运行，杜绝翻料器一次翻两根管的可能性。

(2) 辊道运行期间发现问题必须停机处理，严禁用手直接接触运行的钢管及设备。

(3) 严格劳动纪律，班前、班中严禁饮酒。

参考文献

[1] 李秀敏. 冷轧带钢生产与实训 [M]. 北京：冶金工业出版社，2014.
[2] 杨俊任. 冷轧板带钢生产工艺 [M]. 北京：中国劳动社会保障出版社，2009.
[3] 毕俊召. 板带钢生产 [M]. 北京：冶金工业出版社，2013.
[4] 张景进. 板带冷轧生产 [M]. 北京：冶金工业出版社，2006.
[5] 许石民. 板带材生产工艺与设备 [M]. 北京：冶金工业出版社，2012.
[6] 徐乐江. 板带冷轧机板形控制与机型选择 [M]. 北京：冶金工业出版社，2007.
[7] 付作宝. 冷轧薄钢板生产 [M]. 北京：冶金工业出版社，1996.
[8] 贺毓辛. 冷轧板带生产 [M]. 北京：冶金工业出版社，1992.
[9] 陈龙官. 冷轧薄钢板酸洗工艺与设备 [M]. 北京：冶金工业出版社，2005.
[10] 孙建林. 轧制工艺润滑原理、技术与应用 [M]. 北京：冶金工业出版社，2004.
[11] 曲克. 轧钢工艺学 [M]. 北京：冶金工业出版社，2005.
[12] 王廷溥. 板带材生产原理与工艺 [M]. 北京：冶金工业出版社，1995.